GALIEN

LES OS POUR LES DÉBUTANTS
L'ANATOMIE DES MUSCLES

COLLECTION DES UNIVERSITÉS DE FRANCE
publiée sous le patronage de l'ASSOCIATION GUILLAUME BUDÉ

GALIEN

TOME VII

LES OS POUR LES DÉBUTANTS
L'ANATOMIE DES MUSCLES

TEXTE ÉTABLI
ET
ANNOTÉ
PAR
IVAN GAROFALO
Professeur à l'Université de Sienne

TRADUIT
PAR
IVAN GAROFALO
ET
ARMELLE DEBRU
Professeur à l'Université de Paris V

PARIS
LES BELLES LETTRES
2005

Conformément aux statuts de l'Association Guillaume Budé, ce volume a été soumis à l'approbation de la commission technique, qui a chargé Véronique Boudon-Millot et Amnéris Roselli d'en faire la révision et d'en surveiller la correction en collaboration avec Ivan Garofalo et Armelle Debru.

95 boulevard Raspail, 75006 Paris
www.lesbelleslettres.com

ISBN : 2-251-00524-2
ISSN : 0184-7155

PRÉFACE

Les tomes VII et VIII des œuvres de Galien dans la *Collection des Universités de France* présentent l'édition critique de quatre opuscules d'anatomie de Galien dite « anatomie mineure »[1] : *De ossibus* (*Oss.*), « Les os », *De musculorum dissectione* (*Musc.*), « Anatomie des muscles », *De neruorum dissectione* (*Nerv.*), « Anatomie des nerfs », *De uenarum arteriarumque dissectione* (*Ven.*), « Anatomie des veines et des artères ». Le tome VII contient les deux premiers, le tome VIII les deux derniers.

Pour *Les os,* on dispose d'une édition critique de valeur qui est celle de Moore (1969, dactylographiée) ; pour l'*Anatomie des muscles,* il existe une édition de Dietz, très bien faite pour son époque (1832), mais assez mal connue ; le traité *Veines et artères* se lit dans l'édition de Kühn (Leipzig, 1830) qui n'est qu'une copie de l'édition parisienne de Chartier (1638, diffusée en 1679) ; l'opuscule sur l'*Anatomie des nerfs*, tel qu'il se lit chez Kühn (1831), est une copie de Chartier, lequel avait combiné les extraits d'Oribase avec une rétroversion en grec de la traduction latine de Gadaldini (1550). On trouvera donc dans le volume VIII la première édition complète de cet opuscule.

Nous avons réuni en deux volumes qui se suivent ces titres pour plusieurs raisons, qui touchent, à la fois, à l'histoire, à la transmission du texte et au contenu.

1. Sur l'anatomie mineure de Galien voir I. Garofalo, « La tradition de l'anatomie pour les étudiants de Galien », *Storia e ecdotica dei testi medici greci*, a cura di A. Garzya, Napoli, 1995, p. 155-179, et ici les *Notices* d'introduction à chaque œuvre.

Trois d'entre eux (*Oss.*, *Nerv.*, *Ven.*) ont été composés dans les mêmes années (161-166) par Galien à l'intention des débutants ; le quatrième, *Musc.*, bien que rédigé plus tard (autour de l'année 175) pour des raisons différentes, a été reclassé ensuite par Galien parmi les écrits pour les débutants. Oribase (IVe s.) a construit le livre XXV de ses *Collections médicales* principalement avec des extraits de ces opuscules, dans l'ordre *Oss.*, *Musc.*, *Nerv.*, *Ven.* L'école médicale d'Alexandrie, autour du VIe siècle, a répété ce choix pour le deuxième niveau d'études dans le curriculum.

Les raisons ecdotiques résident dans le fait qu'une branche de la tradition manuscrite rassemble les quatre traités en reproduisant l'ordre alexandrin.

Concernant le contenu, il faut signaler, enfin, que le groupement opéré par Galien, ainsi que par Oribase et par les Alexandrins ensuite, est un groupement judicieux, construisant un cours d'anatomie pratiquement complet. Des considérations anatomiques semblent en effet dicter l'ordre *Oss.*, *Musc.*, étant donné que les os constituent la charpente du corps sur laquelle les muscles sont suspendus. Viennent ensuite les nerfs qui précèdent l'anatomie des vaisseaux pour des raisons hiérarchiques, vu que les nerfs naissent du cerveau et desservent les fonctions supérieures.

Dans cet ensemble on ne trouve évidemment pas ce qui est extérieur à la catégorie des os, des muscles, des nerfs et des vaisseaux. Les autres structures anatomiques, comme les viscères (cœur, poumon, rate, glandes, etc.) manquent. Oribase, dans son livre XXV des *Collections,* intègrera ce qui manque, en puisant dans le traité *Sur l'utilité des parties* (*De usu partium*) d'une part, et dans *Pratiques anatomiques,* d'autre part. Les *Sommaires* alexandrins feront de même aux VIe et VIIe siècles[2].

2. Qusta ibn Luqa (traducteur du Xe siècle), dans le curriculum conseillé d'écrits anatomiques de Galien, ajoutait à l'anatomie pour étudiants les traités *De anatome uiuorum, De anatome mortuorum, De Hippocratis anatome, De usu partium.* Voir M. Meyerhof, « Über

La tradition de l'anatomie mineure n'est pas riche[3], bien qu'elle soit plus favorisée par le sort que celle des *Pratiques anatomiques* qui ne sont que partiellement conservées, dans un seul manuscrit grec, le *Parisinus gr.* 1849 et ses apographes. Les opuscules n'ont pas été traduits en latin avant la Renaissance. Aussi, l'anatomie mineure a-t-elle eu une influence seulement indirecte sur l'occident latin médiéval, et cela à travers le *Liber Regius* de Ali ibn Abbas al Majusi (Xe s.), paraphrasé par Constantin l'Africain (XIIe s.), et traduit ensuite par le pisan Stéphane d'Antioche (XIIIe s.) dont les chapitres anatomiques sont extraits des *Sommaires* alexandrins.

Au cours de la Renaissance la personnalité qui a le plus contribué à la diffusion et à la compréhension de nos textes est Augustino Gadaldini de Modène (1515-1575), traducteur de Galien et rédacteur de trois éditions des *Œuvres complètes* en latin (1550, 1556, 1565). On lui doit la traduction latine de *Musc.* (le grec a été publié en 1830), la traduction complète de *Nerv.* (seulement une moitié avait été éditée en grec dans l'Aldine), et l'utilisation d'un manuscrit aujourd'hui perdu pour sa révision de la traduction latine de *Ven.*

* *
*

Les traductions françaises sont issues du travail conjoint d'Armelle Debru et d'Ivan Garofalo.

À la fin de ce long travail je souhaite remercier vivement Jacques Jouanna pour m'avoir confié cette édition et pour avoir procédé à une importante révision finale, mes réviseurs Véronique Boudon-Millot et Amneris Roselli pour leur aide. Véronique Boudon a contribué à

echte und unechte Schriften Galens nach arabischen Quelle », *Sitz. der Preus. Ak. der Wiss.*, phil.-hist. Kl., 1928, p. 546.

3. Elle compte pourtant pour *Oss.* un des plus beaux manuscrits médicaux, le *Laurentianus* 74, 7 (voir *infra*, p. 10).

améliorer la traduction. Amneris Roselli suit mes travaux depuis le début de ma carrière scientifique et a beaucoup contribué à cette édition. À Armelle Debru j'adresse un remerciement particulier pour avoir essayé de donner de l'élégance française à cette matière spécialisée, et enfin à Maïa Todoua qui a participé à la révision finale avec une acribie exemplaire.

Paris, mars 2004.

CRITÈRES ÉDITORIAUX GÉNÉRAUX

Orthographe

J'ai régularisé τέτταρες/τέτταρα qui est plus fréquemment attesté que τέσσ-.

J'ai fait de même pour γίνομαι et γινώσκω, contre γιγ- moins fréquemment attesté.

L'iota souscrit dans σῴζω, μιμνῄσκω, θνῄσκω a été rétabli ainsi que dans toutes les autres formes avec iota souscrit.

ABRÉVIATIONS DES TITRES DES OUVRAGES CITÉS LE PLUS FRÉQUEMMENT

Anat. admin. = *Galeni Anatomicarum administrationum libri qui supersunt novem, earundem interpretatio arabica Hunaino Isaaci filio ascripta*, ed. I. Garofalo, tomus prior libros I-IV continens, Napoli, 1986, tomus alter, libros V-IX continens (A.I.O.N. Dip. di studi del mondo classico e del mediterraneo antico, Sez. filologico-letteraria, Quaderni 4), Napoli, 2000.

Anat. admin. arab. Simon = *Sieben Bücher Anatomie des Galen*, ed. M. Simon, vol. I, Leipzig, 1906 (livres IX-XV des *Pratiques anatomiques* conservés en arabe).

Proc. = *Galeno, Procedimenti anatomici*, a cura di I. Garofalo, Milano, 1991 (traduction italienne complète des quinze livres des *Pratiques anatomiques*).

LES OS POUR LES DÉBUTANTS

NOTICE

I

L'OSTÉOLOGIE ET LE TRAITÉ DE GALIEN

L'ostéologie ancienne

Le traité de Galien *Sur les os*, est le plus complet des ouvrages qui nous sont parvenus de l'Antiquité sur le sujet de l'ostéologie[1]. Galien lui-même en connaissait un grand nombre, aux titres variés (*Squelette*, *Ostéologies*, etc.)[2]. De tous ces traités, nous n'avons conservé que la partie relative aux os de l'œuvre de Rufus *Sur les noms des parties du corps humain*[3], un opuscule *Sur les os* attribué à Rufus[4] et le XIIe chapitre de l'*Introductio*

1. Sur l'anatomie des os chez Galien et avant Galien voir M. T. May, *Galen on the usefulness of the parts of the body*, Ithaca, NY, 1968 ; I. Garofalo, *Galeno, Procedimenti anatomici*, Milano, 1991.

2. Voir également *Anat. Admin.*, *Pratiques anatomiques*, I, 2, Kühn, II, 220 ; I. Garofalo, *op. cit.*, p. 7.

3. Rufus, *De denominatione partium hominis*, *Les noms des parties du corps humain*, éd. Ch. Daremberg, C. É. Ruelle, Paris, 1879 ; et aussi G. Kowalski, Diss. Göttingen (dactyl.), 1960, mais voir sur cette édition A. Sideras, « Rufus von Ephesos und sein Werk », *ANRW*, 37, 2, Berlin-NY, 1994, pp. 2036-2062.

4. Ce court opuscule est transmis, comme le livre *Sur les os* de Galien, par le *Laurentianus* 74. 7 (voir *infra*, p. 10) ; sa paternité est douteuse (voir J. Ilberg, « Rufus von Ephesos ein griechischer Arzt in trajanischer Zeit », *Abhand. der Säch. Ak. der Wiss.*, phil.-hist. Kl., 1930, nr. 1) en raison du lexique qui contient des mots étrangers au

siue medicus, œuvre transmise parmi les traités de Galien[5]. Tous ces textes ne donnent pas beaucoup plus que les noms des os. Le même jugement vaut par ailleurs pour le 1er chapitre du livre VII du *De medicina* de Celse[6].

Pourtant, l'anatomie des os est bien représentée dans la *Collection hippocratique*[7] où les traités chirurgicaux sont enrichis de descriptions assez importantes des os de la tête (cf. *Plaies de la tête*, c. 1) et des autres os (cf. *Fractures*, *Articulations* et *Officine du médecin*)[8]. L'anatomie alexandrine (Hérophile, Eudémos) a ajouté peu au progrès de cette science[9]. Galien nous parle des anatomistes modernes (νεώτεροι)[10] face à Hippocrate, mais il ne donne aucun nom. Toute la production anatomique entre la *Collection hippocratique* et l'époque impériale est per-

vocabulaire de Rufus (on peut comparer les deux lexiques dans plusieurs endroits du *Noms des parties* et de *Oss.* chez F. Skoda, *Médecine ancienne et métaphore, Le vocabulaire de l'anatomie et de la pathologie en grec ancien*, Paris, 1988). L'édition la plus récente est celle de Ch. Daremberg (complétée et éditée par Ch. É. Ruelle).

5. Une édition critique de cette œuvre très importante est en préparation par Caroline Petit (thèse Paris, 2005).

6. Voir édition et commentaire par I. Mazzini, A. Cornelio Celso, *La chirurgia* (libri VII e VIII del *De medicina*), Univ. degli studi di Macerata, Facoltà di Lettere e Filosofia, Macerata, 1999.

7. Un petit traité sur les vaisseaux porte même le titre décevant de *La nature des os*. L'anatomie des os n'en occupe que la première page. Voir l'édition de M.-P. Duminil, Hippocrate, *Plaies, Nature des os, Cœur, Anatomie*, Paris, CUF, 1998.

8. Sur les noms des os dans les *Fractures* et *Articulations* voir D. Irmer, « Die Bezeichnung der Knochen in *Fract.* und *Art.* », *Hippocratica*, Actes du Colloque hippocratique de Paris, M. D. Grmek (éd.), 1980, pp. 265-283.

9. Exception faite pour l'os hyoïde mentionné pour la première fois par Hérophile qui l'appelait *parastates* (cf. Rufus, *Onom.*, 155 = fr. 94, von Staden, *Herophilus, The art of medicine in early Alexandria*, Cambridge, 1989), et pour un fantôme anatomique, l'os dit *akromion*. Voir *infra*, p. 72, note 1.

10. Voir ici p. 41, 10.

due. Le seul chirurgien conservé qui précède Celse, Apollonios de Cition, ne donne rien de nouveau dans son commentaire des *Articulations* d'Hippocrate[11].

Marinos d'Alexandrie, le restaurateur de l'anatomie à la fin du Ier siècle de notre ère, consacra aux os les livres V et VI des vingt livres de son *Anatomie* (perdue, mais dont Galien nous donne le contenu général)[12]. Lykos de Macédoine ne traitait pas des os dans son *Anatomie* en dix-neuf livres[13].

Les papyrus nous ont conservé quelques débris d'anatomie des os. La pièce la plus importante est un fragment d'anatomie du pied[14]. Une énumération des os se trouve dans un papyrus de l'Université de Gênes[15].

On signalera dans nos notes la première attestation de chaque structure avec la référence à l'œuvre classique de F. Skoda sur le langage médical et la métaphore[16].

11. Éditions citées *infra*, p. 10, note 31.

12. Voir I. Garofalo, « Note filologiche sull'anatomia di Galeno », *ANRW*, 37, 2, 1994, pp. 1823-1829 ; traduction française (sur le texte de Müller) dans M. D. Grmek-D. Gourevitch, *ANRW*, 37, 2, 1994, p. 1494-1496.

13. Les chapitres de ce synopsis, perdu déjà aux temps de Hunain ibn Ishaq (IXe siècle), sont contenus dans le *De libris propriis*, dans la partie perdue en grec mais conservée en version arabe (manuscrit *Meshed Ridâ* 5214 f. 31r). Je remercie V. Boudon-Millot de m'avoir permis de consulter le passage concerné (cf. F. Sezgin, *Geschichte der arabischen Schrifttums*, vol. III, Leiden, 1970, p. 79).

14. Voir M.-H. Marganne, « Une description des os du tarse : P. Lit. Lond. 167 », *Bull. of the Amer. Soc. of Papyr.*, 24, 1987, pp. 23-34, et *infra*, p. 82, n. 1. Sur les autres papyrus voir I. Andorlini Marcone, « L'apporto dei papiri alla conoscenza della scienza medica antica », *ANRW*, 37, 1, 1993, p. 458-562.

15. *Papiri dell'Università di Genova*, n° 51, *Frammento di trattato medico*, Genova, 1980, Martens-Pack [3] 2345 ; voir I. Andorlini Marcone, *op. cit.*, p. 493.

16. F. Skoda, *Médecine ancienne et métaphore* (cité n. 4).

Les os, aux débutants

Écrit pour les étudiants, le Περὶ ὀστῶν τοῖς εἰσαγομένοις, *De ossibus ad tirones* (*Oss.*) ne contient pas de polémiques, la seule autorité citée étant celle d'Hippocrate, pour des questions de noms[17]. La description de Galien est d'ordinaire claire, à l'exception de son chapitre sur les sutures du crâne (c. 2) qui est relativement obscur.

L'ostéologie de Galien est surtout humaine, mais il y a des traces de l'anatomie du singe pour trois structures : la premaxilla, la composition du sternum, l'orientation des apophyses spinales[18].

L'ostéologie est traitée d'un point de vue fonctionnel dans le *De usu partium*, « Sur l'utilité des parties », (publié entre 163 et 175)[19], où les os de la tête sont décrits dans les chapitres finaux du livre XI, et les autres os au fur et à mesure que Galien parle des membres[20]. Galien parle des os dans ses commentaires aux œuvres chirurgicales d'Hippocrate. Il les avait commentées toutes les quatre : *Fractures*, *Articulations*, *Officine du médecin, Blessures de la tête* (ce dernier commentaire est perdu). Sa terminologie ostéologique, fondamentalement conservatrice, est empruntée à Hippocrate.

L'ostéologie était, comme l'anatomie en général, objet de controverses qui mettaient en péril le prestige de la science médicale. Galien a écrit un ouvrage sur *Les*

17. Cf. c. 8.4. La polémique se trouve ailleurs, dans les *Pratiques anatomiques* et l'*Utilité des parties*.

18. Voir W. E. Sullivan, « Skeleton and joints (of the Rhesus monkey) », C. Hartman et W. L. Jr. Straus, *The anatomy of the Rhesus monkey*, Baltimore, 1933, p. 43-84.

19. Pour la traduction française avec notes voir Ch. Daremberg, *Oeuvres anatomiques, physiologiques, médicales de Galien*, vol. I, Paris, 1854-56.

20. Un index très détaillé se trouve dans M. T. May, *Galen on the usefulness of the parts of the body*, Ithaca, NY, 1968, p. 761, sqq., *s. v.* Bone(s).

divergences en anatomie (perdu) dont on trouve quelques traces dans ses ouvrages anatomiques[21].

Contenu et disposition

La disposition de la matière du traité est l'ordre traditionnel *a capite ad calcem*[22]. Après une longue préface qui exalte l'importance de l'ostéologie, Galien évoque ses prédécesseurs anonymes (sauf Hippocrate), et aborde quelques questions de terminologie (épiphyses et apophyses, différentes articulations). Il passe ensuite à la tête (c. 1) ; puis, au zygoma (c.2) ; suivent les os de la mâchoire supérieure (c. 3) et du nez (c. 4), les dents (c. 5), les os de la mâchoire inférieure (c. 6), le rachis en général (c. 7), les vertèbres cervicales (c. 8) et dorsales (c. 9), lombaires (c. 10), le sacrum (c. 11), le coccyx (c. 12), puis les os du thorax (c. 13), les omoplates (c. 14) et les clavicules (c. 15) ; viennent après les os des extrémités, membre supérieur d'abord : le bras (c. 16), l'avant-bras (c. 17), le carpe (c. 18), le métacarpe et les doigts (c. 19), le pelvis (c. 20)[23] ; membre inférieur ensuite : le fémur (c. 21), la jambe (c. 22), la rotule (c. 23), le tarse (c. 24), la plante et les orteils (c. 25).

L'os hyoïde, l'os du cœur, les os sésamoïdes ne sont pas décrits parce que l'œuvre est destinée aux étudiants débutants. Cependant, une ostéologie pour les étudiants avancés ne sera jamais écrite, car on ne peut considérer les pages sur les os dans le *De usu partium* comme relevant d'un niveau vraiment supérieur. Du reste, dans la grande anatomie, les *Pratiques anatomiques*, Galien nous renvoie au livre *Sur les os* comme à l'exposé le meilleur,

21. Voir I. Garofalo, « Note filologiche sull'anatomia di Galeno », *ANRW*, 37, 2, 1994, p. 1799-1780.

22. Voir sur ce sujet D. Manetti-A. Roselli, « Galeno commentatore di Ippocrate », *ANRW*, 37, 2, 1994, p. 1529-1635 et 2071-2080.

23. Le grec manque d'un terme générique pour le pelvis ; le titre du chapitre dans une partie de la tradition est *Les os qui se combinent avec l'os sacré* (voir *infra*, p. 78).

quoique le titre « aux débutants » revienne dans toutes les auto-bibliographies de Galien : *Sur ses propres livres*, *Sur l'ordre de ses propres livres*, *Art médical*[24].

Date de composition

Ainsi que l'anatomie des nerfs et des vaisseaux (voir vol. VIII), l'anatomie des os a été dictée à des disciples pendant le premier séjour romain (161-166), comme nous dit Galien dans *Sur ses propres livres*. Elle a été révisée ensuite lors du deuxième séjoin[25]. Galien, dans *Sur l'ordre de ses propres livres* en conseillait la lecture après les livres *Sur les écoles* et *Sur le pouls*, et comme première lecture anatomique, avant les *Pratiques anatomiques*[26]. En effet, Galien jugeait son livre sur les os le meilleur sur le sujet. Aussi est-il le seul qu'il n'ait pas réélaboré dans les *Pratiques anatomiques*[27].

24. Ce fait a créé quelque embarras chez Hunain (voir *infra*, p. 27, note 77).

25. Cf. *Sur ses propres livres,* éd. I. Müller, *SM*, II, 94, 9-17 : τοῖς δ' εἰσαγομένοις ὑπηγορεύθη τὸ περὶ τῶν ὀστῶν καὶ τὸ περὶ τῶν σφυγμῶν, ἐδόθη δὲ καὶ φίλῳ Πλατωνικῷ κατὰ τὴν ἐπιδημίαν ταύτην εἰσαγωγικὰ δύο βιβλία, τὸ μὲν φλεβῶν καὶ ἀρτηριῶν, τὸ δὲ νεύρων ἔχον ἀνατομήν, καὶ ἑτέρῳ τινὶ τῆς ἐμπειρικῆς ἀγωγῆς ὑποτύπωσις· ὧν οὐδὲν ἔχων ἐγὼ παρὰ τῶν ἐχόντων ἔλαβον, ἡνίκα τὸ δεύτερον ἧκον εἰς Ῥώμην. ἄλλων δέ τινων τότε γραφέντων φίλοις ἔμεινεν ἀντίγραφα παρ' ἐμοὶ διὰ τὸ τελέως ἐξειργάσθαι.

26. Voir *Sur l'ordre de ses propres livres*, éd. I Müller, *SM*, II, 83, 23 : ἀναγνώσεται τοίγαρ οὖν οὗτος ἁπάντων πρῶτα τὰ τοῖς εἰσαγομένοις γεγραμμένα, τό τε περὶ τῶν αἱρέσεων, ὃ δὴ καὶ κατὰ τήνδε τὴν λέξιν ἐπιγέγραπται 'περὶ αἱρέσεων τοῖς εἰσαγομένοις' καὶ τὸ περὶ <τῶν> σφυγμῶν, ὃ δὴ καὶ αὐτὸ παραπλησίως ἐπιγέγραπται 'περὶ σφυγμῶν τοῖς εἰσαγομένοις', καὶ τρίτον, ὃ 'περὶ ὀστῶν τοῖς εἰσαγομένοις' ἐπιγέγραπται, τῆς ἀνατομικῆς πραγματείας ὑπάρχον πρῶτον, ἣν δὴ καὶ πᾶσαν εἴ τις βούλοιτο διελθεῖν, ἐπὶ τὴν τῶν ἀνατομικῶν ἐγχειρήσεων ἡκέτω πρὸ τῶν ἄλλων.

27. Voir *Pratiques anatomiques* I, 1 ; I. Garofalo, p. 6-7. On trouve cependant des descriptions de l'anatomie du crâne et des vertèbres dans les *Pratiques anatomiques*, livres XIV et XV, conservés en arabe, là où Galien parle du parcours des nerfs crâniens et spinaux.

II

LA TRADITION MANUSCRITE DIRECTE

Le traité *Sur les os* se lit dans onze manuscrits indiqués par H. Diels dans son catalogue des manuscrits médicaux[28].

Laurentianus 74, 7	IXe-Xe s.	263r col. B-275r col. A	L
Parisinus Suppl. gr. 634	XIIe s.	27r-37v	Q
Scorialensis T III 7	XIIIe s.	10r-20r	E
		73r-90r	S
Cryptensis gr. 81 (Z γ VI)	XIVe s.	1r-15v	C
Neapolitanus Borbonicus III D 15	XIVe s.	184v-193v	N
Ambrosianus gr. 687 (Q 87 sup.)	XVIe s.	227r-229r, 222r-223r	A
Ambrosianus gr. 728 (S 3 sup.)	XVIe s.	1r-21r	M
Berolinensis Phillippicus 1576	XVIe s.	1r-20v	Be
Parisinus gr. 2248	XVIe s.	368v-384r	J
Parisinus gr. 2247	XVIe s.	274r-283v	W
Vaticanus Barberinianus gr. I 80	XVIe s.	1r-42r	B

1. Présentation et classement des manuscrits

La tradition directe se partage en deux familles. La première se trouve représentée par le seul *Laurentianus* (L) et ses apographes ; la deuxième (Ψ) par les manuscrits *Scorialensis* (sigle E pour les extraits, sigle S pour le

28. H. Diels, *Die Handschriften der antiken Ärzte*, I, *Hippokrates und Galenos*, *Abhand. Preus. Ak. Wiss.*, phil.-hist. Kl., 1905 (réimpr. Leipzig, 1970), p. 67 ; voir aussi M. G. Moore, *Galen, Introduction to the Bones : a critical edition with translation and indices*, The Univ. of Michigan, Ph. D., 1969 (voir *infra*, p. 31), p. IV-XXIX. Le manuscrit de la bibliothèque de Andreas de Rubeis, cité par Diels, reste introuvable. Pour une étude générale sur les manuscrits de l'anatomie mineure, cf. I. Garofalo, « La tradition de l'anatomie pour 'étudiants' de Galien », *Storia e ecdotica dei testi medici greci*, a cura di A. Garzya, J. Jouanna, Napoli, 1995, p. 155-179. Tous les manuscrits, à l'exception près du *Berolinensis Phillippicus* 1576, du *Vaticanus Barberinianus*. I 80 et du *Neapolitanus Borbonicus* III D 15, ont été collationnés directement.

texte entier), *Cryptensis* (C), *Ambrosianus* Q 87 sup. (A) et *Parisinus Suppl. gr.* 634 (Q) avec ses copies.

Présentation et description codicologique du manuscrit L

Le *Laurentianus* 74, 7 est un manuscrit célèbre qui contient de nombreuses œuvres chirurgicales, celles d'Hippocrate, d'Apollonios de Cition, de Galien, de Rufus, de Soranos, d'Oribase. Il est connu comme la collection chirurgicale de Nikétas[29].

Ce manuscrit de parchemin, daté du IXe-Xe s.[30], compte à présent 407 f.[31] ; le format est de 37 x 28 cm. ; la surface écrite est de 23 x 21 cm. ; il est écrit sur deux colonnes de 36 lignes chacune ; les marges extérieures sont de 9, 4 cm., les intérieures de 9 cm. de largeur. Les

29. Dans les f. 8v-9v on trouve trois poèmes en vers iambiques qui nous disent que le livre a été créé par un certain Nikétas dont nous ne savons rien.

30. Les majuscules y sont très rares, à part les titres. Dans *Oss.* j'ai trouvé seulement un *nu* majuscule, en fin de colonne.

31. Chiffres de la numérotation imprimée. Il y a une autre numérotation moderne manuscrite, légèrement différente, qui est utilisée par Cocchi et Bandini. Voir la description détaillée chez A. Cocchi, *Graecorum chirurgici libri*, Florence, 1754, *passim* ; S. Bandini, *Catalogus Manuscriptorum Codicum Bibliothecae Mediceae Laurentianae*, vol. III, Florentiae, 1768-1771, coll. 53-93 (*Oss.* col. 91) ; H. Schöne, Apollonius von Kition, *Illustrierter Kommentar zu der hippokratischen Schrift* ΠΕΡΙ ΑΡΘΡΩΝ, Leipzig, 1896, p. VI-XXII ; J. Kollesch, F. Kudlien, Apollonius Citiensis, *In Hippocratis De articulis*, *CMG*, XI, I, I, Berlin, 1965 ; J. Raeder, Oribasius, *Collectiones medicae*, *CMG*, vol. III, VI. 1-3, Leipzig/Berlin, 1926-1931, p. VII ; Moore, *op.cit.*, p. iv-vii ; É. Legrand, *Bibliographie Hellénique aux XV et XVI siècles,* vol. I, Paris, 1885, pp. CXXXI-CLXII ; A. Scapini, *I codici medici della Laurenziana*, Pisa, Giardini, 1968. L'histoire du *Laurentianus* a été retracée par M. D. Grmek, « Vestigia della chirurgia greca : il codice di Niceta e i suoi discendenti », *KOS*, 1, 5, 1984, p. 52-60, avec bibliographie et version italienne des documents : contrat de vente du manuscrit de la part de Niccolò di Giacomo, de Sienne, à Ianos Lascaris, contrat daté du 3 avril 1492, à Candia, Crète (publié par Piccolomini, *Riv. di Filol.*, II, 1873, p. 420-423) et la préface de la traduction latine de Francesco Balami, 1535 (voir *infra*, p. 32).

œuvres sont toutes divisées en chapitres dont la numérotation continue est présentée comme table des matière au commencement du volume et répétée en tête de chaque chapitre. L'index de *Oss.*, qui est presque identique aux titres de chaque chapitre, est au f 6ra. Les 26 chapitres qui forment *Oss.* vont de τξ΄ (360) jusqu'à τπε΄ (385). L'encre est noire et bien lisible. Dans les marges, une autre main[32], contemporaine, a ajouté des notes anatomiques en une minuscule inclinée à droite, utilisant une encre plus brune. La reliure des pages a éliminé au moins un bon centimètre, ce qui a entraîné la perte d'une à trois lettres dans ces notes marginales[33].

Les titres, ainsi que l'index, sont en majuscule. Ce manuscrit manque souvent d'esprits et d'accents. Pour ce qui concerne *Oss.*, esprits et accents sont de la même encre et souvent erronés. Les mots ne sont généralement pas séparés. La seule abréviation est le signe de la nasale en fin de colonne. Les fautes d'iotacisme sont fréquentes : ει, ι, η sont interchangeables. Il y a confusion entre οι et υ, jamais entre οι, υ et les lettres prononcées *i*. L'iota mutum est parfois adscrit, mais plus souvent omis. L met presque constamment le *nu* paragogique même avant consonne.

D'après A. Cocchi, dans la page finale du manuscrit (407v) une note mal lisible dit qu'au XIVe siècle le livre aurait appartenu à l'Hôpital des quarante Martyrs à Constantinople et qu'il contenait à cette époque 426 f. (19 f. seraient donc perdus)[34]. D'après une autre note, ce

32. Peut-être est-ce une des mains qui ont écrit les trois épigrammes parlant de Nikétas aux f. 8v-9r-9v (Schöne distingue trois mains différentes).

33. Certaines notes proviennent de Soranos, comme le prouve l'*Etymologicum Magnum* qui les attribue à ce médecin ; voir Rufus, *De denominatione partium hominis*, *Les noms des parties du corps humain*, éd. Ch. Daremberg, C. É. Ruelle, Paris, 1879, p. 263-66.

34. M. D. Grmek, « Vestigia della chirurgia greca : il codice di Niceta e i suoi discendenti », *KOS*, 1, 5, 1984, p. 53.

même manuscrit serait passé par l'orphelinat impérial au XIIe siècle[35].

Le manuscrit se trouvait à Héraklion (Crète) en 1492, lorsqu'il y fut acheté par Janos Lascaris pour le compte de Lorenzo de Medici[36]. On ne sait rien du manuscrit jusqu'à 1534, quand Ferdinando Balami, le traducteur en latin de *Oss.* (traduction parue en 1535, voir *infra*, p. 32) nous parle de sa redécouverte peu de mois auparavant (ce qui a rendu possible aussi la version latine)[37].

Janos Lascaris aurait essayé, nous dit Balami, de corriger les fautes innombrables de L, mais cela ne s'est pas passé (pour *Oss.* au moins) sur le manuscrit lui-même. Comme Moore[38] l'a démontré, les résultats de ces efforts sont attestés par une copie de L, le *Parisinus gr.* 2248 (J).

Le *Laurentianus* a été connu par le copiste du manuscrit de Grottaferrata, C (voir *infra*, p. 21 sq.).

Cinq manuscrits dérivent de L, l'un (J) directement, les quatre autres (W, M, B, Be) indirectement[39].

35. Bandini *op. cit.*, col. 91.

36. Sur Janos Lascaris (1445-1534) voir B. A. O. Knös, *Un ambassadeur de l'hellénisme, Janos Laskaris*, Uppsala et Paris, 1945 (cité par M. D. Grmek, *op. cit.*, p. 53).

37. L'attention sur cette notice a été attirée par S. Bandini, *op. cit.*, 17, III col. 91, qui le cite : *deerat cum nonnullis aliis de ossibus liber, quumque superioribus mensibus Florentiae in Medicea Bibliotheca plures de luxationibus, deque aliis, quae ad rem chirurgicam faciunt reperirentur auctores, uno contenti Codice, eoque uetustissimo ; hunc negligenter scriptum multisque mendis et temporum iniuria deprauatum Clemens VII. Pont. Max. Iano Lascari uiro doctissimo tradidit, qui ut iam pridem hunc librum e Graeciae ruinis seruaverat, sic summo cum studio curaque innumeris purgatum uitiis in pristinam prope formam eum restituit. Inter eos auctores Galenus de ossibus inerat, quem quum a plerisque Clemens desiderari animaduerteret, mihi praecepit, ut illum ad studiosorum usum transferrem.* Clément mourut en 1534, ainsi que Lascaris.

38. M. G. Moore, *Galen, Introduction to the Bones : a critical edition with translation and indices*, The Univ. of Michigan, Ph. D., 1969, University Microfilms Inc. Ann Arbor, Michigan, p. 7.

39. La dérivation a été établie par H. Schöne (dans Apollonius von Kition, *Illustrierter Kommentar zu der hippokratischen Schrift* ΠΕΡΙ

J *Parisinus gr.* 2248. Daté du XVIe siècle, plus précisement vers 1530, ce manuscrit de papier compte 610 f., son format est de 33,8 x 22,5 cm. Il contient *Oss.* aux f. 368v-384r. Copié de L par Vasilios Varélis sous la direction de Janos Lascaris[40], il reproduit le texte et les *marginalia* de L, ajoute esprits et accents manquants (quelquefois erronés), fait figurer en marge et, parfois, introduit dans le texte les variantes tirées d'Oribase, corrige les fautes minimes d'orthographe (iotacismes, *nu* paragogique superflu).

Le manuscrit *Parisinus gr.* 2248 a donc quelque chose d'une édition, étant donné qu'il a été construit sur une collation (partielle) d'Oribase et soumis à une correction. Dans un cas seulement J présente une leçon qui ne se trouve pas dans Oribase (qui manque pour ce passage) mais qui est attestée dans le reste de la tradition ; il s'agit de 54,9 ἥ τε (τε om. L).

Ce manuscrit ajoute aussi des fautes à son modèle. En voici un exemple :

60,18-61,1 τὸ καλούμενον ἱερὸν ὀστοῦν ἔχον, J : τὸ ἱερὸν ὀστοῦν ἔχων καλούμενον cett.

W *Parisinus gr.* 2247. Ce manuscrit de papier, ayant 415 f., est une copie du *Parisinus gr.* 2248 (J) par C. Auer[41].

ΑΡΘΡΩΝ, Leipzig, 1896) et J. Kollesch- F. Kudlien (dans Apollonius Citiensis, *In Hippocratis De articulis*, *CMG*, XI, I, I, Berlin, 1965) pour le texte d'Apollonios de Cition ; par J. Raeder (dans Oribasius, *Collectiones medicae*, *CMG*, vol. III, VI. 1-3, Leipzig/Berlin, 1926-1931) pour le texte d'Oribase.

40. H. Omont (voir *Inventaire sommaire des manuscrits grecs de la Bibliothèque Nationale*, 2e partie-Ancien Fonds Grec, Paris, 1888, p. 221), ainsi que d'autres éditeurs l'attribuent à Vasilios Varélis (H. Schöne émet des doutes), copiste du manuscrit *Par. gr.* 2714 daté de 1541. M. D. Grmek (voir « Vestigia della chirurgia greca : il codice di Niceta e i suoi discendenti », *KOS*, 1, 5, 1984, p. 57) propose de l'assigner à Georgios Balsamon sur la base de l'identification de ce manuscrit avec un manuscrit mentionné dans le catalogue du fonds Ridolfi (*Par. gr.* 3040) et attribué à la main de ce copiste.

41. Voir V. Gardthausen, *Griechische Paläographie*, Leipzig 1879,

Il s'agit du *manuscriptus regius* connu par Chartier (voir *infra*, p. 30-31).

Aux fautes de J, W en ajoute d'autres de son cru. En voici quelques-unes :

49,4 ῥάχιν au lieu de ἀρχὴν (leçon reproduite par Chartier) ;

49,7 προσέρχεται au lieu de προέρχεται (leçon reproduite par Chartier).

Trois autres manuscrits sont des copies du *Parisinus gr.* 2247 (W) : *Ambrosianus gr.* 728, cote ancienne, S 3 sup. (M)[42], *Vaticanus Barberinianus gr.* I 80 (B)[43], *Berolinensis Phillippicus* 1576 (Be).[44]

Les manuscrits de la famille Ψ, présentation et description codicologique

E Le *Scorialensis* T III 7[45]. Daté du XIIe siècle, écrit par deux mains (dont la première est responsable des f. 1r

p. 317, *s. v.* Christophorus ὁ Ἀβέρος ; aussi, H. Schöne, *op. cit.*, XVII, XXII. C. Auer a travaillé à Rome. Le prix de ce manuscrit est dû aux excellentes figures dessinées par un artiste italien (voir M. D. Grmek, *op. cit.*, p. 58).

42. Voir A. Martini et D. Bassi, *Catalogus Codicum Graecorum Bibliothecae Ambrosianae*, vol. II, Milano, 1906, p. 842-844.

43. Voir V. Capocci, *Codices Barberiniani Graeci*, vol. I, Città del Vaticano, 1958.

44. Voir W. Studemund et L. Cohn, *Codices ex Bibliotheca Meermaniana Phillippici Graeci nunc Berolinenses*, Berlin, 1890, p. 70.

45. Voir A. Revilla, *Catalogo de los Codices Griegos de la Biblioteca de el Escorial*, vol. I, Madrid, 1936, p. 518 ; Ch. Graux, *Essai sur les origines du Fonds Grec de l'Escurial*, Paris, 1880 ; P. Canart, « Scriptoria calabresi dalla conquista normanna alla fine del secolo XIV », *Calabria bizantina. Tradizione di pietà e tradizione scrittoria alla fine del secolo XIV*, Reggio Calabria-Roma, 1983, pp. 143-160 ; P. Canart et J. Leroy, « Les manuscrits en style de Reggio. Étude paléographique et codicologique », *La Paléographie grecque et byzantine* (Colloques Internationaux du C.N.R.S., 559), Paris, 1997, p. 241-259 ; A. M. Ieraci Bio, « La trasmissione della letteratura medica greca nell'Italia meridionale fra X e XV secolo », *Contributi alla cultura greca nell'Italia meridionale*, I, a cura di A. Garzya, Napoli,

à 26v, la deuxième des 27r à 151v)[46], ce manuscrit provient de l'Italie méridionale. Il contient des extraits de *Musc.* (ff. 1r-10r3), ceux de *Oss.* (10r4-20r, voir *infra*, p. 20), de *Ven.* (20r-29v) et de *Nerv.* (29v-34r). J'appelle cette partie du manuscrit de l'Escurial E.

S Suivent dans le manuscrit le *De motu musculorum* (34r-73r11), l'*Oss.* (73r12-90r), le *Musc.* (90r-129r), le *Nerv.* (129r-137r) et le *Ven.* (137v-151v). Le manuscrit est mutilé à κατὰ τὰ πρόσω μέρη, II, 820, 17 K. Je donne à cette partie du manuscrit le sigle S.

C Le *Cryptensis* Z γ VI. Il s'agit d'un manuscrit du XIVe siècle[47]. Il comprend 65 f. ; son format est de 260 x 190 mm ; il contient l'anatomie mineure dans l'ordre *Oss.*, *Musc.*, *Nerv.*, *Ven.* Le texte se trouve mutilé à πλησίον ἐκ (II, 799,3 K = notre édition vol. VIII p. 95,16). Les lettres élargies initiales sont semblables à celles de la deuxième main du *Scorialensis*.

Q Le *Parisinus Suppl. gr.* 634. Ce manuscrit en papier oriental d'origine italo-grecque, comprend *Oss.* aux f. 27r-37r ; son format est de 290 x 208 mm. Il est daté du XIIe siècle[48] ; il contient une collection de textes médicaux, plus particulièrement de Galien, *Ars medica*,

1989, p. 171 ; P. Rosa, « Per un'edizione del *De motu musculorum* di Galeno », *Eikasmos*, 6, 1995, p. 221-239.

46. A. Revilla, *op. cit.*, p. 518 pense que la deuxième main est plus récente ; M. G. Moore la date du XIVe siècle, car il considère la partie du *Scorialensis* que je désigne par le sigle **S**, comme une copie du *Cryptensis*, voir son *Galen, Introduction to the Bones : a critical edition with translation and indices*, The Univ. of Michigan, Ph. D., 1969, University Microfilms Inc. Ann Arbor, Michigan, p. xvi-xvii.

47. A. Rocchi, *Codices Cryptenses*, typis Abatiae Cryptae Ferratae, Grottaferrata, 1883.

48. Sur ce manuscrit voir tout récemment V. Boudon, *Galien, Art médical,* Paris, CUF, 2000, p. 211 ss., où il a le sigle Q que j'emprunte. Le format du papier oriental est décrit par P. Canart, *op. cit.*, p. 431 et note 32 ; également par A. M. Ieraci Bio, *op. cit.*, p. 179.

De victu attenuante, mais aussi des textes d'auteurs byzantins, tels que Syméon Seth (XIe siècle)[49].

N *Neapolitanus Borbonicus* III D 15. Daté du XIVe siècle, ce manuscrit qui donne le traité aux f. 184v-193v[50], est la copie (directe ou indirecte) de **Q**[51]. Aux fautes de Q, N ajoute ses erreurs. En voici deux exemples :

49. H. Omont, « M. Mynas et ses missions en Orient », *Mémoires de l'Institut National de France, Académie des Inscriptions et Belles-Lettres*, vol. 40, Paris, 1914, p. 337-419, 403. Dans l'*Inventaire sommaire du supplément grec de la Bibliothèque Nationale*, Paris, 1883, p. 69, il date ce manuscrit du XIVe siècle. M. G. Moore, *op. cit.*, p. XV ; K. Kalbfleisch, éd. du *De victu attenuante*, CMG, V, 4,2, Leipzig (Teubner) 1923, p. VII ; S. Marinone, *Galeno, La dieta dimagrante*, Torino, 1973, p. 9, suivent la datation de H. Omont. G. Cavallo « Trasmissione scritta della cultura antica in Calabria e in Sicilia tra i secoli X-XV. Consistenza, tipologia, fruizione », *Scrittura e Civiltà*, 54, 1980, pp. 157-245, le date de la IIe moitié du XIIIe siècle, ainsi que A. M. Ieraci Bio. Mais N. Wilson « Aspects of the transmission of Galen », in *Le Strade del testo*, G. Cavallo (éd.), Bari, 1987 (Studi e commenti, 5), p. 47, en suivant L. Concasty, « Manuscrits grecs originaires de l'Italie méridionale, conservés à Paris », *Atti dell'VIII Congresso di studi bizantini*, 1951 (réimpr. 1978), vol. I, p. 22-34, le date du XIIe siècle. Une des mains rappelle un peu celle de Ioannikios (voir une table dressée par S. Marinone, *op. cit.*, p. 16-17). Les marges de ce manuscrit conservent des scholies inédites, ainsi que des scholies continues éditées par G. Helmreich dans ses *Handschriftliche Studien zu Galen*, Prog. Ansbach, 1909/10. Pour ce qui est de *Oss.*, les scholies sont écrites par deux mains, l'une — qui est la même que celle qui a écrit le texte — a transcrit des passages du *De usu partium* d'intérêt ostéologique, l'autre, plus récente, en encre plus noire, a noté des sujets médicaux non-ostéologiques.

50. Voir S. Cyrillus, *Codices graeci manuscripti regiae bibliothecae Borbonicae, descripti atque illustrati a Salvatore Cyrillo*, tomus I, Neapoli, 1826, n° 299 ; A. M. Ieraci Bio, *op. cit.*, p.179. Le manuscrit est un témoin important pour la tradition de Stobée (notamment la première partie du manuscrit). Il reproduit deux textes du manuscrit de Paris, *Oss.* et les scholies sur *De elementis*, *De temperamentis, De ossibus*. J'ai consulté le microfilm à l'Institut de Recherche et d'Histoire des Textes de Paris.

51. Voir M. G. Moore, *op. cit.*, p. XIX.

51,9 καὶ μέσον N : κατὰ μέσον cett.
54,17 καθάπερ καὶ N : συντέτρηται cett.

Le *Parisinus suppl. gr.* 727 est une copie provenant de la main du même M. Mynas[52] qui corrige les iotacismes et d'autres fautes d'orthographe.

A Le manuscrit *Ambrosianus gr.* 687 (Q 87 sup.) — sigle M chez M. G. Moore — est un manuscrit de papier, du XVIe siècle ; son format est de 29 x 21 cm, avec la surface écrite de 20 x 15 cm de 34 lignes en moyenne. Il compte III +278 f. et contient un grand nombre d'auteurs[53]. La reliure a été effectuée de manière désordonnée. *Oss.* occupe à l'intérieur de l'ensemble les ff. 227r-229v et 222r-223v. Il manque le début. Le texte commence avec εἴρηται p. 45,11 du 1er chapitre et il est lacunaire en maints endroits. Comme le modèle devait être peu lisible, les quatre copistes qui ont copié *Oss.* et *Musc.* ont souvent laissé des espaces vides. Mais cela n'a pas toujours été le cas. Il y a en effet une longue lacune non notée par le scribe (p. 53,11-56,13). Les rubriques n'ont pas été ajoutées.

2. Relations entre les manuscrits

L'archétype alexandrin

Tous les manuscrits remontent à un ancêtre commun défini par un bon nombre de fautes non partagées par les témoins de la tradition indirecte, Oribase et la traduction arabe, ou par la traduction arabe seule, quand Oribase manque. Voici quelques-unes de ces fautes :

52. H. Omont, *Inventaire sommaire des manuscrit du Supplément Grec de la Bibliothèque Nationale,* Paris, 1883, p. 83.

53. Voir A. Martini et D. Bassi, *Catalogus Codicum Graecorum Bibliothecae Ambrosianae*, vol. II, Milano, 1906, pp. 791-794. Il appartenait à Michael Sophianos qui l'acheta à Chios en 1606 ; il est fortement endommagé par l'humidité et les vers. Il contient aussi des extraits de l'anatomie des muscles, voir *Notice* à *Musc.*, *infra*, p. 100.

55,6 τρίτας scripsi coll. Ar. (*unaquaeque earum est tertia ex suturis quas enumeraui in descriptione maximorum ossium maxillae superioris*) : τριττὰς codd. : διττὰς in marg. Q
62,12-13 γεννώμενος Or. Ar. recte : γενόμενος codd.
80,11 πᾶν Or.Ar. : πάντα E · πάντη L SCQA
82,8 Χῖον scripsi (*pars similis X* Ar.) : λίον L · λεῖον E SCQA edd.[54].

L et ses descendants

Les fautes de L contre SCQA, Oribase et la traduction arabe sont nombreuses ; voir par exemple :

53,7 καθ'εὐθύ SCQA Ar. : om. L

Il est question de la troisième partie de la suture de l'orbite qui descend en ligne droite. Le *Laurentianus* a omis καθ'εὐθύ et il a été suivi par ses apographes, ainsi que par tous les éditeurs.

La famille Ψ

L'ancêtre de E SCQA est défini par plusieurs fautes non partagées par L, Oribase et la traduction arabe :

44,4,6 ἄλλων L Ar. recte : ἀλλήλων E SCQ
48,13 ὃ post ὀστοῦν add. E SCQA perperam
67,15 ἐπίκειται L Ar. recte : ὑπόκειται E SCQA
70,8 μὲν L Or. recte : om. E SCQA
83,11 post ὑμενώδεις add. τινες E SCQA : om. L Or. Ar. recte

Le sous-groupe Φ

Les manuscrits SCQA forment un sous-groupe (Φ) dans la famille Ψ, à l'exclusion de E défini par les fautes

54. Il s'agit de la partie de l'astragale appelée la partie de Chios ([Rufus] *Oss.*, 38), désignant le coup le plus mauvais dans le jeu des osselets (qui valait 1). Le mot est aussi corrompu dans la tradition d'Aristote, *HA*, 499b29, où χῖα a été restitué à la place de ἰσχία.

communes suivantes contre L E Or. Ar. (Ar. utilisable pour le premier exemple)[55] :

63,3 τῇ ὀστώδει οὐσίᾳ post καὶ add. SCQA : non habent L E Ar. recte
63,9 ἐμπεριεχομένου SCQA : περιεχομένου L E Or. recte
75,16 ἐπιδιαρθρουμένη SCQA : διαρθρουμένη L E Or. recte

Ces manuscrits sont indépendants les uns des autres car aucun d'entre eux ne reproduit les fautes des autres.

Fautes isolées de S :

38,11 ἰάσασθαι S : ἶᾶσθαι cett.
43,16 ἐγομφώθη S : ἐγγοφώθη cett.

Fautes isolées de C :

38,1 ὑπὲρ ὀστῶν C : περὶ ὀστῶν cett.
43,7 ἐμβαίνουσι C : ἀντεμβαίνωσι cett. (ἀντεμβαίνουσι S)

Fautes isolées de Q (et de N) :

41,14 ἔτι δὲ QN : ἔτι τε L SC (desunt E A Or.)
42,16 ἔχει om. QN

Fautes isolées de A :

Voir les nombreuses lacunes dans l'apparat des *Testimonia*.

Groupe SC :

Le *Scorialensis* (S) et le *Cryptensis* (C) forment, à leur tour, un groupe défini par les caractéristiques codicologiques (comme les initiales élargies), par le fait qu'ils sont les seuls à présenter des titres particuliers — par exemple, c. 1b. 8 ποσαχῶς ὁ τρόπος τῆς συνθέσεως —

55. Comme E est contaminé avec Oribase (voir *infra*, p. 20), ce sous-groupe pourrait être inutile.

et par un grand nombre de fautes communes[56] dont voici quelques exemples :

58,7 οὐδ' ὅλως ἐροῦμεν οὐδέποτε περὶ αὐτῶν om. SC
58,15 post εὑρίσκονται add. καὶ αὐτοὶ QA : καὶ αὐτοὶ μόνοι SC perperam
59,11 μὲν om. SC
73,8 post διαρθροῦται add. δὲ SC

Les extraits du Scorialensis *(E)*[57]

Dans les extraits du *Scorialensis* (E) la matière est souvent abrégée et manipulée, de même que sont omises chez Oribase, les notes linguistiques (61,5-6) et aussi les descriptions les plus compliquées comme, par exemple, celles des sutures de la mâchoire (51,13-53,8 ; 54,5-15), du nez (54,17-55,10), d'un certain nombre des os de la tête (55,14-56,14), de la physiologie sur la nature des os (57,6-58,9) et des noms des os (59,3-9). Les notations physiologiques et linguistiques sur les alvéoles sont, elles aussi, manquantes (59,11-13). Est également omis le passage sur l'articulation mâchoire-os temporal (60,2-8), sur la moelle épinière (60,11-17) et ses téguments (61,4-6), sur les ligaments et les cavités des deux premières vertèbres (62,10-13). Les vertèbres du thorax (65,4-15) font défaut à leur tour, ainsi que la physiologie des vertèbres lombaires (66,6-13 et 66,13-67,5) et l'articulation épine-côtes (69,10-19).

Les fautes isolées sont très nombreuses. Par exemple :

63,6 ἀποφύσεις L SCQA Or. : φύσεις E
63,6 ἰσχνότερος L SCQA Or. : ἰσχυρότερος E

56. Voir I. Garofalo, « La tradition de l'anatomie pour les étudiants de Galien », *Storia e ecdotica dei testi medici greci*, a cura di A. Garzya, J. Jouanna, Napoli, 1995, p. 167, pour *Musc.* et *Nerv.*

57. Voir M. G. Moore, *Galen, Introduction to the Bones : a critical edition with translation and indices*, The Univ. of Michigan, Ph. D., 1969, p. XX ; I. Garofalo, *op. cit.*, p. 172. M. G. Moore présente en appendice (p. 52) les passages où E paraphrase *Oss.*

Contamination

Les relations entre les manuscrits sont troublées par un certain nombre de contaminations.

Contamination E/Oribase :

L'auteur des extraits devait bien connaître son Oribase, vu que les extraits sont souvent les mêmes. Cette relation est corroborée par des leçons communes avec Oribase (voir la leçon citée ci-dessous, p. 79,19, confirmée par la traduction arabe, ainsi que les autres leçons équivalentes)[58]. Enfin il y a une concordance sur une erreur à p. 76,2 entre E et le manuscrit d'Oribase (corrigée par les éditeurs d'Oribase).

58,11 ἐφεξῆς SCQA L : ἑξῆς Or. E
58,12 αὐτοὶ SCQA L : οὗτοι Or. E
60,10 καὶ SCQA L : ἐπὶ τοῖς Or. E
61,10 σύνδεσμος SCQA L : δεσμός Or. E
75,2 πρόσω SCQA L : προσθίου Or. E
76,2 αἱ SCA L : ἡ EQ Or. (corr. edd.)
79,9 μικρὰς ὑποκάτω SCQA L : μικρὸν ὑποκάτω E Or. Ar. (recte)
80,2 ἣ γλουτὸς ὀνομάζεται SCQA L : ᾗ γλουτὸς ὄνομα Or. E
81,7 ἔνδον SCQA L : ἔνδοθεν Or. ἔνθεν E

Contamination A/L

L'*Ambrosianus* (A) montre au moins un cas de contamination certaine avec L :

71,10 πᾶσι LA : πάντῃ ESCQ non vertit Ar. deest Or.

Contamination C/L

Le manuscrit *Cryptensis* (C) présente au moins deux cas de contamination avec L, ainsi que l'a noté M. G. Moore[59] :

58. M. G. Moore se dit incertain à propos de la contamination qui ne fait pourtant aucun doute.

59. M. G. Moore, *op. cit.*, p. XIV. L'auteur parle ici d'un manuscrit de la famille de L, mais ce manuscrit ne fut sans doute pas copié avant le XVIe siècle. M. G. Moore n'est pas surpris que ces leçons ne se trou-

62,16 post κοιλότητας add. ἐπιπολαίας LC
63,16 δὲ om. SQA : non om. LC def. E Or.

3. Les titres et la division en chapitres[60]

Dans le *Laurentianus*, comme on vient de le voir, les chapitres ont des titres qui apparaissent aussi dans l'index. Des titres semblables se trouvent dans la version arabe et presque tous figurent chez Oribase. Avec des variations minimes, on les retrouve dans l'autre famille des manuscrits et dans les extraits du *Scorialensis* (E). Dans un cas, le titre fait partie du texte et il est nécessaire pour la syntaxe. C'est le chapitre sur l'os sacré, cf. Περὶ τοῦ ἱεροῦ ὀστοῦ. Καὶ τοῦτο τοῖς σπονδύλοις ἀνάλογον ἔχει (p. 67,7). J'ai donc préféré les garder. Kühn a omis les titres sans donner ses motivations. M. G. Moore a fait de même[61].

4. Stemma

Le stemma que je propose ici rencontre des difficultés représentées par des concordances sur les erreurs, qu'on peut essayer d'expliquer :

Concordance sur les erreurs entre L/Or.

80,7-8 καὶ πρὸς μόνον αὐτὸ διαρθροῦται ὁ μηρός

αὐτὸ E SCQA edd. : αὐτῷ L αὐτῶι Or.

vent pas dans le *Scorialensis* qu'il élimine (voir p. XVIII) en tant que copie du *Cryptensis*.

60. Voir aussi la Notice à *Musc.*, p. 105 sq.

61. Nous disposons aujourd'hui d'un témoin certain qui prouve que Galien divisait quelques-unes de ses œuvres en chapitres. Voir I. Garofalo, « Una nuova opera di Galeno : La *synopsis* del *De methodo medendi* in versione araba », *Studi classici e orientali*, 47, 1999, p. 9-19, p.15. Pour le *De libris suis* le titre ne fait pas de doute, voir Müller, *SM* II, p. LXVIII ss., et il est confirmé par la version arabe, voir V. Boudon. « Comment Galien désignait-il ses propres œuvres ? Pour une ecdotique des titres », A. Garzya et J. Jouanna eds, *Trasmissione e ecdotica dei testi medici greci*, Napoli, 2003, p. 25-37.

La construction de διαρθρόομαι avec πρὸς + acc. est normale dans *Oss.* et ailleurs[62]. Il faut corriger Oribase, comme l'ont fait les éditeurs d'Oribase.

Concordance sur les erreurs entre L/E

71,15 τῆς ῥάχης LE : τις ῥάχις SCQ[63] (τῆς ῥάχεως Janus edd.)
78,10 τῶν τῷ ἱερῷ ὀστοῦν συντεταγμένον LE : τῶν τῷ ἱερῷ ὀστῷ συντεταγμένων cett.

La concordance semble accidentelle dans le cas suivant :

75,4 σιγμοειδῆ SCQA Or. : σιγματοειδῆ LE

Concordance sur les erreurs entre SCQA/Or.

63,5 αὐτόν L E (Ar.) : αὐτούς SCQA Or. (voir p. 63, note 1).

Concordance sur les erreurs entre E/A

81,1-2 ἐγκείμενα E A : ἐκκείμενα cett. Or.

L'échange ἐγ/ἐκ est très fréquent.

Concordance sur les erreurs entre Q/C

43,7 ἀντεμβαίνωσι L : ἀντεμβαίνουσι S : ἐμβαίνουσι C : ἐμβαίνωσι Q (desunt A E Or.).

Bonne leçon isolée de Q

Le manuscrit Q présente une fois une bonne leçon qu'il faut considérer comme une conjecture :

64,4 ὅσπερ QAr. : ὥσπερ L E SCA.

62. Cf. p. 63,12-13 ; p. 65,3-4 ; p. 69,5 ; p. 77,9-10 ; p. 60,5 ; *Anat. Admin.*, Kühn, II, 656,10 ; Garofalo, p. 489,5. Pour la construction avec le datif simple, cf. p. 62,19 ; voir aussi *Pratiques anatomiques*, Garofalo, p. 139,3-4 et 251,38.

63. M. G. Moore dit à tort qu'Oribase a τῆς ῥάχεως, ainsi que les éditions.

III

LA TRADITION INDIRECTE

1. Oribase

Presque une moitié de notre traité a été extraite par Oribase[64] dans le livre XXV, chapitres 2-23, de ses *Collectiones medicae* écrites pour l'empereur Julien (autour de 360), avec des omissions qui concernent les parties à teneur polémique, linguistique et physiologique[65]. Le livre XXV est transmis par le manuscrit *Palatinus Heidelbergensis* 375 du XIIe siècle (sigle P) et ses copies[66]. Oribase fournit une fois la bonne leçon contre la tradition directe et en accord avec la version arabe :

> 56,1 ἐπὶ πλέον ἐξειργασμένοις Or. Ar. : ἐξηρασμένοις L Q : ἐξηραμένοις SC (desunt E et A).

2. Commentateurs d'Alexandrie

L'anatomie mineure (*Oss.*, *Musc.*, *Ven.*, *Nerv.*) faisait partie du curriculum d'Alexandrie[67]. On sait que Stéphanos d'Athènes a commenté notre ouvrage[68]. Ce commen-

64. Cf. M. G. Moore, *Galen, Introduction to the Bones : a critical edition with translation and indices*, « The parallel tradition in Oribasius », The Univ. of Michigan, Ph. D., 1969, p. XXIII.

65. Le chapitre 8 qui donne la description de l'os hyoïde et qui manque dans *Oss.* est pris des *Pratiques anatomiques*, livre X (voir *Pratiques anatomiques*. fr.15, Garofalo, p. 588-589).

66. Dans notre apparat, Or. (Oribase) se réfère aux leçons du manuscrit P, non pas au texte de Raeder, sauf pour les erreurs orthographiques. L'apparat ne rend pas compte de l'omission ou de l'addition de δέ, particule qui permet à Oribase de coordonner ses extraits.

67. L'anatomie venait en huitième position après *De sectis, Ars medica, De pulsibus, Ad Glauconem, De elementis, De temperamentis, De naturalibus facultatibus.* Sur le *Canon*, voir I. Garofalo, « Il sunto di Ioannes 'Grammatikos' delle opere del Canone di Galeno », *Studi su Galeno*, a cura di D. Manetti, Firenze, 2000, p. 135-151.

68. *In Aphor.*, I 36,15 Westerink.

taire est perdu, comme celui de Ioannes Alexandrinus, le commentateur du livre VI des *Épidémies* d'Hippocrate[69].

Sommaires des Alexandrins

On possède, en revanche, le *Sommaire alexandrin* de l'anatomie, en version arabe, dont *Les os* forment la première *maqâla*. Ce sommaire, fait à l'intention des étudiants de médecine d'Alexandrie autour du VIe siècle, mélange à la description des os des morceaux de physiologie[70] et intègre des exemples et des dessins. Ce sommaire se lit dans plusieurs manuscrits[71]. J'ai vu, parmi eux, le Fatih 3538 (218r-256v = I 435-459, Sezgin) et le Fatih 3539 (où le sommaire de l'*Oss.* se lit aux f. 24v-38r = II 50-72, Sezgin, les *Testimonia* se réfèrent à cette édition), écrits tous les deux en 571 h. = 1172/3 ; le manuscrit de la British Library OC Add. 23407, du XVIe siècle,

69. Cf. Ioan. *in Epid.* VI, Pritchet, p. 17,31-33.

70. Le canon alexandrin n'incluait pas l'*Utilité des parties*. Sur le sommaire de l'*Ars medica*, voir l'édition de Galien, tome II, par V. Boudon, *Galien. Exhortation à l'étude de la médecine, Art médical*, Paris, CUF, 2000, p. 238-241.

71. Voir F. Sezgin, *Geschichte der arabischen Schrifttums*, vol. III, Leiden, 1970, p. 148. Les manuscrits sont reproduits en fac-simile dans *The Alexandrian compendium of Galen's work, Jawâmi' al-Iskandarâniyyîn*, First Part and Second Part, edited by F. Sezgin, Institut for the History of Arabic-Islamic Science of the J. W. Goethe University, Frankfurt am Main, 2001. Le traducteur en est Hunain ibn Ishaq. On trouve des notes de Hunain en marge du manuscrit Fatih 3539. Le texte n'est pas le même dans les deux Fatih, à commencer par le titre (Fatih 3538 : *Sommaire du livre de Galien sur la dissection pour les débutants, sommaire de la première maqâla sur la dissection des os* ; Fatih 3539 : *Sommaire de la première maqâla du livre de Galien sur la dissection, c'est-à-dire sur la dissection des os*). L'attribution du Fatih 3538 au même copiste que celui du 3539, proposée par Sezgin, me paraît impossible. Sur le sommaire de *Oss.* voir I. Garofalo, « Variazioni stilistiche nell'anatomia di Galeno e del galenismo », *Le forme della comunicazione scientifica*, a cura di M. Galluzzi, G. Micheli e M. T. Monti, Milano, 1998, p. 57-68.

où il se lit aux f. 239v7-256r6, et les chapitres correspondants du *Liber Regius*, *Kâmil*, de ʻAli ibn al-ʻAbbâs[72] qui en dérivent. Le *Sommaire* concerne plutôt la fortune de *Oss.* que la constitution du texte. La matière est schématisée à des fins didactiques.

Ioannes Grammatikos

La Synopsis des livres du *Canon* de Galien par Jean le Grammairien[73] consacre une section à l'anatomie des os qui n'est pas tirée directement de notre opuscule, mais du *Sommaire*. Elle se compose de quinze chapitres dont le premier correspond à la préface de *Oss.*, le deuxième traite des os de la tête, y compris ceux des mâchoires (= c. 1 et 2 de notre traité), le troisième des dents (= c. 5), le quatrième de la mandibule (= c. 6), le cinquième de l'épine du dos (= c. 7-8), le sixième du thorax (= c. 13), le septième de l'omoplate et de la clavicule (= c. 14-15), le huitième du bras entier (= c. 16-17), le neuvième du carpe (= c. 18), le dixième de la main (en effet, le métacarpe = c. 19a), le onzième des doigts (= c. 19b), le douzième de l'os du flanc, de la hanche et de la cotyle du fémur (= c. 20), le treizième du fémur (= c. 21), le quatorzième de la jambe et de la rotule (= c. 22-23), le quinzième du pied (= c. 24-25).

Scholia Yalensia

Un passage de *Oss.* (dans notre édition p. 39,14-40,1) est cité dans les *Scholia Yalensia* contenues dans le manuscrit *Yalensis* 234, publié par P. Moraux[74].

72. Voir l'édition de P. De Koning, *Trois traités d'anatomie arabe*, Leiden, 1903, p. 91-150.

73. Voir I. Garofalo, « Il sunto di Ioannes 'Grammatikos' delle opere del Canone di Galeno », *Studi su Galeno*, a cura di D. Manetti, Firenze, 2000, p. 135-151. Le synopsis de l'anatomie de os est dans les ff. 58r21-63r.

74. P. Moraux, « Unbekannte Galen-scholien », *Zeit. f. Papyr. und Epigraphik*, 27, 1977, p. 1-63.

Mélèce

Dans son *De natura hominis* le moine Mélèce montre qu'il connaît, directement ou indirectement, notre opuscule[75].

Léo le philosophe

Léo reproduit en paraphrase certains passages de *Oss.*, dans sa *De natura hominis synopsis*[76].

3. Les traductions syriaques et arabes

Comme toutes les œuvres du *Canon*, *Oss.* a été traduit en syriaque par Sergios de Res'ena. Cette traduction est mauvaise selon Hunain[77] qui, lui aussi, a fait la traduction

75. Voir l'édition de J. A. Cramer, *Anecdota Graeca e codd. manuscriptis bibliothecarum Oxoniensium* III, Oxford, 1836, p. 5-157 : 31-33. La datation de Mélèce est incertaine.

76. Léo est daté du IXe siècle par son éditeur R. Renehan, *Leo the physician. Epitome on the nature of man*, CMG X, 4, Berlin, 1969.

77. Cf. G. Bergsträsser, *Hunain ibn Ishak über die syrischen und arabischen Galenübersetzungen*, Leipzig 1925 = *Risâla,* n° 7, p. 7,17-8,12 : « Son livre sur les os. Cet ouvrage consiste en un seul livre, et Galien lui donna le titre 'Sur les os aux débutants (τοῖς εἰσαγομένοις)' et ne lui donna pas le titre 'Pour les débutants (πρὸς τοὺς εἰσαγομένους)', car entre l'expression 'aux débutants' et 'pour les débutants' il y a chez lui une différence : si le titre de son livre est 'pour les débutants', cela signifie qu'il règle ce qu'il enseigne dans son exposition sur la capacité des débutants et qu'il a un enseignement derrière cet enseignement dans ce secteur pour les avancés. Et quand il intitule son livre 'aux débutants', cela signifie que son livre contient la science entière dans ce secteur, mais son enseignement est justement pour les débutants, car Galien veut que l'étudiant de médecine mette l'apprentissage de la science anatomique avant tout autre secteur de la médecine, car, à son avis, on ne peut apprendre rien de la médecine rationnelle sans la connaissance de l'anatomie. L'objectif de Galien dans ce livre est de décrire la condition de chacun des os en soi et dans ses relations avec les autres, et Galien le composa dans l'époque où il composa les autres livres pour les étudiants. Sergios l'a traduit, mal, en syriaque ; je l'ai traduit depuis peu d'années pour Youhannâ ibn Mâsawaih et mon intention dans la traduction était de rendre avec précision ses doctrines avec le maximum de clarté, car cet homme aime les dis-

de *Oss.* en syriaque pour Yuhanna ibn Mâsawaih (les deux traductions sont perdues)[78]. Il a traduit *Oss.* également en arabe pour Abû Jâ'far Muhammad ibn Mûsâ. Cette traduction[79] est conservée dans plusieurs manuscrits qui contiennent les cinq opuscules de l'anatomie mineure[80] transmis ensemble par la tradition arabe :

Berlin 6233 (= Pm. 521), ff. 14-31
Teheran Danisgâh 448
Teheran Majlis 3949, p. 1-36
Teheran Sanâ 3190/8

Le manuscrit de Florence, *Laur.* 235 ne contient pas l'anatomie mineure.[81]

J'ai utilisé le manuscrit de Berlin en microfilm. Ce manuscrit présente quelques lacunes. La traduction est d'ordinaire correcte.

J'ai utilisé aussi des passages conservés en marge du manuscrit Fatih 3539 des *Sommaires* (voir *supra*, p. 25).

Razès cite brièvement *Oss.* dans son *Continens*, III, 11,11-12[82]. *Oss.* a été commenté par le médecin arabe

cours clairs et s'en soucie toujours, et je l'avais traduit auparavant en arabe pour Abu Ja'far Muhammad ibn Mûsâ ».

78. Sur le patronage de Hunain, voir F. Michau, « Mécènes et médecins à Bagdad au IIIe/IXe siècles. Les commanditaires des traductions de Galien par Hunain ibn Ishaq », *Les voies de la science grecque*, Études publiées sous la direction de D. Jacquart, Genève, 1997, p. 147-179.

79. L'attribution de cette traduction à Hunain dans la *Risâla* est confirmée par le lexique et le style. Voir G. Bergsträsser, *Hunain ibn Ishak und seine Schule,* Leiden, 1913, App. n° I, pour un échantillon d'édition (= Kühn, II, 732,1-733,9, notre édition p. 38-39) basée sur le manuscrit de Berlin.

80. L'ouvrage est divisé en deux d'après les Alexandrins ; voir Hunain, *Risâla*, p. 8.

81. Il contient la traduction arabe du *De simpl. med.* par Hubaish ; voir I. Garofalo « Un sondaggio sul De simplicium medicamentorum temperamentis et facultatibus », *Studi arabo-islamici in onore di R. Rubinacci*, Napoli 1985, p. 317-325.

82. *Continens of Rhases*, Hyderabad, Osmanial University, 1955-

Abû-l-Faraj 'Abd Allâh ibn at-Tayyib[83]. Ce commentaire mériterait d'être étudié, vu que les commentaires de ce même auteur sur deux autres œuvres du *Canon*, le *De elementis* et le *De temperamentis*, proviennent sûrement d'Alexandrie[84].

En revanche, en Occident, il n'y a pas de traduction latine médiévale de *Oss.*, ni à partir de l'arabe ni à partir du grec.[85]

IV

LA TRADITION IMPRIMÉE

Le traité *Sur les os* n'a pu paraître ni dans l'édition Aldine (1525), ni dans la *Basileensis* (1538). Toutefois, les éditeurs de la *Basileensis* (1538) ont publié, sans en donner aucune notice dans la préface, la traduction latine de Ferdinandus Balamius Siculus, parue en 1535 (voir *infra*, p. 32 sq.).

1971. La traduction de Faragut (XIIIe s.) se trouve dans Rasis, *Liber continens*, Venise, 1529, ff. 152rB (*De anatomia ossium*).

83. Voir M. Ullmann, *Die Medizin im Islam*, Leiden, 1970, p. 40-41 ; F. Sezgin, *Geschichte der arabischen Schrifttums*, vol. III, Leiden, 1970, p. 83-84.

84. Voir une première présentation dans I. Garofalo, « La tradition anatomique : Galien et l'Antiquité tardive », *Livret-Annuaire 14* de l'École pratique des hautes Etudes, Section des Sciences historiques et philologiques, 1998-1999, Paris 2000, p. 224-229.

85. Une filiation indirecte de *Oss.* est la version latine du *Liber Regius* de 'Alî 'Abbas dont l'ostéologie reproduit le sommaire alexandrin. Les chapitres anatomiques dans le *Canon* d'Avicenne et l'*Ad Almansorem* de Razès (voir P. De Koning, *Trois traités d'anatomie arabe,* Leiden, 1903) dépendent aussi de l'anatomie mineure de Galien. Comme ces textes ont été traduits en latin par Gérard de Crémone (pour Razès, voir F. Sezgin, *Geschichte der arabischen Schrifttums*, vol. III, Leiden, 1970, p. 279, pour Avicenne, voir M. Ullmann, *Die Medizin im Islam*, Leiden, 1970, p.154), la doctrine galénique en a été transmise à l'Occident latin.

Grégoire

Martinus Gregorius (Martin Grégoire)[86], a donné l'*editio princeps* de notre traité, ΓΑΛΗΝΟΥ ΠΕΡΙ ΟΣΤΩΝ ΤΟΙΣ ΕΙΣΑΓΟΜΕΝΟΙΣ / *Galenus de ossibus ad Tyrones*, 1543, apud Vascosanum, Paris, 1543[87]. L'édition se base sur le *Parisinus gr.* 2248[88], copie de L, et sur quelques leçons empruntées à Oribase[89]. Il a omis quelques mots et en a mal écrit certains autres[90].

Caius

Ioannes Caius (John Key) a publié à Bâle chez Oporinus, le 10 février 1557, une édition grecque du traité *Sur les os*[91].

Chartier

Chartier, vol. IV, p. 9-24[92] reproduit, avec très peu de variations, l'édition de Grégoire ; il y a une table de

86. Cet élève de Jacques Dubois est l'auteur de plusieurs versions latines de Galien (*De puls.*, *De diff. febrium*, etc.) ; voir R. J. Durling, « A chronological Census of Renaissance editions and translations of Galen », *Journal of the Warburg and Courtauld Institutes*, 24, 1961, p. 230-305.

87. Dans la préface Iacobus Sylvius, Jacques Dubois, nous informe que le texte a été copié à Venise. Dans plusieurs catalogues l'édition est attribuée par erreur à Sylvius.

88. V. Nutton, *John Caius and the manuscripts of Galen*, Cambridge, 1987, p. 18, note 43, suggère que l'édition est faite sur l'*Ambrosianus* 728 (possédé par Mercurialis).

89. Cf. p. 67,12 καὶ ἐκ L SCQA : κἀκ Or. J Greg. : κἂν Chart. Kühn.

90. Une mauvaise conjecture à p. 80,10 τῷ γόνυι (sic) pour τὸ γόνυ.

91. Voir R. J. Durling, « A chronological Census of Renaissance editions and translations of Galen », *Journal of the Warburg and Courtauld Institutes*, 24, 1961, p. 272. Sur Caius, voir V. Nutton, *op. cit.*, p. 68. R. Durling (d'après Hoffmann) mentionne une édition de Morel parue à Paris en 1557. Les bibliothèques citées par R. Durling possèdent l'édition de Caius. La Bibliothèque nationale de France ne possède aucune édition de Morel. Cette édition est donc un fantôme à éliminer.

92. *Operum Hippocratis Coi et Galeni Pergameni*, tomus IV, Τὰ Ἀνατομικὰ τὰ Μόρια, *Dissectiones, ac Partes corporis*, Paris, 1637 (édition numérisée par la BIUM). Sur Chartier, voir J. Kollesch,

notes critiques à la fin du volume, p. 707-708, où il mentionne le sigle MR (*Manuscriptus Regius*) qui s'avère être le *Parisinus gr.* 2147.

Chartier ajoute de son cru une correction maladroite (acceptée par Kühn), en changeant deux fois le genre de ὀσφύς de féminin en masculin[93].

Kühn

L'édition de Kühn dans le vol. I (Leipzig, 1821) des *Opera omnia* des médecins anciens est une copie assez fidèle de l'édition de Chartier.

Moore

La première édition critique est celle de Michael Garret Moore, Diss. Univ. of Michigan, 1969. Moore a recensé dans son introduction (p. IV-XXIX) toute la tradition manuscrite grecque de *Oss.* et a éliminé les *descripti.* Il ne donne à Oribase qu'une importance de confirmation (p. XXIV) et n'utilise pas la version arabe (p. 2). Moore considère à tort le *Scorialensis* comme une copie du *Cryptensis*[94]. Malgré ces réserves, son édition marque un progrès certain, parce qu'il ajoute à la tradition du *Laurentianus* et d'Oribase (utilisés par Grégoire) celle des extraits du *Scorialensis* et du *Cryptensis*. Il donne aussi une traduction anglaise (p. 54-86) et un index des mots grecs, ainsi qu'un riche apparat des *loci similes*. Une édition pour le *Corpus Medicorum Graecorum* était envisagée (p. 1), mais cette édition n'a jamais vu le jour.

Müri

Une édition du Ier chapitre avec la traduction allemande a été publiée par W. Müri dans la quatrième édition de son *Der Arzt im Altertum*[95].

« René Chartier — Herausgeber und Fälscher der Werke Galens », *Klio*, 48, 1967, p. 183-198, avec littérature citée.

93. Par un procédé similaire, dans les *Anat. admin.* il met au masculin λαγών (voir l'édition de I. Garofalo, 1986, *Introd.*, p. XIV).

94. Mais il utilise les extraits (sigle S).

95. W. Müri, *Der Arzt im Altertum,* Münich, 1979, p. 292-307.

V

TRADUCTIONS MODERNES

Traduction latine

La traduction latine de Ferdinando Balami est basée sur une copie indirecte du *Laurentianus* avec les notes de Janos Lascaris. La traduction a paru au cours de la même année 1535, à Rome, à Lyon et à Paris[96], et a été réimprimée[97] avec le commentaire de J. Sylvius[98]. Elle a été incorporée, telle quelle, dans les œuvres complètes latines[99], dans l'édition des Juntes, dirigée par Montanus (avec la collaboration d'Agostino Gadaldini), 1540-1541, et dans celles de Gesner, Bâle, 1542, et de Cornarius, Bâle, 1549. Dans la deuxième Juntine, de 1550, elle paraît avec de riches notes marginales d'Augustinus Gadaldinus[100]. Gadaldinus dit avoir utilisé un *codex graecus* (qui est peut-être l'édition de Grégoire) et note

96. J'ai vu l'édition lyonnaise à la Bibliothèque Nationale de Paris.

97. Voir R. J. Durling, « A chronological Census of Renaissance editions and translations of Galen », *Journal of the Warburg and Courtauld Institutes*, 24, 1961, p. 288 ; elle parut seule dans la *Basileensis* 1538, Paris 1546 et 1548 ; en 1549 avec les notes de J. Sylvius (J. Dubois) ; la même à Lyon 1550.

98. *Comm. in Galeni de ossibus ad tyrones*, Paris, J. Hulpeau, 1551 (réimp. Paris 1561).

99. R. J. Durling ne dit rien à ce sujet.

100. Sur Gadaldino ou Gadaldini, latinisé en Gadaldinus (1515-75), médecin né à Modène et qui a travaillé à Venise, voir A. Tiraboschi, *Biblioteca Modenese*, tome II, Modena 1782, et *Dizionario biografico degli Italiani*, vol. LI, p. 130, en appendice à l'article sur son père, Antonio, imprimeur et figure importante du luthéranisme italien. Agostino, lui aussi, sympathisait avec la réforme. Voir aussi J. Jouanna, *Hippocrate*, t. II, 2e partie, Paris, 2003, p. 98 sq. Le manuscrit de Gadaldini (sur la base des petites citations en marge de la Juntine) était un descendant du *Laurentianus*, dont il reproduit les erreurs face aux bonnes leçons de l'autre famille. Les annotations de Gadaldini font état des propositions anonymes d'autres savants qui semblent connaître les leçons de la famille Ψ.

quelques corrections de Sylvius. Il utilise parfois Oribase et propose une nouvelle traduction de quelques passages. Cette traduction annotée est reprise dans toutes les Juntines suivantes[101]. La traduction de Balamius fut reprise aussi par Ricci et Trincavelli (Venise, 1541-45) qui ajoutent des notes marginales avec des citations à partir du grec[102] ; par Cornarius (Bâle, 1549) et par Johannes Baptista Rasarius (Venise, 1562-63).

La traduction de Balami, avec des *notae variorum* a été réimprimée par Hoffmann dans son édition de 1625.

Traductions en langues modernes

La première traduction française par Jean Canappe parut en 1541 (réimprimée plusieurs fois), précédant donc l'*editio princeps* grecque.

La plus grande partie du texte de l'anatomie des os a été traduite en français moderne, dans son édition-traduction d'Oribase, par Charles V. Daremberg[103]. Il existe une traduction allemande par R. Töply[104]. La première traduction anglaise (1952) est celle de C. Singer[105]. Une

101. J'ai travaillé sur la Ve édition, celle de 1576-77, dirigée par Mercurialis, où notre ouvrage figure dans le vol. I, f. 39v-43v.

102. Je dois la collation de ces notes à Stefania Fortuna qui a vu l'exemplaire conservé dans la bibliothèque privée Leopardi à Recanati, vol. I. Pour *Oss.*, Ricci et Trincavelli utilisaient un manuscrit de la famille de L. À p. 56,1 Ricci propose la leçon ἐξειργασμένοις d'Oribase (qui sera aussi accueillie par Gregorius ; cf. *uere consumptis* Ar.) pour ἐξηρασμένοις que nous offrent LQ (SCA ont la faute séparative ἐξηραμένοις). La faute à p. 42,7 εἰς ὀξὺ τελευτήσει (recte τελευτήσῃ) πέρας est trop banale pour en tirer des conclusions. À 80,9 il présente la variante συχνὰ face à συχνῷ de L et συχνῶς de SCQA. Pour cette édition et ses *marginalia* voir V. Nutton, *op. cit.*, p. 66-67, 87-91 et *passim.*

103. Ch. Daremberg- V. C. Bussemaker, *Oeuvres d'Oribase*, vol. III, Paris, 1858, p. 392-421. De même pour l'anatomie des muscles et une partie de l'anatomie de nerfs.

104. « Anatomische Werke des Ruphos und Galenos : Die Knochen », *Anat. Hefte*, 76, 1904, p. 405-431 (je n'ai pas pu voir ce livre).

105. « Galen's elementary course of bones », *Proceed. of the Royal Society of Medicine*, Sect. Hist. of Med., 45, 1952, p. 767-776.

nouvelle traduction anglaise est mise en regard du texte critique édité par Moore (voir *supra*, p. 31). Une troisième traduction anglaise avec commentaire anatomique, par C. M. Goss et E. G. Chodkowski, a paru en 1984[106].

VI

PRINCIPES DE LA PRÉSENTE ÉDITION

La présente édition est la première édition critique basée sur la collation directe de l'ensemble des manuscrits grecs et de tous les témoins connus de la tradition indirecte. J'ai utilisé la traduction arabe de Hubaish en recourant au témoignage d'un manuscrit de Berlin et aussi au *Sommaire* arabe de *Oss.*, composé à Alexandrie au VIe siècle et conservé dans la traduction de Hunain, ainsi que la *Synopsis* attribuée à Jean le Grammarien (VIe-VIIe siècles). Les extraits conservés chez Oribase sont de grande importance pour la constitution du texte.

Dans l'apparat, on a retenu les témoignages des manuscrits L Q S C E A. Ont été éliminés tous les manuscrits dont on a pu montrer qu'ils étaient la copie directe ou indirecte d'un manuscrit conservé. Les leçons de la traduction arabe de Hunain (Ar.) qui remontent à un état du texte antérieur au plus ancien manuscrit grec, ont été notées dans les cas de texte fautif ou lacunaire et là où les branches de la tradition sont en désaccord.

N'ont pas été retenues dans l'apparat les fautes, les omissions ou les transpositions isolées d'un seul manuscrit, sauf dans les cas signalés dans la *Notice*, ainsi que les fautes d'iotacisme. L'orthographe est normalisée[107].

106. « On bones for beginners by Galen », *American Journal of Anatomy*, 169, 1984, p. 59-74.

107. Voir la Préface, p. XI.

STEMMA

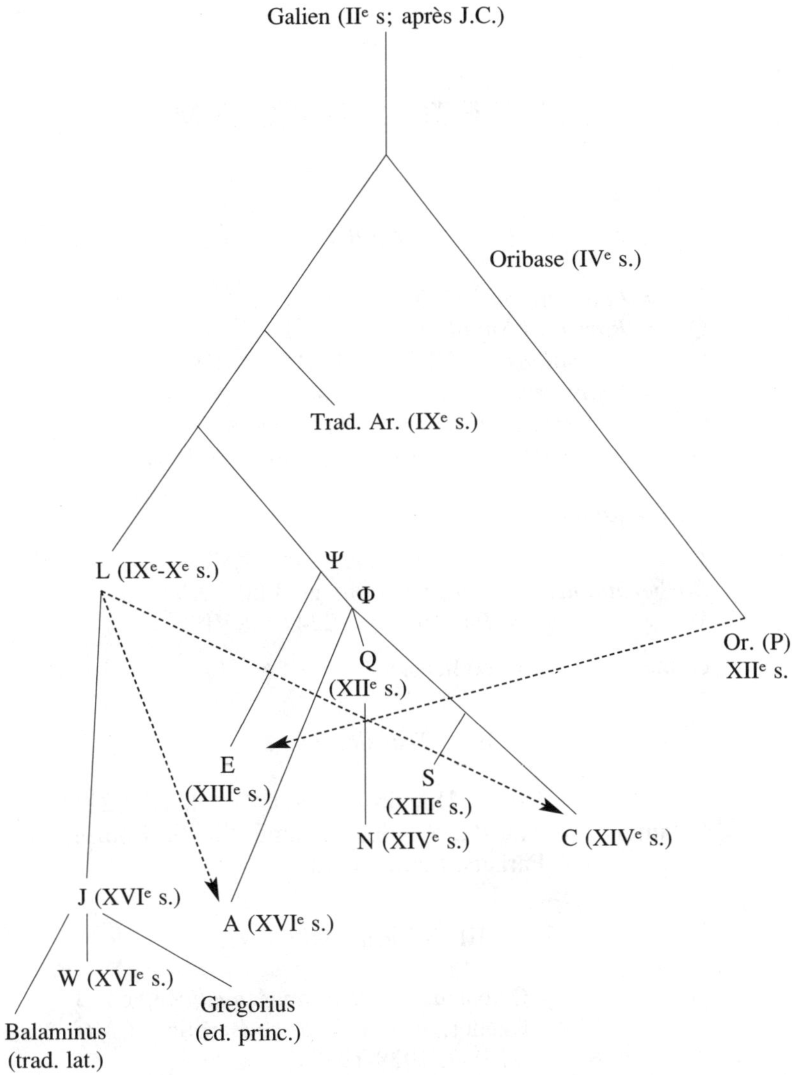
Galien (IIe s; après J.C.)
Oribase (IVe s.)
Trad. Ar. (IXe s.)
L (IXe-Xe s.)
Ψ
Φ
Q
(XIIe s.)
Or. (P)
XIIe s.
E
(XIIIe s.)
S
(XIIIe s.)
N (XIVe s.)
C (XIVe s.)
J (XVIe s.)
A (XVIe s.)
W (XVIe s.)
Gregorius
(ed. princ.)
Balaminus
(trad. lat.)

CONSPECTVS SIGLORVM

I — *Codices*

L	= *Laurentianus*, pl. 74,7 ; IXe-Xe s.
Q	= *Parisinus Suppl. gr.* 634 ; XIIe s.
S	= *Scorialensis* T III 7, f. 73r-90r ; XIIe s.
E	= *Scorialensis* T III 7, f. 10r4-21r3 ; XIIe s.
C	= *Cryptensis gr.* 81 (Z γ VI) ; XIVe s.
A	= *Ambrosianus gr.* 687 (Q 87 sup.) ; XVIe s.

Raro citantur

J	= *Parisinus gr.* 2248 ; XVIe s.
Barberinianus	= *Barberinianus gr.* I 80 ; XVIe s.
W	= *Parisinus gr.* 2247 ; XVIe s.
codd.	= codices.

II — *Translationes*

Ar.	= Versio Hunaini ex cod. Berol. ar. 6233.
Balamius	= Translatio latina Balamii Siculi, Romae, Parisiis, Lugduni, 1535.

III — *Testimonia*

Or.	= Oribasius, *Collectiones medicae*, ed. J. Raeder, 4 vol. Lipsiae-Berolini, *CMG*, VI, 1-2, 1928-1933.

Melet.	=	Meletius, *De natura hominis*, ed. J. A. Cramer, *Anecdota graeca*, Oxford, 1836, vol. III.
Leo	=	*Leo the physician. Epitome on the nature of man*, *CMG*, X, 4, Berlin, 1969.
Summ.	=	*The Alexandrian compendium of Galen's work, Jawâmi' al-Iskandarâniyyîn*, First Part and Second Part, edited by Fuat Sezgin, Frankfurt am Main, 2001, vol. II.
Gadaldinus	=	Notae Gadaldini in margine editionis Juntinae, 1550, scriptae.
Ricci	=	Notae Ricci et Trincavelli in margine editionis, Venetiis, 1541, scriptae.
Basileensis	=	Notae in margine editionis Basileensis, 1538.
Syluius	=	Lectiones Syluii apud Moore.

IV — *Editiones*

Greg.	=	M. Gregorius, Galeni *De ossibus ad tyrones*, Parisiis, 1543.
Chart.	=	R. Charterius, *Operum Hippocratis Coi et Galeni Pergameni opera omnia*, tom. IV, Lutetiae Parisiorum, 1639.
Kühn	=	C. G. Kühn, *Galeni opera omnia*, Lipsiae, 1821-1833, t. II.
Moore	=	M. G. Moore, *Galen, Introduction to the Bones : a critical edition with translation and indices*, The Univ. of Michigan, Ph. D., 1969.
edd.	=	Greg., Chart., Kühn, Moore.
edd. cett.	=	Greg., Chart., Kühn.

LES OS POUR LES DÉBUTANTS

Ia. **1** J'affirme que le médecin doit savoir comment est chacun des os en lui-même, et comment il s'assemble avec les autres os, s'il veut soigner correctement leurs fractures et leurs luxations[1]. **2** Il est clair, en effet, que comme dans tous les domaines de la médecine, il faut avoir pour but ce qui est conforme à la nature[2]. Celui qui ignore cela ne saura ni comment les parties affectées s'éloignent de la nature, ni comment il faut les ramener à leur état naturel. De même, il ne pourra reconnaître les maladies, ni les guérir correctement. **3** Les os sont les parties de l'animal les plus dures et les plus sèches, et pour ainsi dire, les plus terreuses[3]. Ils sont placés en dessous et soutiennent en quelque sorte le reste de la sub-

1. *Luxations et fractures*, Hunain.

2. Cf. le Commentaire à *Fractures*, Kühn, XVIII, B 337 sq.

3. Cf. Galien, *Sur les éléments*, *De elementis*, Kühn, I, 453,11 : ἀλλ' οἷον ἐν τῷ κόσμῳ τὸν λίθον ἐπιδεικνύεις μοι σὺ γεῶδες σῶμα, τοιοῦτον ἐν τοῖς ζῴοις ἐπιδείξω σοι τό τε τῶν ὀστῶν γένος καὶ τὸ τῶν χόνδρων καὶ τὸ τῶν τριχῶν.

II, 732 Kühn

ΓΑΛΗΝΟΥ ΠΕΡΙ ΟΣΤΩΝ ΤΟΙΣ ΕΙΣΑΓΟΜΕΝΟΙΣ

Ia. **1** Τῶν ὀστῶν ἕκαστον οἷόν τί ἐστιν αὐτὸ καθ' ἑαυτὸ καὶ ὡς ἔχει τῆς πρὸς ἄλληλα συντάξεως, ἐπίστασθαί φημι χρῆναι τὸν ἰατρόν, εἴπερ γε ὀρθῶς μέλλοι τά τε κατάγματα αὐτῶν καὶ τὰ ἐξαρθρήματα ἰᾶσθαι· **2** δῆλον γὰρ δὴ ὡς ἐν ἅπασι τοῖς ἐν ἰατρικῇ σκοπὸν ἔχειν δεῖ τὸ κατὰ φύσιν. ὅστις δὲ τοῦτο ἀγνοεῖ, οὔτε ὅπῃ τὰ πεπονθότα τῆς φύσεως ἐξίσταται, οὔτε ὡς χρὴ
733 αὐτὰ ἐπανάγειν εἰς τὸ κατὰ φύσιν, | εἴσεται· ὥστε οὔτε γνωρίζειν τὰς νόσους οὔτ' ὀρθῶς ἰᾶσθαι δυνήσεται. **3** Ἔστι μὲν δὴ τὰ ὀστᾶ σκληρότατά τε καὶ ξηρότατα τοῦ ζῴου μόρια, καί, ὡς ἂν εἴποι τις, γεωδέστατα· ὑποβέβληται δὲ καὶ οἷον ὑπερήρεισται τῇ λοιπῇ τοῦ σώματος

TEST. : c. Ia, cf. Summ. Prooem., p. 51 Sezgin || 3 τῶν ὀστῶν — 5 ἰατρόν cf. *Anat. admin.* Kühn II 218, (Garofalo, 5,10-13) || 13-13 sq. ὑποβέβληται — 39,14 μέρος Orib., *Coll.* XXV, 2 (Raeder, 51,24-35) ; Melet. *Nat. hom.* 32,19-20.

38,1 Γαληνοῦ — 45,7 ὀστῶν deficit A.

Tit. τοῖς εἰσαγομένοις om. E || 1-2 *liber primus de sectione, idest de ossibus* Ar. || 3 τί LSCQ : τέ E Chart. Kühn || 5 μέλλοι codd. : μέλλει Kühn || 6 κατάγματα ... ἐξαρθρήματα codd. : ἐξαρθρήματα ... κατάγματα Ar. || 10 οὔτε ESCQ : οὐδὲ L || 11 ὀρθῶς ἰᾶσθαι ECQ : ὀρθῶς ἰάσασθαι S ἰᾶσθαι ὀρθῶς L || 12 ὀστᾶ om. E.

stance du corps, comme des fondations[1]. Tout se forme et se fixe sur des os. **4** Parmi les os, certains sont grands[2] et possèdent de très grandes cavités pleines de moelle. D'autres sont petits, durs et compacts, sans moelle[3] ni aucune cavité perceptible. La plupart des grands os ont des épiphyses d'autres os à leur extrémité, comme l'humérus l'a en haut, le cubitus en bas, le radius[4], le fémur, le tibia et le péroné aux deux extrémités. La mâchoire inférieure a de la moelle, mais pas d'épiphyse ; mais parmi ses deux extrémités, l'inférieure présente une réunion en symphyse, la supérieure a deux apophyses, l'une étant en bec, l'autre seulement en col. Une apophyse diffère d'une épiphyse[5] en ceci que l'épiphyse est l'union d'un os avec un autre, tandis que l'apophyse est une partie de l'ensemble d'un os. **5** Il faut peut-être traiter aussi des autres noms dont nous ferons usage dans l'exposé, pour éviter que, si nous y avons recours au milieu de l'exposé, ce qui est dit soit obscur, ou bien qu'on interrompe la continuité de l'exposé si nous choi-

1. Même idée dans les *Pratiques anatomiques*, I, 1, Kühn, II, 218 ; Garofalo, 5,11 sq.

2. Cf. *Utilité des parties* XI, 18, Kühn, III, 926 ; Helmreich, II, 171.

3. Le sommaire alexandrin évoque les animaux sans moelle, le lion et l'éléphant, comme le fait Galien, cf. *Utilité des parties* XI, 18, Kühn, III, 926 ; Helmreich, II, 172,11 : ὁ λέων, ἀμύελα πάντ' ἔχειν πεπίστευται.

4. Radius, *kerkis* ; il s'agit de la navette (*Iliade,* XXII, 448) ; au sens anatomique, le mot équivaut à « tibia » chez Hérophile, cf. fr. 129, von Staden ; aussi, Rufus, *Noms des parties du corps humain*, 123 ; Pollux II, 191 ; Apollonius de Rhodes, IV, 1520 ; Plutarque, *Vie d'Alexandre*, 45. La première attestation dans le sens de « radius » se trouve chez Galien ; voir aussi Pollux, I, 142, qui dit qu'on appelait le radius aussi παραπήχειον. Le calque sémantique latin *radius* se trouve chez Celse, VIII, 1,19 ; voir Mazzini, *A. Cornelio Celso / La chirurgia*, a cura di I. Mazzini, Macerata, 1999, p. 234 et note p. 308 ; F. Skoda, *Médecine ancienne et métaphore*, *Le vocabulaire de l'anatomie et de la pathologie en grec ancien*, Paris, 1988, p. 33 sq.

5. Sur les épiphyses, voir *Utilité des parties*, XI, 18, Kühn, III, 934 ; Helmreich, II, 171,9 sq.

οὐσίᾳ, καθάπερ τινὰ θεμέλια· πάντα γὰρ ἐπὶ τοῖς ὀστοῖς πέφυκέ τε καὶ ἐστήρικται. 4 Εἰσὶ δὲ ἐν αὐτοῖς τὰ μὲν μεγάλα, κοιλίας μεγίστας ἔχοντα, μυελοῦ πλήρεις· τὰ δὲ σμικρὰ σκληρά τε καὶ στερεά ἐστι καὶ ἀμύελα καὶ οὐδεμίαν αἰσθητὴν ἔχει κοιλότητα· τῶν δὲ μεγάλων τοῖς πλείστοις ἐπιφύσεις εἰσὶ κατὰ τὸ πέρας ἑτέρων ὀστῶν, οἷον βραχίονι μὲν ἄνω, πήχει δὲ κάτω, κερκίδι δὲ καὶ μηρῷ καὶ κνήμῃ καὶ περόνῃ κατ' ἄμφω· γένυς δὲ ἡ κάτω μυελὸν μὲν ἔχει, ἐπίφυσιν δὲ οὐκ ἔχει, ἀλλὰ τῶν περάτων αὐτῆς τὸ μὲν κάτω κατὰ σύμφυσιν ἥνωται, τὸ δὲ ἄνω δύο ἀποφύσεις ἔχει, τὴν μὲν κορώνην, τὴν δὲ αὐχένα μόνον· διαφέρει γὰρ ἀπόφυσις ἐπιφύσεως, ὅτι ἡ μὲν ἐπίφυσις ἑτέρου πρὸς ἕτερόν ἐστιν ἕνωσις, ἡ δὲ
734 ἀπόφυσίς ἐστι τοῦ σύμπαντος ὀστοῦ | μέρος. 5 Χρὴ δὲ ἴσως καὶ περὶ τῶν ἄλλων ὀνομάτων, οἷς χρησόμεθα κατὰ τὸν λόγον, ἤδη διελθεῖν, ὅπως μὴ μεταξὺ τῆς διηγήσεως χρωμένων αὐτοῖς ἢ ἀσαφὲς γένηται τὸ λεγόμενον, ἢ τὸ συνεχὲς τῆς διδασκαλίας διακόπτηται,

---

TEST. : c. Ia, cf. Summ. Prooem., p. 51 Sezgin ‖ 14 χρὴ — 40,1 ἡμῶν Scholia Yalensia I A 327-30 (p. 10 Moraux).

38,1 Γαληνοῦ — 45,7 ὀστῶν deficit A.

---

1 ἐπὶ τοῖς om. E. ‖ 2 εἰσὶ δὲ — 3 μεγίστας om. E ‖ 3 μεγίστας SCQ Or. Moore : μεγάλας L edd. ‖ πλήρεις LSC : μεστάς Or. om. E πλήρη Chart. Kühn ‖ 4 τὰ δὲ σμικρὰ πλήρη τέ ἐστιν ὅλα Or. ‖ σκληρά τε om. L Chart. Kühn ‖ ἐστι om. ESCQ ‖ καὶ ἀμύελα om. E Ar. ‖ 6 ἑτέρων — 8 ἄμφω crucibus notauit Moore ‖ 12 ante διαφέρει add. τί διαφέρη ἐπίφυσεις ἀποφύσεως C ‖ ἀπόφυσις ἐπιφύσεως L Ar. : ἐπίφυσις ἀποφύσεως ESCQ ‖ 13 πρὸς codd. : κατὰ Meletius Leo ‖ 14 ἐστι om. E ‖ post σύμπαντος add. ἐστι C ‖ 16 ὅπως μὴ codd. : ἵνα Sch. Yal. ‖ 17 χρωμένων LSCQ : χρωμένων ἡμῶν Sch. Yal. χρωμένοις E ‖ γένηται LQ Sch. Yal. : γίγνεται ESC ‖ 17-18 τὸ λεγόμενον om. ES ‖ 18 διακόπτηται LQ Sch. Yal. : διακόπτει ES διακόπτη τε C.

sissions d'éclaircir chaque fois ce qui se présente de nouveau. Il me paraît préférable de commencer par là. **6** Chez les hommes, l'assemblage complet de tous les os réunis les uns aux autres s'appelle le squelette. C'est la raison pour laquelle certains ont intitulé *Le squelette* les livres dans lesquels ils ont exposé les os[1]. **7** Le mode de réunion des os est double par le genre : l'une par articulation, l'autre par symphyse. Les formes de chacun de ces genres et leurs différences sont multiples. **8** L'articulation (*arthron*) est un assemblage naturel des os. La symphyse est une union naturelle des os. Dans ces deux définitions, on trouve le mot " naturel ", parce que des os qui ont éprouvé une distorsion ou une luxation se trouvent bien l'un à côté de l'autre mais pas d'une manière naturelle. De même ceux qui, fracturés, ont été soudés par un cal, sont, certes, réunis mais pas d'une manière naturelle. **9** Hippocrate appelle souvent l'extrémité de l'un des deux os assemblés entre eux « articulation », non pas n'importe laquelle, mais l'arrondi qui entre dans la cavité de l'os voisin[2]. **10** Il existe deux variétés d'articulation :

1. Dans les *Pratiques anatomiques* I, 1 (Kühn, II, 220,5 ; Garofalo, p. 5,11) Galien mentionne aussi le titre « Ostéologie ».

2. Cf. Galien, *Commentaire à Hippocrate, Fractures, In Hipp. fract.*, Kühn, XVIII B, 621,6 : καὶ διὰ τοῦτο ἔφη τὸ ἄρθρον ὑπερέχειν, ἤτοι τὴν διάρθρωσιν ὅλην οὕτως ὀνομάσας ἢ τὸ πέρας τοῦ βραχίονος ὃ διαρθροῦται πρὸς τὴν σιγματοειδῆ τοῦ πήχεως κοιλότητα.

τὸ παρεμπῖπτον ἀεὶ σαφηνίζειν προαιρουμένων ἡμῶν· ἄριστον δέ μοι δοκεῖ, ἐνθένδε ποθὲν ἄρξασθαι. 6 Τῶν ἐν τοῖς ἀνθρώποις ὀστῶν ἁπάντων συνημμένων ἀλλήλοις ἡ μὲν ὅλη σύνταξις ὀνομάζεται σκελετός· ὥστε τινὲς ἤδη καὶ τὰς βίβλους αὑτῶν, ἐν αἷς περὶ ὀστῶν διελέχθησαν, οὕτως ἐπέγραψαν. 7 Ἔστι δὲ ὁ τρόπος τῆς συνθέσεως αὐτῶν διττὸς κατὰ γένος, ὁ μὲν ἕτερος κατὰ ἄρθρον, ὁ δὲ ἕτερος κατὰ σύμφυσιν· εἴδη δὲ ἑκατέρου καὶ διαφοραὶ πλείους εἰσί. 8 Τὸ μὲν οὖν ἄρθρον ἐστὶ σύνταξις ὀστῶν φυσική· ἡ δὲ σύμφυσις ἕνωσις ὀστῶν φυσική· πρόσκειται δὲ ἑκατέρῳ τῶν ὅρων τὸ φυσική, ὅτι καὶ τὰ παραρθρήσαντα ἢ ἐξαρθρήσαντα παράκειται μὲν ἀλλήλοις ἀλλ' οὐ φύσει, καὶ ὅσα καταγέντα συνέφυσε πῶρος ἑνοῦται μὲν ἀλλ' οὐ φύσει. 9 Ἱπποκράτης
735 **δὲ καὶ | θατέρου τῶν συντattομένων ὀστῶν τὸ πέρας ἄρθρον ὀνομάζει πολλάκις, οὐ μὴν ὁπότερόν γε ἔτυχεν, ἀλλὰ τὸ περιφερές τε καὶ τῇ κοιλότητι τοῦ πλησιάζοντος ἐμβεβηκός. 10 Διαφοραὶ δὲ τοῦ μὲν ἄρθρου δύο**

TEST. : 2 τῶν ἐν — 4 σκελετός ORIB., *Coll.* XXV,2 (Raeder, 51,12-13) || 6 ἔστι δὲ — 8 σύμφυσιν *ibid.* (Raeder, 51,13-15) || 9 τὸ μὲν — 13 φύσει *ibid.* (Raeder, 51,15-19) || c. Ia, cf. Summ. Prooem. p. 50-52 Sezgin ; MELET., p. 32,14 ss. ; LEO, c. 12.

38,1 Γαληνοῦ — 45,7 ὀστῶν deficit A.

1 παρεμπῖπτον Moore : παρεμπίπτον ESCQ Sch. Yal. παραπίπτον L Kühn || 2 ποθὲν LSCQ : ποτὲ E || 4 ὥστε — 6 ἐπέγραψαν non uertit Ar. || 5 αὐτῶν uel αὑτῶν ESCQ : ὀστῶν L (corr. J) || ὀστῶν LCQ Ar. : αὐτῶν ES || 6 post ἐπέγραψαν add. Περὶ σκελετοῦ L Greg. Chart. Kühn, ποσαχῶς ὁ τρόπος τῆς συνθέσεως add. SC || 9 οὖν LSCQ : γὰρ E || in marg. τί ἐστιν ἄρθρον καὶ τί σύμφυσις C Q || 10 ἕνωσις — 41,2 ποσῷ om. E || 11 ἑκατέρῳ L Or. : ἑκατέρων SCQ || 13 καταγέντα codd. Or. : κατεαγέντα Chart. Kühn || 14 post μὲν add. ἀλλήλοις SCQ || 15 post τὸ πέρας add. ὀστῶν SCQ || 18 διαφοραὶ δὲ τοῦ μὲν ἄρθρου LQ : διαφοραὶ τοῦ ἄρθρου S πόσαι διαφοραὶ τοῦ ἄρθρου, δύο, αἱ διαφοραὶ C.

la diarthrose et la synarthrose[1]. Elles diffèrent l'une de l'autre par la quantité de mouvement. **11** La diarthrose est un assemblage des os qui ont un mouvement clair et évident les uns par rapport aux autres, la synarthrose est aussi une réunion des os ; mais ici leur mouvement n'est ni évident ni important, mais indistinct et difficile à saisir. **12** Il va de soi qu'il n'y a aucune différence à employer les termes d'assemblage (*suntaxis*), réunion (*sunthesis*), juxtaposition (*parathesis*) ou cohésion (*homilia*) des os. **13** Il existe trois formes de diarthrose. Les médecins modernes les nomment : enarthrose, arthrodie et ginglymos. **14** Ces termes n'étaient pas réellement habituels chez les médecins anciens, mais on peut trouver dans leurs écrits les expressions « s'articuler en dedans », se rencontrer « en s'articulant » ou « en s'encastrant ». En outre, on peut trouver les mots « arthrodès » et « ginglymodès » aussi dans leurs écrits[2]. Cela dit, il n'est peut-être pas absurde de créer des mots pour la clarté de l'enseignement, en partant de ceux qui existent déjà. **15** Il y a enarthrose lorsque la cavité réceptrice a une profondeur notable et que la tête qui y entre est allongée. Il y a

1. Diarthrose dans le sens d'articulation mobile n'est pas fréquemment employé par les anciens ; le verbe διαρθρόομαι se rencontre chez Hippocrate, cf. *Articulations*, 30.

2. En effet, *ginglymos* se trouve dans Aristote, *De l'âme*, 433b ; *ginglymoïdes* dans Hippocrate, *Articulations*, 45 ; *arthrodes* dans Xénophon, *Cynégétique*, IV, 1. Les autres mots sont attestés seulement chez Galien. Voir F. Skoda, *Médecine ancienne et métaphore, Le vocabulaire de l'anatomie et de la pathologie en grec ancien*, Paris, 1988, p. 51 sq.

εἰσί, διάρθρωσίς τε καὶ συνάρθρωσις· ἀλλήλων δὲ διαλλάττουσι τῷ τῆς κινήσεως ποσῷ· 11 ἡ μὲν γὰρ διάρθρωσις ὀστῶν ἐστι σύνταξις ἐναργῆ τὴν πρὸς ἄλληλα κίνησιν ἐχόντων, ἡ δὲ συνάρθρωσις ὀστῶν μὲν καὶ αὐτὴ σύνθεσίς ἐστιν, οὐ μὴν ἐναργῆ γε τὴν κίνησιν οὐδὲ μεγάλην, ἀλλ' ἀμυδράν τε καὶ δυσφώρατον ἐχόντων· 12 ὅτι δὲ οὐδὲν διαφέρει σύνταξιν ὀστῶν ἢ σύνθεσιν ἢ παράθεσιν ἢ ὁμιλίαν εἰπεῖν, ἄντικρυς δῆλον. 13 Εἴδη δέ ἐστι τῆς μὲν διαρθρώσεως τρία· καλεῖται δὲ ὑπὸ τῶν νεωτέρων ἰατρῶν τὸ μὲν ἐνάρθρωσις τὸ δὲ ἀρθρωδία τὸ δὲ γίγγλυμος· 14 ταῦτα μὲν οὖν τὰ εἰρημένα ὀνόματα τοῖς παλαιοῖς ἰατροῖς οὐ πάνυ τι συνήθη· τὸ δὲ ἐνηρθρῶσθαι, καὶ τὸ ἀρθρωδῶς καὶ τὸ γιγγλυμοειδῶς ἀλλήλοις συμβάλλειν, ἔτι τε πρὸς τούτοις καὶ τὸ
736 ἀρθρῶδες καὶ τὸ γιγγλυμοειδὲς εὑρεῖν ἔστι καὶ | παρ' ἐκείνοις γεγραμμένα· καὶ οὐδὲν ἴσως ἄτοπον ὀνοματοποιεῖν ἕνεκα σαφοῦς διδασκαλίας, ἀπὸ τῶν ἤδη κειμένων παράγοντας. 15 Ἐνάρθρωσις μὲν οὖν ἐστιν, ὅταν ἥ τε κοιλότης ἡ ὑποδεχομένη βάθος ἱκανὸν ἔχῃ καὶ ἡ

TEST. : c. Ia, cf. Summ. Prooem. p. 50-52 Sezgin.

38,1 Γαληνοῦ — 45,7 ὀστῶν deficit A.

---

3 post σύνταξις add. φυσικὴ ESCQ || 5 ἐναργῆ γε Kühn : ἐναργῆ τε LSQ ἐναργῆ C ἐν ἀρχῇ τε E || 6 δυσφώρατον EQ : δυσφόρατον LSC || 6-7 ἢ παράθεσιν om. L edd. || 7 ὅτι — 8 δῆλον om. E || 8 δὲ om. L Greg. || 9 καλεῖται — 10 ἰατρῶν om. E || 11 γίγγλυμος L : γιγγλυσμός ES (sic infra) γιγγλυμός Q γίγλυμος C Greg. || 13 pr. καὶ om. SCQ || 11 ταῦτα — 18 παράγοντας om. E || 13 pr. καὶ — 14 πρὸς τούτοις om. S || 18-19 ὅταν ἥ τε κοιλότης ἡ ὑποδεχομένη LESCQ : ἡ ὑποδεχομένη κοιλότης Chart. ἡ ὑποδεχοκοιλότης Kühn.

arthrodie lorsque la cavité est de faible profondeur et que la tête est peu saillante. **16** Je dis tête « allongée » ou « peu saillante » en rapportant ces deux adjectifs aux cols sur lesquels elles sont formées. Les cols sont des apophyses des os amincies, qui se terminent en une extrémité plus épaisse et arrondie appelée tête. Quand l'apophyse se termine en une extrémité pointue, on ne dit plus col mais bec.[1] Il n'y a aucune différence si on l'appelle *korônon*[2]. **17** Parmi les cavités qui reçoivent les têtes, la plus profonde est appelée *kotyle*, une dénomination qui est en usage chez tous les médecins[3]. La cavité superficielle est appelée par certains *glênê*[4]. La troisième forme de diarthrose, dont nous avons dit qu'elle s'appelait *ginglymos* (gond[5]) se manifeste lorsque les os assemblés entre eux s'encastrent réciproquement, comme c'est le cas pour les vertèbres et dans la diarthrose entre l'humérus et le cubitus. On trouve ici aussi une différence : dans les vertèbres c'est la partie centrale qui entre dans chacune des vertèbres voisines, tandis que le cubitus et l'humérus le font mutuellement. **18** Il existe également trois formes de synarthrose : la suture, l'assujettissement

1. Corneille, dans le sens anatomique, désigne chez Hippocrate (*Articulations*, 18) le procès coronoïde de l'humérus. Pour le procès coronoïde de la mâchoire inférieure, la première attestation se trouve dans Galien (voir la note suivante).

2. L'existence des deux formes est signalée aussi dans le *Commentaire à Hippocrate, Articulations,* XVIII A, 426,15-16. *Korônon* se trouve chez Hippocrate, cf. *Articulations*, 30, le passage commenté par Galien.

3. Se lit déjà chez Homère, cf. *Iliade*, V, 306.

4. Cf. la balle de l'œil ou la pupille chez Homère, *Iliade*, XIV, 494, *al.* ; le mot n'est pas attesté avant Galien dans le sens de cavité glénoïde, c'est-à-dire évasée (je prends le terme de la traduction de Ch. Daremberg). Voir F. Skoda, *Médecine ancienne et métaphore*, *Le vocabulaire de l'anatomie et de la pathologie en grec ancien*, Paris, 1988, p. 56 sq.

5. Voir *supra*, p. 41 ; *Ginglymos* est appliqué à une sorte d'articulation déjà chez Aristote ; cf. *De l'âme*, 433b 22.

ἐγκαταβαίνουσα κεφαλὴ προμήκης ὑπάρχῃ, ἀρθρωδία δέ, ὅταν ἥ τε κοιλότης ἐπιπόλαιος ᾖ καὶ ἡ κεφαλὴ ταπεινή. **16** Καλῶ δὲ προμήκη καὶ ταπεινὴν κεφαλὴν ἐπὶ τοὺς αὐχένας ἀναφέρων ἑκάτερον ἐφ᾽ οἷς πεφύκασιν· οἱ δὲ αὐχένες ἀποφύσεις εἰσὶ τῶν ὀστῶν ἰσχναί, τελευτῶσι δὲ εἰς παχύτερόν τε καὶ περιφερὲς πέρας, ὃ δὴ καλεῖται κεφαλή· ὅταν δὲ εἰς ὀξὺ τελευτήσῃ πέρας ἡ ἀπόφυσις, οὐκέτι αὐχὴν ἀλλὰ κορώνη καλεῖται· διαφέρει δὲ οὐδὲν οὐδ᾽ εἰ κορωνὸν εἴποις. **17** Καὶ τῶν ὑποδεχομένων δὲ τὰς κεφαλὰς κοιλοτήτων ἡ μὲν βαθυτέρα κοτύλη καλεῖται, καὶ σύνηθες ἅπασι τοῖς ἰατροῖς τοὔνομα, ἡ δὲ ἐπιπολῆς ὑπ᾽ ἐνίων ὠνόμασται γλήνη. Τὸ δὲ τρίτον εἶδος τῆς διαρθρώσεως, ὃ δὴ γίγγλυμον ἔφαμεν ὀνομάζεσθαι, τῶν συνταττομένων ἀλλήλοις
737 ὀστῶν | ἀντεμβαινόντων γίνεται, καθάπερ ἐπί τε τῶν σπονδύλων ἔχει καὶ τῆς τοῦ πήχεως πρὸς τὸν βραχίονα διαρθρώσεως· διαφορὰ δὲ τίς ἐστι καὶ ἐν τούτοις, ἐπὶ μὲν τῶν σπονδύλων τοῦ μέσου τὴν ἀντέμβασιν ἑκατέρῳ τῶν πέριξ, ἐπὶ δὲ βραχίονός τε καὶ πήχεως εἰς ἀλλήλους ποιουμένων. **18** Τῆς δὲ συναρθρώσεως καὶ αὐτῆς ἐστιν εἴδη τρία, ῥαφὴ καὶ γόμφωσις καὶ ἁρμονία· ῥαφὴ μὲν ἡ

TEST. : c. Ia, cf. Summ. Prooem. p. 50-52 Sezgin. || 5 οἱ δὲ αὐχένες — 12 γλήνη Orib., *Coll.* XXV, 2 (Raeder, 51,19-24).

38,1 Γαληνοῦ — 45,7 ὀστῶν deficit A.

---

2 post δέ add. ἐστιν L Greg. Chart. Kühn || 4 ἑκάτερον ES Ar. Moore : ἑκατέρων CQ ἑκατέραν L Kühn || 8-9 διαφέρει — εἴποις om. E non vertit Ar. || 15 τε om. L Greg. Chart. Kühn || 17 δὲ om. edd. || τίς om. C || 17 διαφορά — 20 ποιουμένων om. E || 20 ἐστιν om. SCQ || 21 γόμφωσις LE : ἐγγόμφωσις SCQ Moore.

(*gomphosis*)[1] et ajustement (*harmonia*)[2]. La suture est une réunion d'os comparable à des coutures, comme cela se produit pour les os de la tête. Certains, soucieux de clarté, la définissent comme un assemblage (*syntaxis*) en forme de scie, d'autres comme une fixation (*sympexis*) « à l'ongle »[3]. Par là, ils désirent montrer, je pense, et nous rappeler, les premiers, l'encastrement réciproque des dents de scie quand les saillies de l'une entrent dans les retraits de l'autre, les seconds, l'encastrement des choses que l'on dit être fixées à l'ongle. Cet encastrement se produit quand les saillies semblables pour leur forme à un ongle entrent dans des cavités propres à les recevoir. **19** L'ajustement est une synarthrose de forme linéaire simple. Il en est ainsi pour l'ajustement de quelques-uns des os de la mâchoire supérieure entre eux, et pour ceux de la tête avec ces derniers. L'assujettissement est une synarthrose avec fixation. Ce mode a une caractéristique double, et il est proche de la symphyse, si bien que, quand il y a assujettissement parfait, il ne reste plus le moindre mouvement, comme c'est le cas pour les dents. Cependant, on voit que les dents ne sont pas en symphyse avec les alvéoles quand elles sont arrachées ou tombent

1. Sur le *gomphos*, cheville de bois, voir F. Skoda, *Médecine ancienne et métaphore, Le vocabulaire de l'anatomie et de la pathologie en grec ancien*, Paris, 1988, p. 85.

2. Pour l'*harmonia* comme type d'articulation, voir le Pap. Lit. Lond. 167 l. 29 (astragale/scaphoïde).

3. L'expression vient de la sculpture, voir LSJ : ὄνυξ, I, 3.

ὁμοία τοῖς ἐρραμμένοις σύνθεσις, ὡς ἐπὶ τῶν τῆς κεφαλῆς ὀστῶν ἔχει· σαφηνίζειν δὲ αὐτὴν βουληθέντες, οἱ μὲν πριονοειδῆ σύνταξιν ἀφορίζονται, οἱ δὲ εἰς ὄνυχα σύμπηξιν· δηλοῦντες, οἶμαι, καὶ ἀναμιμνῄσκοντες ἡμᾶς, οἱ μὲν τῆς τῶν πριόνων εἰς ἀλλήλους ἀντεμβάσεως, ὅταν αἱ θατέρου κυρτότητες εἰς τὰς τοῦ πλησιάζοντος ἀντεμβαίνωσι κοιλότητας, οἱ δὲ τῆς τῶν λεγομένων εἰς ὄνυχα συμπήγνυσθαι· γίνεται δὲ αὕτη τῶν κυρτοτήτων ὄνυχι τὸ σχῆμα παραπλησίων εἰς ἐπιτηδείους ὑποδέξασθαι κοιλότητας ἐμβαινουσῶν. 19 Ἡ δὲ ἁρμονία συνάρθρωσίς ἐστι κατὰ γραμμὴν ἁπλῆν· ἔχει δὲ οὕτως πρὸς ἄλληλα καὶ τῶν τῆς ἄνω γένυος ὀστῶν
738 **ἔνια καὶ τῶν τῆς κεφαλῆς πρὸς | ταῦτα. Ἡ δὲ ἐγγόμφωσις συνάρθρωσίς ἐστι κατὰ σύμπηξιν. ἐπαμφοτερίζει δέ πως ἤδη τοῦτο καὶ πλησίον ἐστὶ τῆς συμφύσεως, ὥσθ', ὅταν ἀκριβῶς ἐγγομφωθῇ τι, μηδὲ βραχυτάτην αὐτῷ κίνησιν ἀπολείπεσθαι, καθάπερ ἐπὶ τῶν ὀδόντων ἔχει. Ἀλλ' ὅτι γε οὐ συμπεφύκασιν οὗτοι τοῖς φατνίοις, ἐξαιρούμενοί τε καὶ αὐτομάτως ἐκπίπτοντες δηλοῦσιν.**

TEST. : 38,1 — 45,6 cf. Summ. Prooem. p. 50-52 Sezgin.

38,1 Γαληνοῦ — 45,7 ὀστῶν deficit A.

---

1 τῶν om. edd. || 2 σαφηνίζειν — 10 ἐμβαινουσῶν om. E || 2 σαφηνίζειν SCPQ : σαφηνίζει L || 4 post σύμπηξιν add. ἀφορίζονται SCPQ || 6 αἱ SQ : ἐκ L Kühn αἱ et supra lineam ἐκ C || 7 ἀντεμβαίνωσι L : ἀντεμβαίνουσι S ἐμβαίνουσι C ἐμβαίνωσι Q || 8 ὄνυχα LQ : ὄνυχας SC || τῶν om. SC || 9 post κυρτοτήτων add. τῷ SCQ || παραπλησίων CQ Kühn Moore : παραπλησίως LS Greg. Chart. || 12 οὕτως LSCQ : οὕτω E Gadaldinus edd. || 13-14 ἐγγόμφωσις ESCQ Moore : γόμφωσις L edd. cett. || 14 κατὰ σύμπηξιν ESCQ Moore : κατ' ἔμπηξιν L edd. cett. || 14 ἐπαμφοτερίζει — 17 ἀπολείπεσθαι om. E || 16 ἐγγομφωθῇ LECQ : ἐγομφώθη S || 18-19 ante ἐξαιρούμενοι add. οἱ Chart. Kühn.

spontanément. **20** Mais puisque nous avons parlé des différences et des formes concernant toutes les articulations, nous allons traiter à la suite de la symphyse. Les premières variétés de la symphyse sont de deux sortes. Certains os sont en symphyse entre eux, d'autres le sont par l'intermédiaire d'autres os. Sont en symphyse entre eux les os les plus poreux et les plus mous. Sont en symphyse par l'intermédiaire d'autres os, les os les plus secs et les plus denses. **21** Cette symphyse par intermédiaire présente trois différences en tout. Leurs noms ne sont pas anciens[1]. Celui qui veut employer les noms des modernes peut appeler *synchondrosis* la symphyse par l'intermédiaire d'un cartilage, *synneurosis*, celle qui a pour intermédiaire un « nerf » (tendon), et *syssarkosis*, celle qui a pour intermédiaire la chair. **22** Mais puisque nous avons mentionné le mot « nerfs », il serait bon d'en donner également la définition. On a dit qu'il y avait trois genres de « nerfs » — rien n'empêche qu'on parle de variétés ou d'espèces. **23** On nomme les uns « volontaires » : ce sont les nerfs qui naissent du cerveau et de la moelle épinière. Les autres sont nommés « ligaments », leur naissance est à partir des os. La troisième variété s'appelle « tendons », et naît d'un muscle. **24** Pour éviter toute obscurité ici également due à l'homonymie, nous appe-

1. Les συγχόνδρωσις et συννεύρωσις sont attestés uniquement chez Galien ; le συσσάρκωσις se lit chez Antyllus, chez Oribase (*Collections*, XLIV, 23. 47) et chez Archigène (*ap.* Gal. XII, 577,15), mais revêt un sens différent.

20 Ἐπεὶ δὲ περί τε τῶν διαφορῶν καὶ τῶν εἰδῶν ἁπάντων τῶν κατὰ τὸ ἄρθρον εἴπομεν, ἐφεξῆς ἂν εἴη καὶ περὶ τῆς συμφύσεως εἰπεῖν· εἰσὶ δὲ καὶ ταύτης δύο μὲν αἱ πρῶται διαφοραί. τὰ μὲν γὰρ ἀλλήλοις, τὰ δὲ δι' ἄλλων συμφύεται· ἀλλήλοις μὲν τὰ χαυνότερά τε καὶ μαλακώτερα, δι' ἄλλων δὲ τὰ ξηρότερά τε καὶ πυκνότερα. **21** Ταύτης δ' αὐτῆς τῆς δι' ἄλλων συμφύσεως τρεῖς εἰσιν αἱ πᾶσαι διαφοραί· ὀνόματα δ' αὐτῶν οὐκ ἔστι παλαιά· τῷ μέντοι βουλομένῳ τοῖς τῶν νεωτέρων χρήσασθαι καλεῖν ἔξεστι συγχόνδρωσιν μὲν τὴν διὰ χόνδρου σύμφυσιν, συννεύρωσιν δὲ τὴν διὰ νεύρου, συσσάρκωσιν δὲ τὴν διὰ σαρκός. **22** Ἐπεὶ δὲ καὶ τοῦ τῶν |
739 νεύρων ὀνόματος ἐμνημονεύσαμεν, καλῶς ἂν ἔχοι καὶ περὶ τούτων διορίσασθαι. τρία τοίνυν εἶναι τῶν νεύρων ἔφασαν γένη· κωλύει δὲ οὐδὲν ἢ διαφορὰς ἢ εἴδη προσαγορεύειν αὐτά. **23** Καλοῦσι δὲ τὰ μέν τινα προαιρετικά, τὰ ἐξ ἐγκεφάλου καὶ νωτιαίου πεφυκότα· τὰ δέ τινα συνδετικά· τούτων δὲ ἡ γένεσις ἐκ τῶν ὀστῶν. ἡ τρίτη δὲ αὐτῶν διαφορὰ καλεῖται μὲν τένων, ἐκφύεται δὲ ἐκ μυός. **24** Ἵνα δὲ οὖν μηδ' ἐνταῦθά τις ἀσάφεια γένηται διὰ τὴν ὁμωνυμίαν, ὅσα μὲν ἐξ ἐγκεφάλου τε καὶ

TEST. : 10 συγχόνδρωσιν — 12 σαρκός cf. Scholia Yalensia I A 140-141.

38,1 Γαληνοῦ — 45,7 ὀστῶν deficit A.

---

2 καὶ codd. : καιρὸς Chart. Kühn (« fortasse recte » Moore) ‖ 4 ἄλλων L Ar. : ἀλλήλων ESCQ ‖ 5-6 μαλακώτερα codd. : *mollia* Balamius ‖ 5 τὰ L : ὅσα ESCQ Moore ‖ 6 ἄλλων L Ar. : ἀλλήλων ESCQ ‖ 9 τῶν om. edd. ‖ 13 ἐμνημονεύσαμεν L : ἐμνημόνευσα ECQ ἐμνήσθημεν S ‖ 14 διορίσασθαι codd. : διορίζεσθαι edd. ‖ 15 post ἔφασαν add. εἶναι SCQ ‖ ἢ pr. SCQ : οὐδὲ L Greg. ‖ 20 μυός. ἵνα δὲ οὖν L : μυός, ἵν' οὖν Q μυῶν, ἵν' οὖν SC ‖ 20 ἵνα — 45,6 ὀστοῦν om. E ‖ 20-21 γένηται L : γίγνηται SCQ ‖ 21 τε om. L edd.

lons les nerfs qui naissent du cerveau et de la moelle épinière « nerfs volontaires », ceux qui naissent des muscles « tendons », et ceux qui naissent des os, « ligaments ». **25** Une fois prise pour base cette convention terminologique, il est temps de parler désormais de chaque os en particulier, en commençant par le crâne. C'est ainsi qu'on appelle l'os de la tête.

Ib. Les os de la tête

1 Nous avons déjà dit précédemment que l'os de la tête est appelé crâne, et qu'il a sur lui des sutures[1]. Mais il n'a encore été question ni du nombre de ces sutures, ni de leur nature, ni de la forme de chacune d'entre elles. On dira ici tout d'abord que leur position et leur nombre varient selon la forme de la tête. **2** Sa forme naturelle ressemble surtout à une sphère allongée[2]. Tout autre est la tête pointue. La forme naturelle est plutôt proéminente vers l'avant et vers l'arrière. Elle a en tout trois sutures : deux transversales, dont l'une est située sur l'occiput,

1. Les ῥαφαί, nom d'action de ῥάπτω, sont, à proprement parler, les coutures (voir à ce sujet F. Skoda, *Médecine ancienne et métaphore, Le vocabulaire de l'anatomie et de la pathologie en grec ancien*, Paris, 1988, p. 12 sq.), nom employé aussi par Hippocrate (*Plaies de la tête*, I) qui en donne une description précise ; Galien reprend les mêmes détails ; seuls les noms spécialisés des sutures sont postérieurs (voir *infra*, p. 46). Le calque latin, *sutura*, se rencontre chez Celse, VIII, 1,2 et 4,3. Le terme se trouve attesté pour la première fois chez Hérodote, IX, 83 (cité aussi par Pollux : un crâne sans sutures) ; cf. aussi Platon, *Timée*, 76a ; Aristote, *Histoire des animaux*, 491b2 (avec la curieuse notice sur la suture unique circulaire des femmes). Sur les sutures et leur interprétation fonctionnelle, voir aussi Galien, *Utilité des parties*, IX, 17 ; Helmreich, II, 49 sq.

2. Même description dans l'*Utilité des parties*, IX, 17 ; Helmreich, II, 50. Voir aussi *Art médical*, VI, 4 et 6, Boudon, p. 289.

νωτιαίου φύεται, νεῦρα ταῦτα προσαγορεύομεν προαιρετικά· ὅσα δὲ ἐκ μυῶν, τένοντας· ὅσα δὲ ἐξ ὀστῶν, συνδέσμους. 25 Ἐπὶ ταύτῃ τῶν ὀνομάτων τῇ συνθήκῃ καιρὸς ἂν εἴη λέγειν ἤδη περὶ τῶν ὀστῶν ἰδίᾳ καθ' ἕκαστον, ἀρξαμένους ἀπὸ τοῦ κρανίου. καλοῦσι γὰρ οὕτω τὸ τῆς κεφαλῆς ὀστοῦν.

Ib. **Περὶ τῶν τῆς κεφαλῆς ὀστῶν**

1 Εἴρηται μὲν ἤδη καὶ πρόσθεν, ὅτι τε κρανίον ὀνομάζεται τὸ τῆς κεφαλῆς ὀστοῦν, ὅτι τε ῥαφαί τινες ὑπάρχουσι κατ' αὐτό. πόσαι δέ εἰσιν αὗται καὶ τίνες, ὁποῖόν τε τὸ εἶδος ἑκάστης αὐτῶν, οὐδέπω μὲν εἴρηται |
740 **πρόσθεν, εἰρήσεται δὲ ἐν τῷδε· καὶ πρῶτόν γε, ὅτι παρὰ τὸ σχῆμα τῆς κεφαλῆς ἥ τε θέσις αὐτῶν ὑπαλλάττεται καὶ τὸ πλῆθος· 2 ἔστι γὰρ τὸ μὲν κατὰ φύσιν αὐτῆς σχῆμα προμήκει μάλιστα σφαίρᾳ προσεοικός· ἕτερον δὲ τὸ καλούμενον φοξόν· τὸ μὲν οὖν κατὰ φύσιν, εἴς τε τὸ πρόσω καὶ τοὐπίσω προπετέστερον ὑπάρχον, τρεῖς ἔχει τὰς πάσας ἐν αὐτῷ ῥαφάς· δύο μὲν ἐγκαρσίας, ὧν ἡ μὲν ἑτέρα τέτακται κατ' ἰνίον, ἡ δὲ ἑτέρα κατὰ τὸ**

TEST. : c. Ib, cf. Summ. p. 53-57 Sezgin. ‖ 7 Tit. ; ORIB., *Coll.* XXV 3 (Raeder, 52,1) ‖ 14 ἔστι — 47,20 φασιν ORIB., *Coll.* XXV, 3 (Raeder, 52,2-37).

38,1 Γαληνοῦ — 45,7 ὀστῶν deficit A.

---

1 προσαγορεύομεν L : προσαγορεύεται SCQ ‖ 2-3 τένοντας...συνδέσμους L : τένοντες...σύνδεσμοι SCQ ‖ 7 Περὶ τῶν τῆς κεφαλῆς ὀστῶν L : Περὶ τοῦ τῆς κεφαλῆς ὀστοῦ SCQ Ar. om. Kühn Moore ‖ 8 Εἴρηται — 14 ἔστι γὰρ om. E ‖ τε om. QA ‖ 9 τε om. SCQA ‖ 11 τὸ SCQ edd. : τοῦ A τῶ L ‖ 16 post φοξόν add. ποῖον τὸ κατὰ φύσιν σχῆμα τῆς κεφαλῆς καὶ πόσαι αἱ ῥαφαί SC ‖ 17 ante τοὐπίσω add. εἰς Greg. Chart. Kühn ‖ 18 αὐτῷ edd. : αυτω L αὐτῶ Q ἑαυτῷ ESA ‖ 19 post μὲν add. γὰρ Greg. Chart. Kühn.

l'autre sur le bregma, et, en plus de celles-ci, une troisième, le long de la tête, qui va du milieu de la suture postérieure au milieu de la suture antérieure. On appelle la suture de devant « coronarienne »[1] parce que c'est surtout sur cette partie de la tête que l'on pose les couronnes. La suture postérieure est appelée lambdoïde[2] parce que sa forme générale est semblable à la lettre *lambda* (Λ). Les trois sutures ont une forme comparable à la lettre *êta* (H). **3** Les sutures de la forme naturelle du crâne sont disposées de la manière que l'on vient de décrire. Quant aux sutures du crâne pointu, elles le sont de la manière suivante. Quand la proéminence postérieure est perdue, la suture lambdoïde l'est aussi. Quand c'est la partie antérieure qui disparaît, la suture coronarienne disparaît aussi, et dans chacun des deux cas, la forme des sutures restantes est semblable à la lettre *tau* (T). **4** Lorsque les deux proéminences disparaissent, les deux sutures restantes se coupent à angle droit, à l'image de la lettre *chi* (X). **5** La suture transversale est située surtout au milieu de la tête, tandis que la suture longitudinale va de l'arrière à l'avant comme dans tous les autres

1. Pour le στεφανιαία, voir Antyllus, *ap.* Or., VII, 14,1, [Rufus] *Oss.* 3 ; un terme semblable chez Pollux, II, 37 : στεφανίς.
2. Première attestation dans [Rufus], *Oss.*, 3.

βρέγμα· τρίτην δ' ἄλλην ἐπ' αὐταῖς κατὰ τὸ μῆκος τῆς κεφαλῆς ἀπὸ μέσης τῆς ὄπισθεν ἐπὶ μέσην τὴν ἔμπροσθεν ἐκτεταμένην· ὀνομάζουσι δὲ τὴν μὲν ἐν τοῖς πρόσω στεφανιαίαν, ἐπειδὴ κατὰ τοῦτο μάλιστα τὸ μέρος τῆς κεφαλῆς οἱ στέφανοι περιτίθενται, τὴν δὲ ὄπισθεν λαβδοειδῆ, διότι τὸ σύμπαν αὐτῆς σχῆμα τῷ Λ γράμματι προσέοικεν· αὐτὸ δὲ τὸ τῶν τριῶν ῥαφῶν σχῆμα τῷ Η μάλιστα ὡμοίωται γράμματι. 3 Αἱ μὲν δὴ τοῦ κατὰ φύσιν ἐσχηματισμένου κρανίου ῥαφαὶ τὸν εἰρημένον ἔχουσι τρόπον· αἱ δὲ τοῦ φοξοῦ κατὰ τάδε διάκεινται. τῆς μὲν ὄπισθεν ἀπολλυμένης ἐξοχῆς |
741 καὶ ἡ λαβδοειδὴς ῥαφὴ συναπόλλυται, τῆς δ' ἔμπροσθεν, ἡ στεφανιαία· καὶ γίνεται καθ' ἑκάτερον αὐτῶν τὸ τῶν σῳζομένων ῥαφῶν σχῆμα τῷ Τ γράμματι παραπλήσιον. 4 Ἀμφοτέρων δ' ἀπολλυμένων τῶν ἐξοχῶν, αἱ σῳζόμεναι δύο ῥαφαὶ πρὸς ὀρθὰς γωνίας ἀλλήλας τέμνουσιν εἰς ὁμοιότητα τῷ Χ γράμματι. 5 Τέτακται δὲ ἡ μὲν ἐγκαρσία κατὰ μέσην μάλιστα τὴν κεφαλήν, ἡ δ' ἑτέρα κατὰ τὸ μῆκος, ὄπισθεν πρόσω φερομένη,

---

TEST. : 45,14 ἔστι — 47,20 φασιν ORIB., *Coll.* XXV, 3 (Raeder, 52,2-37) || c. Ib, cf. Summ. p. 53-57 Sezgin.

---

5 περιτίθενται codd. : κατατίθενται Or. || 7 Λ SQA : λάμδα LC λάβδα Moore om. E || 7 τριῶν om. L Greg. Chart. Kühn || Η LS : ἦτα ECQA || 9-10 ἐσχηματισμένου κρανίου codd. Or. : σχηματισμοῦ τοῦ κρανίου edd. *naturalis structura* Balamius || 10-11 αἱ δὲ τοῦ φοξοῦ κατὰ τάδε διάκεινται codd. Or. : τὸ δὲ φοξὸν κατὰ τάδε διάκειται E || 10 τάδε ESCQA Or. Moore : ταῦτα δὲ L Greg. ταῦτα Chart. Kühn || 11 ἀπολλυμένης L Greg. Chart. Kühn : ἀπολλομένης QA ἀπολομένης SC Or. Moore || 13 καὶ γίνεται καθ' ἑκάτερον om. A sp. rel. || 14 σχῆμα — 16 γωνίας om. A sp. rel. || Τ Kühn : ταῦ LSCQA edd. cett. τῶι E ταῦ S || 15 ἀπολλυμένων Or. : ἀπολυμένων L ἀπολλομένων SC ἀπολομένων Q def. A || 17 ὁμοιότητα QA Or. Kühn *similitudinem referunt* Balamius : ὁμοιότατα L ὁμοίωμα S ὁμοιώματι C.

crânes. De fait, cette dernière suture se conserve toujours, tandis que les autres changent de forme selon les modifications qui affectent la forme de toute la tête. **6** On trouve également deux autres lignes parallèles à la suture transversale sur la longueur de la tête qui vont d'arrière en avant et sont situées au-dessus des oreilles[1]. Elles sont formées, elles aussi, par le contact réciproque de deux os, mais elles ne constituent pas comme les précédentes une suture. **7** En effet, s'amincissant progressivement jusqu'à former une squame, l'os qui descend du bregma se glisse sous celui qui monte d'en bas à partir des oreilles. Telle est la raison pour laquelle certains n'ont pas appelé ces sutures tout simplement « sutures »[2], mais, ou bien sutures squameuses ou bien collages squameux[3]. **8** En ce qui nous concerne, nous appellerons les sutures de l'oreille, pour la clarté de l'exposé, sutures squameuses. C'est ainsi que les sutures de la tête sont au nombre de cinq : la lambdoïde, la coronarienne, la droite longitudinale[4], les deux parallèles à cette dernière, sur les os squameux. Ensuite, deux autres sutures sont communes avec la mâchoire supérieure et avec l'os situé au milieu des deux[5], os que certains attribuent à la tête, et que d'autres disent appartenir à la mâchoire supérieure. **9** Je te montrerai quel est l'aspect de cet os, quelle est sa taille et à quel endroit il se trouve. Les extrémités inférieures des côtés de la suture lambdoïde se prolongent jusqu'à la

1. Lignes temporales supérieures (ou sutures squameuses).

2. En arabe, il y a en plus : « parce que selon eux la suture est proprement celle où la composition des os est celle que nous avons énoncée plus haut » ; ceci est très probablement une glose.

3. Dans le grec *proskollêma* il y a l'idée d'agglutination par la colle.

4. Le correspondant grec du terme moderne « sagittale » pour la suture longitudinale se trouve dans l'*Introductio* ps. galénique (Kühn, XIV, 720) et dans le galénisme alexandrin (*Sommaires* des Alexandrins et *Synopsis* de Ioannes Grammatikos).

5. Pour le « sphénoïde », voir *infra*, p. 48.

καθάπερ ἐπὶ τῶν ἄλλων ἁπάντων κρανίων. ἀεὶ γὰρ αὐτὴ μὲν διαφυλάττεται, μεταπίπτουσι δὲ αἱ λοιπαί, τῷ τῆς ὅλης κεφαλῆς σχήματι συναλλοιούμεναι. **6** Καὶ μὲν δὴ καὶ δύο ἕτεραι τῇδε παράλληλοι γραμμαὶ κατὰ τὸ μῆκός εἰσι τῆς κεφαλῆς, ὄπισθεν πρόσω φερόμεναι τῶν ὤτων ὑπεράνω. γεννῶνται δὲ καὶ αἵδε δυοῖν ὀστοῖν ἀλλήλοις ὁμιλούντων, οὐ κατὰ ῥαφὴν ὥσπερ τὰ πρόσθεν εἰρημένα· **7** κατὰ βραχὺ γὰρ ἀπολεπτυνόμενον εἰς λεπίδα τὸ κατιὸν ἀπὸ τοῦ βρέγματος ὀστοῦν ὑποβέβληται τῷ κάτωθεν ἀπὸ τῶν ὤτων ἀνιόντι. καὶ διὰ τοῦτό τινες οὐδὲ ῥαφὰς ὠνόμασαν ἁπλῶς αὐτάς,
742 ἀλλ' ἤτοι | λεπιδοειδεῖς ῥαφὰς ἢ λεπιδοειδῆ προσκολλήματα. **8** Καὶ ἡμῖν δὲ σαφοῦς ἕνεκεν διδασκαλίας αἱ κατὰ τὰ ὦτα λεπιδοειδεῖς καλείσθωσαν ῥαφαί, ὡς εἶναι πέντε μὲν ἰδίας ῥαφὰς τῆς κεφαλῆς, τὴν λαβδοειδῆ, τὴν στεφανιαίαν, τὴν κατὰ τὸ μῆκος εὐθεῖαν, τὰς παραλλήλους αὐτῇ δύο, τὰς ἐν τοῖς λεπιδοειδέσιν, ἄλλας δὲ κοινὰς δύο, πρός τε τὴν ἄνω γένυν καὶ πρὸς τὸ μέσον ἀμφοτέρων ὀστοῦν, ὅ τινες μὲν τῇ κεφαλῇ προσνέμουσι, τινὲς δὲ τῆς ἄνω γένυος εἶναί φασιν. **9** Ὁποῖον δέ τι τὴν ἰδέαν ἐστὶ τοῦτο, καὶ τὸ μέγεθος πηλίκον, ἐν τίνι τε μάλιστα τόπῳ κείμενον, ἤδη σοι δίειμι· τῶν πλευρῶν τῆς λαβδοειδοῦς ῥαφῆς τὰ κάτω πέρατα προσε-

---

TEST. : 45,14 ἔστι — 20 φασιν ORIB., *Coll.* XXV, 3 (Raeder, 52,2-37) || c. Ib, cf. Summ. p. 53-57 Sezgin.

---

2 αὐτὴ μὲν ESCQA Or. Moore : μὲν γὰρ αὐτὴ L edd. cett. || 6 γεννῶνται— 14 ῥαφαί om. E || 10 ἀπὸ codd. : *supra* Ar. ἐπὶ Or. (ἀπὸ Daremberg Raeder) || 14 αἱ om. L || 19 ὅ τινες — 48,14 ὀστοῦν om. E || 20 εἶναί — 22 δίειμι om. A spatio unius et dimidii versus relicto || 23 λαβδοειδοῦς SC : λαβοειδοῦς L λαυοειδοῦς A λαμβδοειδοῦς Q.

base de la tête en descendant entre les os pétreux et de l'articulation de la première vertèbre. **10** Là, ces prolongements sont réunis par une courte ligne en position transversale. Représente-toi en premier lieu que cette ligne est commune à la tête et à l'os qui fait l'objet de notre discours. En effet, cette ligne, montant des deux côtés vers les cavités des tempes, arrive au même endroit que les extrémités de la suture coronarienne qui descendent là. **11** Ensuite, de là, retournant à nouveau vers le bas et se portant jusqu'aux dernières dents, elle arrive dans la partie interne du palais, en se joignant à elle-même. L'os délimité par la suture dont nous venons de parler forme comme un coin (*sphèn*) entre la tête et la mâchoire supérieure[1]. **12** La partie de la ligne qui monte jusqu'aux extrémités de la suture coronarienne est commune entre la tête. Au contraire, la partie qui descend des deux côtés vers le palais forme la frontière entre la mâchoire supérieure et l'os sphénoïde[2]. Nommons le ainsi pour la clarté de l'exposé. Dans cet os, il y a des

1. En arabe : « et ils touchent leurs deux extrémités à cet endroit et l'os qui entoure et limite cette suture est formé comme un angle aigu ».

2. L'adjectif « sphénoïde » est dérivé de « *sphèn* », le coin. « Sphénoïde », ou « cunéiforme », dit de cet os crânien, est attesté chez Galien et chez Oribase (voir *Testimonia*, p. 48). Galien évite l'adjectif « sphénoïde » dans l'*Utilité des parties,* Helmreich, II, 46, où il utilise une paraphrase : « l'os commun à l'œil et au nez ».

πεκτείνεται μέχρι τῆς βάσεως τῆς κεφαλῆς, μεταξὺ τῶν τε λιθοειδῶν ὀστῶν κατιόντα καὶ τῆς πρὸς τὸν πρῶτον σπόνδυλον διαρθρώσεως. 10 Ἐνταῦθα δὲ ἐπιζεύγνυσιν αὐτὰ γραμμή τις βραχεῖα, θέσιν ἐγκαρσίαν ἔχουσα. ταύτην μοι πρῶτον νόει κοινὴν τῆς τε κεφαλῆς καὶ τοῦ προκειμένου κατὰ τὴν διήγησιν ὀστοῦ. ἀναφερομένη γὰρ ἑκατέρωθεν ἐπὶ τὰς κατὰ τοὺς κροτάφους κοιλότη-
743 **τας εἰς ταὐτὸ ἀφι|κνεῖται τοῖς καθήκουσιν ἐνταῦθα πέρασι τῆς στεφανιαίας ῥαφῆς. 11 Εἶτ' ἐντεῦθεν αὖθις ἐπιστραφεῖσα πρὸς τὸ κάτω καὶ παρενεχθεῖσα εἰς τοὺς ἐσχάτους ὀδόντας ἀφικνεῖται πρὸς τὰ τῆς ὑπερῴας ἔνδον, ἑαυτῇ συνάπτουσα· τὸ περιοριζόμενον ὑπὸ τῆς προειρημένης ῥαφῆς ὀστοῦν ὥσπερ τις σφὴν ἔγκειται μεταξὺ τῆς κεφαλῆς καὶ τῆς ἄνω γένυος. 12 Ὅσον μὲν οὖν αὐτῆς ἐπὶ τὰ πέρατα τῆς στεφανιαίας ἀναφέρεται, κοινὸν τοῦτο πρὸς τὴν κεφαλήν ἐστιν· ὅσον δ' ἑκατέρωσε κατέρχεται πρὸς τὴν ὑπερῴαν, ὁ πρὸς τὴν ἄνω γένυν ὅρος ὑπάρχει τοῦ σφηνοειδοῦς ὀστοῦ· καλείσθω γὰρ οὕτω σαφοῦς διδασκαλίας ἕνεκεν· κατὰ τοῦτο τὸ**

TEST. : 13 ἔγκειται — 49,4-5 κοιλοτήτων ORIB., *Coll.* XXV, 3 (Raeder, 52,37-53,6). ‖ c. Ib, cf. Summ. p. 53-57 Sezgin.

1 ante τῶν add. δὲ SCQA ‖ 3 δὲ om. SCQA ‖ 5 πρῶτον L : πρώτην SCQA ‖ τε om. SCQA ‖ 8 ταὐτὸ codd. : ταὐτὸν Kühn ‖ 10 τὸ κάτω SQ Kühn Moore : τω κατα L τῷ κάτω C edd. cett. ‖ 12 ἑαυτῇ SA Gadaldinus : ἑαυτῆς L Chart. Kühn ἐν ἑαυτῇ CQ ‖ συνάπτουσα cum τὸ περιοριζόμενον continuat Moore ‖ 13 ὃ post ὀστοῦν add. SCQA Chart. Kühn Moore ‖ 14 post μεταξὺ add. τε SCQA Moore ‖ post pr. τῆς add. τε Or. ‖ 16-17 δ' ἑκατέρωσε edd. : δεκατωτερωσε L δ' ἑκατέρως ἐγ(κατέρχεται) Q δ' ἑκατέρως E Or. δὲ κατωτέρω S δὲ κατώτερον A δὲ κατωτέρ C ‖ 18 καλείσθω — 19 ἕνεκεν om. E ‖ 19 ἕνεκεν L edd. : ἕνεκα SCQA Or.

apophyses ailées en même temps que des cavités sur les deux côtés. **13** L'autre suture de la tête, qui la délimite vers la mâchoire supérieure, commence aux cavités des tempes, là où l'on a dit que se rencontrent la suture commune à la tête et à l'os sphénoïde et les extrémités de la suture coronarienne. De là, cette suture avance vers les orbites[1] des yeux et en passant au milieu de celles-ci se relie avec elle-même au niveau des sourcils. **14** Les choses étant ainsi, les os de la tête prise en son entier, mis à part l'os sphénoïde, sont au nombre de six : deux au bregma[2] qui ont une suture commune, celle qui va tout droit en longueur [3] ; deux autres au-dessous de ceux-ci, un par oreille[4], le cinquième, en plus de ceux-ci, est celui de l'occiput[5], le sixième, celui du front. **15** Les os du bregma sont délimités en arrière par les côtés de la suture lambdoïde, en avant par la suture coronarienne, en dessous par les sutures squameuses, au-dessus par la suture toute droite en longueur. Les os qui viennent à la suite de ceux-ci, à chaque oreille, sont délimités en haut par les sutures squameuses, en arrière par les prolongements des côtés de la suture lambdoïde, en avant par la suture commune à la tête et à l'os sphénoïde. Les os du bregma ont

1. Χώρα, « espace, région », pour orbite est le terme générique employé par Galien ; dans le traité attribué à Rufus, sur les os, on trouve le πυελίς, « petit bol » (voir F. Skoda, *Médecine ancienne et métaphore, Le vocabulaire de l'anatomie et de la pathologie en grec ancien*, Paris, 1988, p. 135 sq.).

2. Pariétaux. Cf. Galien, *Commentaire à Epid. VI,* éd. Wenkebach-Pfaff, CMG, V, 10,2 p. 125 ; Kühn XVII B, 3. « Bregma » : c'est le sommet de la tête chez Hippocrate (cf. *Plaies de la tête*, 2) et chez Aristote ; le sens d'os pariétal est attesté pour la première fois chez Galien.

3. Sagittale.

4. Temporal.

5. Occipital.

ὀστοῦν αἱ πτερυγώδεις εἰσὶν ἀποφύσεις ἅμα ταῖς ἑκατέρωθεν αὐτῶν κοιλότησιν. 13 Ἡ δ' ἑτέρα ῥαφὴ τῆς κεφαλῆς, ἡ πρὸς τὴν ἄνω γένυν αὐτὴν ὁρίζουσα, τὴν ἀρχὴν μὲν ἐκ τῶν κατὰ τοὺς κροτάφους ἔχει κοιλοτήτων, ἵνα περ εἰς ταὐτὸν ἥκειν ἐλέχθη τοῖς τῆς στεφανιαίας πέρασιν ἡ κοινὴ κεφαλῆς καὶ τοῦ σφηνοειδοῦς ὀστοῦ ῥαφή, προέρχεται δ' ἐντεῦθεν ἐπὶ τὰς χώρας τῶν ὀφθαλμῶν, καὶ διὰ μέσων αὐτῶν ἐνεχθεῖσα |
744 κατὰ τὸ μεσόφρυον ἑαυτῇ συνάπτει. 14 Καὶ δὴ καὶ τούτων οὕτως ἐχόντων, ἓξ ὀστᾶ γίνεται τῆς ὅλης κεφαλῆς τὰ πάντα χωρὶς τοῦ σφηνοειδοῦς· δύο μὲν κατὰ τὸ βρέγμα, κοινὴν ἔχοντα ῥαφήν, τὴν κατὰ τὸ μῆκος εὐθεῖαν· ἄλλα δὲ δύο τούτων κάτωθεν, ἓν καθ' ἑκάτερον οὖς, καὶ πέμπτον ἐπὶ τούτοις, τὸ κατ' ἰνίον, καὶ ἕκτον, τὸ κατὰ μέτωπον. 15 Ὁρίζουσι δὲ τὰ μὲν τοῦ βρέγματος ὄπισθεν μὲν αἱ πλευραὶ τῆς λαβδοειδοῦς ῥαφῆς, ἔμπροσθεν δὲ ἡ στεφανιαία, κάτωθεν δὲ αἱ λεπιδοειδεῖς, ἄνωθεν δὲ ἡ κατὰ τὸ μῆκος εὐθεῖα· τὰ δ' ἐφεξῆς τῶνδε καθ' ἑκάτερον οὖς ἄνωθεν μὲν αἱ λεπιδοειδεῖς ἀφορίζουσιν, ὄπισθεν δὲ αἱ προσαυξήσεις τῶν πλευρῶν τῆς λαβδοειδοῦς, ἔμπροσθεν δὲ ἡ κοινὴ τῆς τε

TEST. : 7 προέρχεται — 15 μέτωπον Orib., *Coll.* XXV, 3 (Raeder, 53,6-12) || c. Ib, cf. Summ. p. 53-57 Sezgin.

---

1 καὶ ante αἱ add. E || 4 ἀρχὴν codd. : ῥάχιν W Chartier || 5 ταὐτὸν codd. : ταὐτὸ Chartier Kühn || 6 καὶ — 8 ἐνεχθεῖσα om. A sp. rel. || 7 προέρχεται codd. : προσέρχεται Or. (corrigendus) W Chartier || 8 μέσων SCQA Or. : μέσον L Greg. || 9 καὶ alt. om. ESCQA || 10 γίνεται ESCQA : γίγνεται L || 13 δύο τούτων L : τούτων δύο ESCQA || 15 τὸ post κατὰ add. LQ.

une forme de quadrilatère, ceux dont on parle maintenant[1] sont triangulaires. **16** Le cinquième os de la tête, l'occipital, est délimité par la suture lambdoïde, en même temps que par ses prolongements, et par la suture qui, comme on l'a dit, les réunit[2]. Cet os contient en lui le plus grand trou de toute la tête, celui qui correspond à la première vertèbre. Le dernier, l'os frontal, est délimité par la suture coronarienne et par celle qui est commune à la tête et à la mâchoire supérieure. **17** De ces six os, ceux du bregma se trouvent être les plus poreux et les plus faibles ; le plus compact et le plus solide est l'occipital, l'os frontal est intermédiaire entre les deux. **18** Chacun des deux os restants, ceux des oreilles, sont de nature variée. Une partie d'entre eux est appelée « pétreuse »[3], ce qu'elle est effectivement. Elle est délimitée par le prolongement des extrémités de la suture lambdoïde. Sur cet os se trouve également l'apophyse styloïde[4] que j'appelle aussi « en forme d'aiguille » et « en forme de stylet »[5], ainsi que celle qui entoure le canal acoustique. **19** Une autre partie de cet os, à la suite de celle-ci, est formée par des excroissances, celle qu'on appelle mastoïde, et en

1. C'est-à-dire les temporaux.
2. Voir *supra*, p. 48, l. 3 sq.
3. Le mot « pétreux » est encore employé en anatomie moderne.
4. Στιλοειδής, la forme à rétablir sur la foi du manuscrit L et d'Oribase, qui lisent στιλλοειδής, est un adjectif tiré d'un mot latin (à partir de Plaute) *stilus*. La forme στηλοειδής, tirée par fausse étymologie de στήλη, colonne, se trouve dans la famille Ψ, tandis que la forme στυλοειδής est un artefact de Janos Laskaris qui l'a sans doute introduite dans le *Par.* 2148, d'où elle est passée aux éditions. Dans la tradition des *Anat. admin.* (*Par.* 1849), on a στηλοειδής (Kühn, II, 253,2 ; Garofalo, p. 43,5) que j'ai corrigé en στιλοειδής. Le traducteur arabe lisait lui aussi στηλοειδής, car il traduit « semblable à une colonne ». Voir I. Garofalo « Questioni di lessico anatomico », *Fontes*, 4, 2002, pp. 67-76. L'anatomie moderne a conservé le nom de « processus styloïde temporal ».
5. Le γραφοειδῆ des manuscrits d'*Oss.* n'est pas acceptable. La graphie attendue serait γραφειοειδῆ (de γραφεῖον), « plume », « stylet », mais dans les manuscrits (et éditions) de l'*Utilité des parties*, Helmreich, I, 430,13, comme chez Oribase, on lit γραφιοειδής. Comme ει est changé presque normalement avec ι dans l'orthographe de l'époque romaine, il est difficile de choisir la forme à rétablir.

κεφαλῆς καὶ τοῦ σφηνοειδοῦς. ἔστι δὲ τὰ τοῦ βρέγματος ὀστᾶ τετράπλευρα, ταυτὶ δὲ τὰ νῦν εἰρημένα τρίπλευρα. **16** τὸ δὲ πέμπτον ὀστοῦν τῆς κεφαλῆς, τὸ κατ᾽ ἰνίον, ὁρίζεται μὲν ὑπὸ τῆς λαβδοειδοῦς ῥαφῆς ἅμα ταῖς προσαυξήσεσι καὶ τῆς ῥηθείσης ἐπιζευγνύναι ταύτας ῥαφῆς, περιέχει δὲ ἐν αὑτῷ τὸ μέγιστον τῶν τῆς
745 κεφαλῆς | τρημάτων, τὸ κατὰ τὸν πρῶτον σπόνδυλον· λοιπὸν δὲ τὸ κατὰ τὸ μέτωπον ὀστοῦν ἥ τε στεφανιαία περιορίζει ῥαφὴ καὶ ἡ κοινὴ τῆς κεφαλῆς πρὸς τὴν ἄνω γένυν. **17** Καὶ δὴ καὶ τῶν εἰρημένων ἓξ ὀστῶν τὰ μὲν τοῦ βρέγματος χαυνότατά τε καὶ ἀσθενέστατα τετύχηκεν ὄντα, πυκνότατον δὲ καὶ ἰσχυρότατον τὸ κατ᾽ ἰνίον, μέσον δὲ ἀμφοῖν τὸ κατὰ τὸ μέτωπον. **18** Ἑκάτερον δὲ τῶν λοιπῶν τῶν κατὰ τὰ ὦτα πολυειδές ὑπάρχει. τὸ μὲν γάρ τι μέρος αὐτῶν ὀνομάζεται λιθοειδὲς, ὥσπερ οὖν καὶ ἔστιν· ὁρίζεται δὲ τοῦτο τοῖς ἐπεκτεινομένοις πέρασι τῆς λαβδοειδοῦς ῥαφῆς. ἐν τούτῳ καὶ ἡ στιλοειδὴς ἀπόφυσίς ἐστιν, ἣν ἐγὼ βελονοειδῆ τε καὶ γραφιοειδῆ καλῶ, καὶ ἡ τὸν ἀκουστικὸν περιέχουσα πόρον. **19** Ἕτερον δὲ μέρος ἐφεξῆς τοῦδε τὸ κατὰ τὰς ἐκφύσεις ἐστί τήν τε μαστοειδῆ καλουμένην καὶ προσέτι τὴν τοῦ

TEST. : 1 ἔστι — 51,1 κρόταφον Orib., *Coll.* XXV, 3 (Raeder, 53,12-26) || c. Ib, cf. Summ. p. 53-57 Sezgin.

---

1 ἐστὶ δὲ ESCQA Or. : ἐστὶν μὲν L || 2 ταυτὶ — 7 σπόνδυλον om. E || 6 ἐν αὐτῷ om. Or. || αὑτῷ Moore : αὐτῷ LSCQA ἑαυτῷ edd. cett. || 2 τε om. SCQA || 8 ἀσθενέστατα LCQA : ἀσθενέστερα S || 12 δὲ ESCQA Or. : τε L || τὸ om. L || 14 τῶν κατὰ τὰ ὦτα codd. : κάτω Or. || 14-15 τὸ μὲν γάρ — 15 λιθοειδές om. A sp. rel. dimidii versus || 17 ante ἐν τούτω add. καὶ L || 17-18 στιλοειδὴς L : στιλλοειδὴς Or. στηλοειδὴς ESC στυλοειδὴς edd. *columnae est similis* Bala-mius || 18-19 γραφιοειδῆ Garofalo : γραφοειδῆ LSCQ Or. edd. κραφοειδῆ EA.

outre, celle du zygoma. La troisième partie est la partie temporale. **20** En ce qui concerne les trous de la tête[1], nous en parlerons dans l'anatomie des vaisseaux et dans celle des nerfs. De fait, c'est pour les vaisseaux et les nerfs que ces trous sont faits, et il passe dans chacun d'entre eux une artère ou une veine ou un nerf, séparément ou ensemble.

II. L'os zygomatique

1 En avant du muscle temporal, se trouve placé un os qui présente en son milieu une suture oblique, de telle manière que sa portion postérieure est toute entière continue avec l'os de la tête où se trouve l'oreille, sa portion antérieure, avec l'extrémité du sourcil située du côté du petit angle de l'œil. L'ensemble de tout cet os est appelé *zygoma*[2].

III. Les os de la mâchoire supérieure

1 Nous avons déjà parlé des sutures qui délimitent la mâchoire supérieure de la tête et de l'os sphénoïde. À

1. Galien parle des trous de la tête dans l'*Utilité des parties,* XI, c. 10.

2. Il s'agit de l'arc zygomatique. Dans le sens anatomique, voir aussi Pollux, II, 85. Dans l'*Introductio* 12, Kühn, XIV, 721,3, les os sont appelés ζυγοειδῆ.

ζυγώματος. καὶ τρίτον ἐπὶ τῷδε τὸ κατὰ τὸν κρόταφον. 20 Περὶ δὲ τῶν τρημάτων τῆς κεφαλῆς ἐν ταῖς τῶν ἀγγείων καὶ νεύρων ἀνατομαῖς εἰρήσεται. καὶ γὰρ
746 **γέγονεν ἐκείνων ἕνεκα, | καὶ διεξέρχεται καθ᾽ ἕκαστον αὐτῶν ἢ ἀρτηρία τις ἢ φλὲψ ἢ νεῦρον, ἤ τινα τούτων, ἢ πάντα.**

II. Περὶ τοῦ ζυγώματος

1 Τοῦ κροταφίτου μυὸς ὀστοῦν προβέβληται, λοξὴν κατὰ μέσον ἑαυτοῦ περιέχον ῥαφήν, ὥστ᾽ εἶναι συνεχῆ τὴν μὲν ὄπισθεν ἅπασαν μοῖραν αὐτοῦ τῷ κατὰ τὸ οὖς ὀστῷ τῆς κεφαλῆς, τὴν δὲ ἔμπροσθεν τῷ κατὰ τὸν μικρὸν κανθὸν πέρατι τῆς ὀφρύος. ὀνομάζεται δὲ ὅλον τὸ ὀστοῦν τοῦτο ζύγωμα.

III. Περὶ τῶν τῆς ἄνω γένυος ὀστῶν

1 Περὶ μὲν οὖν τῶν ἀφοριζουσῶν ῥαφῶν τὴν ἄνω γένυν ἀπό τε τῆς κεφαλῆς καὶ τοῦ σφηνοειδοῦς ὀστοῦ

TEST. : 14 — 55,3 c. III, cf. Summ. p. 58-59 Sezgin.

---

14 Περὶ — 53,8 γίνεσθαι om. E.

---

1 ἐπὶ — 7 ζυγώματος om. E ‖ 1 τὸ ESCQA : τὸν L ‖ 4 διεξέρχεται SCQA Moore : διέρχεται L Greg. Chart. Kühn ‖ 7 Περὶ τοῦ ζυγώματος L Or. Ar. : περὶ ζυγώματος τοῦ κροταφίτου μυός SCQ titulum om. E, A sp. rel. ‖ 8 προβέβληται codd. : περι- Or. (corrigendus) ‖ 9 post κατὰ add. τὸ SCJ Greg. ‖ ἑαυτοῦ LECA : αὐτοῦ SQ ‖ 10 ὄπισθεν ἅπασαν μοῖραν codd. : ἅπασαν ὄπισθεν μοῖραν Or. ‖ αὐτοῦ A Or. Kühn : ἑαυτοῦ LSCQ Greg. Chart. om. E ‖ 11 τῷ κατὰ L : τὸ κατὰ SCAQ ‖ 14 Περὶ τῶν τῆς ἄνω γένυος ὀστῶν Or. : περὶ τοῦ τῆς ἄνω γένυος ὀστοῦ L περὶ τῶν τῆς ἄνω γένυος ῥαφῶν καὶ ὀστῶν SCQ om. A Kühn Moore.

présent, nous allons aborder les sutures de la mâchoire elle-même. Mais auparavant, il vaut peut-être mieux expliquer l'usage fait par tous les anatomistes modernes du mot « suture ». **2** Ils ont coutume d'appeler « sutures » les réunions d'os par ajustement[1], ce qui est raisonnable. De fait, il n'est pas possible de trouver dans tous les crânes la réunion en forme de scie précise pour toutes les sutures. Mais, parfois, pour le même assemblage osseux, nous pouvons constater sur un crâne une suture, sur un autre un ajustement. Nous-mêmes, souvent en excisant certains os qui avaient un tel ajustement, nous les avons trouvés encastrés en profondeur, de sorte que leur réunion était plus semblable à une suture qu'à un ajustement[2]. Pour cela, je n'hésiterai pas à les appeler toutes des sutures. **2** La première suture de la mâchoire supérieure est située sous l'excroissance de l'os zygomatique. D'un côté, elle se termine en se portant en arrière dans la cavité qui est sous l'os zygomatique même, en se joignant à cet endroit à une suture commune avec l'os sphénoïde. **3** De l'autre, montant tout droit et obliquement vers les orbites des yeux, elle les rejoint au milieu de leur arc inférieur[3]. Là, elle se divise en trois parties. Avec l'une, elle monte vers l'espace entre les sourcils au bord du grand angle externe, avec l'autre, qui suit la première, elle se joint, à travers la cavité située sous le

1. Pour la définition de la réunion par ajustement (*harmonia*), voir *supra*, p. 43, l. 1à sq. : « L'ajustement (*harmonia*) est une synarthrose de forme linéaire simple ».

2. La réunion de deux os peut être, à la surface, une synarthrose de forme linéaire simple, et en profondeur, une synarthrose en dent de scie.

3. Suture zygomatics-maxillaire.

προείρηται· περὶ δὲ τῶν κατ᾽ αὐτὴν τὴν γένυν ἐν τῷδε λεχθήσεται. Πρότερον δ᾽ ἴσως ἄμεινόν ἐστι δηλῶσαι τὴν γεγενημένην περὶ τὸ τῆς ῥαφῆς ὄνομα χρῆσιν ἅπασι τοῖς νεωτέροις ἀνατομικοῖς· 2 εἰώθασι γὰρ καὶ τὰς καθ᾽ ἁρμονίαν συνθέσεις ὀνομάζειν ῥαφάς, καὶ τοῦτ᾽ εἰκότως πεπόνθασιν· οὐ γὰρ ἔστιν εὑρεῖν ἐπὶ πάντων ὁμοίως τῶν κρανίων τὴν πριονοειδῆ σύνθεσιν ἠκριβωμένην ἐν ἁπά-
747 **σαις ταῖς ῥαφαῖς, ἀλλ᾽ ἐπὶ τῆς | αὐτῆς ἐνίοτε συντάξεως τῶν ὀστῶν ἐν ἑτέρῳ μὲν κρανίῳ ῥαφὴν ἔστιν ἰδεῖν, ἐν ἑτέρῳ δ᾽ ἁρμονίαν· ἡμεῖς μέντοι πολλάκις ἐκκόψαντες ἔνια τῶν τοιούτων ὀστῶν ἀντεμβαίνοντα κατὰ τὸ βάθος ἀλλήλοις εὕρομεν, ὡς εἶναι ῥαφῇ μᾶλλον, οὐχ ἁρμονίᾳ τὴν σύνθεσιν αὐτῶν ὁμοίαν· ὥστε καὶ διὰ τοῦτο ῥαφὰς ὀνομάζειν οὐκ ἄν τις ὀκνήσειεν ἁπάσας αὐτάς.**

2 Ἔστι δὲ πρώτη μὲν ἡ τῆς τοῦ ζυγώματος ἐκφύσεως ὑποκάτω, τελευτᾷ δ᾽ αὐτῆς τὸ μὲν ἕτερον μέρος ὀπίσω φερόμενον εἰς τὴν ὑπ᾽ αὐτῷ τῷ ζυγώματι κοιλότητα, συνάπτον ἐνταῦθα τῇ κοινῇ πρὸς τὸ σφηνοειδὲς ὀστοῦν ῥαφῇ· 3 τὸ δ᾽ ἕτερον, ὄρθιόν τε ἅμα καὶ λοξὸν ἀναφερόμενον ἐπὶ τὰς χώρας τῶν ὀφθαλμῶν, εἰς μέσην ἔρχεται τὴν κάτωθεν ἴτυν αὐτῶν, κἄπειτ᾽ ἐνταῦθα τριχῇ σχισθέν, ἑνὶ μὲν τῶν μερῶν παρὰ τὸν μέγαν κανθὸν ἔξωθεν ἐπὶ τὸ μεσόφρυον ἀνέρχεται, ἑτέρῳ δ᾽, ἐφεξῆς αὐτοῦ κειμένῳ, διὰ τῆς κοιλότητος ὑπὸ τὸν αὐτὸν κανθὸν ἐπὶ

TEST. : 51,14 — 55,3 c. III, cf. Summ. p. 58-59 Sezgin.

51,13 Περὶ — 53,8 γίνεσθαι om. E.

---

2 δ᾽ (δὲ SCQA) om. J Greg. Chart. Kühn ‖ 2-3 δηλῶσαι τὴν γεγενημένην περὶ τὸ τῆς ῥαφῆς ὄνομα χρῆσιν ἅπασι codd. : om. J Greg. διηγήσασθαι τὸ τῆς ῥαφῆς ὄνομα, πῶς ἅπασι λέλεκται Chart. Kühn ‖ 5 τοῦτ᾽ SCQA : τουθ᾽ L τοῦτο Moore ‖ 7 πριονοειδῆ L : πρινοειδῆ SQA C supra lineam ‖ 12 οὐχ CQA : οὐκ LS ‖ 19 τε om. L Greg. Chart. Kühn ‖ 23 αὐτοῦ edd. : αυτω L αὐτῷ A αὐτῶν SCQ ‖ 24 διὰ LSQ : ὑπὸ CA.

même angle, à la suture commune avec la tête, de sorte que l'angle lui-même et le trou naturel[1] qui se trouve sous elle, qui est le plus grand de tous les trous de cet endroit, sont compris à l'intérieur des deux sutures susdites. **4** La troisième partie de la division susdite, dépassant le rebord[2] inférieur de l'orbite, progresse en droite ligne et en profondeur vers l'intérieur, et là, elle se joint à la suture commune avec la tête. Il existe ainsi de chaque côté, à gauche et à droite, trois os de la mâchoire supérieure, avec lesquels cette dernière est reliée à la tête. **5** Le plus grand de ces os est celui qui est près de l'os zygomatique. De fait, il occupe avec lui une partie des tempes, du sourcil, et une partie de l'orbite ; et il comprend le petit angle de l'œil tout entier, du fait qu'il descend jusqu'à ce qu'on appelle « la pommette ». **6** Après cet os vient, pour la position et la taille, celui qui est du côté de l'œil même ; il contient les nerfs qui se réunissent à la mâchoire supérieure. Le plus petit de tous est l'os situé dans la région du grand angle de l'œil. **7** Certains anatomistes écrivent que ces trois os ne forment qu'un seul os,[3] soit qu'ils ne connaissent absolument pas les deux sutures qui se scindent à la racine des yeux, soit qu'ils les omettent délibérément, comme choses négligeables[4].

1. *Foramen spheno-palatinum* et canal lacrimal confondus, cf. *Utilité des parties,* Helmreich, II, 25 et II, 95, et M. T. May, *Galen on the usefulness of the parts of the body,* Ithaca, NY, 1968, p. 441 et note. L'erreur était déjà chez Lycos qui en parlait abondamment dans son commentaire à *Epidémies* VI, cf. Galien, *Commentaire à Epid.* VI, Kühn, XVII A, 966,6 sq. = CMG V, 10,2,2 ; p. 98,15 sqq. Wenkebach-Pfaff.

2. ἄμβων « rebord », forme attique pour l'ionique ἄμβη selon Galien, *Commentaire à Articulations*, Kühn, XVIII A, 340 sq. ; rhodien selon Baccheios, fr. 42, von Staden, in *Herophilus The art of medicine in early Alexandria*, Cambridge, 1989, p. 498.

3. Galien lui-même le considère dans l'*Utilité des parties*, Helmreich II, 180,9-10, comme un seul os.

4. J'ai accepté la leçon de L μικρά, « choses négligeables », avec tous les éditeurs comme *lectio difficilior*, contre la leçon *facilior* μικράς, « petites », de l'autre famille. La version arabe *pour leur petitesse* ne permet pas de trancher.

τὴν κοινὴν ἀφικνεῖται ῥαφὴν τῆς κεφαλῆς· ὥστε περιλαμβάνεσθαι καὶ τὸν κανθὸν μὲν αὐτὸν καὶ τὸ φυσικὸν δὲ τρῆμα τὸ ὑποκείμενον αὐτῷ, μέγιστον ὑπάρχον |
748 **ἁπάντων τῶν τῇδε τρημάτων, ὑπὸ τῶν εἰρημένων δύο ῥαφῶν. 4 Ἡ δὲ τρίτη μοῖρα τῆς εἰρημένης σχίσεως, ὑπερβαίνουσα τὸν κάτωθεν ἄμβωνα τῆς χώρας τοῦ ὀφθαλμοῦ, πρὸς τὸ βάθος ἔσω φέρεται κατ' εὐθύ, κἀνταῦθα συνάπτει τῇ κοινῇ ῥαφῇ τῆς κεφαλῆς, ὡς γίνεσθαι τρία καθ' ἑκάτερον μέρος ἐξ ἀριστερῶν τε καὶ δεξιῶν ὀστᾶ τῆς ἄνω γένυος οἷς συντέτακται τῇ κεφαλῇ. 5 μέγιστον μὲν οὖν αὐτῶν ἐστι τὸ κατὰ τὸ ζύγωμα· καὶ γὰρ καὶ τοῦ κροτάφου τι συνεπιλαμβάνει καὶ τῆς ὀφρύος καὶ τῆς χώρας τῶν ὀφθαλμῶν καὶ τὸν μικρὸν κανθὸν ὅλον ἐν ἑαυτῷ περιλαμβάνει, μέχρι τοῦ καλουμένου μήλου καθῆκον. 6 Ἑξῆς δ' αὐτῷ καὶ θέσει καὶ μεγέθει τὸ κατ' αὐτόν ἐστι τὸν ὀφθαλμόν, ἐν ᾧ περιέχεται τὰ πρὸς τὴν ἄνω γένυν ἀφικνούμενα νεῦρα· σμικρότατον δ' ἁπάντων ὑπάρχει τὸ περὶ τὸν μέγαν κανθόν. 7 Ἔνιοι δὲ τῶν ἀνατομικῶν ἓν εἶναι γράφουσι τὰ τρία ταῦτα, τὰς εἰς τὴν ῥίζαν τῶν ὀφθαλμῶν ἀποσχιζομένας δύο ῥαφὰς ἢ μηδόλως εἰδότες ἢ παραλείποντες ἑκόντες ὡς μικρά. 8 Ὑπὸ**

TEST. : 8 τρία — 13 κανθόν Orib., *Coll.* XXV, 5 (Raeder, 53,34-54,5) || 21 ὑπὸ — 54,5 τομέων Orib., *Coll.* XXV, 5 (Raeder, 54,6-9) || 51,14 — 53,8 c. III, cf. Summ. p. 58-59 Sezgin.

51,13 Περὶ — 53,8 γίνεσθαι om. E || 53,11 καὶ γὰρ — 56,13 ἀποφαίνεσθαι om. A.

---

6 post τῆς add. κάτωθεν A κάτω SCQ || 7 τὸ SCQA : τῷ L || κατ' εὐθύ SCQA Ar. : om. L edd. || 8 γίνεσθαι SCQA : γίγνεσθαι L edd. || 14 ἑαυτῷ ESCQA Or. : αυτω L || 18 ἔνιοι — 21 μικρά om. E et Or. || 20 ῥίζαν codd. : quasi χώραν uertit Ar. || 21 παραλείποντες L : παραλιπόντες SCQ || μικρά L : μικράς SCQ.

8 Sous toutes ces parties se trouve, de chaque côté, un os placé en dessous des trois os susdits, d'une taille considérable. De fait, ce qu'on appelle pommette en est une partie, ainsi que toutes les alvéoles des dents, à l'exception de celles des incisives. **9** Cet os est délimité par quatre sutures : en haut, par celle qui, comme nous l'avons dit à l'instant, monte de l'os zygomatique jusqu'à l'espace entre les sourcils ; en bas, par la suture droite au milieu du palais ; les deux sutures restantes rejoignent les deux précédentes : l'une, qui commence à l'espace entre les sourcils et qui, longeant la narine, passe entre les dents appelées canines et les incisives ; l'autre, dont une partie, celle qui court en cercle autour de la dernière dent, est commune avec l'os sphénoïde, et dont la partie restante lui est propre jusqu'à ce qu'elle aille rejoindre la suture droite du palais. **10** À côté de ces os qui sont très grands, comme nous venons de le dire, se trouvent deux autres os[1], petits, grâce auxquels le nez est en communication avec le palais[2]. Leurs limites sont : la partie propre de la suture susdite, et la suture transversale de l'os sphénoïde, laquelle se trouve entre les dernières dents. Ces

1. Les ethmoïdes. Galien connaissait le nom « ethmoïde » (cf. aussi [Rufus], *Oss.*, 5), mais il le trouvait impropre et lui préférait celui de « spongoïde » qui est un terme hippocratique (cf. Hippocrate, *Gland.* 1 σπογγώδης) ; voir *Utilité des parties*, VIII, 7, éd. Helmreich, I, 472, 22-26.

2. La correction αὐτῆς … κοινόν se base sur la version arabe qui dit : « dont une partie est commune à l'os de la mâchoire et à l'os semblable au coin ».

δὲ τούτοις ἅπασι καθ' ἑκάτερον μέρος ἓν ὀστοῦν ἐστι,
749 τοῖς | εἰρημένοις τρισὶν ὑποτεταγμένον, ἀξιόλογον τῷ μεγέθει· καὶ γὰρ καὶ τὸ μῆλον ὀνομαζόμενον τούτου μόριόν ἐστι, καὶ τὰ τῶν ὀδόντων ἁπάντων φατνία πλὴν τῶν τομέων. **9** Ὁρίζουσι δ' αὐτὰ ῥαφαὶ τέτταρες· ἄνωθεν μέν, ἣν ὀλίγον ἔμπροσθεν εἴπομεν ἀπὸ τοῦ ζυγώματος ἐπὶ τὸ μεσόφρυον ἀναφέρεσθαι· κάτωθεν δὲ ἡ κατὰ μέσον τὸν οὐρανίσκον εὐθεῖα· δύο δὲ λοιπαὶ ταύτας ἐπιζευγνύουσιν, ἥ τε ἀπὸ τοῦ μεσοφρύου μὲν ἀρχομένη, παρὰ δὲ τὴν ῥῖνα φερομένη καὶ μεταξὺ τοῦ τε κυνόδοντος ὀνομαζομένου καὶ τῶν τομέων διεκπίπτουσα, καὶ ἡ ἄλλη, μέρος μέν τι αὐτῆς ἔχουσα κοινὸν τοῦ σφηνοειδοῦς, ὅσον ἐν κύκλῳ περιθεῖ τὸν ἔσχατον ὀδόντα, τὸ λοιπὸν δὲ ἴδιον, ἄχρι τοῦ συνάψαι τῇ κατὰ τὸν οὐρανίσκον εὐθείᾳ ῥαφῇ. **10** Τούτοις δὲ τοῖς ὀστοῖς, μεγίστοις οὖσιν, ὡς εἴρηται, δύο ἕτερα παράκειται μικρά, καθ' ἃ καὶ συντέτρηται πρὸς ὑπερῴαν ἡ ῥίς· **11** ὅροι δ' αὐτῶν εἰσιν ἥ τ' ἰδία μοῖρα τῆς προειρημένης ῥαφῆς ἥ τ' ἐγκαρσία τοῦ σφηνοειδοῦς ὀστοῦ, ἡ μεταξὺ τῶν ἐσχάτων ὀδόντων. αὗται μὲν οὖν ἀπὸ τῶν περιεχόντων

TEST. : 53,21 ὑπὸ — 54,5 τομέων Orib., *Coll.* XXV, 5 (Raeder, 54,6-9) || 51,13 — 53,8 c. III, cf. Summ. Prooem. p. 58-59 Sezgin.

---

17 ὅροι — 55,10 αὐτῆς om. E.

---

1 ἑκάτερον L Ar. : ἕτερον SCQ || 2 ὑποτεταγμένον om. L add. in marg. manus alt. || 3 καὶ γὰρ — 19 ὀστοῦ om. A || 4 φατνία LSCQ Or. : φάτνια E Chart. Kühn || 4 τέτταρες Garofalo : τέσσαρες codd. || 5 ὁρίζουσι — 15 ῥαφῇ om. E || 9 τε om. L Greg. Chart. || 11 ἡ om. J Greg. Chart. Kühn || 12 αὐτῆς Garofalo Ar. sec. : αὐτῶν L Chart. Kühn ταυτὸν SCQ Moore || κοινὸν Garofalo : τῇ κοινῇ LSCQ Chart. Moore κοινῇ τῇ Kühn || 16 ὡς εἴρηται om. E || 20 ἀπὸ om. Chart. Kühn.

sutures les séparent donc des os qui les entourent, et entre eux ils sont délimités par la suture droite du palais.

IV. Le nez

1 Les os du nez sont également au nombre de deux. Ils sont délimités par les sutures descendant de l'espace entre les sourcils, que, dans l'exposé des os les plus grands que je viens de faire, j'ai comptées comme troisièmes[1]. Dans le nez même, il existe une troisième suture proche de celles-ci, commune aux os propres du nez, qui commence à l'espace entre les sourcils et va droit à travers tout le nez. Le bord inférieur de ces os présente une épiphyse faite de corps fins cartilagineux, qu'on appelle des « ailes ». **2** Il reste un os à l'extrémité de la mâchoire, dans lequel s'attachent les racines des dents incisives et leurs alvéoles. Le plus souvent, cet os paraît simple en raison de la perfection de l'ajustement de ses composants ; quelquefois, ce qui est clair dans les sque-

1. La traduction arabe a résolu un sérieux problème du texte. La tradition grecque qualifie en effet les sutures qui descendent de l'espace entre les sourcils comme τριττάς, « triples » (sans accent dans le *Laurentianus*). Or ces sutures ne sont pas triples, d'où la proposition de Balamius de lire διττάς, « doubles ». Mais cette solution, elle aussi, est faible dans le sens de « une de chaque côté ». Qui plus est, ἀριθμέω, « donner le numéro », demande un ordinal. La version arabe donne « chacune des deux est la troisième des sutures que j'ai énumérées dans ma description des sutures qui partent de l'espace entre les sourcils et côtoient le nez » : ὁρίζουσι δ' αὐτὰ ῥαφαὶ τέτταρες· ἄνωθεν μέν, ἣν ὀλίγον ἔμπροσθεν εἴπομεν ἀπὸ τοῦ ζυγώματος ἐπὶ τὸ μεσόφρυον ἀναφέρεσθαι· κάτωθεν δὲ ἡ κατὰ μέσον τὸν οὐρανίσκον εὐθεῖα· δύο δὲ λοιπαὶ ταύτας ἐπιζευγνύουσιν, ἥ τε ἀπὸ τοῦ μεσοφρύου μὲν ἀρχομένη, παρὰ δὲ τὴν ῥῖνα φερομένη καὶ μεταξὺ τοῦ τε κυνόδοντος ὀνομαζομένου καὶ τῶν τομέων διεκπίπτουσα (voir *supra*, p. 54,5-11).

750 **αὐτὰ χωρίζουσιν, | ἀλλήλων δὲ κατὰ τὴν εὐθεῖαν τὴν ἐν οὐρανίσκῳ ῥαφὴν διώρισται.**

IV. Περὶ ῥινός

1 Καὶ μὴν καὶ τὰ τῆς ῥινὸς ὀστᾶ δύο ἐστίν, ἀφοριζόμενα ταῖς ἀπὸ τοῦ μεσοφρύου καθηκούσαις ῥαφαῖς, ἃς ἄρτι τρίτας πάσας ἠρίθμησα κατὰ τὴν τῶν μεγίστων ὀστῶν διήγησιν· ἔστι δὲ καὶ κατ' αὐτὴν τὴν ῥῖνα τρίτη τις ἄλλη παρ' αὐτὰς ῥαφή, κοινὴ τῶν ἰδίων αὐτῆς ὀστῶν, ἀπὸ τοῦ μεσοφρύου μὲν ἀρχομένη φερομένη δ' εὐθεῖα δι' ὅλης αὐτῆς· τὸ κάτω δὲ τῶν ὀστῶν τούτων πέρας ἐπίφυσιν ἔχει χονδρωδῶν σωμάτων λεπτῶν, ἃ καλεῖται πτερύγια. 2 Λοιπὸν δ' ἐστὶν ἓν ὀστοῦν ἐπὶ τῷ πέρατι τῆς γένυος, ἐν ᾧ τῶν τομέων ὀδόντων αἱ ῥίζαι καὶ τὰ φατνία περιέχονται· φαίνεται δὲ ὡς τὰ πολλὰ μὲν ἁπλοῦν τοῦτο δι' ἀκρίβειαν ἁρμονίας τῶν συντιθέντων αὐτό· ποτὲ μὲν δὴ καὶ σαφῶς ἐν τοῖς ἐπιπλεῖον

TEST. : 4 Καὶ μὴν — ἐστίν ORIB., *Coll.* XXV, 5 (Raeder, 54,11) || 10 τὸ κάτω — 56,2 φερομένη ORIB., *Coll.* XXV, 5 (Raeder, 54,11-18) || 51,13 — 53,8 c. III, cf. Summ. p. 58-59 Sezgin.

54,17 ὅροι — 10 αὐτῆς om. E || 14 φαίνεται — 56,14 βούλοιτο om. E.

1-2 τὴν...ῥαφὴν SC edd. : την...ραφη L τῆς... ῥαφῆς Q || 3 tit. om. Q Kühn, in marg. Ar. *ossa nasi* || 6 τρίτας Garofalo coll. Ar. (*unaquaeque earum est tertia ex suturis quas enumeraui in descriptione maximorum ossium maxillae superioris*) : τριττὰς codd. διττὰς in marg. Q Basileensis Ricci Moore || post τρίτας supp. τὰς Chart. Kühn Moore || 8 ἰδίων non uertit Ar. || 11-12 ἃ καλεῖται πτερύγια non uertit Ar., qui addit *inter haec duo ossa cartilago quoque est* || 13 post ῥίζαι add. τε J Greg. Chart. Kühn || 14 καὶ τὰ φατνία non uertit Ar. || 15-16 συντιθέντων LQ : συντεθέντων SC Or. (corr. edd.) || 16 ἐπιπλεῖον L edd. : ἐπιπλέον SCQ Or. Moore.

lettes les plus usés, on voit la suture qui s'étend en droite ligne par rapport à celle qui traverse tout le palais. **3** Il est donc clair désormais que des divergences se font raisonnablement jour concernant le nombre des os de la mâchoire supérieure[1]. Certains, en effet, n'en comptent pas six, mais deux, les premiers de tous, en négligeant ceux qui sont à l'intérieur de l'œil, les petits. D'autres assignent aussi aux grands os les communications inférieures du nez. Il y a aussi ceux qui les distinguent, mais considèrent que les deux forment un tout. **4** De plus, comme nous l'avons dit, certains affirment que l'os qui est à la pointe de la mâchoire[2] est simple, tandis que pour d'autres il est composé de deux os. Surtout la majeure partie des anatomistes comptent le sphénoïde avec les os de la mâchoire supérieure[3]. **5** C'est pourquoi, si l'on voulait attribuer à la mâchoire supérieure le nombre d'os le plus élevé, on dirait qu'ils sont au nombre de quinze pour la totalité, et si on les réduisait au minimum, ils ne dépasseraient pas huit. **6** Je vais les énumérer tous à la suite, en commençant par le premier décompte, celui en quinze os. Les premiers mentionnés seront au nombre de six. Ils sont enfermés par la suture commune à la tête et par celle qui, partant des tempes, monte sous le zygoma et les paupières inférieures des yeux jusqu'à l'espace entre les

1. Galien fait allusion à ce passage dans l'*Utilité des parties*, Helmreich, II, 177, 22. Là, les os de la mâchoire supérieure sont au nombre de 9 (2 os du nez, 1 prémaxillaire, 2 maxillaires, 2 zygomatiques, 2 entre le nez et la bouche).

2. C'est la prémaxilla, un os, présent dans le singe, mentionné aussi dans l'*Utilité des parties*, Helmreich, II, 177 : voir W.E. Sullivan, « Skeleton and joints (of the Rhesus monkey) », in C. Hartman et W. L. Jr. Straus, *The anatomy of the Rhesus monkey*, Baltimore, 1933, pp. 45-51.

3. D'autres le comptaient comme partie de la tête : *Utilité des parties* XI, 20.

ἐξειργασμένοις σκελετοῖς ἡ ῥαφὴ φαίνεται, κατ᾽ εὐθεῖαν τεταμένη τῇ δι᾽ ὅλου τοῦ οὐρανίσκου φερομένῃ. 3 Δῆ-
751 λον οὖν ἤδη γέγονεν, ὡς εὐλόγως | διαπεφώνηται τὸ πλῆθος τῶν ὀστῶν τῆς ἄνω γένυος· ἔνιοι μὲν γὰρ οὐχ ἓξ ἀλλὰ δύο τὰ πρῶτα πάντων ἀριθμοῦσι, τὰ κατ᾽ αὐτοὺς τοὺς ὀφθαλμοὺς ἔνδον τὰ σμικρὰ παραλιπόντες· ἔνιοι δὲ καὶ τὰ κατὰ τὰς συντρήσεις τῆς ῥινὸς τοῖς μεγάλοις προσνέμουσιν· εἰσὶ δὲ οἳ καὶ χωρίζουσι μὲν ἐκείνων, ἓν δὲ ἄμφω ποιοῦσιν αὐτά. 4 Καὶ δὴ καὶ τὸ κατ᾽ ἄκραν τὴν γένυν, ὡς εἴρηται, τινὲς μὲν ἁπλοῦν εἶναί φασιν, ἔνιοι δὲ ἐκ δυοῖν συγκεῖσθαι· καὶ πρὸ τούτων ἁπάντων τὸ σφηνοειδὲς οἱ πλεῖστοι συναριθμοῦσι τοῖς τῆς ἄνω γένυος ὀστοῖς· 5 ὥστε, εἰ μὲν τὰ πλεῖστά τις ἀποφαίνεσθαι βούλοιτο, πέντε καὶ δέκα καθ᾽ ὅλην εἶναι τὴν ἄνω γένυν, εἰ δὲ εἰς ἐλάχιστον ἀριθμὸν συστέλλοι, μὴ πλείω τῶν ὀκτώ. 6 Καὶ δὴ καταλέξω πάντα ἐφεξῆς, ἀπὸ προτέρας ἀρξάμενος τῆς εἰς τὰ πέντε καὶ δέκα διαιρέσεως. ἓξ μὲν ἔσται τὰ πρῶτα ῥηθέντα, περιεχόμενα δὲ ὑπό τε τῆς κοινῆς τῇ κεφαλῇ ῥαφῆς καὶ τῆς ἀπὸ τῶν κροτάφων ὑπὸ τὸ ζύγωμα καὶ τὰ κάτω βλέφαρα τῶν ὀφθαλμῶν ἐπὶ τὸ μεσόφρυον ἀναφερομένης· δύο δ᾽

TEST. : 55,4 — 56,2 c. IV, cf. Summ. p. 60 Sezgin.

55,14 φαίνεται — 14 βούλοιτο om. E || 15 εἰ δὲ — 17 διαιρέσεως om. E.

---

1 ἐξειργασμένοις Or. et in marg. J Ricci ex Orib. Greg. *uere consumptis* Ar. : ἐξηραμένοις SCA ἐξηρασμένοις LQ Chart. Kühn Moore || 2 τεταμένη Or. J edd. Ar. : τεταγμένη codd. Moore || 6 post ἔνδον add. ὄντα SCQ Moore || σμικρὰ L : μικρὰ SCQA || 7 τὰ κατὰ τὰς C Sylvius Moore : τὰς κατὰ τὰς S et in marg. Q Greg. τὰς κάτω LQA Kühn Ar. || 8 οἳ καὶ LSCA : καὶ οἳ Chart. Kühn οἳ Q Moore || 18 τε om. L Greg. Chart. Kühn || 19 τῇ κεφαλῇ edd. : τη κεφαλη L τῆς κεφαλῆς ESCQA || post τῆς add. μὲν L Greg. Chart. Kühn || 19-20 ἀπὸ τῶν κροτάφων non uertit Ar. || 21 post δ᾽ add. τὰ supra lineam C (« fortasse recte » Moore).

sourcils. Puis, il y en a deux grands, où se trouvent, comme on l'a dit, les pommettes et presque toutes les dents. Deux autres, aux perforations du nez, puis deux autres, ceux du nez lui-même, et en outre deux autres, à la pointe de la mâchoire, où se trouvent les dents incisives. Avant tous ces os, l'os sphénoïde, l'unique os à ne pas former une paire. **7** Le décompte en huit os au total de la mâchoire supérieure est le suivant : les six premiers os sont comptés comme deux, ceux de la pointe de la mâchoire comme un, de même que ceux de la communication avec le nez ; les os propres du nez, comme deux ; et les derniers sont au nombre de deux, ce sont les plus grands de toute la mâchoire, ceux des pommettes et de presque toutes les dents, comme on l'a dit plus haut[1].

V. Les dents

1 Parmi les os, il faut aussi compter les dents, même si certains sophistes sont d'un avis contraire. Il serait juste cependant, s'ils nous dissuadent de leur appliquer cette appellation, qu'ils leur en confèrent une autre[2]. Le fait qu'il ne convienne de les appeler ni cartilages, ni artères,

1. La phrase interpolée par L (voir Apparat) porterait le nombre des os à 9. Ce calcul intègre l'os sphénoïde aux os de la mâchoire (voir *supra*, p. 56).

2. Hunain traduit : « qui lui donneraient d'autres noms avec lesquels on pourrait les dénommer ».

752 **ἐφεξῆς αὐτῶν τὰ μεγάλα, καθʼ ἃ καὶ τὰ μῆλα | καὶ τοὺς ὀδόντας ὀλίγου δεῖν ἅπαντας ἔφαμεν ἐγκεῖσθαι· καὶ δύο ἄλλα, τὰ κατὰ τὰς τῆς ῥινὸς συντρήσεις· εἶτα πρὸς τούτοις ἄλλα δύο, τὰ τῆς ῥινὸς αὐτῆς· εἶτʼ ἐπʼ αὐτοῖς ἄλλα δύο κατʼ ἄκραν τὴν γένυν, ἐν οἷς οἱ τομεῖς ὀδόντες· καὶ πρὸ τούτων ἁπάντων τὸ σφηνοειδές ἀζυγὲς ὂν ἐν ἅπασι μόνον. 7 Ἡ δʼ εἰς ὀκτὼ τὰ πάντα τῆς ἄνω γένυος ὀστᾶ διαίρεσις ὧδε ἔχει· τὰ μὲν ἓξ τὰ πρῶτα δύο ἀριθμεῖται· τὸ δὲ κατʼ ἄκραν τὴν γένυν ἕν, ὥσπερ καὶ τὸ κατὰ τὰς συντρήσεις τῆς ῥινός· αὐτῆς δὲ τῆς ῥινὸς ἴδια δύο· καὶ λοιπὰ δύο τὰ μέγιστα τῶν ἐν ὅλῃ τῇ γένυϊ, τὰ κατὰ τὰ μῆλά τε καὶ τοὺς ὀδόντας, ὀλίγου δεῖν, ἅπαντας, ὡς ἔμπροσθεν εἴρηται.**

V. Περὶ ὀδόντων

1 Ἐν τοῖς ὀστοῖς ἀριθμητέον ἐστὶ καὶ τοὺς ὀδόντας, εἰ καί τισι τῶν σοφιστῶν οὐ δοκεῖ· καίτοι γε δίκαιοι ἦσαν, εἰ μὴ τοῦτο καλεῖν αὐτοὺς ἐπιτρέπουσιν ἡμῖν, ἑτέραν δοῦναί τινα προσηγορίαν αὐτοῖς. 2 Ὅτι μὲν γὰρ οὔτε χόνδρους οὔτε ἀρτηρίας οὔτε φλέβας οὔτε νεῦρα |

TEST. : 54,4 — 56,2 c. IV, cf. Summ. p. 60 Sezgin ‖ 56,3 — 59,15 c.V, cf. Summ. p. 60-61 Sezgin.

---

6 ἀζυγὲς — 58,9 ῥητέον om. E.

---

3 τὰς CQA : τα L om. ES ‖ 8 ante δύο add. εἰς SCQA Moore ‖ 9 ante ἀριθμεῖται add. διαιρεῖται S sed obelo secuit ‖ 10 ἴδια non uertit Ar. ‖ 13 post εἴρηται add. καὶ τὸ σφηνοειδὲς, ἀζυγὲς ἐν ἅπασι μόνον L (post ἀζυγὲς add. ὂν Greg. Chart. Kühn) om. SCQA non uertit Ar. seclusit Moore ‖ 14 Περὶ ὀδόντων om. Kühn Moore ‖ 14 add. Ar. in marg. *De dissectione dentium* ‖ 16 γε δίκαιοι codd. : δίκαιοί γε Moore ‖ 18 τινα om. L Greg. Chart. Kühn.

ni veines, ni nerfs est immédiatement clair, et à plus forte raison, on ne doit pas les considérer comme de la graisse ni comme des cheveux, ni comme des chairs ni comme des glandes, en bref comme aucune des autres parties du corps. **3** Si donc nous n'en parlons ni dans l'anatomie des veines, ni dans celle des artères, ni dans celle des nerfs, muscles, viscères, et même pas dans ce livre sur les os, nous n'en parlerons à vrai dire jamais. Mais envoyons promener les sophistes[1]. **4** Dans chaque mâchoire, il y a seize dents. Quatre sur le devant, nommées incisives[2] et qui ont toutes une seule racine. À la suite, de chaque côté, il y a les canines qui ont aussi une seule racine. Suivent les molaires, cinq de chaque côté ; celles de la mâchoire supérieure ont trois racines, celles de la mâchoire inférieure en ont deux, sauf que l'on trouve souvent certaines molaires supérieures avec quatre racines, certaines inférieures avec trois, ce qui se produit plus souvent pour les deux premières de toutes, à l'intérieur, plus rarement pour la troisième. Chez certains ont poussé de chaque côté non pas cinq molaires mais quatre. On ne donne pas seulement à ces dents le nom de *gomphioi* (enclavées), mais aussi celui de *mulai* (meules), nom qui est du genre féminin ; c'est un nom qu'elles ont pris, je

1. Hunain : « Laissons là les sophistes ».

2. Le mot τομεῖς employé pour les incisives se trouve, avant Galien, dans l'*Anon. Londin.* XXIV, 23 et Celse, VIII, 1,9.

753 **προσῆκεν ὀνομάζειν αὐτούς, ἄντικρυς δῆλον· πολὺ δὲ δὴ μᾶλλον, οὔτε πιμελὰς ἢ τρίχας ἢ σάρκας ἢ ἀδένας οὐδ' ἄλλο οὐδὲν ἁπλῶς τῶν κατὰ τὸ σῶμα μορίων. 3 Εἴπερ οὖν μήτ' ἐν τῇ τῶν φλεβῶν ἀνατομῇ, μήτ' ἐν τῇ τῶν ἀρτηριῶν, μήτ' ἐν τῇ τῶν νεύρων ἢ μυῶν ἢ σπλάγχνων ἐροῦμεν ὑπὲρ αὐτῶν, ἀλλὰ μηδὲ ἐν τῇ νῦν ἐνεστώσῃ τῇ περὶ ὀστῶν, οὐδ' ὅλως ἐροῦμεν οὐδέποτε· περὶ αὐτῶν. τοῖς μὲν δὴ σοφισταῖς μακρὰ χαίρειν ῥητέον. 4 Ὀδόντες δ' ἓξ καὶ δέκα ὑπάρχουσι καθ' ἑκατέραν τὴν γένυν, ἔμπροσθεν μὲν τέτταρες, οἱ τομεῖς ὀνομαζόμενοι, μονόρριζοι πάντες· ἐφεξῆς δὲ αὐτῶν ἑκατέρωθέν εἰσιν οἱ κυνόδοντες, μονόρριζοι καὶ αὐτοί· εἶθ' οἱ γόμφιοι τούτων ἑξῆς ἑκατέρωθεν πέντε, τρίρριζοι μὲν οἱ ἐν τῇ ἄνω γένυϊ, δυοῖν δὲ ῥιζῶν οἱ ἐν τῇ κάτω, πλὴν πολλάκις εὑρίσκονται τετράρριζοι μέν τινες τῶν ἄνω, τρίρριζοι δὲ τῶν κάτω, καὶ μάλιστα οἱ πρῶτοι πάντων ἔσωθεν δύο, σπανιώτερον δὲ ὁ τρίτος· τισὶ δὲ οὐ πέντε καθ' ἑκάτερον, ἀλλὰ τέτταρες ἔφυσαν οἱ γόμφιοι. καλοῦνται δὲ οὐχ οὕτως μόνον, ἀλλὰ καὶ μύλαι θη- |**

TEST. 9 ὀδόντες — 59,1 θηλυκῶς Orib., *Coll.* XXV, 6 (Raeder, 54,20-28) || 56,3— 59,15 c. V, cf. Summ. p. 60-61 Sezgin.

57,6 ἀζυγὲς — 58,9 ῥητέον om. E.

4 μήτ' ἐν SCQA edd. : μητε L || 7 τῶν ante ὀστῶν add. L Moore. || 7-8 οὐδ ὅλως ἐροῦμεν οὐδέποτε περὶ αὐτῶν om. SC || 8 μακρὰ LSCA : μακρὰν QJ edd. || 9 ἓξ καὶ δέκα LS : ἑκκαίδεκα Kühn Or. J edd. ιξ E || 10 om. ESCQA || 11 μονόρριζοι — 12 κυνόδοντες om. S || 11 μονόρριζοι edd. : μονόριζοι codd. || ἐφεξῆς LSCQA : ἑξῆς E Or. || 14 εἰσιν om. SCQA ante ἑκατέρωθεν transposuit E || αὐτοὶ LSCQA : οὗτοι E Or. || 14 δυοῖν LESCQA : δυεῖν Or. || 15 post εὑρίσκονται add. καὶ αὐτοὶ QA : καὶ αὐτοὶ μόνοι SC || 16 τρίρριζοι Or. edd. : τρίριζοι codd. || 18 post τέτταρες add. ἢ ἓξ Or. J Greg. Chart. Kühn om. Balamius (non vertit Ar.) || γόμφιοι ECQA : γομφίοι LSJ Moore || 19 οὕτως codd. : οὕτω J Greg. Chart. Kühn.

crois, par métaphore, parce que c'est avec ces dents que nous triturons et pulvérisons les aliments, comme nous le faisons pour les fruits de Déméter avec les meules[1]. **5** C'est la cas aussi des canines[2], qui, étant tout à fait semblables à celles des chiens, ont pris leur nom de ces dernières. Les incisives (« les coupantes ») tirent leur nom du fait qu'elles coupent à la manière d'une serpe les aliments qui peuvent être coupés. Il est évident que les aliments qui peuvent être coupés sont mous, et c'est pour eux que la nature les a destinées, de même que, pour les aliments durs, elle a fait les canines, capables non pas de les couper, mais de les écraser[3]. Toutes les dents sont enfoncées dans les fosses des alvéoles. Les alvéoles elles-mêmes sont les os qui contiennent les dents[4], et les fosses sont cavités où elles s'enfoncent. Parmi tous les os les dents seules reçoivent du cerveau des portions de nerfs mous[5] et c'est là la raison pour laquelle elles sont les seules à avoir une sensibilité manifeste.

VI. Les os de la mâchoire inférieure

1 L'os de la mâchoire inférieure n'est pas simple non plus, comme on pourrait le croire[6]. En effet, cet os aussi,

1. L'*Introductio*, 12, Kühn, XIV, 722,4, nous donne le terme μυλῖται.

2. Attesté chez Épicharme, 21,3 Kaibel, et chez Hippocrate, *Aphorismes,* III, 25 pour les canines des hommes.

3. La leçon ἱκανούς (qui est en fait une conjecture) de l'*Ambrosianus* (et de Mynas) pour ἱκανῶς attesté par le reste de la tradition SCLQ (E et Oribase manquent), permet de régir les infinitifs τέμνειν et θλᾶν. Si l'on préfère garder ἱκανῶς, il faut considérer les infinitifs comme consécutifs. L'arabe traduit : « (les canines) ont été faites pour les aliments durs non pas pour les couper mais pour les rompre et écraser ».

4. Le mot grec désignant les alvéoles φατνία signifie « petites crèches », diminutif de *phatnê*, crèche. Il se trouve attesté, avant Galien, chez Soranos, II, 49,3, éd. Burguière-Malinas-Gourevitch ; voir F. Skoda, *Médecine*... p. 89.

5. Trijumeau, racine sensorielle, voir dans l'*Anatomie des nerfs*, c. 4, tome VIII, p. 28-29.

6. Cf. *Introductio*, 12, Kühn, XIV, 721,18-722,1 ἡ δὲ κάτω γνάθος κατ' ἐνίους μὲν δύο ἐστὶν ὀστᾶ συμπεφυκότα κατὰ τὸ γένειον· κατ' ἐνίους δὲ ἕν.

754 λυκῶς, ἐκ μεταφορᾶς, οἶμαι, τοὔνομα λαβόντες, ὅτι τρίβομεν [ἐν] αὐτοῖς καὶ λειοῦμεν τὰ σιτία, καθάπερ ταῖς μύλαις τοὺς δημητριακοὺς καρπούς. **5** Ἀλλὰ καὶ οἱ κυνόδοντες, ὁμοιότατοι τοῖς τῶν κυνῶν ὑπάρχοντες, ἀπ᾽ ἐκείνων ὠνομάσθησαν. οἱ δὲ τομεῖς ἀπὸ τοῦ τέμνειν αὐτούς, ὥσπερ σμίλη, ὅσα δύναται τέμνεσθαι σιτία. δύναται δὲ δηλονότι τὰ μαλακά, πρὸς ἃ δὴ γεγόνασιν ὑπὸ τῆς φύσεως, ὥσπερ καὶ πρὸς τὰ σκληρὰ τοὺς κυνόδοντας ἐποίησεν, οὐ τέμνειν, ἀλλὰ θλᾶν ἱκανούς. ἐγγεγόμφωνται δ᾽ ἅπαντες ἐν τοῖς τῶν φατνίων βοθρίοις· φατνία μὲν γὰρ αὐτὰ τὰ περιέχοντα αὐτοὺς ὀστᾶ, βόθρια δὲ αἱ κοιλότητες, ἐν αἷς ἐμπεπήγασιν, ὀνομάζονται. μετειλήφασι δὲ τῶν ἀπ᾽ ἐγκεφάλου νεύρων τῶν μαλακῶν ὀδόντες μόνοι τῶν ἄλλων ὀστῶν, ὅθεν περ καὶ σαφῶς αἰσθάνονται μόνοι.

VI. Περὶ τῶν τῆς κάτω γένυος ὀστῶν

1 Οὐδὲ τὸ τῆς κάτω γένυος ὀστοῦν ἁπλοῦν ἐστιν, ὡς ἄν τινι δόξειεν. ἑψόμενον γὰρ καὶ τοῦτο διαλύεται κατ᾽

TEST. : 58,3 ὀδόντες — 59,1 θηλυκῶς ORIB., *Coll.* XXV, 6 (Raeder, 54,20-28) ‖ 9 ἐγγεγόμφωνται — 61,4 πέντε ORIB., XXV, 6-9 (Raeder, 54,28-55,34) ‖ 56,3—59,15 c. V, cf. Summ. p. 60-61 Sezgin ‖ 59,16—60,8 c. VI, cf. Summ. p. 61 Sezgin.

2 ἐν seclusit Garofalo (om. E) ‖ 3 δημητριακοὺς codd. : δημητρίους Chart. Kühn ‖ 3 ἀλλὰ — 9 ἱκανούς om. E ‖ 6 σμίλη L Chart. Kühn : σμίλαι QA σμίλαις SC Moore ‖ 7 post δὴ add. καὶ S ‖ 9 ἱκανούς A Moore : ἱκανῶς LSCQ ‖ 9-10 ἐγγεγόμφωνται Or. Moore : ἐγγόμφωνται E γεγόμφονται LC γεγόμφωνται SQA Chart. Kühn ‖ 11 μὲν om. SC ‖ 16 Περὶ τῶν τῆς κάτω γένυος ὀστῶν LSCQA : περὶ τῆς κάτω γένυος Or. Ar. om. Kühn Moore ‖ 17 ἁπλοῦν ἐστιν ESCQA Moore Or. : ἐστὶν ἁπλοῦν L edd. ‖ 17 sq. ὡς ἄν τινι δόξειεν om. E ‖ 18 τινι LSCQA Moore : τῳ Or. J edd.

si on le fait bouillir, se dissout au sommet du menton, de manière qu'on voit clairement qu'il était soudé en symphyse. La partie qui s'élève vers sa tête[1] aboutit à deux terminaisons : à sa terminaison pointue il reçoit le tendon qui descend du muscle temporal, à l'autre il s'articule à l'os de la tête au-dessous de l'apophyse mastoïde en pénétrant par une rondeur condyloïde[2] dans la cavité évasée à cet endroit-là.

VII. Le rachis

1 Les vertèbres du rachis dans sa totalité[3] sont au nombre de vingt-quatre : un nombre supérieur ou inférieur est contre nature, ainsi que le sont les têtes pointues. **2** L'assemblage complet se divise en cou, dos, lombes, et os sacré. Le cou est joint à la tête ; après vient le dos qui a la longueur du thorax[4]. Ce qui reste en bas s'appelle « lombes ». À l'extrémité des lombes, il y a ce qu'on

1. Il s'agit de la tête de la mâchoire inférieure (ou mandibule). Les anatomistes modernes parlent encore de « tête de la mandibule ».

2. Le condyle est, au sens technique, un renflement de l'os aux articulations. L'adjectif condyloïde signifie « en forme de condyle ». Voir aussi *infra*, p. 73, n. 2.

3. L'arabe ajoute « à part le coccyx ».

4. Cf. *Art médical,* X, 5, Boudon, p. 303 : ὁ θώραξ ἐπὶ τῷ κατὰ τὸ μετάφρενον αὐτῆς μέρει, καθάπερ ἐπὶ τρόπιδι ναῦς, ὥστ' ἐξ ἀνάγκης ἕξει τὸ μὲν μῆκος ἴσον τῷ μεταφρένῳ.

ἄκρον τὸ γένειον, ὡς φαίνεσθαι σαφῶς ὅτι συνεπεφύκει.
755 **τὸ δὲ ἀνατεινόμενον ὡς ἐπὶ τὴν κεφαλὴν αὐτοῦ | μέρος εἰς δύο τελευτᾷ πέρατα· καὶ τούτων τῶν περάτων τῷ μὲν ὀξέϊ τὸν ἐκ τοῦ κροταφίτου μυὸς καθήκοντα δέχεται τένοντα, τῷ δὲ ἑτέρῳ διαρθροῦται πρὸς τὸ τῆς κεφαλῆς ὀστοῦν ὑπὸ τὴν ἀπόφυσιν τὴν μαστοειδῆ, κονδυλώδει τινὶ περιφερείᾳ κατὰ τῆς ἐνταῦθα γληνοειδοῦς κοιλότητος ἐπιβεβηκός.**

VII. Περὶ ῥάχεως

1 Τῆς ὅλης ῥάχεως οἱ σπόνδυλοι τέσσαρες καὶ εἴκοσιν ὑπάρχουσι. παρὰ φύσιν γὰρ ἤδη τὸ πλέον καὶ τοὔλαττον, ὥσπερ καὶ αἱ φοξαὶ κεφαλαί· 2 διαιρεῖται δὲ ἡ σύμπασα σύνταξις αὐτῶν εἰς τράχηλόν τε καὶ νῶτον καὶ ὀσφὺν καὶ ἱερὸν ὀστοῦν. ὁ μὲν οὖν τράχηλος ἔζευκται τῇ κεφαλῇ· ὁ δὲ νῶτος ἐφεξῆς τούτῳ τέτακται, τηλικοῦτος ὑπάρχων τὸ μῆκος, ἡλίκος περ ἂν ᾖ καὶ ὁ θώραξ. ὅσον δὲ ὑπόλοιπον κάτω, τοῦτο ὀσφὺς ὀνομάζεται, κατὰ δὲ τὸ πέρας αὐτοῦ τὸ ἱερὸν ὀστοῦν ἔχων

TEST. : 59,9 ἐγγεγόμφωνται — 61,4 πέντε ORIB., *Coll.* XXV, 6-9 (Raeder, 54,28-55,34) || 59,16—60,8 c. VI, cf. Summ. p. 61 Sezgin || 9 — 61,6 c. VII, cf. Summ. p. 61 Sezgin.

---

2 μέρος — 8 ἐπιβεβηκός om. E || 11 παρὰ — 12 κεφαλαί om. E || 13 σύμπασα — αὐτῶν om. E || 14 ὁ μὲν — 61,1 αὐτὸ om. E.

---

2 ἀνατεινόμενον SCQA Or. : ἀντινόμενον L ἄνω E ἀντεινόμενον Kühn || ὡς ἐπὶ τὴν κεφαλὴν om. E || 5 τῷ δὲ SCQ Or. : το δ' L τὸ δὲ A || 6 μαστοειδῆ codd. : μαστοειδοῦς Or. || κονδυλώδει SCQA Or. : κονδυλώδη L || 8 ἐπιβεβηκὸς L Or. : ἐμβεβηκός SCQA || 9 περὶ ῥάχεως om. Kühn Moore || 10 καὶ LSCQA Moore : ἐπὶ τοῖς E Or. J edd. || 11 post ὑπάρχουσιν add. *praeter os coccygis* Ar. || 15 ἐφεξῆς — 17 ὅσον δὲ om. A nullo sp. rel. || 18-61,1 τὸ ἱερὸν ὀστοῦν ἔχων καλούμενον LSCQA : τὸ καλούμενον ἱερὸν ὀστοῦν ἔχει Or. J edd.

appelle l'os sacré — certains l'appellent « l'os large ». **3** Les vertèbres du cou sont au nombre de sept, celles du dos, douze, celles des lombes, cinq. Nous parlerons d'abord des vertèbres de la nuque ; il n'y a aucune différence entre l'expression « cou » et l'expression « nuque ».

VIII. Les vertèbres du cou

1 Les deux premières vertèbres cervicales sont articulées de partout, tandis que la partie antérieure des cinq autres est soudée ensemble par un ligament puissant ; car ce n'est pas un cartilage qui les soude, comme certains le croient. Mais la tunique[1] qui enveloppe extérieurement les deux méninges de la moelle pénètre dans la région entre les vertèbres et devient un ligament commun aux deux à la fois. Telle est la situation de toutes les vertèbres hormis les deux premières, comme on vient de le dire. **2** Les mouvements de la tête sont doubles, l'un lorsque nous la fléchissons en avant et en arrière, l'autre lorsque

1. Cf. l'*Utilité des parties*, XIII, 8, éd. Helmreich, II, 262 sq. Les fibrocartilages intervertébraux plus le ligament longitudinal antérieur.

καλούμενον ἔνιοι δὲ πλατὺ προσαγορεύουσιν αὐτό. 3 Σπόνδυλοι δὲ κατὰ μὲν τὸν τράχηλον ἑπτὰ τὸν ἀριθμὸν ὑπάρχουσι, κατὰ δὲ τὸν νῶτον δώδεκα, κατὰ δὲ τὴν
756 **ὀσφὺν πέντε. περὶ πρώτων | οὖν εἰρήσεται τῶν κατὰ τὸν αὐχένα. διαφέρει γὰρ οὐδὲν ἢ τράχηλον ἢ αὐχένα προσαγορεύειν αὐτόν.**

VIII. Περὶ τῶν κατὰ τὸν τράχηλον σπονδύλων

1 Τῶν κατὰ τὸν αὐχένα σπονδύλων οἱ πρῶτοι μὲν δύο διήρθρωνται πάντῃ, τῶν δὲ ἄλλων τῶν πέντε τὸ πρόσω μέρος ἰσχυρὸς συμφύει σύνδεσμος· οὐ γὰρ δὴ διὰ χόνδρου γε συμφύονται, καθάπερ οἴονταί τινες· ἀλλ' ὁ τὰς τοῦ νωτιαίου δύο μήνιγγας ἔξωθεν περιλαμβάνων χιτών, εἰς τὴν μεταξὺ χώραν αὐτῶν παρεμπίπτων, κοινὸς ἀμφοτέρων γίνεται δεσμός· οὕτω δὲ καὶ κατὰ πάντας ἔχει τοὺς σπονδύλους πλὴν τῶν πρώτων δυοῖν, ὡς εἴρηται. 2 Διττῶν δὲ οὐσῶν κινήσεων τῆς κεφαλῆς, τῆς μὲν ἐπινευόντων τε καὶ ἀνανευόντων, τῆς

TEST. : 8 Τῶν κατὰ — 63,13 διαρθροῦνται Orib., *Coll.* XXV 9 (Raeder, 55,34-56,30) || 60,9 — 61,6 c. VII, cf. Summ. p. 61 Sezgin || 7— 64,17 c. VIII, cf. Summ. p. 62 Sezgin.

2 σπόνδυλοι ESCQA Or. : σφόνδυλοι L || τὸν pr. om. Or. || 2-3 τὸν ἀριθμὸν ὑπάρχουσι om. E || 3 τὴν codd. Or. : τὸν Chart. Kühn || 4 περὶ — 6 αὐτόν om. E || πρώτων Chart. Kühn *in primis…de* Balamius : πρῶτον LSCQA || 5 γὰρ L Kühn : δὲ SCQA edd. cett. || 7 Περὶ τῶν κατὰ τὸν τράχηλον σπονδύλων om. A Kühn Moore || 8 post τῶν add. οὖν Or. || 10 συνδεσμος codd. Moore : δεσμός E Or. J edd. || 11 γε Or. J edd. : om. codd. Moore || 13-14 παρεμπίπτων, κοινὸς om. A sp. rel. || 14 οὕτω L Or. : οὕτως SCQA || 14-15 καὶ κατὰ πάντας ἔχει τοὺς om. A sp. rel. || 16 δυοῖν, ὡς εἴρηται om. A sp. 8 litt. rel. || εἴρηται SCQ Or. Ar. Moore : εἰρήσεται L edd. || 16-17 τῆς κεφαλῆς LSCQA : τῇ κεφαλῇ E Or.

nous la tournons dans les deux sens ; le premier mouvement est réalisé surtout[1] par l'apophyse à forme de noyau[2] de la deuxième vertèbre, le second par l'articulation de la première avec les becs de la tête[3]. **3** Ces mouvements se font grâce aux parties latérales de la première vertèbre et de la tête elle-même. L'apophyse à forme de noyau est ascendante ; elle commence à la partie antérieure de la deuxième vertèbre et est reliée à la tête à l'aide d'un ligament robuste et rond[4]. La première vertèbre lui offre une place convenable sur laquelle elle s'appuie solidement, et un autre ligament transversal, qui se forme dans la première vertèbre elle-même, se place du côté interne sur l'apophyse. **4** Certains appellent cette apophyse « odontoïde[5] ». Hippocrate appelle « dent » la deuxième vertèbre toute entière à cause de cette apophyse[6]. **5** La première vertèbre a aussi deux autres cavités évasées, du côté inférieur, semblables aux cavités supérieures ; mais les supérieures sont plus grandes, avec

1. L'adverbe μάλιστα, donné par L et Oribase, est omis par le reste de la tradition grecque et par l'arabe. Je crois que μάλιστα a été omis fortuitement par le manuscrit arabe, et qu'il faut donc le retenir. Dans une autre hypothèse, il faudrait supposer une contamination entre L et Oribase.

2. *Pyrenoeides* était, d'après Galien, *Utilité des parties,* Helmreich, II, 262, le nom moderne donné à la « dent » ou apophyse *odontoeidês*. Dans les *Pratiques anatomiques,* (Kühn, II, 461,15 ; Garofalo p. 253,18), Galien appelle l'apophyse *kônoeides*, « à forme de pigne », même nom que celui qui est employé pour la glande pinéale.

3. Apophyses coronoïdes.

4. Ligament transverse de l'atlas.

5. Dans la terminologie moderne, c'est la dent de l'axis.

6. Hippocrate, *Épidémies* II, 2,24 (V, 96,2 Littré). À tort, Rufus, *Noms des parties*, 154, entend *première vertèbre,* ainsi que certains commentateurs d'*Épid. VI*, V, 338,9 L. Cf. Galien, *Commentaire à Épid. VI*, Wenkebach-Pfaff, CMG, 10,2,2, p. 412 sq.

δὲ ἐν τῷ περιάγειν ἐφ᾽ ἑκάτερα, τὴν μὲν προτέραν ἡ τοῦ δευτέρου σπονδύλου πυρηνοειδὴς ἀπόφυσις ἐργάζεται μάλιστα, τὴν δ᾽ ἑτέραν ἡ τοῦ πρώτου πρὸς τὰ κορωνὰ τῆς κεφαλῆς διάρθρωσις. 3 Ἀλλ᾽ αὗται μὲν διὰ τῶν πλαγίων γίγνονται μερῶν τοῦ τε πρώτου σπονδύλου καὶ αὐτῆς τῆς κεφαλῆς· ἡ δὲ πυρηνοειδὴς ἀπόφυσις
757 **ἀνάντης | μέν ἐστιν, ἀπὸ δὲ τῶν προσθίων ἀρχομένη μερῶν τοῦ δευτέρου σπονδύλου συνδεῖται τῇ κεφαλῇ διά τινος εὐρώστου τε ἅμα καὶ στρογγύλου συνδέσμου· καὶ δὴ καὶ χώραν ἐπιτήδειον ὁ πρῶτος σπόνδυλος αὐτῇ παρέχει, καθ᾽ ἧς ἀσφαλῶς στηρίζεται, καί τις ἕτερος ἐγκάρσιος δεσμός, ἐν αὐτῷ τῷ πρώτῳ σπονδύλῳ γεννώμενος ἔσωθεν ἐπιβέβληται κατ᾽ αὐτῆς. 4 Ἔνιοι ταύτην ὀδοντοειδῆ καλοῦσιν ἀπόφυσιν· Ἱπποκράτης δὲ καὶ ὅλον τὸν δεύτερον σπόνδυλον ὀδόντα ποτὲ προσηγόρευσεν ἀπ᾽ αὐτῆς. 5 Ἔχει δὲ καὶ ἄλλας ὁ πρῶτος σπόνδυλος δύο κοιλότητας γληνοειδεῖς ἐν τοῖς κάτω μέρεσιν αὐτοῦ, παραπλησίας ταῖς ἄνωθεν. εἰσὶ δὲ εἰκότως αἱ μὲν ἄνωθεν μείζους, ὡς ἂν τῇ κεφαλῇ διαρθρούμεναι,**

TEST. : 61,8 Τῶν κατὰ — 63,13 διαρθροῦνται Orib., *Coll.* XXV, 9 (Raeder, 55,34-56,30) || 61,7— 64,17 c. VIII, cf. Summ. p. 62 Sezgin.

---

2 πυρηνοειδής Or. : πυρινοειδής codd. || 3 μάλιστα om. ESC QA Ar. Moore || ἡ om. L || 9 τε om. L || 10 ἐπιτήδειον L Or. edd. : ἐπιτηδείαν SCQA Moore || 11 ἧς Or. : ἣν codd. edd. || 12 δεσμὸς ἐγκάρσιος SCQA || 10 καὶ δὴ — 13 κατ᾽ om. E || ἐν codd. : ἐπ᾽ Or. || 12-13 γεννώμενος Or. Ar. : γενόμενος codd. edd. || 13 κατ᾽ αὐτῆς codd. : κατὰ ταύτης Or. || 13 post ἔνιοι add. μὲν Greg. Chart. Kühn : add. δὲ E || 14 Ἱπποκράτης — 63,2 σπόνδυλον om. E || 15 ποτὲ om. L Greg. Chart. Kühn || 17 post κοιλότητας add. ἐπιπολαίας LC edd. || 18 αὑτοῦ J Kühn : αὐτοῦ Or. Greg. Chart. ἑαυτοῦ codd. Moore || 19 ante τῇ add. καὶ SCQA.

raison, vu qu'elles doivent s'articuler à la tête, et les inférieures, par lesquelles elle entoure la deuxième vertèbre, sont plus petites. **6** La première vertèbre est la plus large et, en même temps, la plus mince ; la suivante est plus étroite mais plus robuste. Il en est de même de toutes les autres qui viennent après cette dernière[1]. En effet, dans la mesure où la moelle devient plus subtile en se consumant dans l'émission des nerfs, dans cette mesure l'amplitude des vertèbres inférieures se réduit ; chacune d'elles est en effet égale à la grosseur de la moelle qu'elle contient. Cela est une caractéristique de toutes les vertèbres, ainsi que des apophyses latérales, et en plus des apophyses ascendantes et descendantes selon lesquelles les vertèbres s'articulent entre elles. Les autres points sont communs pour la plupart, peu sont différents. J'en parlerai ensuite. **7** Toutes les vertèbres possèdent l'apophyse postérieure que nous appelons « épine »[2], hormis la première ver-

1. « Cette dernière », αὐτόν, s'agissant de la deuxième vertèbre, est la leçon de LE Ar. ; les autres manuscrits et Oribase donnent αὐτούς (pluriel, la première et la deuxième) ; les deux leçons sont possibles.

2. Cf. Hérod., IV, 72 ; Hippocrate, *Articulations*, 14 et 45.

μικρότεραι δὲ αἱ κάτωθεν, αἷς περιβέβληκε τὸν δεύτερον σπόνδυλον. 6 Ἔστι δὲ ὁ μὲν πρῶτος εὐρύτατός τε ἅμα καὶ ἰσχνότατος, ὁ δὲ ἐφεξῆς αὐτοῦ στενώτερος μὲν ἀλλ᾽ εὐρωστότερος· οὕτως δὲ καὶ οἱ ἄλλοι πάντες οἱ μετ᾽ αὐτόν· ἐφ᾽ ὅσον γὰρ ὁ νωτιαῖος, εἰς τὰς τῶν νεύρων ἀποφύσεις καταναλισκόμενος, ἰσχνότερος ἑαυτοῦ γίνε-
758 **ται, ἐπὶ τοσοῦτον καὶ | αἱ τῶν κατωτέρων σπονδύλων εὐρύτητες ἐλαττοῦνται· ἑκάστη γὰρ ἴση τῷ πάχει τοῦ περιεχομένου καθ᾽ ἑαυτὴν ὑπάρχει νωτιαίου. Τουτὶ μὲν οὖν ἅπασι κοινὸν τοῖς σπονδύλοις ἐστίν, ὥσπερ γε καὶ αἱ εἰς τὸ πλάγιον ἀποφύσεις, ἔτι τε πρὸς ταύταις ἀνάντεις τε καὶ κατάντεις ἀποφύσεις, καθ᾽ ἃς πρὸς ἀλλήλους διαρθροῦνται· τῶν δὲ ἄλλων τὰ μὲν πλεῖστα κοινά, διαφέροντα δὲ ὀλίγα, περὶ ὧν ἐφεξῆς ἐρῶ. 7 Τὴν ὀπισθίαν ἀπόφυσιν, ἣν ἄκανθαν ὀνομάζομεν, ἅπαντες ἔχουσι πλὴν τοῦ πρώτου σπονδύλου· τούτῳ δὲ ἐν τοῖς**

TEST. : 61,8 Τῶν κατὰ — 13 διαρθροῦνται Orib., *Coll.* XXV, 9 (Raeder, 55,34-56,30) || 61,7 — 64,17 c. VIII, cf. Summ. p. 62-64 Sezgin.

3 post καὶ add. τῇ ὀστώδει οὐσίᾳ SCQA || 4 post ἀλλ᾽ add. ὅμως L Greg. Chart. Kühn || οὕτως SQA : οὕτω LC Greg. Chart. Kühn || 5 αὐτόν LE Ar. : αὐτούς SCQA Or. || 5-6 εἰς τὰς τῶν νεύρων ἀποφύσεις καταναλισκόμενος non uertit Ar. || 6 ἀποφύσεις LSC QA Or. : φύσεις E || ἰσχνότερος LSCQA Or. : ἰσχυρότερος E || 7 τοσοῦτον codd. : τοσοῦτο Chart. Kühn || κατωτέρων LESC : κατωτέρ A κατωτέρως Or. κατωτέρω Q J edd. Raeder || 9 περιεχομένου LE Or. : ἐμπεριεχομένου SCQA || 9 τουτὶ LC : τοῦτο SQA Or. ταὐτὶ E || 10 ἅπασι κοινὸν SCQA Or. : κοινὸν ἅπασιν LE edd. || 10 καὶ — 11 τε om. A sp. rel. || 11 αἱ om. L Greg. Chart. Kühn || 13 τῶν δὲ — 14 ἐρῶ om. E || 14 ὀλίγα L Or. Ar. : ὀλίγον SCQA || ἐφεξῆς non uertit Ar. || 15 ὀπισθίαν ESCQA : ὀπίσθιον L edd. || ὀνομάζομεν ESCQA Moore : ὀνομάζουσιν L edd. || 16 τούτῳ — 64,2 ἁπάντων om. E || δὲ om. SQA.

tèbre : celle-ci seule a une petite apophyse en avant. Parmi toutes les autres, les cervicales sont seules à avoir toujours leurs apophyses latérales perforées[1], hormis la septième, qui est la dernière d'entre elles ; il est bien rare que tu puisses trouver perforées les apophyses de cette vertèbre, elle aussi. **8** Les cervicales, elles seules, ont les mêmes apophyses légèrement bifides, hormis les deux premières dont les apophyses sont simples. La sixième les a manifestement doubles et les plus grandes de toutes, de même que la vertèbre est elle-même la plus grande. L'une des apophyses, l'intérieure, est bien large. **9** La partie antérieure de chaque vertèbre, celle à l'aide de laquelle elles s'articulent entre elles, est allongée surtout dans les vertèbres cervicales, hormis la première. **10** Chacune des vertèbres cervicales apporte une contribution à peu près égale au canal pour les nerfs qui tirent leur origine de la moelle épinière et passent par les commissures des vertèbres, tandis que dans le cas de toutes les autres c'est la vertèbre supérieure qui participe pour la majeure partie, ou entièrement.

IX. Les vertèbres dorsales

1 On a déjà dit que les vertèbres du thorax sont au nombre de douze : exception faite du cas rare où l'on en trouvera une qui manque ou qui excède, et dans ce cas c'est l'excès qui est plus rare que le manque. Toutes ces

1. Foramen transversaire.

ἔμπροσθέν ἐστιν ἀπόφυσις μικρὰ μόνῳ. τῶν δὲ ἄλλων ἁπάντων τὰς πλαγίας ἀποφύσεις ἀεὶ διατετρημένας ἔχουσιν οἱ κατὰ τὸν τράχηλον μόνοι πλὴν τοῦ ἑβδόμου, ὅσπερ δὴ καὶ ἔσχατος αὐτῶν ὑπάρχει· σπανίως δ' ἄν ποθ' εὕροις καὶ τούτῳ διατετρημένας. **8** Τὰς δὲ αὐτὰς ἀποφύσεις ἀτρέμα πως δισχιδεῖς οἱ κατὰ τὸν τράχηλον ἔχουσι μόνοι πλὴν τῶν πρώτων δυοῖν· ἁπλαῖ γὰρ τούτοις εἰσίν· τῷ δὲ ἕκτῳ διτταί τε σαφῶς εἰσι καὶ μέγισται τῶν ἄλλων ἁπάντων, ὥσπερ γε καὶ αὐτός ἐστι μέγι-
759 στος, καὶ ἡ ἑτέρα δὲ αὐτῶν ἡ ἔνδον | ἱκανῶς πλατεῖα. **9** Πρόμηκες δὲ ἑκάστου τὸ πρόσθιον μέρος, ᾧ καὶ συμφύονται πρὸς ἀλλήλους, τοῖς ἐν τῷ τραχήλῳ μάλιστά ἐστι πλὴν τοῦ πρώτου. **10** Τοῖς δὲ ἐκφυομένοις τοῦ νωτιαίου νεύροις καὶ κατὰ τὰς συμβολὰς τῶν σπονδύλων διεκπίπτουσιν ἑκάτερος τῶν ἐν τῷ τραχήλῳ σπονδύλων ἴσον πως συντελεῖ τῷ πόρῳ, τῶν δὲ ἄλλων ἁπάντων ὁ ὑπερκείμενος ἤτοι τὸ πλεῖστον, ἢ τὸ σύμπαν.

IX. Περὶ τῶν κατὰ τὸν νῶτον σπονδύλων

1 Ὅτι μὲν δώδεκα τὸν ἀριθμόν εἰσιν οἱ τοῦ θώρακος σπόνδυλοι, πρόσθεν εἴρηται, πλὴν εἰ σπάνιόν τινι λείπων εἷς ἢ περιττεύων εὑρεθήσεται· καὶ τούτων δὲ αὐτῶν τὸ περιττεύειν τοῦ λείπειν σπανιώτερον· ἅπασι

TEST. : 61,7 — 17 c. VIII, cf. Summ. p. 62-64 Sezgin || 18 — 65,21 c. IX, cf. Summ. p. 65 Sezgin.

4 ὅσπερ Q Kühn Moore Ar. : ὥσπερ LESCA Greg. Chart || 11-12 ᾧ καὶ συμφύονται πρὸς ἀλλήλους LSCQA : ὦ κεκυφίονται ἀλλήλους τοὺς E || 15 ἐν τῷ τραχήλῳ ESCQA Moore : τοῦ τραχήλου L edd. || 16 ἴσον om. E || τῷ πόρῳ CQA Ar. Moore : τὸ πόρω S τῷ πρώτῳ L Greg. Chart. Kühn om. E || 18 Περὶ τῶν κατὰ τὸν νῶτον σπονδύλων om. A Kühn Moore || 19 οἱ om. L Greg. Chart. Kühn || 20 σπάνιόν LE : σπανίως SCQA || 21 post ἢ add. καὶ SCQA.

vertèbres possèdent des apophyses épineuses très grandes jusqu'à la dixième ; non moins grandes sont les apophyses latérales, à l'aide desquelles elles s'articulent avec les côtes. **2** Quant au corps des vertèbres lui-même, il est d'abord légèrement allongé vers le bas, mais dans les vertèbres suivantes il cesse peu à peu de l'être. Et de fait, elles ont aussi l'épine jusqu'à la dixième vertèbre orientée du haut vers le bas, tout comme les vertèbres cervicales. Au contraire, à partir de la dixième l'épine adopte une inclinaison du bas vers le haut, indistincte dans les deux premières suivant la dixième, claire dans toutes les autres. **3** La même chose advient dans les apophyses latérales ; celles au-dessus de la dixième vertèbre inclinent toujours vers le bas, celles après la dixième, vers le haut ; seules les apophyses de la dixième n'ont aucune inclinaison. De fait, cette vertèbre seule possède non seulement les apophyses ascendantes, mais aussi descendantes, et elle se termine par des extrémités condyloïdes tout comme la première des cervicales qui les a toutes les deux évasées. Pour ce qui concerne les autres vertèbres, celles qui sont au-dessus de la dixième ont les apophyses ascendantes condyloïdes, et les descendantes évasées ; pour les vertèbres au-dessous de la dixième, c'est le contraire.

δ' αὐτοῖς αἱ τῆς ἀκάνθης ἀποφύσεις μέγισται τυγχάνουσιν οὖσαι μέχρι τοῦ δεκάτου· μεγάλαι δὲ οὐχ ἥκιστά εἰσι καὶ αἱ κατὰ τὸ πλάγιον, αἷς διαρθροῦνται πρὸς τὰς πλευράς. 2 Αὐτὸ δὲ αὐτῶν τὸ σῶμα κατὰ μὲν τὸν πρῶτον ἀτρέμα πως ὑπάρχει πρόμηκες εἰς τὰ κάτω, παύεται δὲ ἐν τοῖς ἐφεξῆς κατὰ βραχύ. καὶ μὲν δὴ καὶ τὴν ἄκανθαν ἄχρι μὲν τοῦ δεκάτου σπονδύλου τοῖς
760 **κατὰ τὸν τράχηλον ὁμοίως | ἔχουσιν ἄνωθεν κάτω φερομένην· ἔμπαλιν δὲ ἀπὸ τοῦ δεκάτου κάτωθεν ἄνω φέρεται ῥέπουσα, κατὰ μὲν τοὺς δύο τοὺς ἐφεξῆς αὐτοῦ ἀμυδρῶς, κατὰ δὲ τοὺς ἄλλους σαφῶς. 3 Ταὐτὸν δὲ τοῦτο πεπόνθασι καὶ αἱ κατὰ τὸ πλάγιον ἀποφύσεις, κάτω μὲν αἱ τῶν ὑπὲρ τὸν δέκατον, ἄνω δὲ αἱ τῶν μετ' αὐτὸν ἀεὶ ῥέπουσαι· μόναι γὰρ αἱ κατὰ τὸν δέκατον ἀρρεπεῖς εἰσι. καὶ γὰρ μόνος οὗτος ὁ σπόνδυλος οὐ τὰς ἀνάντεις μόνον, ἀλλὰ καὶ τὰς κατάντεις ἀποφύσεις εἰς κονδυλώδη πέρατα τελευτώσας ἔχει, καθάπερ ὁ πρῶτος τῶν κατὰ τὸν τράχηλον ἑκατέρας γληνοειδεῖς· τῶν δὲ ἄλλων τοῖς μὲν ὑπερκειμένοις τοῦ δεκάτου κονδυλώδεις μέν εἰσιν αἱ ἀνάντεις, γληνοειδεῖς δὲ αἱ κατάντεις, τοῖς δὲ ὑποτεταγμένοις ἀνάπαλιν.**

TEST. : 64,18 — 65,21 c. IX, cf. Summ. p. 65 Sezgin.

---

4 αὐτὸ — 15 καὶ γάρ om. E || 5 ἀτρέμα πως om. A sp. rel. || 6 δὲ ἐν τοῖς ἐφεξῆς... καὶ μὲν om. A sp. rel. || 9-10 φέρεται L Ar. : φαίνεται SCQA || 11 ταυτὸν codd. (ταυτῶν C) Greg. Moore : ταὐτὸ Chart. Kühn || 12 post ἀποφύσεις add. αἷς ὡς εἴρηται διαρθροῦται πρὸς τὰς πλευράς SCQA Moore || 13 αἱ pr. om. L Greg. Chart. Kühn || αἱ alt. om. SCQA || 14 ἀεὶ om. L Greg. Chart. Kühn non uertit Ar. || post γὰρ add. καὶ SCQA || 19 τοῖς...ὑπερκειμένοις L Ar. : τῶν ... ὑπερκειμένων τῶ δεκατω E αἱ... ὑπερκείμεναι SCQA || 21 ἀνάπαλιν — 66,2 σπονδύλων om. A.

X. Les vertèbres lombaires

1 On a déjà presque tout dit sur les vertèbres lombaires. On a dit qu'elles sont au nombre de cinq, qu'elles sont les plus grandes de toutes et les plus épaisses, que le trou intérieur est étroit, de même que la moelle à leur niveau est mince. **2** On a dit aussi précédemment qu'elles ont leurs apophyses inclinées vers le haut et que le nerf sort uniquement de la vertèbre plus haute, et que parmi les extrémités des apophyses ascendantes et descendantes, dans lesquelles elles s'articulent entre elles, celles des apophyses supérieures sont évasées, celles des apophyses inférieures, condyloïdes[1]. On dira à présent ce qu'elles ont de particulier et de spécial par rapport aux autres. **3** Dans la partie intérieure de chacune des vertèbres lombaires il y a des trous disposés en désordre, dans lesquels les veines s'implantent ; on ne voit absolument pas de tels trous dans les autres vertèbres, ou, alors, de tout petits trous ; tandis que dans ces vertèbres ils apparaissent clairement et en grande quantité. **4** Elles possèdent, en outre, une autre apophyse descendante en

1. En grec les adjectifs sont inversés (« sont condyloïdes celles des apophyses supérieures, évasées celles des apophyses inférieures »). Mais Galien vient de dire qu'après la dixième vertèbre les terminaisons des apophyses sont, au contraire, avant la dixième. Cf. *Utilité des parties*, Helmreich, II, 236 sq.

X. Περὶ τῶν κατ᾽ ὀσφὺν σπονδύλων

1 Περὶ τῶν κατὰ τὴν ὀσφὺν σπονδύλων τὰ μὲν ἄλλα σχεδὸν ἤδη προείρηται· καὶ γὰρ ὅτι πέντε, καὶ ὅτι μέγιστοι μὲν οὗτοι τῶν ἄλλων εἰσὶ καὶ παχύτατοι, τὸ δὲ ἔνδον ἑκάστου τρῆμα στενόν, ὥσπερ γε καὶ ὁ κατ᾽ αὐτοὺς νωτιαῖος ἰσχνός· **2** ἀλλὰ καὶ ὅτι τὰς ἀποφύσεις
761 ἄνω | νευούσας ἔχουσι, καὶ ὅτι διὰ μόνου τοῦ προτεταγμένου τὸ νεῦρον διεκπίπτει, καὶ ὅτι τῶν ἀνάντων τε καὶ κατάντων ἀποφύσεων, ἐν αἷς πρὸς ἀλλήλους διαρθροῦνται, γληνοειδῆ μέν ἐστι τὰ τῶν ὑπερκειμένων πέρατα, κονδυλώδη δὲ τὰ τῶν ὑποκειμένων, εἴρηται πρόσθεν, εἰ δέ τι πρόσεστιν αὐτοῖς ἴδιον ἐξαίρετον ὑπὲρ τοὺς ἄλλους, ἐν τῷδε λεχθήσεται. **3** Τρήματα τοίνυν ἄτακτα κατὰ τὸ ἔνδον μέρος ἐν ἑκάστῳ τῶν κατὰ τὴν ὀσφὺν σπονδύλων ἐστίν, εἰς ἃ καταφύονται φλέβες, ἅπερ ἐν μὲν τοῖς ἄλλοις ἢ οὐδ᾽ ὅλως, ἢ παντάπασιν ἂν ἴδοις μικρά, κατὰ δὲ τούτους καὶ σαφῆ καὶ πολλὰ φαίνεται· **4** καὶ μὲν δὴ καὶ ἄλλη τίς ἐστι κατάντης ἀπόφυ-

---

TEST. : 1 — 67,5 c. X, cf. Summ. p. 65,19 Sezgin.

---

1 Περὶ — 3 καὶ γὰρ om. E ‖ Περὶ τῶν κατ᾽ ὀσφὺν σπονδύλων om. Kühn Moore ‖ 2 τὴν codd. : τὸν Chart. Kühn ‖ 3 σχεδὸν ἤδη L : ἤδη σχεδὸν SCQA ‖ 3-4 ὅτι μέγιστοι μὲν οὗτοι om. E ‖ 4 μέγιστοι SCQA : μεγισται L ‖ 5 ὥσπερ γε L : ὥσπερ SCQA διότι E ‖ 6 αὐτοὺς LCQA Ar. : αὐτὴν E αὐτὸν S ‖ 6 καὶ ὅτι — 13 λεχθήσεται om. E ‖ 8 τὸ νεῦρον διεκπίπτει L : διεκπίπτει τὸ νεῦρον SCQA ‖ 10-11 γληνοειδῆ … κονδυλώδη Garofalo Ar. sec. : κονδυλώδη … γληνοειδῆ codd. edd. ‖ 14 pr. κατὰ — 67,5 δύο om. E ‖ 14 μέρος ἐν ἑκάστῳ om. A sp. rel. 4 litt. ‖ 15 ἐστίν, εἰς ἃ καταφύονται om. A sp. rel. ‖ ἐστιν SCQ : εἰσίν L Greg. Chart. Kühn ‖ 16-17 ἐν μὲν τοῖς ἄλλοις … ἂν ἴδοις om. A sp. rel.

excès, située près de l'émergence du nerf. Cette apophyse se trouve parfois dans toutes, parfois dans les deux dernières[1] ; elle est tout à fait petite, ou bien manque complètement. Le trois autres, qui sont au-dessus, la possèdent toujours, de même que les deux dernières vertèbres dorsales.

XI. Le sacrum

1 Cet os présente aussi de l'analogie avec les vertèbres par rapport à son articulation avec la vertèbre située au-dessus ; il reçoit en effet ses apophyses descendantes, comme cette vertèbre reçoit elle-même celles de la précédente. Le sacrum possède, en outre, une épine semblable à celle des autres vertèbres. Ses apophyses latérales sont grandes et larges et présentent, à leur face extérieure, une cavité évasée dans laquelle entrent les os des flancs. **2** Le sacrum est composé de trois parties qui sont, pour ainsi dire, ses vertèbres propres, et sur lesquelles se trouve placé en quatrième position, à l'extrémité, un autre os qu'on appelle *coccyx*[2]. Quand toutes ses parties sont séparées après avoir bouillies, on voit apparaître un assemblage semblable à celui des vertèbres. **3** Les nerfs, issus de la moelle qui passent par ses trous, sortent aux

1. « Deux » comme « trois » à la ligne suivante, est un ajout qui repose sur la version arabe.

2. *Kokkyx,* « (bec de) coucou », comme *korônê*, « (bec de) corneille » (voir *supra*, p. 42). Au sens anatomique, le terme est attesté pour la première fois chez Rufus, *Noms des parties*, 114 ; κόκκυξ est le sacrum chez Pollux, II, 183.

σις ἐν αὐτοῖς ἐκ περιττοῦ, παρὰ τὴν ἔκφυσιν τοῦ νεύρου τεταγμένη. καὶ αὕτη ποτὲ μὲν ἐν ἅπασίν ἐστι, ποτὲ δὲ ἐν τοῖς ὑστάτοις <β'>, ἢ σμικρὰ παντάπασιν ἢ οὐδ' ὅλως ἐστίν. οἱ δὲ ὑπερκείμενοι <τρεῖς> διὰ παντὸς ἔχουσιν αὐτήν, ὥσπερ καὶ οἱ ἔσχατοι τοῦ νώτου δύο.

XI. Περὶ τοῦ ἱεροῦ ὀστοῦ

1 Καὶ τοῦτο τοῖς σπονδύλοις ἀνάλογον ἔχει κατά γε
762 τὴν πρὸς τὸν ὑπερκείμενον διάρ|θρωσιν· ὑποδέχεται γὰρ αὐτοῦ τὰς κατάντεις ἀποφύσεις, ὡς ἐκεῖνος τὰς τοῦ πρὸ αὐτοῦ· καὶ μέν γε καὶ τὴν ἄκανθαν ὁμοίαν ἔχει τοῖς ἄλλοις· αἱ δὲ εἰς τὸ πλάγιον ἀποφύσεις αὐτοῦ μεγάλαι τέ εἰσι καὶ πλατεῖαι, καὶ ἐκ τῶν ἐκτὸς μερῶν ἔχουσι τινὰ κοιλότητα γληνοειδῆ, καθ' ἧς ἐπιβέβηκε τὰ τῶν λαγόνων ὀστᾶ. **2** Σύγκειται δὲ ἐκ τριῶν μορίων, ὥσπερ τινῶν ἰδίων σπονδύλων, οἷς τέταρτον ἐπίκειται κατὰ τὸ πέρας ὀστοῦν ἕτερον, ὃ καλοῦσι κόκκυγα· διαλυθέντων δ' ὑφ' ἑψήσεως ἁπάντων ἡ σύνταξις ὁμοία φαίνεται ταῖς κατὰ τοὺς σπονδύλους. **3** Τὰ δὲ ἀπὸ τοῦ νωτιαίου διὰ τῶν τρημάτων αὐτοῦ διεκπίπτοντα νεῦρα κατὰ μὲν τὰς συντάξεις τῶν οἷον σπονδύλων ἐν αὐτῷ

TEST. : 6 — 68,3 c. XI, cf. Summ. p. 65-66 Sezgin ‖ 6 Περὶ τοῦ ἱεροῦ ὀστοῦ — 18 σπονδύλους ORIB., *Coll.* XXV, 10 (Raeder, 56,31-57,3).

3 β' suppleuit Garofalo Ar. sec. (*in quarta et quinta*) ‖ 4 τρεῖς suppleuit Garofalo Ar. sec. ‖ 6 Περὶ τοῦ ἱεροῦ ὀστοῦ om. Kühn Moore qui lacunam statuit ‖ 7 κατά γε — 10 αὐτοῦ om. E ‖ γε L Greg. Chart. Kühn : τε SCQ om. A Or. Moore ‖ 10 τοῦ om. LA Greg. Chart. Kühn ‖ 12 καὶ ἐκ LSCQA : κἀκ Or. J Greg. κἂν Chart. Kühn ‖ 13 ἔχουσιν codd. Or. : ἔχῃ Chart. Kühn ‖ 15 ἐπίκειται L Ar. : ὑπόκειται ESCQA ‖ 16 ἕτερον om. L ‖ 20 αὐτῷ LSCQ : ἑαυτῶ EA.

assemblages de ce qui ressemble en lui à des vertèbres. comme pour le rachis tout entier ; toutefois, ce n'est pas dans les parties latérales, mais dans les parties intérieures et extérieures. Il y a, en tout, trois paires de nerfs.

XII. Le coccyx

À l'extrémité de l'os large il y a un autre os qu'on appelle *coccyx*, qui se compose lui aussi de trois parties distinctes, lesquelles sont plus cartilagineuses que celles de l'os large, et surtout que la partie placée en bas sur l'extrémité[1]. Des nerfs sortent aussi aux assemblages de ces os dans les parties postérieures : la première paire, là où le coccyx touche le sacrum, la deuxième à l'assemblage du premier os avec le deuxième, la troisième à l'assemblage du deuxième os avec le troisième. Ce qui reste de la moelle à l'extrémité du même troisième os sort tout seul sans former de paire.

1. Les manuscrits LA et les éditions ont une variante : « sous l'extrémité ».

διεξέρχεται, καθάπερ καὶ καθ' ὅλην τὴν ῥάχιν· οὐ μὴν ἐκ τῶν πλαγίων γε μερῶν, ἀλλ' ἐκ τῶν ἔνδον τε καὶ ἔξωθεν. εἰσὶ δ' ἅπασαι τρεῖς αὐτῶν συζυγίαι.

XII. Περὶ τοῦ κόκκυγος

1 Ἐπὶ πέρατι τοῦ πλατέος ἕτερον ὀστοῦν ἐστι τὸ καλούμενον κόκκυξ, ἐκ τριῶν καὶ τοῦτο συγκείμενον ἰδίων μορίων χονδρωδεστέρων ἢ κατὰ τὸ πλατύ, καὶ
763 **μάλιστα | τοῦ κατὰ τὸ πέρας ἐπικειμένου. διεξέρχεται δὲ καὶ κατὰ τὰς τούτων συντάξεις ἐκ τῶν ὀπίσω μερῶν νεῦρα· πρώτη μὲν συζυγία, καθ' ἃ μέρη ψαύει τοῦ πλατέος ὀστοῦ, δευτέρα δὲ ἡ κατὰ τὴν τοῦ πρώτου τῶν ἐν αὐτῷ πρὸς τὸ δεύτερον σύνταξιν, καὶ τρίτη κατὰ τὴν τοῦ δευτέρου πρὸς τὸ τρίτον· ὅσον δὲ ὑπόλοιπον τοῦ νωτιαίου κατὰ τὸ πέρας αὐτοῦ τοῦ τρίτου διεξέρχεται μόνον ἀζυγές.**

TEST. : 4 Περὶ τοῦ κόκκυγος — 8 ἐπικειμένου ORIB., *Coll.* XXV, 11 (Raeder, 57,4-7) || 4 — 15 c. XII, cf. Summ. p. 66 Sezgin.

---

3 ἅπασαι τρεῖς αὐτῶν L edd. : αὐτῶ τρεῖς ἅπασαι E τρεῖς αἱ πᾶσαι αὐτῶν SCQA αὐτῶν τρεῖς αἱ πᾶσαι Moore || 4 περὶ τοῦ κόκκυγος om. A Kühn Moore || 7 ἰδίων μορίων L Or. edd. cett. : μορίων ἰδίων ESCQA Moore || ἰδίων non uertit Ar. || 8 μάλιστα — ἐπικειμένου om. E || 8 τοῦ ... ἐπικειμένου SCQ Or. Moore : τὸ ... ὑποκείμενον LA edd. || 9 post ὀπίσω add. καὶ πρόσω Chart. Kühn || 10 συζυγία om. E || 11 ἡ SCQA Moore : om. L edd. || 12 αὐτῷ LSCQ Moore : ἑαυτῷ A edd. || 13-14 τοῦ νωτιαίου LCA edd. : τῷ νωτιαίῳ ESQ Moore || 14 διεξέρχεται SCQA : διέρχεται L Greg.

XIII. Les os du thorax

1 Le sternum, les côtes et les vertèbres dorsales sont les os du thorax ; les côtes de chaque côté sont au nombre de douze, comme le sont les vertèbres ; car chaque côte est articulée par diarthrose avec une vertèbre : les os du sternum sont réunis entre eux par synarthrose[1]. Ils sont au nombre de sept, tout comme les côtes qui s'articulent au sternum. **2** Sur l'extrémité inférieure du sternum un cartilage triangulaire est implanté. L'articulation de chacune des côtes avec les vertèbres se fait de la manière suivante. Le commencement de la côte s'insère à l'aide d'une éminence condyloïde dans la racine de l'apophyse latérale des vertèbres. La cavité qui reçoit cette éminence est évasée et petite et tous les deux, la cavité et le commencement de la côte, inclinent plutôt vers le haut. À partir de ce moment, la côte s'appuie sur toute l'apophyse latérale et, lorsqu'elle se trouve déjà à l'extrémité de celle-ci, la côte produit une autre articulation mobile qui incline vers le bas, de sorte que la côte a une double articulation avec la vertèbre. **3** L'articulation des côtes avec le sternum, quant à elle, est plus indistincte, mais elle n'est pas, elle non plus, invisible si l'on ôte les ligaments membraneux qui l'entourent. La partie

1. Cette erreur de Galien (qui décrit la condition du singe : le sternum est un os unique dans l'homme) a été corrigée par Vésale dans la deuxième édition du *De humani corporis fabrica*, Bâle, 1555, p. 114, et défendue par son maître Jacobus Sylvius, Jacques Dubois (*Vaesani cuiusdam calumniarum in Hippocratis Galenique rem anatomicam depulsio*, Venise 1555, pp. 83-84) cités par M. T. May, *Galen on the usefulness of the parts of the body,* Ithaca, NY, 1968, p. 378. Même doctrine dans l'*Introductio*, 12, Kühn, XIV, 723, 18, où le sternum semble composé de sept os en symphyse de la forme d'une épée : τὸ δὲ στέρνον ὁμοίως καὶ αὐτὸ δοκεῖ ἐκ τῶν ἑπτὰ ὀστῶν συγκεῖσθαι, συμπεφυκότων ἀλλήλοις ἐν τῷ ξιφοειδεῖ σχήματι.

XIII. Περὶ τῶν τοῦ θώρακος ὀστῶν

1 Στέρνον καὶ πλευραὶ καὶ τῆς ῥάχεως οἱ κατὰ τὸν νῶτον σπόνδυλοι τὰ τοῦ θώρακός ἐστιν ὀστᾶ, δώδεκα μὲν ἑκατέρωθεν αἱ πλευραί, καθάπερ γε καὶ οἱ σπόνδυλοι· διήρθρωνται γὰρ ἑκάστη πρὸς ἕνα, τὰ δὲ τοῦ στέρνου συνήρθρωται μὲν ἀλλήλοις, ἑπτῷ δ' ἐστὶ τὸν ἀριθμόν, ὅσαι περ καὶ αἱ πρὸς αὐτῷ διαρθρούμεναι πλευραί. **2** Τῷ κάτω δ' αὐτοῦ πέρατι τρίγωνος ἐπιπέφυκε χόνδρος· ἡ μὲν δὴ πρὸς τοὺς σπονδύλους ἑκάστης τῶν πλευρῶν διάρθρωσις ὧδε ἔχει· τῇ ῥίζῃ τῆς πλαγίας αὐτῶν ἀποφύσεως ἐπιβέβηκεν ἡ τῆς πλευρᾶς 764 ἀρχὴ διά τινος κονδυλώδους ἐξοχῆς· | ἡ δὲ ὑποδεχομένη κοιλότης ταύτην ἐπιπολῆς τέ ἐστι καὶ μικρά, καὶ ῥέπουσιν ἄνω μᾶλλον ἀμφότεραι, καὶ ἡ κοιλότης καὶ ἡ τῆς πλευρᾶς ἀρχή· τὸ δὲ ἀπὸ τοῦδε καθ' ὅλης ἐποχεῖται τῆς πλαγίας ἀποφύσεως ἡ πλευρά, κἀπειδὰν ἤδη κατὰ τὸ πέρας αὐτῆς ᾖ διάρθρωσιν ἑτέραν ἐργάζεται ῥέπουσαν κάτω, ὡς γίνεσθαι διττὴν διάρθρωσιν τῇ πλευρᾷ πρὸς τὸν σπόνδυλον. **3** Ἡ δ' αὖ πρὸς τὸ στέρνον αὐτῶν διάρθρωσις ἀσαφεστέρα μέν ἐστιν, οὐ μὴν ἄδηλός γε οὐδ' αὐτὴ τοὺς περικειμένους ὑμενώδεις συνδέσμους ἀφελόντι· διαρθροῦται γὰρ ἑκάστης ἐνταῦθα τὸ

---

1 Περὶ τῶν τοῦ θώρακος ὀστῶν om. A Kühn Moore ‖ 4 γε E : δὲ L om. SCQA Or. edd. ‖ 5 διήρθρωνται γὰρ SCA Moore : διήρθρωνται μὲν E διήρθρωται LQ Or. edd. ‖ 6 συνήρθρωται LS CQ : συνήρθρονται E συνήρθρωνται Or. ‖ 7 αὐτῷ ESCQ : αὐτὸν LA αὐτὸ Kühn Moore ‖ 10 τῇ ῥίζῃ — 19 σπόνδυλον om. E ‖ 14 ante ἀμφότεραι add. αἱ Chart. Kühn ‖ 16 ἐποχεῖται codd. : ἐπιχεῖται Chart. Kühn ‖ τῆς πλαγίας non vertit Ar. ‖ 17 κατὰ τὸ πέρας αὐτῆς ᾖ διάρθρωσιν SCQA Moore : ᾖ κατὰ τὸ πέρας αὐτῆς διάρθρωσις L Chart. Kühn (ἡ διάρθρωσις Chart. Kühn) ‖ 21 ὑμενώδεις om. Chart. Kühn ‖ 21 τοὺς — 70,8 συναρθροῦσθαυ om. E.

cartilagineuse de chacune des côtes, qui aboutit à une tête condyloïde, s'articule avec chacun des os du sternum qui possèdent une cavité superficielle. Le mouvement en est si petit qu'on peut même appeler l'articulation synarthrose. **4** Souvent en d'autres parties du corps, les combinaisons des os peuvent être interprétées de deux façons, si bien qu'on ne sait pas s'il faut dire que leur articulation est une diarthrose ou une synarthrose. **5** La forme générale du sternum ressemble à une épée (*xiphos*) : c'est la raison pour laquelle certains l'appellent « os xiphoïde » ; d'autres ne donnent pas cette appellation à tout l'os, mais la réservent au cartilage situé à son extrémité. **6** La forme des côtes n'est ni une, ni simple ; en effet, après leur diarthrose avec les vertèbres, elles se portent en avant et en bas, conservant cette direction sur une grande distance, avant de remonter vers le sternum, en faisant un tournant brusque. À partir de ce moment-là toute leur partie jusqu'au sternum n'est plus de l'os, mais du cartilage ; **7** les cinq côtes qui restent après celles-là portent le nom de fausses côtes ; elles se rattachent au diaphragme et entre elles, et se terminent en un véritable cartilage ; seule la dernière est détachée à la fin de toutes,

χονδρῶδες μέρος εἰς κονδυλώδη τελευτώσης κεφαλὴν ἑκάστῳ τῶν κατὰ τὸ στέρνον ὀστέων, ἐπιπόλαιόν τινα κοιλότητα κεκτημένων· βραχεῖα δὲ οὕτως ἡ κίνησις αὐτῶν ἐστιν ὡς δύνασθαι καὶ συνάρθρωσιν ὀνομάζεσθαι. 4 Πολλαχόθι δὲ καὶ ἀλλαχόθι τοῦ σώματος ἐπαμφοτερίζουσιν αἱ συνθέσεις τῶν ὀστῶν, ὡς ἀπορεῖν εἴτε διαρθροῦσθαι πρὸς ἀλλήλας λεκτέον αὐτάς ἐστιν εἴτε συναρθροῦσθαι. 5 Τὸ δὲ σύμπαν σχῆμα μὲν τοῦ στέρ-
765 νου ξίφει παραπλήσιον ὑπάρχει, διὸ καὶ ξιφοειδὲς | ἔνιοι προσαγορεύουσιν αὐτό· τινὲς δὲ οὐχ ὅλον, ἀλλὰ τὸν ἐπὶ τῷ πέρατι μόνον αὐτοῦ χόνδρον οὕτως ὀνομάζουσι. 6 Τῶν δὲ πλευρῶν οὐχ ἓν οὐδὲ ἁπλοῦν τὸ σχῆμα· μετὰ γὰρ τὴν πρὸς τοὺς σπονδύλους διάρθρωσιν ἐπὶ τὰ πρόσω τε ἅμα καὶ κάτω φερόμεναι καὶ μέχρι πολλοῦ τοῦτο πάσχουσαι πάλιν ἀνανεύουσιν ἄνω πρὸς τὸ στέρνον, ἀθρόαν δή τινα ποιούμεναι καμπήν· ὅθεν περ ἤδη τὸ πρὸς τὸ στέρνον αὐτῶν ἅπαν οὐκ ἔτι ὀστοῦν ἐστιν, ἀλλὰ χόνδρος. 7 Αἱ δὲ ὑπόλοιποι πέντε καλοῦνται μὲν νόθαι, συμφύονται δὲ τῷ τε διαφράγματι καὶ ἀλλήλαις, εἰς ἀκριβῆ τελευτῶσαι χόνδρον· ἡ δὲ ὑστάτη μόνη κεχώρισται κατὰ τὸ πέρας αὐτῶν, καὶ ὄντως ἐστὶ νόθη·

TEST. : 8 τὸ δὲ — 71,10 ὀστῷ Orib., *Coll.* XXV 12-13 (Raeder, 57,14-32) ‖ 69,1 — 71,4 c. XIII, cf. Summ. p. 66-67 Sezgin.

---

2 ἑκάστῳ Chart. Kühn Ar. : ἑκάστου SCQA : ἑκάστων L Greg. ‖ ὀστέων L : ὀστῶν SCQA ‖ 5 ἀλλαχόθι L : ἄλλοθι SCQ Moore ἄλλοθεν A ‖ 8 μὲν L Or. : om. ESCQA Moore ‖ 11 τῷ codd. Moore : om. edd. ‖ 16 ἀθρόαν — 17 στέρνον om. C addidit in calce ‖ ἀθρόαν δή SCQA Or. : ἀθρωαν L ἀρθρώδη E ἀθρόην δὴ Chart. Kühn ‖ 16 ἔτι om. L Greg. Chart. Kühn ‖ 18 πέντε om. L ‖ 20 δὲ uel δ' codd. : γε Or.

et est véritablement fausse. Ni ces côtes-là, ni les autres n'ont toutes la même longueur ; mais les côtes supérieures et inférieures sont plus courtes, et celles du milieu plus longues.

XIV. Les omoplates

1 Les omoplates[1] sont placées derrière le thorax et se rattachent par des muscles à l'os occipital de la tête, à l'épine du rachis, aux côtes du thorax et à l'os situé avant le larynx[2]. **2** Elles sont irrégulières et inégales [dans toutes leurs parties]. En effet, elles sont convexes à l'extérieur, concaves à l'intérieur, et leur base inférieure est mince et allongée. L'extrémité supérieure est épaisse et courte. À plusieurs endroits un cartilage les couvre, en grande quantité à la base, d'où commence une épine basse qui augmente peu a peu de volume en remontant jusqu'à la région de l'acromion[3] ; à cet endroit la clavicule se rattache à l'omoplate en synarthrose. Quelques

1. Une description fonctionnelle des omoplates se trouve dans l'*Utilité des parties*, XIII, 10 ; elle à été reprise en partie dans le *Sommaire de l'anatomie des Os*.

2. Pour l'os hyoïde, voir *infra*, p. 83. Les muscles sont les omohyoïdiens ; voir *infra* dans l'anatomie des muscles, p. 141.

3. Sommet (ἄκρον) de l'épaule (ὦμος).

τὸ μῆκος δὲ οὔτε ταύταις οὔτε ταῖς ἄλλαις πλευραῖς ἴσον ἁπάσαις ἐστίν, ἀλλ' αἱ μὲν ἄνωθέν τε καὶ κάτωθεν βραχύτεραι τυγχάνουσιν οὖσαι, μακρότεραι δὲ αἱ μέσαι.

XIV. Περὶ ὠμοπλατῶν

1 Αἱ ὠμοπλάται κεῖνται μὲν ὄπισθεν τοῦ θώρακος· συμφύονται δὲ διὰ μυῶν τῷ τε κατ' ἰνίον ὀστῷ τῆς
766 **κεφαλῆς καὶ τῇ τῆς ῥάχεως ἀκάνθῃ καὶ ταῖς τοῦ | θώρακος πλευραῖς, καὶ τῷ προτεταγμένῳ τοῦ λάρυγγος ὀστῷ. 2 Ἀνώμαλοι δέ εἰσιν ἱκανῶς καὶ [πᾶσι τοῖς μέρεσιν] ἀνόμοιαι· κυρταὶ μὲν γὰρ ἔξωθεν, ἔσωθεν δὲ σιμαί, καὶ λεπτὴ μὲν ἡ κάτω βάσις αὐτῶν καὶ προμήκης, τὸ δὲ ἄνω πέρας παχύ τε καὶ μικρόν· ἐπαλείφει δὲ αὐτὰς πολλαχόθι χόνδρος, καὶ πλεῖστον κατὰ τὴν βάσιν, ἀφ' ἧς ἀρχομένη τις ῥάχις ταπεινὴ κατὰ μικρὸν προσαυξάνεται, μέχρι τῶν κατὰ τὸ ἀκρώμιον ἀνιοῦσα χωρίων· συναρθροῦται δ' αὐτῇ κατὰ τοῦτο ἡ κλείς· καί τινες μὲν**

TEST. : 5 — 72,12 c. XIII, cf. Summ. p. 66-67 Sezgin. || 70,8 τὸ δὲ σύμπαν — 10 ὀστῷ Orib., *Coll.* XXV, 12-13 (Raeder, 57,14-32) || 15 ἀρχομένη — 72,16 πάχος Orib., *Coll.* XXV 13 (Raeder, 57,32-58,10 || 5 — 72,12 c. XIV, cf. Summ. p. 67-68 Sezgin.

---

1 οὔτε ταύταις οὔτε — 2 ἁπάσαις ἐστίν om. Ar. || 1 οὔτε pr. codd. Or. : οὐδὲ Chart. Kühn || 5 Περὶ ὠμοπλατῶν L : *de scapula* Ar. om. SCQA Kühn Moore || 7 συμφύονται codd. : ἐμφύονται Or. (corrigendus) || 9 προτεταγμένῳ LESA Or. : προσ- CQ || 10-11 πᾶσι τοῖς μέρεσιν seclusit Garofalo non uertit Ar. || 10 πᾶσι LA : πάντη ESCQ || 11 ἀνόμοιαι L : ἀνόμοιοι ESCQA || ἔσωθεν δὲ σιμαί LE : σιμαὶ δ. ἔ. SCQA || 14 πλεῖστον κατὰ SCQA Ar. Moore : πλεῖστος L Greg. Chart. Kühn || 15 ἀρχομένη om. A || τις ῥάχις SCQA Ar. Or. : τῆς ῥάχης LE τῆς ῥάχεως J edd. || 16 ἀνιοῦσα LE Or. : ἐπανιοῦσα SCQA || 17 συναρθροῦται LSCQA : συναρθροῦνται E Or. || 17 ante ἡ add. καὶ ESCQA.

anatomistes donnent à l'assemblage lui-même des os en question le nom d'*acromion* ; d'autres[1] affirment qu'il existe un troisième os, différent des deux qui se réunissent, qui se trouverait uniquement chez l'homme, et ils donnent à cet os le nom de *katakleis*[2] ou d'*acromion*. **3** Au-dessous de cette région se trouve une apophyse de l'omoplate, qu'on nomme col de l'omoplate, et la tête de l'humérus est réunie par diarthrose à l'extrémité de cette apophyse qui se termine en cotyle[3]. Il y a encore une autre apophyse de l'omoplate, du côté interne, pointue et petite, que les uns appellent ancyroïde, les autres coracoïde[4], parce que son extrémité se dirige vers l'extérieur comme un bec de corneille.

XV. Les clavicules[5]

1 Chacune des deux clavicules est réunie en diarthrose à l'extrémité supérieure du sternum ; elles sont caverneuses et irrégulières quant à la forme et à l'épaisseur. La partie inférieure, par laquelle elles s'unissent en diarthrose au sternum, est plus épaisse que les autres et plus ronde ; la partie suivante, quant à elle, est beaucoup plus

1. Hippocrate, *Articulations*, 13, IV, 116 L, Eudémos (IIIe s.) d'après [Rufus] *Oss.*, 73, 1, Daremberg p. 142 ; sur ce fantôme anatomique voir l'*Utilité des parties*, XIII,11 et la note de M. T. May, *Galen on the usefulness of the parts of the body,* Ithaca, NY, 1968, p. 612, n. 51 ; aussi, *Anat. admin.*, V, 3, Kühn, II, 49 ; Garofalo, p. 285-287.

2. D'après Galien dans l'*Anatomie des muscles*, Kühn, XVIII, 956, B, voir *infra*, p. 174, certains appelaient *katakleis* la première côte.

3. Terme employé aussi par l'auteur du *Mochlique*, 1. Pour la médecine moderne c'est une cavité glénoïde (cf. F. Skoda, *Médecine…* p. 55).

4. Ancyroïde, « en forme d'ancre » (ἀγκύρα), coracoïde, « en forme de bec de corbeau » (κόραξ). Ces termes sont attestés pour la première fois chez Galien.L'anatomie moderne parle encore de « processus coracoïde ».

5. La métaphore tirée de la ressemblance de l'os avec la κλεῖς, « palet », est déjà chez Homère (seulement dans l'*Iliade*, par exemple en VIII, 325). Voir F. Skoda, *Médecine…* p. 30-32.

τῶν ἀνατομικῶν αὐτὴν τὴν σύνταξιν αὐτῶν ὀνομάζουσιν ἀκρώμιον· ἔνιοι δὲ τρίτον ἕτερον παρ' ἀμφότερα τὰ συζευγνύμενά φασιν ὀστοῦν ὑπάρχειν, ἐν ἀνθρώποις μόνοις εὑρισκόμενον, ὃ κατακλεῖδά τε καὶ ἀκρώμιον προσαγορεύουσιν. 3 Ὑπὸ δὲ τοῦτο τὸ χωρίον ἀπόφυσίς τις ὑπόκειται τῆς ὠμοπλάτης· ὀνομάζεται δὲ αὐχὴν ὠμοπλάτης, ᾧ κατὰ τὸ πέρας εἰς κοτύλην τινὰ τελευτῶντι τοῦ βραχίονος ἡ κεφαλὴ διαρθροῦται· 4 ἔστι δὲ καὶ ἄλλη ταύτης ἔσωθεν ἀπόφυσις ὀξεῖα καὶ σμικρά·
767 **καλοῦσι δ' αὐτὴν οἱ μὲν ἀγκυροειδῆ, οἱ δὲ κο|ρακοειδῆ, διότι τὸ πέρας αὐτῆς ἐκτὸς ἐπινένευκεν, ὥσπερ κορώνη.**

XV. Περὶ κλειδῶν

1 Τοῦ στέρνου τῷ ἄνω πέρατι τῶν κλειδῶν ἑκατέρα διαρθροῦται, σηραγγώδης τε οὖσα καὶ ἀνώμαλος τό τε σχῆμα καὶ τὸ πάχος. τὸ κάτω μὲν γὰρ αὐτῶν, ᾧ καὶ διαρθροῦνται πρὸς τὸ στέρνον, παχύτερόν τε τῶν ἄλλων ἐστὶ καὶ στρογγυλώτερον· ὅσον δὲ ἑξῆς τούτῳ, πολὺ μὲν ἰσχνότερόν ἐστιν, ἔτι δὲ στρογγύλον· ἀνώμα-

---

TEST. : 71,15 ἀρχομένη — 16 πάχος ORIB., *Coll.* XXV, 13 (Raeder, 57,32-58,10) ‖ 13 Περὶ — 73,16 συντέτακται ORIB., *Coll.* XXV, 13-14 (Raeder, 58,8-20) ‖ 71,5 — 12 c. XIV, cf. Summ. p. 67-68 Sezgin ‖ 13 — 73,5 c. XV, cf. Summ. p. 68 Sezgin.

---

2 post ἀκρώμιον add. ἁρμονίαν Barberinianus Greg. Chart. Kühn ‖ 4 μόνοις LSCQA : μόνον E Or. ‖ 6 τῆς ὠμοπλάτης ESCQA Or. Moore : τῇ ὠμοπλάτῃ L Greg. Chart. Kühn ‖ 9 ταύτης codd. edd. : ταύτῃ Kühn ‖ σμικρὰ L Or. : μικρά ESCQA Moore ‖ 13 Περὶ κλειδῶν om. A Kühn Moore ‖ 15 τε ESCQA : om. L γε Or. corr. Morelius ‖ 16-17 ὧ καὶ διαρθροῦνται L : ὃ καὶ διαρθροῦται E SCQA Chart. Kühn ᾧ διαρθοῦται J Greg. ‖ 19 ἰσχυρότερόν ἐστιν SCQAr : ἐστὶν ἰσχυρότερον L edd. om. E ‖ ἔτι δὲ ESQA : ἐστὶ δὲ C εἰ δὲ L Moore δὲ Chart. Kühn.

mince mais encore ronde ; à partir de ce point, la clavicule est tout a fait irrégulière jusqu'à son assemblage avec l'omoplate, où elle s'aplatit légèrement. **2** La partie médiane de toute la clavicule est convexe vers l'extérieur, surtout là où elle est en direction de l'omoplate[1].

XVI. L'humérus

1 L'os du bras est le plus grand de tous les os, à l'exception du fémur, et, à chacune de ses deux extrémités, supérieure et inférieure, il présente une diarthrose. Du côté de l'épaule il possède une apophyse qui consiste en une grande tête surmontant un col court ; à la partie antérieure de cette tête, il existe une cavité ressemblant à une coupure large, qui la divise d'un bout à l'autre en deux parties, lesquelles ressemblent à des condyles ; la partie intérieure de l'humérus se termine en condyles[2] inégaux, et le condyle externe est réuni par une diarthrose à la tête du radius, tandis que le condyle intérieur ne se réunit absolument à aucun os. C'est pour cela qu'il semble beaucoup plus grand que le condyle externe, quoiqu'il ne

1. L'*Introductio*, 12, Kühn, XIV, 722, 6-7, compare la forme des clavicules au sigma des Romains allongé, S : ἐοίκασι δὲ τῷ σχήματι τῷ ῥωμαϊκῷ σίγμα S (Σ Kühn) καὶ αὐτῷ ἡπλωμένῳ.

2. Le sens technique de condyle est déjà attesté chez Hippocrate ; voir *Articulations*, c. 2 (à propos de l'articulation des doigts) et l'adjectif κονδυλώδης est déjà employé à propos de l'articulation inférieure du fémur dans *Mochlique*, c. 1. Ce sens technique est donc ancien. Sur le condyle en anatomie et en pathologie, voir F. Skoda, *Médecine...* p. 255-256.

λον δὲ τὸ ἐπὶ τούτῳ σύμπαν ἄχρι τῆς πρὸς τὴν ὠμοπλάτην συντάξεως, ἔνθα καὶ πλατύνεταί πως ἀτρέμα. 2 Συμπάσης δ' αὐτῆς τὰ μέσα μέρη κυρτὰ πρὸς τοὐκτός ἐστι, καὶ μᾶλλον ἐν αὐτοῖς ὅσα πρὸς τὴν ὠμοπλάτην ῥέπει.

XVI. **Περὶ βραχίονος**

1 Τὸ τοῦ βραχίονος ὀστοῦν, ἁπάντων ὀστῶν μέγιστον ὑπάρχον πλὴν τοῦ μηροῦ, διαρθροῦται κατ' ἄμφω τὰ πέρατα, τό τε ἄνω καὶ κάτω· κατὰ μὲν δὴ τὸν ὦμον ἐπίφυσιν ἔχει κεφαλῆς εὐμεγέθους ἐπ' αὐχένι μικρῷ· καί τις ἐν αὐτῇ κοιλότης ἐστὶν ὥσπερ τομὴ πλατεῖα κατὰ τὰ πρόσω μέρη, διαιροῦσα τὴν ὅλην κεφαλὴν εἰς
768 **δύο μοίρας | ὁμοίας κονδύλοις· τὸ κάτω δὲ πέρας εἰς κονδύλους ἀνίσους τελευτᾷ· καὶ πρὸς μὲν τὸν ἔξωθεν αὐτῶν ἡ τῆς κερκίδος κεφαλὴ διαρθροῦται, πρὸς δὲ τὸν ἔνδον οὐδὲν ὅλως ὀστοῦν συντέτακται· καὶ διὰ τοῦτο πολὺ μείζων οὗτος φαίνεται τοῦ ἔξω, καί τοι βραχὺ**

TEST. : 6 — 74,11 c. XVI, cf. Summ. p. 68 Sezgin || 72,13 Περὶ — 16 συντέτακται *Coll.* XXV, 13-14 (Raeder, 58,8-20).

1 δὲ τὸ SQA : τὸ δὲ EC || τούτῳ L : τούτων ESCQA || 4 τοὐκτὸς codd. Moore : τὸ ἐκτὸς J Greg. Chart. Kühn || αὐτοῖς SCQA αὐταῖς LE || 6 Περὶ βραχίονος om. A Kühn Moore || 7 ante ὀστῶν add. τῶν SCQA || 8 ὑπάρχον LESCQ : ὑπάρχει Or. A || post διαρθροῦται add. δὲ SC || 9 τό τε ἄνω ESQA : om. L edd. ante Moore τὸ κάτω C || post καὶ add. τὸ SCQA Moore || τὸν ὦμον LEQA : τῶν ὤμων S Or. τῶν ὦμον C || 10 αὐχένι SCQA Or. : αὐχένος L Greg. || μικρῷ LESCQA : σμικρῷ Or. Chart. Kühn || 11 αὐτῇ LEJ Or. Ar. : αὐτῷ SCQA Chart. Kühn || τομὴ πλατεῖα om. A sp. rel || 11 πλατεῖα L Or. Ar. : πλαγεῖα E πλαγία SCQ Moore || 13 κάτω L (κατο) ESCQA Or. Moore : κάτωθεν edd. || 17 ἔξω LE : ἔξωθεν SCQA || τοι βραχὺ ESQA Kühn : τι βραχεῖ L τοι βραχεῖ C.

soit qu'un peu plus grand. **2** À l'extrémité inférieure de l'humérus, il y a une cavité qui ressemble à celles d'une poulie, autour de laquelle le cubitus[1] se meut. Là où cette cavité se termine, il y a des deux côtés une autre cavité aux deux extrémités, l'antérieure plus grande que la postérieure. **3** Ces cavités accueillent les becs du cubitus : dans les flexions extrêmes la cavité antérieure accueille le bec antérieur, dans les extensions extrêmes la cavité postérieure accueille le bec postérieur. Pour les autres parties, l'humérus est arrondi ; mais il n'est pas droit ni égal de tous côtés, car il est bombé à la partie antérieure et extérieure, et concave à la partie postérieure et intérieure.

XVII. L'avant-bras

1 On donne le nom d'avant-bras aussi bien à l'ensemble du membre situé entre le bras et le carpe qu'à l'un des deux os de cette partie, le plus grand, celui qui est placé au-dessous de l'autre, lequel porte le nom de radius[2]. Ce dernier entoure, à son extrémité supérieure, le condyle externe de l'humérus, à l'aide d'une cavité superficielle ; l'action de cette diarthrose consiste à tourner tout le bras en position de pronation et de supination.

1. Dans le vocabulaire moderne de l'anatomie, le cubitus est appelé *ulna*.

2. Le mot grec signifie, comme le latin *radius*, « la navette » ; voir *supra*, p. 39, n. 4.

μείζων ὑπάρχων. 2 Κοιλότης δὲ ἐν τῷ κάτω πέρατι τοῦ βραχίονός ἐστι, ταῖς κατὰ τὰς τροχηλίας ἐοικυῖα, περὶ ἣν ὁ πῆχυς κινεῖται. ἔνθα δ' ἡ κοιλότης αὕτη τελευτᾷ, κατ' ἄμφω τὰ μέρη κοιλότης ἐστὶν ἑτέρα καθ' ἑκάτερον πέρας, ἡ πρόσω τῆς ὄπισθεν ἐλάττων. 3 Ὑποδέχονται δὲ αὗται τὰς κορώνας τοῦ πήχεως, ἐν μὲν ταῖς ἐσχάταις κάμψεσιν, ἡ πρόσω τὴν πρόσω, κατὰ δὲ τὰς ἐκτάσεις ἡ ὀπίσω τὴν ὄπισθεν· τὰ δὲ ἄλλα μέρη περιφερής ἐστιν ὁ βραχίων, οὐ μὴν εὐθὺς οὐδ' ὅμοιος πάντῃ· κυρτὸς μὲν γὰρ εἴς τε τὸ πρόσω καὶ τὸ ἔξω, σιμὸς δὲ ὄπισθέν τε καὶ ἔνδον ἐστί.

XVII. Περὶ πήχεως

1 Πῆχυς καλεῖται μὲν καὶ ὅλον τὸ κῶλον τὸ μεταξὺ βραχίονος καὶ καρποῦ, καλεῖται δὲ καὶ τὸ ἕτερον ὀστοῦν τῶν ἐν αὐτῷ τὸ μεῖζον, ὅπερ ὑποτέτακται θα-
769 **τέρῳ, τῇ | κερκίδι προσαγορευομένῃ· αὕτη μὲν οὖν κατὰ τὸ πέρας αὐτῆς τὸ ἄνω περιλαμβάνει τὸν ἔξω τοῦ βραχίονος κόνδυλον ἐπιπολαίῳ κοιλότητι· καὶ ἔστι τῆς διαρθρώσεως ταύτης ἔργον ἐπὶ τὸ πρηνές τε καὶ ὕπτιον**

TEST. : 12 — 76,4 c. XVII, cf. Summ. p. 68-69 Sezgin || 8 περιφερὴς — 76,8 σχῆμα Orib., *Coll.* XXV, 14-16 (Raeder, 58,20-59,11).

---

2 τροχηλίας EQA : τροχιλίας LC Moore τροχολίας S || 3 δ' om. L || 4 καθ' ἑκάτερον Garofalo : καθ' ἑκάτερον τὸ EQA Moore καθ' ἕτερον L Greg. Chart. Kühn καθ' ἣν ἑκάτερον S καθ' ἑκάτερόν τε C καθ ἑκάτερον πέρας non vertit Ar. || 5 ante ἡ add. ὧν SCQA Moore || 6 πήχεως ESA : πήχεος LCQ || 9 οὐδ' LE : οὔθ' SCQA καὶ Or. || 12 Περὶ πήχεως om. A Kühn Moore || 13 τὸ κῶλον om. Chart. Kühn || 14 post βραχίονος add. τε SCQA || 15 τῶν ESCQA Or. : τῶ L || ὑποτέτακται codd. Ar. : ὑποτέταται Or.

2 Le cubitus possède deux apophyses en forme de bec de corneille, dont l'antérieure est plus petite[1], l'autre, plus grande[2], et ces deux apophyses entourent une cavité du cubitus laquelle ressemble à la lettre sigma (C) et dans laquelle s'emboîte la partie arrondie en forme de poulie de l'humérus placée entre les condyles ; l'action de cette diarthrose est d'étendre et de fléchir tout le bras. À ses deux extrémités le cubitus est relié au radius par des ligaments puissants, mais dans tout l'espace intermédiaire les os sont distants l'un de l'autre. **3** Chacun des deux os possède, à la partie contre le carpe, une épiphyse convexe à sa surface externe et concave à sa surface interne, le cubitus du côté du petit doigt, le radius du côté du pouce ; le carpe entre dans la cavité ainsi formée et s'y articule en diarthrose. **4** De surcroît, le cubitus possède l'apophyse qu'on appelle « styloïde »[3], qui forme, elle aussi, une diarthrose avec le carpe ; mais l'action de cette

1. Apophyse coronoïde.
2. Olécrane.
3. Le terme est encore employé dans l'anatomie moderne (« processus styloïde de l'ulna »).

ὅλην τὴν χεῖρα περιάγειν. 2 Ὁ δὲ πῆχυς ἀποφύσεις ἔχει δυοῖν κορωνῶν, ἐλάττονος μὲν τοῦ πρόσω, μείζονος δὲ θατέρου· τὴν κοιλότητα δὲ αὗται περιλαμβάνουσι τοῦ πήχεως τὴν σιγματοειδῆ, καθ' ἧς ἐπιβέβηκεν ἡ τροχιλώδης περιφέρεια τοῦ βραχίονος, ἡ μεταξὺ τῶν κονδύλων αὐτοῦ· καὶ ἔστι ταύτης τῆς διαρθρώσεως ἔργον ἐκτείνειν τε καὶ κάμπτειν ὅλην τὴν χεῖρα. συνδεῖται δὲ καθ' ἑκάτερον τῶν περάτων ὁ πῆχυς τῇ κερκίδι συνδέσμοις ἰσχυροῖς· τοὐν μέσῳ δὲ ἅπαν ἀπ' ἀλλήλων διεστήκασιν. 3 Ἔχει δὲ ἐπίφυσιν ἑκάτερον αὐτῶν κατὰ τὰ πρὸς τῷ καρπῷ μέρη, κυρτὴν μὲν ἔξωθεν, ἔσωθεν δὲ κοίλην· πῆχυς μὲν κατὰ τὸν μικρὸν δάκτυλον, κερκὶς δὲ κατὰ τὸν μέγιστον. ἐμβαίνει δὲ τῇ κοιλότητι ταύτῃ καὶ διαρθροῦται πρὸς αὐτὴν ὁ καρπός. 4 Ἐκ περιττοῦ δὲ τῷ πήχει ὑπάρχει καὶ ἡ καλου-
770 μένη στιλοειδὴς ἀπό|φυσις διαρθρουμένη καὶ αὐτὴ

TEST. : 74,8 περιφερὴς — 76,4 σχῆμα ORIB., *Coll.* XXV, 14-16 (Raeder, 58,20-59,11) ‖ 74,12 — 76,4 c. XVII, cf. Summ. p. 68-69 Sezgin.

1 ante ἀποφύσεις add. δύο L Greg. Chart. Kühn ‖ 2 πρόσω LSCQA : προσθίου E Or. ‖ 4 πήχεως ESCA Or. : πηχεος L Q ‖ σιγματοειδῆ LE edd. : σιγμοειδῆ SCQA Or. Moore ‖ καθ' ἧς —5 βραχίονος om. Or. ‖ 7 κάμπτειν … ἐκτείνειν Ar. ‖ ὅλην τὴν χεῖρα om. A sp. rel. ‖ 7-8 συνδεῖται LE Or. : συνδέδεται SCQA ‖ 9 post ἰσχυροῖς add. ἴσως οὐ L : ἴσως Greg. Chart. Kühn ‖ τοὐν μέσῳ δὲ ἅπαν Moore : τουμεσωδεάπαν L : τοῦ μέσου δὲ ἅπαν E ὁ δὲ ἐν μέσῳ πᾶν SCQA τοὐν μέσῳ δὲ πᾶν Or. et J in marg. edd. cett. ‖ 10 διεστήκασιν LE Or. : διέστηκεν SCQA ‖ 11 ante κατὰ add. τα L ‖ μὲν ESCQA : δε L ‖ 13 τῇ om. Ricci ‖ 15 ὑπάρχει om. E Or. Moore ‖ 16 στιλοειδής Garofalo : στιλλοειδής L Or. στηλοειδὴς ESCQA Greg. στυλοειδής J Balamius Chart. Kühn Moore ‖ post στυλοειδής add. ἐστι E Or. Moore ‖ διαρθρουμένη LE Or. : ἐπιδιαρθρουμένη SCQA.

articulation consiste à produire les mouvements circulaires latéraux du carpe, tandis que l'action de l'autre articulation est de produire les mouvements droits par lesquels nous étendons ou fléchissons la main.

XVIII. Le carpe

1 Le carpe est composé de huit os[1] placés sur deux rangs[2] et qui sont tous durs, petits, sans moelle, et de forme très variée. D'une part ils sont convexes, de l'autre concaves, et de l'autre encore droits ou arrondis. Ils sont tous liés par des ligaments neurocartilagineux et en synarthrose entre eux, et non, comme certains le pensent, en symphyse. Ils sont légèrement convexes à leur surface extérieure, concaves à la surface intérieure. **2** La partie supérieure du carpe, formée de trois os, et un peu arrondie, forme avec le cubitus et le radius une diarthrose, sauf que l'os du carpe[3] qui correspond au petit doigt entoure par une courte cavité évasée l'apophyse styloïde du cubitus. **3** L'os médian[4] occupe précisément la région où[5] le

1. Cf. Galien, *Utilité des parties*, II, 8, Helmreich, I, 88, 4 sq., et voir M. T. May, *Galen on the usefulness of the parts of the body*, Ithaca, NY, 1968, p. 131 et note 31. Cf. aussi Galien, *Commentaire à Hippocrate, Fractures*, Kühn, XVIII B, 433,10.

2. Le choix entre στοίχους de la tradition directe et στίχους d'Oribase est difficile, car tous les deux sont possibles ; dans ces cas de leçons équivalentes, je donne la préférence à la tradition directe ; les autres éditeurs (y compris Moore) préfèrent στίχους.

3. Pyramidal.

4. Semilunaire (ou lunation).

5. Le mot ἵνα a créé des difficultés aux copistes qui l'ont pris pour une conjonction finale et ont mis le subjonctif συμβάλλωσιν au lieu de συμβάλλουσιν. Deux manuscrits Q et A ont altéré ἵνα en εἰς ἣν et εἰς ἃ respectivement. Le manuscrit E conserve trace de la confusion, car il a ἀντὶ τοῦ ὅπου ἵνα συμβάλλωσιν (ἀντὶ τοῦ ὅπου est une glose marginale ou interlinéaire insérée dans le texte). Je pense que l'archétype de la tradition grecque avait le subjonctif qui a été corrigé indépendamment par C Q et A.

πρὸς τὸν καρπόν· ἀλλὰ ταύτης μὲν ἔργον αἱ εἰς τὰ πλάγια περιφοραὶ τοῦ καρποῦ, τῆς δὲ ἑτέρας αἱ κατ' εὐθὺ καθ' ἃς ἐκτείνομέν τε καὶ κάμπτομεν ἄκραν τὴν χεῖρα.

XVIII. Περὶ καρποῦ

1 Ὀκτὼ συντίθησιν ὀστᾶ τὸν καρπόν, ἐπὶ δύο στοίχους συγκείμενα, σκληρὰ πάντα καὶ σμικρὰ καὶ ἀμύελα καὶ πολυειδῆ τὸ σχῆμα· πῇ μὲν γάρ ἐστι κυρτὰ πῇ δὲ σιμά, καὶ πῇ μὲν εὐθέα, πῇ δὲ περιφερῆ· συνδεῖται δὲ πάντα δεσμοῖς νευροχονδρώδεσι, συνηρθρωμένα πρὸς ἄλληλα, καὶ οὐχ, ὥς τινες οἴονται, συμπεφυκότα, κυρτὰ μὲν ἀτρέμα τὴν ἔξωθεν ἐπιφάνειαν ὄντα, κοῖλα δὲ τὴν ἔνδον. 2 Ἡ μὲν οὖν ἄνωθεν μοῖρα τοῦ καρποῦ, τριῶν ὀστῶν οὖσα, περιφερής πως γινομένη διαρθροῦται πρὸς πῆχύν τε καὶ κερκίδα [καὶ τὴν στιλοειδῆ ἀπόφυσιν], πλὴν ὅτι γληνοειδεῖ κοιλότητι βραχείᾳ τὴν στιλοειδῆ τοῦ πήχεως ἀπόφυσιν περιλαμβάνει τοῦ καρποῦ τὸ κατὰ τὸν μικρὸν δάκτυλον ὀστοῦν. 3 Τὸ δὲ μέσον ἐν αὐτοῖς ἐκείνην μάλιστα κατείληφε τὴν χώραν, ἵνα συμβάλλουσιν ἀλλήλοις ὅ τε πῆχυς καὶ ἡ |

TEST. : 5 — 77,6 c. XVIII, cf. Summ. p. 70 Sezgin.

1-2 αἱ ... περιφοραὶ ESCQA Or. Moore : ἡ ... περιφορὰ L edd. || 2 αἱ LSCA : ἡ EQ Or. || 3-4 τὴν ἄκραν χεῖρα Chart. Kühn || 5 Περὶ καρποῦ om. A Kühn Moore || 7 στοίχους LSQA : στοίχοις C στίχους Or. J edd. || 9 εὐθέα LC : εὐθεῖα EQS || 10 δεσμοῖς LE : συνδέσμοις SCQA || 13 ἄνωθεν codd. : ἄνω Or. || 14 ante τριῶν add. ἐκ Greg. Chart. Kühn || 15 ante πῆχύν add. τὸν SC || τε om. L || 15-16 καὶ τὴν στιλοειδῆ ἀπόφυσιν non uertit Ar. om. A Or. (non habet E) seclusit Moore || στιλοειδῆ Garofalo : στιλλοειδῆ L στηλοειδῆ ESC στυλοειδῆ edd. || 16 γληνοειδεῖ C post corr. : γληνοειδῆ LESQA C ante corr. || 17 στιλοειδῆ Garofalo : στιλλοειδῆ L στυλοειδῆ Kühn στηλοειδῆ ESC || 20 ἵνα LSC : εἰς ἣν Q εἰς ἃ A ἀντὶ τοῦ ὅπου ἵνα E || συμβάλλουσιν CQA Or. : συμβάλλωσιν LES Chart.

cubitus et le radius viennent en contact. Le troisième os[1] est entouré par le radius ; il est double. **4** La partie inférieure du carpe, avec ses quatre os, se rattache par synarthrose, au métacarpe et elle possède un cinquième os qui s'appuie[2] sur la région du carpe où se trouve précisément l'apophyse styloïde du cubitus.

XIX. Le métacarpe et les doigts

1 La région intermédiaire entre le carpe et les doigts a le nom de métacarpe ; il se rattache par synarthrose au carpe et par diarthrose aux premières phalanges des doigts — tel est le nom qu'on donne aux os des doigts, quelques-uns les appellent bâtonnets[3] — le pouce étant le seul doigt dont la première phalange soit articulée latéralement en diarthrose avec le carpe lui-même, si bien que chacun des doigts est composé de trois os et que la première phalange s'emboîte toujours dans une cavité située au commencement de la suivante. **2** Il est logique, en effet, de dire que le pouce est composé aussi de trois os,

1. Scaphoïde.

2. « Flotte librement », traduit Daremberg, qui me semble donner trop de liberté au pisiforme.

3. Cette désignation (en grec σκυταλίς) se rencontre aussi, entre autres, chez Ruphus d'Éphèse, *Parties du corps*, 84.

771 **κερκίς· τὸ δὲ τρίτον ὑπὸ τῆς κερκίδος περιλαμβάνεται, διφυὲς ὑπάρχον. 4 Ἡ δὲ κάτωθεν μοῖρα τοῦ καρποῦ τοῖς τέτρασι μὲν ἑαυτῆς ὀστοῖς συνήρθρωται τῷ μετακαρπίῳ, τὸ πέμπτον δὲ ἐποχούμενον ἔχει τοῖς μέρεσιν ἐκείνοις τοῦ καρποῦ, καθ' ἃ μάλιστά ἐστιν ἡ στιλοειδὴς τοῦ πήχεως ἀπόφυσις.**

XIX. **Περὶ μετακαρπίου καὶ δακτύλων**

1 Τὸ μεταξὺ καρποῦ τε καὶ δακτύλων μετακάρπιον ὀνομάζεται, συναρθρούμενον μὲν πρὸς τὸν καρπόν, διαρθρούμενον δὲ πρὸς τὰς πρώτας τῶν δακτύλων φάλαγγας (οὕτως γὰρ καλεῖται τὰ τῶν δακτύλων ὀστᾶ, ἔνιοι δὲ σκυταλίδας ὀνομάζουσιν αὐτά), μόνου τοῦ μεγάλου δακτύλου τῆς πρώτης φάλαγγος αὐτῷ τῷ καρπῷ διαρθρουμένης ἐκ πλαγίων, ὥσθ' ἕκαστον τῶν δακτύλων ἐκ τριῶν ὀστῶν συγκεῖσθαι, τῆς προτέρας ἀεὶ φάλαγγος ἐπιβαινούσης κοιλότητι κατὰ τὴν ἀρχὴν τῆς ἑπομένης τεταγμένῃ. 2 Εὔλογον γὰρ καὶ τὸν μέγαν δάκτυλον ἐκ τριῶν ὀστῶν συγκεῖσθαι λέγειν, καὶ μὴ προσνέ-

---

TEST. : 2 ἡ δὲ — 78,4 μετακαρπίου ORIB., *Coll.* XXV, 16-17 (Raeder, 59,13-28) || 71,7 — 78,9 c. XIX, cf. Summ. 70 Sezgin.

---

3 τέτρασι SCQA : τετρασιν L τέσσαρσι E Or. J edd. || ἑαυτῆς LSC : ἑαυτοῖς EQ om. A sp. rel. || 5 καθ' ἃ LSCQA : καθὸ E Or. || στιλοειδὴς Garofalo : στιλλοειδὴς LA Or. στηλοειδὴς ESCQ || 7 Περὶ μετακαρπίου καὶ δακτύλων om. A Kühn Moore || 11 οὕτως LSCQA Moore : οὕτω E Or. J edd || 13 καρπῷ ESCQA Ar. Or. Moore : μετακαρπίῳ L cett. edd. || 13-14 διαρθρουμένης LSCQ Or. : διαρθρουμένου E -μενον A διηρθρουμένης Greg. διηρθρωμένης Chart. Kühn || 14 ὥσθ' Or. edd. : ωστ' L ὥστε SCQA Moore ὥς E || 14-15 ἕκαστον … συγκεῖσθαι E Or. Greg. Chart. Kühn : ἕκαστος σύγκειται LSCQA Moore || 16 ante κοιλότητι add. τῇ L Greg. Chart. Kühn || ante κατὰ add. τῇ Kühn || 17 τεταγμένῃ ESCQA Or. : τεταγμενης L.

et non d'attribuer au métacarpe sa première phalange qui forme diarthrose des deux côtés, ce qui est une caractéristique des premiers os des doigts, et non de ceux du métacarpe[1]. **3** Par conséquent, il serait logique de dire que les os du métacarpe sont au nombre de quatre et que les os des cinq doigts sont au nombre de quinze. Ceux qui attribuent le troisième os du pouce au métacarpe disent que les os des doigts sont au nombre de quatorze et ceux du métacarpe, au nombre de cinq[2].

XX. Les os qui forment assemblage avec l'os sacré[3]

1 Aux apophyses latérales de l'os large, lesquelles sont verticales[4] et grandes, sont assemblés deux os dépourvus d'un nom appliqué à leur ensemble : car les parties supérieures de ces os qui sont larges portent le nom d'os des flancs ; les parties extérieures et inférieures qui viennent après l'implantation (du fémur), celui d'os des hanches, et leurs parties qui à partir de là montent en avant, qui sont minces et trouées, et qui se réunissent l'une à l'autre à leur extrémité, celui d'os du pubis. **2** Chacune des deux

1. L'*Introductio*, 12, est de cet avis ; cf. Kühn, XIV, 723, 12-17 : τὰ δὲ τοῦ μετακαρπίου πέντε ἐστίν· ἄρθρον δὲ καὶ αὐτὰ ποιεῖ πρὸς τὰ τοῦ καρποῦ, πρὸς ταῦτα γὰρ συμπέφυκε. τὰ δὲ τοῦ καρποῦ (lege μετακαρπίου) πρὸς μὲν αὐτὰ καὶ πρὸς τὰ τοῦ μετακαρπίου (lege καρποῦ) συμφύσει συνέχεται, πρὸς δὲ τὰς πρώτας τῶν δακτύλων σκυταλίδας κατ' ἄρθρον συμβάλλονται.

2. C'est la façon de compter dans l'anatomie moderne.

3. Oribase ajoute « dits les os sans nom ».

4. Le choix de ὀρθίαις d'Oribase appliqué aux apophyses verticales de l'épine, au lieu de ὀρθαῖς de la tradition directe, peut s'appuyer sur un passage de l'*Utilité des parties*, Helmreich, I, 268, 26 : ἀνάντεις καὶ κατάντεις ἐργαασμένη (*sc.* la nature) καὶ λοξὰς εἰς τὰ πλάγια παραγαγοῦσα καὶ κατὰ τὸ μῆκος ἅπαν ὀρθίας ἀνατείνασα (sc. les apophyses).

μειν τῷ μετακαρπίῳ τὴν πρώτην αὐτοῦ φάλαγγα, κατ᾽
772 ἄμφω γε τὰ μέρη | διηρθρωμένην, ὃ τοῖς μὲν πρώτοις τῶν δακτύλων ὀστοῖς συμβέβηκεν, οὐ μὴν τοῖς τοῦ μετακαρπίου· **3** ὅθεν καὶ τέτταρα μὲν εὐλόγως ἄν τις εἶναι φήσειε τὰ τοῦ μετακαρπίου, πεντεκαίδεκα δὲ τὰ τῶν πέντε δακτύλων· ὅσοι δὲ τὸ τρίτον ὀστοῦν τοῦ μεγάλου δακτύλου τῷ μετακαρπίῳ προσνέμουσι, τετταρεσκαίδεκα μὲν εἶναί φασι τὰ τῶν δακτύλων, πέντε δὲ τὰ τοῦ μετακαρπίου.

XX. Περὶ τῶν τῷ ἱερῷ ὀστῷ συντεταγμένων

1 Ταῖς ἐκ τῶν πλαγίων ἀποφύσεσι ταῖς ὀρθίαις τε καὶ μεγάλαις τοῦ πλατέος ὀστᾶ συντέτακταί τινα δύο, μηδὲν ἐφ᾽ ὅλων ἑαυτῶν ὄνομα κείμενον ἔχοντα· τὰ μὲν γὰρ ἄνωθεν αὐτῶν μέρη τὰ πλατέα λαγόνων ὀστᾶ καλεῖται, τὰ δὲ μετὰ τὴν ἐπίβασιν ἔξωθέν τε καὶ κάτωθεν ἰσχίων ὀστᾶ, τὸ δ᾽ εἰς τὰ πρόσω μέρος ἐντεῦθεν ἀνατεινόμενα λεπτὰ καὶ διατετρημένα καὶ συμφυόμενα κατὰ τὸ πέρας ἀλλήλοις ἥβης ὀστᾶ. **2** Κοτύλη δέ ἐστιν

TEST. : 77,2 ἡ δὲ — 4 μετακαρπίου Orib., *Coll.* XXV, 16-17 (Raeder, 59,13-28) || 5 πεντεκαίδεκα — 79,6 κνήμην Orib., *Coll.* XXV, 17-19 (Raeder, 59,29-60,7) || 77,70 — 9 c. XIX, cf. Summ. 70 Sezgin || 78,10 — 79,2 c. XX, cf. Summ. p. 71 Sezgin.

---

2 γε om. LE || 4 ante ἄν add. μόνον L Kühn || 5 εἶναι ESCQA Moore : om. L edd. || post μετακαρπίου add. ὀστᾶ SCQA || πεντεκαίδεκα δὲ Or. : πέντε δὲ καὶ δέκα ESCQ : πεντεκαίδεκα LA || τὰ om. L edd. || 7-8 τετταρεσ- Garofalo : τεσσαρεσ- codd. Moore : τεσσαρα- edd. cett. || 10 ὀστῷ ESCQA : ὀστοῦν L || post συντεταγμένων add. περὶ τῶν ἀνωνύμων Or. || 11 ἐκ ESCQA Or. Moore : ἀπὸ L edd. cett. || ὀρθίαις Or. : ὀρθαῖς codd. edd. || 15 μετὰ τὴν ἐπίβασιν non uertit Ar. || 15-16 κάτωθεν nescio an mutandum sit in ὄπισθεν Moore || 16 τὸ … μέρος E Or. Moore : τὰ… μέρη LSCQA edd. cett.

hanches contient un cotyle très grand[1] qui adhère à l'aide d'un ligament très puissant, à la tête du fémur.

XXI. Le fémur

1 L'os de la cuisse est le plus grand de tous les os de l'être vivant ; en haut il est en diarthrose avec la hanche, en bas avec le tibia. Il présente en haut l'épiphyse d'une tête parfaitement arrondie sur un col allongé qui incline vers l'intérieur, et en bas il aboutit à deux condyles en s'élargissant légèrement. On peut appeler les condyles, quand ils sont aussi grands, têtes. **2** Le fémur est aussi lié au tibia, non pas seulement par des ligaments membraneux qui entourent en cercle toute l'articulation, mais aussi par trois autres ligaments à la fois robustes et ronds : l'un s'étend à l'extérieur de toute l'articulation, le deuxième à l'intérieur, le troisième dans l'espace intermédiaire entre la région postérieure et intérieure. **3** Le fémur dans son entier, pour ce qui est de sa forme, est convexe à sa partie antérieure et extérieure, et concave à sa partie postérieure et intérieure. Cet os possède deux apophyses un peu en-dessous de son col qu'on appelle

1. *Kotulê* au sens anatomique spécialisé est déjà homérique, cf. *Iliade*, V, 306-7 : ἔνθα τε μηρὸς / ἰσχίῳ ἐνστρέφεται, κοτύλην δέ τέ μιν καλέουσιν. Galien cite ces vers dans son *Commentaire à Hippocrate, Fractures*, XVIII B, 519,14. Voir F. Skoda, *Médecine*… p. 53 sq. Description semblable dans l'*Introductio*, 12, Kühn, XIV, 724, 1-4.

ἐν ἑκατέρῳ τῶν ἰσχίων εὐμεγέθης, ἰσχυροτάτῳ συνδέσμῳ συμπεφυκυῖα τῇ τοῦ μηροῦ κεφαλῇ. |

773 XXI. **Περὶ μηροῦ**

1 Τὸ κατὰ τὸν μηρὸν ὀστοῦν μέγιστον μὲν ἁπάντων ἐστὶ τῶν κατὰ τὸ ζῷον, διαρθροῦται δὲ ἄνω μὲν πρὸς ἰσχίον, κάτω δὲ πρὸς κνήμην. καὶ ἄνω μὲν ἐπίφυσιν ἔχει κεφαλῆς ἀκριβῶς περιφεροῦς ἐπ' αὐχένι προμήκει, πρὸς τὰ ἐντὸς μέρη ῥέποντι, κάτω δὲ εἰς δύο κονδύλους τελευτᾷ, πλατυνόμενος ἠρέμα· καλεῖν δὲ ἔξεστι τοὺς οὕτω μεγάλους κονδύλους κεφαλάς. 2 Καὶ μὲν δὴ καὶ συνδεῖται πρὸς τὴν κνήμην, οὐ διὰ τῶν ὑμενωδῶν μόνον συνδέσμων, τῶν ἐν κύκλῳ πᾶσαν διάρθρωσιν περιειληφότων, ἀλλὰ καὶ δι' ἄλλων τριῶν εὐρώστων τε ἅμα καὶ στρογγύλων, ἑνὸς μὲν ἐκ τῶν ἔξωθεν μερῶν ὅλης τῆς διαρθρώσεως παρατεταμένου, τοῦ δευτέρου δὲ ἐκ τῶν ἔσω, τρίτου δὲ ἐν τῷ μεταξὺ τῆς ὀπίσω τε καὶ τῆς ἔσω χώρας. 3 Ἔστι δὲ ὅλος ὁ μηρὸς τῷ σχήματι κυρτὸς μὲν ἐν τῷ πρόσω καὶ ἔξω, σιμὸς δὲ ἐν τῷ ὀπίσω καὶ ἔνδον. ἀποφύσεις δὲ ἔχει δύο μικρὸν ὑποκάτω τοῦ αὐχένος, ἃς

TEST. : 78,5 πεντεκαίδεκα — 6 κνήμην Orib., *Coll.* XXV, 17-19 (Raeder, 59,29-60,7) || 17 ἔστι — 80,12 ἀλλήλων Orib., *Coll.* XXV, 19-20 (Raeder, 60,8-19) || 79,3 — 80,2 c. XXI, cf. Summ. p. 71 Sezgin.

3 Περὶ μηροῦ om. A Kühn Moore || 7 ἀκριβῶς περιφεροῦς LE : περιφεροῦς ἀκριβῶς SCQA || 9 πλατυνόμενος LSCQ : πλατυνόμενον A Chart. Kühn || 9 καλεῖν — 10 κεφαλάς non uertit Ar. om. E || 10 κεφαλὰς LC : κεφαλήν SQA || 11 μόνον ESQ Chart. Kühn Moore : μόνων LCA Greg. || 12 τῶν om. Chart. Kühn || 15 τοῦ om. ESCQA Moore || 16 τῆς ἔσω L Ar. : τῷ μέσω E τῆς πρόσω SCQA || 18 τῷ alt. LSCQA : τοῖς E Or. || 19 δὲ om. A Or. || μικρὸν E Or. Ar. Moore : μικρὰς LSCQA edd. cett.

trochantères ; l'extérieure, qu'on appelle *gloutos*[1], est plus grande de beaucoup.

XXII. La jambe

1 On donne le nom de jambe à toute la partie du membre inférieur entre le genou et l'astragale ; on le donne aussi au plus grand des os de cette partie. Ce dernier os est situé au côté interne, et c'est avec lui seul que le fémur s'articule en diarthrose. **2** Car l'os placé à l'extérieur, celui qu'on appelle péroné[2], est, pour l'épaisseur, inférieur au tibia de beaucoup ; et, pour la longueur, il n'atteint pas le genou. Il est en synarthrose avec le tibia à ses deux extrémités ; dans toute la région intermédiaire, les deux os sont distants l'un de l'autre. **3** Mais le tibia, là où il est en assemblage avec le fémur, présente une grande épiphyse à son extrémité, épiphyse qui, dans ses deux sortes de cavités, accueille le fémur qui s'y installe. Au milieu des cavités, il y a une éminence neurocartilagineuse qui pénètre dans l'espace entre les condyles comme dans une fissure profonde. Toute la partie sans chair et mince de la face antérieure du tibia porte le nom d'*anticnemion* ; les extrémités de cette partie, de chaque côté, à savoir le bas du tibia et du péroné, portent le nom de malléoles. **4** Enfin, les parties qui, à cet endroit-là, sont

1. γλουτός : même valeur dans les *Pratique anatomiques,* Kühn, II, 302,13 ; Garofalo, p. 3,26.

2. Le mot grec (περόνη) signifie d'abord la fibule ; et, par métaphore, il désigne en anatomie des os en forme de fibule, et particulièrement cet os de la jambe. En anatomie moderne, cet os est désigné par son nom latin, « fibula ».

τροχαντῆρας ὀνομάζουσι, πολλῷ δὲ μείζονα τὴν ἔξωθεν, ἣ γλουτὸς ὀνομάζεται. |

774 XXII. **Περὶ κνήμης**

1 Ἡ κνήμη καλεῖται μὲν οὕτω καὶ ὅλον τοῦ σκέλους τὸ μέρος ὅσον ἐστὶ μεταξὺ τοῦ γόνατος καὶ ἀστραγάλου, καλεῖται δὲ καὶ τὸ μεῖζον ὀστοῦν ἐν αὐτῷ. τέτακται δὲ ἔσωθεν τοῦτο, καὶ πρὸς μόνον αὐτὸ διαρθροῦται ὁ μηρός. 2 Τὸ γὰρ ἔξωθεν ὀστοῦν, ἡ περόνη καλουμένη, καὶ τῷ πάχει μὲν ἀποδεῖ τῆς κνήμης συχνῷ, καὶ τῷ μήκει δὲ οὐκ ἐξικνεῖται πρὸς τὸ γόνυ. συναρθροῦται δὲ τῇ κνήμῃ κατ᾽ ἄμφω τὰ πέρατα· τὸ δὲ ἐν τῷ μέσῳ πᾶν ἀφεστήκασιν ἀλλήλων. 3 Ἀλλ᾽ ἥ γε κνήμη, καθ᾽ ἃ τῷ μηρῷ συντέτακται, μεγάλην ἐπίφυσιν ἔχουσα κατὰ τὸ πέρας ἐπιδέχεται τὸν μηρὸν ἐπιβαίνοντα δύο τισὶν ἑαυτῆς κοιλότησιν· ἐν μέσῳ δὲ τῶν κοιλοτήτων ἐξοχή τις νευροχονδρώδης εἰς τὸ μεταξὺ τῶν κονδύλων ἐμβαίνει, καθάπερ εἰς τομήν τινα βαθεῖαν. ὅσον δ᾽ ἄσαρκόν τε καὶ λεπτὸν ἐν τοῖς πρόσω τῆς κνήμης ἐστίν, ἀντικνήμιον ὀνομάζεται· τὰ δ᾽ ἑκατέρωθεν αὐτοῦ πέρατα, τὰ κάτω κνήμης καὶ περόνης, σφυρά. 4 Τὰ δὲ κυρτὰ πάλιν

TEST. : 79,17 ἔστι — 12 ἀλλήλων ORIB., *Coll.* XXV, 19-20 (Raeder, 60,8-19) || 17 ὅσον — 82,1 ἔχων ORIB., *Coll.* XXV, 20-22 (Raeder, 60,19-61,4) || 80,3 — 81,7 c. XXII, cf. Summ. p. 71 Sezgin.

2 ἣ γλουτὸς ὀνομάζεται LSCQA : ᾗ γλουτὸς ὄνομα E Or. non uertit Ar. || 3 Περὶ κνήμης L Or. : περὶ κνήμης καὶ περόνης ES CQ om. A Kühn Moore || 7 αὐτὸ ESCQA edd. : αὐτῷ L αὐτῶι Or. || 9 ἀποδεῖ ESCQA Or. Moore : ἀπολείπεται L Greg. Chart. Kühn || συχνῷ L : συχνῶς SCQA om. E : non uertit Ar. συχνά codex Ricci || 11 τὸ LEQA : τῇ SC τὰ Chart. Kühn || δὲ om. Chart. Kühn || πᾶν Or. Ar. Moore : πάντα E πάντῃ LSCQA edd. || 14 δύο τισὶν ESCA : δύοτησὶν L δυοῖν τισιν Chart. Kühn. || 19 ἑκατέρωθεν αὐτοῦ E Ar. : ἑκατέρωθεν αὐτῶν LSCQA edd. : κάτωθεν αὐτοῦ Or. || 19-20 τὰ κάτω om. Or.

à nouveau convexes et complètement décharnées, et qui font saillie au-devant des autres, sont nommées astragales par la majorité des gens, qui se trompent absolument : en effet, l'astragale est entouré des deux côtés par ces parties et couvert entièrement, de manière qu'on ne saurait pas le toucher ; les parties dont il s'agit sont les extrémités des apophyses du tibia et du péroné, extrémités qui sont convexes à l'extérieur, comme on peut l'observer, et concaves à l'intérieur.

XXIII. La rotule

1 Sur la diarthrose du fémur avec le tibia est placé à l'extérieur, un os cartilagineux, de forme arrondie, qui entoure par des cavités appropriées les partie convexes et, en quelque sorte, condyloïdes des os sous-jacents ; il occupe aussi, grâce à une courte protubérance, le large espace intermédiaire entre le fémur et le tibia. Cet os est nommé par quelques-uns *epigonatis*, par d'autres, meule[1].

XXIV. Les os du pied

1 L'astragale[2] est entouré par les apophyses dont nous avons parlé un peu plus haut et qui se trouvent aux extrémités inférieures du tibia et du péroné ; il a la partie qu'on appelle attelage à quatre dirigée vers le haut[3]. Des

1. *Epigonatis* = sur le genou. L'*Introductio*, 12 compare la rotule à un petit écu, Kühn, XIV, 724,10 οἷον ἀσπιδίσκιον. Le terme μύλη au sens de rotule est employé déjà chez Hippocrate (*Officine du médecin*, c. 9).

2. Déjà chez Hérodote, III, 129 dans ce sens. Chez Homère, *astragalos* est la vertèbre. Ce qui correspond dans la terminologie moderne est le « talus ».

3. *Tetrôron* ; pour ce terme, voir aussi [Rufus], *Oss.* 38 ; cette face valait 4 dans le jeu de l'astragale (jeu de dés). Plus bas, Galien mentionne le *chios* (valeur 1, côté tibia). Les autres, non nommés par Galien, mais par [Rufus], étaient le 6 (côté péroné) ; l'*épitriôn*, le 3, la face inférieure, calcanéenne. Les faces correspondantes au 2 et au 5 (antérieure et postérieure) ne sont pas mentionnées dans nos sources.

775 ἐνταῦθα καὶ παντελῶς | ἄσαρκα καὶ τῶν ἄλλων ἐκκείμενα καλοῦσιν ἀστραγάλους οἱ πολλοί, τοῦ παντὸς ἁμαρτάνοντες· ὁ γὰρ ἀστράγαλος ὑπὸ τούτων ἑκατέρωθεν περιλαμβάνεται, σκεπόμενος πανταχόθεν, ὥστε οὐκ ἂν ἅψαιο αὐτοῦ· πέρατα δέ ἐστι ταῦτα τῶν τῆς κνήμης τε καὶ περόνης ἀποφύσεων, κυρτὰ μὲν ἔξωθεν, ὥσπερ καὶ φαίνεται, κοῖλα δὲ ἔνδον.

XXIII. Περὶ ἐπιγονατίδος

1 Κατὰ τῆς τοῦ μηροῦ καὶ κνήμης διαρθρώσεως ἔξωθεν ὀστοῦν χονδρῶδες ἐπίκειται, περιφερὲς τῷ σχήματι, τὰ κυρτὰ μὲν καὶ οἷον κονδυλώδη τῶν ὑποκειμένων ὀστῶν περιλαμβάνον ἐπιτηδείαις κοιλότησιν, ἐξοχῇ δέ τινι βραχείᾳ τὴν μεταξὺ μηροῦ τε καὶ κνήμης εὐρυχωρίαν καταλαμβάνον· ὀνομάζουσι δὲ τὸ ὀστοῦν τοῦτο τινὲς μὲν ἐπιγονατίδα, τινὲς δὲ μύλην.

XXIV. Περὶ τῶν κατὰ τὸν πόδα ὀστῶν

1 Ὑπὸ τῶν ὀλίγον ἔμπροσθεν εἰρημένων ἀποφύσεων ἐπὶ τοῖς κάτω πέρασι κνήμης τε καὶ περόνης ὁ ἀστράγαλος περιλαμβάνεται, τὸ τέτρωρον αὐτοῦ καλούμενον

TEST. : 80,17 ὅσον — 82,1 ἔχων Orib., *Coll.* XXV, 20-22 (Raeder, 60,19-61,4) || 80,3 — 7 c. XXII, cf. Summ. p. 72 Sezgin || 8 — 15 c. XXIII, cf. Summ. p. 72 Sezgin || 16 — 83,21 c. XXIV, cf. Summ. p. 72-75 Sezgin.

---

6 ἀποφύσεων codd. Or. : ἐπιφύσεων Ar. || 7 ἔνδον LSCQA : ἔνδοθεν Or. ἔνθεν E || 8 Περὶ ἐπιγονατίδος om. A Kühn Moore || 9 ante κνήμης add. τῆς Kühn || 9-10 ἔξωθεν codd. : ἔμπροσθεν con. Syluius (« fortasse recte » Moore) || 10 τῷ σχήματι non uertit Ar. || 12 ἐπιτηδείαις codd. : ἐπιτηδείοις Chart. Kühn || 16 Περὶ τῶν κατὰ τὸν πόδα ὀστῶν om. A Kühn Moore || 17 ὀλίγον SQA Or. : ὀλίγων LEC || 19 αὑτοῦ Garofalo : αὐτοῦ ESCQA Or. Chart. : ἑαυτοῦ L Kühn Moore.

autres parties, la postérieure est lisse et modérément arrondie plutôt en direction du haut ; la partie antérieure à l'aide d'une tête sphéroïdale sur un cou allongé, s'articule en diarthrose, à l'os qu'on appelle scaphoïde[1]. **2** L'astragale se termine des deux côtés, à droite et à gauche, par des proéminences en léger rebond et est entouré par les cavités que forment le tibia et le péroné, et du côté interne il y a la partie qu'on appelle « de Chios »[2]. **3** Sous l'astragale se trouve le plus grand des os du pied ; on l'appelle calcanéum ; cet os entoure les parties arrondies de l'astragale et il insère[3] deux protubérances dans deux cavités de l'astragale appropriées à ce but. **4** Le calcanéum est légèrement arrondi et élargi à la partie sur laquelle nous marchons. Il est arrondi en arrière aussi et dépasse ici largement la ligne de la jambe. **5** À la région antérieure du calcanéum la partie qui est dans la direction du gros orteil est placée au-dessous de la tête de l'astragale[4], et cette partie n'a aucun os auquel elle s'assemble ; mais l'extrémité du calcanéum correspondante au petit orteil est rattachée par synarthrose à un os qu'on appelle cuboïde[5]. Cet os est placé à la partie extérieure du pied, à

1. Sur le scaphoïde, « en forme de navire », dont la première attestation se trouve ici chez Galien, voir *Utilité des parties*, III, 6, Helmreich, I, 142 sq., *Commentaire à Hippocrate*, *Fractures*, Kühn, XVIII B, 434, sq. Voir aussi *Introductio*, 12, Kühn, XIV, 72,4. Sous la forme σκαφώ[δει dans le papyrus Lit. Lond. 167, col. 1, 27 ; la forme n'est pas à corriger comme le veut M. H. Marganne, " Une description des os du tarse : P. Lit. Lond. 167 ", *Bull. of the Amer. Soc. of Papyr.*, 24, 1987, pp. 23-34 : p. 24. Les anatomistes modernes ont conservé l'image, mais ils emploient le terme latin (« os naviculaire »).

2. « De Chios » est la leçon rétablie sur la version arabe. Le grec est corrompu en « lisse ». La corruption peut s'expliquer par une mélecture de majuscules en grec (X / Λ).

3 Au contraire, dans l'*Utilité des parties*, Helmreich, I, 149, c'est l'astragale qui insère deux de ses proéminences dans deux cavités du calcanéum.

4. Cf. *Commentaire à Hippocrate*, *Fractures*, XVIII B, 430,11 K.

5. Première attestation du cuboïde ici chez Galien. Voir aussi *Utilité des parties*, III, 7, Helmreich I, 146, et *Commentaire à Hippocrate*, *Fractures*, Kühn, XVIII B, 433,16. Le terme est conservé par les anatomistes modernes.

ἄνω νενευκὸς ἔχων· τῶν δὲ ἄλλων αὐτοῦ μερῶν τὰ μὲν
776 ὀπίσω λεῖα καὶ μετρίως ἐστὶ | περιφερῆ, ῥέποντα μᾶλ-
λον ἄνω· τὰ δὲ πρόσω κεφαλῇ σφαιροειδεῖ ἐπ' αὐχένι
προμήκει πεφυκυίᾳ διαρθροῦται πρὸς τὸ ὀστοῦν τὸ
καλούμενον σκαφοειδές. 2 Ἑκατέρωθεν δὲ ἔκ τε τῶν
δεξιῶν καὶ τῶν ἀριστερῶν εἰς ὀφρυώδεις ἐξοχὰς τελευ-
τῶν ταῖς γενομέναις ὑπὸ κνήμης τε καὶ περόνης
κοιλότησι περιλαμβάνεται, τὸ οἷον Χῖον ἑαυτοῦ μέρος
ἔσωθεν ἔχων. 3 Ὑπόκειται δ' αὐτῷ τὸ μέγιστον ὀστοῦν
τῶν ἐν ποδί, καλεῖται δὲ πτέρνα, τὰ μὲν περιφερῆ τοῦ
ἀστραγάλου περιλαμβάνουσα, δύο δέ τινας ἐξοχὰς εἰς
ἐπιτηδείας ἐκείνου κοιλότητας ἐναρμόζουσα. 4 Καθ' ἃ
δὲ βαίνομεν αὐτῇ, περιφερής ἐστιν ἠρέμα καὶ πλατεῖα·
περιφερὴς δὲ κἀκ τῶν ὀπίσω, καὶ πολὺ κατὰ τοῦτο
τῆς κνήμης ὑπερβαίνει τὴν εὐθύτητα. 5 Τῶν πρόσω δὲ
αὐτῆς μερῶν τὸ μὲν κατ' εὐθὺ τοῦ μεγάλου δακτύλου
ὑποβέβληται τῇ κεφαλῇ τοῦ ἀστραγάλου, καὶ οὐδὲν
ἑαυτῷ συνταττόμενον ὀστοῦν ἔχει· τὸ δ' αὖ κατὰ τὸν
μικρὸν δάκτυλον πέρας αὐτῆς ὀστῷ τινι συναρθροῦται
τῷ κυβοειδεῖ προσαγορευομένῳ· παρατέταται δὲ ἐκ τῶν

TEST. : 9 ὑπόκειται — 12 ἐναρμόζουσα Orib., *Coll.* XXV, 22 (Raeder, 61,4-7) || 15 τῶν πρόσω — 83,11 ἐγένετο Orib., *Coll.*, XXV, 22 (Raeder, 61,7-19) || 81,8 — 83,21 c. XXIV, cf. Summ. p. 72-75 Sezgin.

1 ἔχων ESCQA Or. : ἔχον L Greg. || 2 λεῖα ESCQA : λια L || 3 πρόσω δὲ SCQA || σφαιροειδεῖ L : σφεροειδῆ EA σφαιροειδῶς SC σφεροειδῆς Q || 5 τε om. J Greg. Chart. Kühn || 6-7 post τελευτῶν add. δὲ SCQA || 7 γενομέναις LSQA : γενομένης E γεννωμέναις C || 8 Χῖον Garofalo (*pars similis X* Ar.) : λίον L λεῖον ESCQA edd. || 12 ἐπιτηδείας codd. : ἐπιτηδείους Chart. Kühn || ante ἐπιτηδείας add. τὰς L Greg. Chart. Kühn || 14 κἀκ L Greg. Kühn : ἐκ SCQA κατὰ E κἀν Chart. || 17 post τῇ add. τε Or. || 18 αὖ LQA edd. : αὐτὸ SC ὡς E Or. || 20 τῷ om. E Or.

côté de l'os scaphoïde ; **6** mais ce dernier est concave dans la région où il s'articule par diarthrose avec l'astragale, tandis que le cuboïde est convexe. **7** Après cela viennent trois petits os[1] qui se rattachent par synarthrose à l'extrémité inférieure de l'os scaphoïde, et, à côté de ces petits os, le cuboïde s'étend du côté externe. **8** Après ces quatre os le tarse du pied finit et commence la partie appelée plante[2], laquelle se compose de cinq os auxquels succèdent les doigts du pied, tous formés de trois phalanges comme ceux de la main, à l'exception du gros orteil ; en effet, ce doigt seul, parmi eux, est composé de deux os. **9** Les articulations de ces os sont liées par des ligaments membraneux qui dans l'astragale et le calcanéum sont fort puissants et certains d'entre eux sont, en même temps, ronds et neurocartilagineux[3]. **10** Voilà ce que j'estime suffisant pour les débutants de savoir sur les os : le squelette résulte en effet de leur assemblage. Car, s'il se rencontre quelque petit os dans une autre partie, comme, par exemple, au cœur, au larynx[4], au nez, et dans certains doigts[5], les os qu'on appelle sésamoïdes[6], ou quelque autre du même genre, il n'est pas nécessaire d'en parler maintenant.

1. Cunéïformes modernes. L'*Introductio* les appelle *chalcoïdes* : « (l'os scaphoïde) étant convexe du côté opposé a trois orbites dans lesquelles il reçoit les os chalcoïdes qui sont au nombre de trois » (ἐκ δὲ τοῦ ἀντικειμένου κυρτὸν ὂν ἔχει τρίβους τρεῖς, αἷς δέχεται τὰ χαλκοειδῆ ὀστᾶ τρία ὄντα ; cf. aussi le papyrus Lond. 167.16 (mais il s'agit, d'après Marganne, d'une erreur où l'on s'attend à cuboïde, voir M.-H. Marganne « Une description ... » (cité p. 82, n. 1), p. 26.

2. La valeur anatomique de *pedion* (plante) est attribué par Galien aux médecins « modernes » (*neoteroi*) dans l'*Utilité des parties,* Helmreich, I, 142 et dans le *Commentaire à Hippocrate, Articulations,* Kühn, XVIII A, 613. 1 ; voir aussi Pollux, II, 197.

3. Sur les ligaments des articulations du pied, voir *Pratiques anatomiques,* Kühn, II, 332 ; Garofalo, p. 125.

4. Galien en parle dans les *Pratiques anatomiques* ; pour l'os du cœur, voir VII, 10, Garofalo, p. 441 sq. ; cf. Galeno, *Procedimenti anatomici*, Traduzione e note di Ivan Garofalo, Milan, 1991 (= *Proc.*), p. 663 sq. ; pour l'hyoïde, voir XI,2 (*Proc.* p. 909 sq.).

5. Leçon de l'arabe ; voir Apparat critique.

6. Cf. *Utilité des parties,* Helmreich, I, 137.

777 ἐκτὸς μερῶν τοῦτο τῷ σκαφοειδεῖ. 6 Ἀλλ᾽ ἐκεῖνο | μὲν κοῖλόν ἐστι, καθ᾽ ἃ διαρθροῦται πρὸς τὸν ἀστράγαλον, τὸ δὲ κυβοειδὲς τοῦτο κυρτόν. 7 Ἐφεξῆς δ᾽ ἐστὶν ὀστᾶ τρία μικρά, συναρθρούμενα τῷ κάτω πέρατι τοῦ σκαφοειδοῦς, οἷς καὶ αὐτοῖς ἔξωθεν συμπαρεκτείνεται τὸ κυβοειδές. 8 Καὶ μετὰ ταῦτα τὰ τέτταρα παύεται μὲν ὁ ταρσὸς τοῦ ποδός, ἄρχεται δὲ τὸ καλούμενον πεδίον, ἐκ πέντε συγκείμενον ὀστῶν, οἷς ἐφεξῆς εἰσιν οἱ δάκτυλοι τοῦ ποδός, ἐκ τριῶν ἅπαντες φαλάγγων ὁμοίως τοῖς κατὰ τὰς χεῖρας συγκείμενοι πλὴν τοῦ μεγάλου· μόνος γὰρ οὗτος ἐν αὐτοῖς ἐκ δυοῖν ὀστῶν ἐγένετο. 9 Συνδοῦσι δὲ τὰς μὲν τούτων διαρθρώσεις ὑμενώδεις σύνδεσμοι, τὰς δὲ κατὰ τὸν ἀστράγαλόν τε καὶ τὴν πτέρναν ἰσχυροί τε πάνυ καί τινες ἐξ αὐτῶν στρογγύλοι τε ἅμα καὶ νευροχονδρώδεις. 10 Ταῦτα ἀρκεῖν μοι δοκεῖ τοῖς εἰσαγομένοις ὑπὲρ ὀστῶν ἐπίστασθαι· καὶ γὰρ ἡ τούτων σύνταξις ὁ σκελετός ἐστιν· εἰ δέ τι κατ᾽ ἄλλο τι μόριον ὀστοῦν | μικρὸν εὑρίσκεται, καθάπερ ἐν καρδίᾳ τε καὶ λάρυγγι καὶ ῥινὶ καί τισι τῶν δακτύλων, τὰ σησαμοειδῆ καλούμενα, καὶ εἴ τι τοιοῦτον ἕτερον, οὐκ ἀνάγκη νῦν λέγεσθαι.

TEST. : 82,15 τῶν πρόσω — 11 ἐγένετο Orib., *Coll.*, XXV, 22 (Raeder, 61,7-19) || 15 ταῦτα — 21 λέγεσθαι Orib., *Coll.* XXV, 22 (Raeder, 61,20-23).

1 ἐκτὸς codd. Ar. : ἐντὸς Or. || 5 αὐτοῖς SCQA Or. : αυτοι L || 6 τέτταρα non vertit Ar. || 9 post τριῶν add. δὲ L Greg. Chart. Kühn || φαλάγγων SCQA Or. : φαλαγγίων L Greg. || 10 post μεγάλου add. δακτύλου L Greg. Chart. Kühn || 11 ὀστῶν LSCQA Or. : ὀστοῖν E J Greg. Chart. Kühn || 12 συνδοῦσι ESCQAOr. συνδέουσι L Greg. Chart. Kühn || δὲ om. Greg. Chart. Kühn || post ὑμενώδεις add. τινες ESCQA || 13 τὴν om. Chart. Kühn || 14-15 στρογγύλοι τε ἅμα καὶ non uerterunt Ar. et Balamius || 16 ὑπὲρ codd. : περὶ Or. Greg. Chart. Kühn || 17 τι pr. om. Or. Chart. Kühn || 18 εὑρίσκεται LSCQA : εὑρίσκοιτο E Or. || 19 τισι Garofalo Ar. sec. (τοῖς ἄρθροις) : τινι L Greg. om. ESCQA Moore || 20 τοιοῦτον codd. : τοιοῦτο Kühn || 21 λέγεσθαι codd. : λέγειν Chart. Kühn.

L’ANATOMIE DES MUSCLES

NOTICE

I

LA MYOLOGIE ET LE TRAITÉ DE GALIEN

La myologie ancienne

L'*Anatomie des muscles* (= *Musc.*) de Galien se rattache à une série d'œuvres anatomiques dont la plus grande partie est perdue[1]. Les origines de la connaissance empirique des muscles est très ancienne. Le terme μῦς, « souris », est une métaphore qui se trouve dans plusieurs langues indo-européennes pour désigner le muscle ; dans la langue grecque il fait sa première apparition dans la *Collection hippocratique*[2] ; la distinction entre muscle, tendon, ligament, nerf n'y est pas bien établie, sauf dans les traités chirurgicaux où l'on trouve une connaissance avancée de quelques muscles, les muscles dits temporaux, les muscles dits masséters et les psoas (*Articulations* 30 et 45). Galien, qui ne perd pourtant pas une occasion d'exalter l'importance d'Hippocrate pour l'anatomie, doit se limiter à citer le grand maître pour quelques détails de terminologie[3].

1. Voir M. T. May, *Galen on the usefulness of the parts of the body*, Ithaca, NY, 1968, p. 13-38.

2. Voir F. Skoda, *Médecine ancienne et métaphore. Le vocabulaire de l'anatomie et de la pathologie en grec ancien*, Paris, 1988, p. 57-58.

3. Voir I. Garofalo, « Note filologiche sull'anatomia di Galeno », J. Haase, H. Temporini, *Aufstieg und Niedergang der römischen Welt,*

Chez Aristote on ne trouve pas de progrès dans le domaine des muscles. Pour lui, l'organe moteur est représenté par les *neura*[4].

Dans son livre *Sur les noms des parties du corps*, Rufus nous apprend des termes qui désignaient certains muscles, tels que ἀλώπεκες[5], terme appliqué à tort, selon Rufus, par Cléarchos, disciple d'Aristote, aux muscles situés sur l'épine dorsale[6]. Cléarchos les appelait aussi « mères des *neura* », νευρομῆτραι[7].

La distinction entre nerfs, muscles, tendons se fait plus précise dans l'anatomie de la première école alexandrine (IIIe s. avant J.-C.)[8]. On sait que chez Hérophile la distinction n'est pas encore nette[9]. Muscles et nerfs sont tous deux des organes du mouvement volontaire.

La physiologie de la contraction musculaire est développée pour la première fois par Érasistrate. En partant de sa doctrine de la *triplokia,* il suppose que le muscle se contracte en se remplissant de pneuma[10]. Cette doctrine prive les nerfs/cordes de leur vague fonction dans le mouvement volontaire qui est maintenant réservé aux muscles. Mais Érasistrate ne fournit pas une description détaillée des muscles, comparable à celle qui est attestée pour les vaisseaux[11].

vol. 37, 2, 1994, p. 1790-1833 : p. 1814. Galien a écrit une œuvre (aujourd'hui perdue) sur l'anatomie d'Hippocrate, voir I. Garofalo, *op. cit.*, p. 1797.

4. Voir en général M. T. May, *op. cit.*, p. 16, M. Vegetti, *Aristotele, Opere biologiche*, Torino, 1973.

5. À propos des muscles psoas dans les *Sentences cnidiennes,* Rufus 192, voir F. Skoda, *op. cit.*, p. 58.

6. Cf. Rufus 188 (= Clearchus fr. 106a Wehrli). *Klearchos* se trouve chez Pollux II,185, qui dérive de Rufus, où on lit *Kleitarchos* qu'il faut corriger.

7. Rufus 189 et 192.

8. Pour Hérophile, voir H. von Staden, *Herophilus. The art of medicine in early Alexandria*, Cambridge, 1989.

9. Voir H. von Staden, *op. cit.*, p. 256.

10. Gal. *Loc. aff.*, Kühn VIII, 429,10 = Eras. fr. 54, Garofalo (cf. Gal. XI, 112 K).

11. Voir Notice à *Ven.* vol. VIII.

L'anatomie des muscles de Celse et de Rufus reflète l'état de la myologie avant les travaux de la deuxième école alexandrine, celle de Marinos[12]. Galien le dit, du reste, clairement (118, 1 sq.) : « Personne n'a écrit sur l'anatomie des muscles sans commettre d'erreurs, mais Marinos l'a fait avec plus d'exactitude que les autres. » Dans le domaine des muscles, Galien ne mentionne aucun nom d'anatomiste plus ancien que Marinos, mises à part les pieuses citations d'Hippocrate[13].

Marinos

Marinos est donc le grand prédécesseur de Galien. On ne garde cependant que peu de notices sur lui. Dans le traité *Sur ses propres livres*, Galien donne le sommaire de l'abrégé qu'il avait fait des livres de Marinos. La partie qui concerne les muscles est la suivante (Müller, *SM*, II, 106,18-107,1[14]) :

> ἐν δὲ τῷ ἐνάτῳ περὶ μυῶν τῶν κατά τε τὰς φρένας καὶ τὴν ῥάχιν καὶ τὰ μεσοπλεύρια καὶ τὸ ἐπιγάστριον ἔτι τε περὶ τῶν τοῦ βραχίονος καὶ τῆς ὠμοπλάτης πήχεώς τε καὶ χειρὸς ἄκρας, ἐν δὲ τῷ δεκάτῳ <περὶ τῆς κνήμης> (πήχεως cod.) καὶ τῶν περὶ αὐτὴν μυῶν καὶ <περὶ> σκελῶν καὶ τῶν κατ' αὐτὰ μυῶν καὶ ἄρθρου τοῦ κατὰ γόνυ[15].

12. Sur l'anatomie de Celse, voir I. Mazzini, *A. Cornelio Celso. La chirurgia* (libri VII e VIII del *De medicina*), Univ. degli studi di Macerata, Facoltà di Lettere e filosofia, Macerata, 1999.

13. *Musc.* V, 4.

14. Cf. *Anat. admin.* XIV, 3 Simon, *Proc.* p. 1040-1041.

15. « Dans le neuvième (livre) il parle des muscles de la région du diaphragme et du rachis, et des muscles intercostaux et abdominaux, et encore de ceux du bras et des omoplates, de l'avant-bras et de la main ; dans le dixième de la jambe (de l'avant-bras *cod.*) et de ses muscles et des cuisses et de leurs muscles et de l'articulation di genou ». Il est bizarre que Marinos revienne dans le dixième livre sur l'avant-bras déjà traité dans le neuvième. Si Müller a raison de changer l'avant-bras en « la jambe » la traduction arabe partage une faute majeure avec le manuscrit grec. Dans « Note filologiche... », p. 1824, j'ai proposé un texte différent, mais la traduction arabe confirme le texte du ms. grec contre les conjectures de Müller et les miennes.

Quintus et Numisianus

Quintus et Numisianus furent deux autres grands anatomistes : tous les maîtres et les rivaux de Galien étaient leurs disciples[16].

Quintus, qui vécut à Rome aux temps de l'empereur Hadrien (117-138)[17], ne laissa aucun écrit ; Galien eut connaissance de sa doctrine par l'intermédiaire de ses disciples, parmi lesquels Satyros, Pélops et Lycos.

Numisianus était un illustre disciple, peut-être le plus célèbre[18] disciple de Quintus. Il fut à son tour maître de Satyros, le maître de Galien. Les livres de Numisianus ne furent rendus publics ni pendant sa vie, ni après sa mort, en raison de la jalousie de son fils Héracléianos, mais Galien en connut la doctrine par l'intermédiaire de ses disciples, Pélops et Lycos.

Satyros, Pélops, Lycos

Satyros, premier maître anatomiste de Galien à Pergame, disciple fidèle de Quintus, écrit un livre d'anatomie « ni complet ni parfait ».

16. Cf. *Anat. admin.* 3,21 Garofalo.

17. *Anat. admin.* XIV, 1, *Proc.* p. 1039-1040. Sur Quintus la première étude complète est celle de M. Grmek, D. Gourevitch « Galien et Marinus, Quintus, Numisianus », in *Aufstieg und Niedergang des römischen Welt,* vol. 37. 2, 1994, p. 1503-1513. Quintus serait concitoyen de Galien selon les deux savants, qui défendent p. 1504 la leçon (impossible) κατὰ τὴν πατρίδα ἡμῶν du codex unicus, *Marcian. gr.* 282, contre la correction sûre de Wenkebach κατὰ τοὺς πατέρας ἡμῶν basée sur la traduction arabe, dans *In Hipp. Epid. VI*, CMG, V, 10.2,2, p. 207.

18. *Pratiques anatomiques*, Kühn, II, 217,17 = éd. Garofalo, p. 3,19 : ὕστερον δὲ ἐν Κορίνθῳ μὲν Νουμισιανοῦ χάριν ὃς καὶ αὐτὸς ἔνδοξός τις (ἔνδοξός τις est une émendation que j'ai faite sur l'arabe pour ἐνδοξότατος et qui ne me paraît pas maintenant nécessaire) ἦν τῶν Κοίντου μαθητῶν, ἐν Ἀλεξανδρείᾳ δὲ καί τισιν ἄλλοις ἔθνεσι γενόμενος, ἐν οἷς ἐπυνθανόμην Κοίντου μαθητὴν ἔνδοξον <ἢ> Νουμισιανοῦ διατρίβειν. Voir V. Nutton, « Numisianus and Galen », *Sudhoffs Archiv*, 71, 1987, p. 235-239.

Pélops, maître de Galien à Smyrne, le meilleur des disciples de Numisianus et de Quintus, auteur de commentaires à Hippocrate, ne publia son anatomie que dans le troisième livre de son *Introduction à Hippocrate* qui présentait la dissection des muscles en même temps que celle de toutes les parties[19].

Lycos de Macédoine était, lui aussi, disciple de Quintus et de Numisianus. Il était aussi commentateur d'Hippocrate[20]. Lycos écrivit un livre sur les muscles, très long, parce qu'il y abordait des questions logiques tout en faisant omission de plusieurs muscles. Galien en prit connaissance assez tard (vers 174), ce qui le poussa à écrire son propre livre[21]. Lycos est également auteur d'une grande œuvre d'anatomie en 19 livres, qui dérivait, dit Galien, de celle de Marinos et était pleine d'erreurs[22]. Elle était néanmoins très riche en histoire de l'anatomie et faisait figure d'œuvre de référence[23]. Il n'est donc pas surprenant que Galien ait fait un abrégé en deux livres de

19. Mais pour les canaux spermatiques, voir Notice de *Ven.*, vol. VIII. Satyros repétait dans les commentaires hippocratiques les opinions de Quintus sans rien ôter ni rien ajouter : *Sur ses propres livres*, *SM* II, éd. Müller, p. 87,12-14. Sur Satyros, commentateur d'Hippocrate, voir D. Manetti-A. Roselli « Galeno commentatore di Ippocrate », in *Aufstieg und Niedergang des römischen Welt*, 37.2, 1994 p. 1529-1635 et 2071-2080. Galien mentionne Pélops dans *Anat. admin.* p. 3,17 et 11,19, éd. Garofalo, II, 217 et 225. L'*Introduction à Hippocrate* de Pélops est citée par Galien également dans *Pratiques anatomiques* XIV, 1 p. 232 Simon, *Proc.* p. 1041. Sur son activité de commentateur voir W. D. Smith, *The Hippocratic tradition*, Ithaca, NY, 1979.

20. Sur Lycos, voir d'abord F. E. Kind, RE XIII, 2 (1927), Lykos n. 52 (col. 2408-2417), Manetti-Roselli, « Galeno commentatore », cit. p. 1582-1589, avec la bibliographie. Disciple de Quintus : *Sur ses propres livres*, *SM*, II, éd. Müller, p. 102,4.

21. *Anat. admin.* IV, 10 (p. 261,1-263,9 Garofalo). Une autre œuvre concernant *Les erreurs de Lycos en anatomie* fut écrite vers 175. Elle était déjà perdue aux temps d'Hunain (*Risala* n° 23). Perdue aussi l'œuvre *Sur les divergences en matière d'anatomie* en deux livres (voir Garofalo, « Note filologiche... » p. 1799-1800) mais traduite en syriaque et en arabe (les deux traductions sont perdues).

22. *Anat. admin.* XIV, 1, Simon p. 232 = *Proc.* p. 1141.

23. *Sur ses propres livres*, *SM* II, éd. Müller p. 102,4.

l'anatomie de Lycos[24] dont la table des matières, perdue dans le manuscrit grec unique du *Sur ses propres livres,* est conservée dans la traduction arabe, dans un manuscrit de Meshed (Iran). La partie qui concernait les muscles était dans le livre XIX, abrégé par Galien dans son livre II[25].

L'*Anatomie des muscles de Galien*

L'*Anatomie des muscles* de Galien, Περὶ μυῶν ἀνατομῆς, est un des rares livres dont Kühn ait fait une sorte d'édition critique. Le texte grec a été pour la première fois disponible dans le vol. XVIII B des *Opera omnia* de Galien (paru en 1830). Jusqu'à cette date, le livre était demeuré enfoui, dans sa langue originelle, dans un petit nombre de manuscrits. Il avait pourtant été connu dans la traduction latine qu'Agostino Gadaldini lui avait donnée en 1550, quand le galénisme triomphait encore. Mais l'anatomie de Galien subissait déjà les attaques respectueuses de Vésale. Personne ne se lança dans l'entreprise d'une édition grecque pendant trois siècles. Il est vrai que les savants qui s'intéressaient à l'*Anatomie des muscles* pouvaient lire cette œuvre presque entièrement dans les extraits d'Oribase, notamment dans le livre XXV de ses *Collections médicales* depuis l'édition grecque de Morel[26].

Deux ans après Kühn (1832), le savant médecin allemand F.R. Dietz publia une édition de l'*Anatomie des muscles* bien meilleure que celle de Kühn, mais elle n'a été que très peu diffusée[27].

24. 'Usaibi'a (Risâla aparat critique du n° 23) dit erronément 17, mais Hunain a 19 (Boudon).

25. Je remercie V. Boudon-Millot pour m'avoir communiqué sa traduction française de la partie du manuscrit arabe de Meshed, f. 31ʳ.

26. *Oribasii Collectaneorum artis medicae liber*, Parisiis 1556, apud Guil. Morelium (XXIV 1-30 et XXV 2-58).

27. L'édition est très rare. J'ai utilisé un microfilm dû à la courtoisie de Gotthard Strohmaier. Un exemplaire se trouve à la Bibliothèque interuniversitaire de Médecine de Paris.

Il se trouve que le destin de ce traité est lié au curriculum d'Alexandrie[28]. Il faisait partie, en effet, de l'anatomie pour les étudiants, enseignée dans l'Alexandrie des VIe et VIIe siècles. À vrai dire, Galien n'envisagea pas l'*Anatomie des muscles* comme une introduction pour les débutants. D'après sa préface[29] et la préface des *Pratiques anatomiques*, le livre sur l'*Anatomie des muscles* se présente comme un livre destiné aux spécialistes, où Galien expose plus brièvement que son rival Lycos de Macédoine, mais avec plus de clarté et d'achèvement, tout ce qui compte sur les muscles[30]. Voici cependant ce qu'il écrira plus tard, dans l'*Art médical*[31], c. 37 (Boudon, p. 389,12-16 = Kühn II, 408,18 sq.) :

> ἐν ἄλλοις δέ τισι κατὰ μέρος, ὅσα τοῖς εἰσαγομένοις ἐποιησάμεθα, τὰ περὶ ὀστῶν, καὶ ἡ τῶν μυῶν ἀνατομή, καὶ ἡ τῶν νεύρων, καὶ ἡ τῶν ἀρτηριῶν καὶ φλεβῶν, καί τινα τοιαῦτα ἕτερα.
>
> « Et parmi d'autres ouvrages que nous avons consacrés à des points particuliers et composés à l'intention des débutants, on trouvera ceux sur l'anatomie des os, celle des muscles, des nerfs, des artères et des veines, et d'autres traités de ce genre » (trad. V. Boudon).

Ce reclassement parmi les œuvres destinées aux débutants est confirmé par son traité *Sur ses propres livres*. Face aux *Pratiques anatomiques*, un chef-d'œuvre en quinze livres, Galien souligne le caractère introductif de l'*Anatomie des muscles* en la mentionnant après les livres qui le sont vraiment, *Oss., Nerv., Ven.* (Müller *SM*, II, 102,25-103,2) :

28. Voir Préface, p. VIII

29. Voir *infra*, p. 118.

30. Hunain a bien noté que Galien ne lui donne pas le titre « pour les étudiants ». Voir *infra* p. 109 sq.

31. L'authenticité de l'*Ars medica* est maintenant établie par V. Boudon, voir la *Notice* de son édition, *Galien Exhortation à la médecine Art médical*, CUF, Paris, 2000, p. 157-159.

ἔστι δέ τι καὶ ἄλλο 'μυῶν ἀνατομή'[32] ἐν συντόμῳ διδάσκον ἅπαντ' ἀκριβῶς, ὅσα κατὰ τὰς ἀνατομικὰς ἐγχειρήσεις γέγραπται περὶ μυῶν.

« Il y a un autre livre l'*Anatomie des muscles* qui enseigne sous une forme condensée exactement tout ce qui est écrit dans les *Pratiques anatomiques* au sujet des muscles ».

Le contenu du traité

L'*Anatomie des muscles* étant une anatomie descriptive et non pas une pratique de dissection, la matière ne suit pas l'ordre des protocoles de dissections. Elle suit, dans ses grandes lignes, l'ordre traditionnel *a capite ad calcem*, d'après la partie mue par les muscles (ex. c. 25, les muscles qui font mouvoir l'articulation de l'épaule), ou la partie sur laquelle le muscle est placé (c. 2, les muscles de la face)[33]. L'œuvre se trouve divisée en chapitres, chacun avec un titre propre[34]. Après la préface (c. 1) viennent les muscles de la face (c. 2), les muscles des ailes du nez (c. 3), les muscles des yeux (c. 4), les muscles de la mâchoire inférieure (c. 5), les muscles des omoplates qui descendent de la tête (c. 6), les muscles qui font mouvoir l'omoplate (c. 7), les muscles qui font mouvoir la tête (c. 8), les muscles de la trachée (c. 9), les muscles propres du larynx (c. 10), les muscle de l'os hyoïde (c. 11), les muscles de la langue (c. 12), les muscles du pharynx (c. 13), les muscles du cou (c. 14), les muscles de la partie concave de l'omoplate qui dilatent le thorax (c. 15), les muscles qui font mouvoir l'articulation de l'épaule (c. 16), le petit muscle de l'articulation de l'épaule (c. 17), les muscles qui font mouvoir l'articulation du coude (c. 18), les muscles du cubitus par

32. Müller considère μυῶν ἀνατομή comme interpolé ; il est pourtant dans la traduction arabe (Boudon-Millot).

33. Ce critère comporte des questions de physiologie des muscles, par exemple, les muscles trapèzes meuvent-ils la tête ou l'omoplate ?

34. Voir *infra*, p. 105 sq., pour la discussion sur l'originalité des titres.

lesquels sont mus le carpe et les doigts (c. 19), les muscles de la main (c. 20), les muscles sous les clavicules (c. 21), les muscles du thorax (c. 22), les muscles spinaux (c. 23), les muscles qui fléchissent le rachis (c. 24), les muscles abdominaux (c. 25), les muscles qui descendent aux testicules (c. 26), les muscles du col de la vessie (c. 27), les muscles du pénis (c. 28), les muscles de l'anus (c. 29), les muscles qui font mouvoir l'articulation de la hanche (c. 30), les muscles qui font mouvoir l'articulation du genou (c. 31), les muscles de la jambe par lesquels sont mus le pied et les orteils ; les muscles qui sont dans le pied, avec un ajout emprunté aux *Pratiques anatomiques* (c. 32).

Comme le dit Galien dans la préface, l'*Anatomie des muscles* étant une anatomie descriptive, les discussions physiologiques y sont rares. Son pendant pratique se trouve justement dans les *Pratiques anatomiques*. La fonction des muscles est exposée dans l'*Utilité des parties* et dans *Les causes de la respiration*, une œuvre perdue du premier séjour romain[35]. D'autres occasions de parler de l'*Anatomie des muscles* se trouvent dans les commentaires aux livres chirurgicaux d'Hippocrate, *Fractures* et *Articulations*, ainsi que dans *Les lieux affectés* et dans *Les mouvements problématiques*, une œuvre conservée en traductions arabo-latine et gréco-latine[36].

L'anatomie est celle du singe[37]. L'anatomie humaine

35. *De libr. propr.* 1, *SM*, II 94,18 ; *De ordine libr. propr.* 2, *SM*, II, 84,23 ; *Ars medica* I, 409,5-6, Boudon.

36. Περὶ τῶν ἀπόρων κινήσεων. La traduction gréco-latine a été publiée par C. Larrain, « Galen, *De motibus dubiis* : die lateinische Übersetzung des Niccolò da Reggio », *Traditio* 49, 1994, p. 171-233. Auparavant, on avait recours à la traduction arabo-latine de Marcus Toletanus, imprimée en 1490 et après dans les éditions juntines. La traduction de Niccolò enlève toute réserve sur l'authenticité de l'œuvre.

37. *Musc.* I, 1 ὅστις ἐθέλει γυμνάζεσθαι περὶ τὴν τῶν μυῶν ἀνατομὴν ἐν ὕδατι πνίξας πίθηκον ἐκδειράτω et XIV, 1 ἡμῖν δὲ νῦν, ὡς ἐν ἀρχῇ προείρηται, γυμνασθῆναι πρόκειται περὶ πιθήκειον σῶμα διὰ τὴν πρὸς ἄνθρωπον ὁμοιότητα. L'anatomie

est absente. Galien ne fait allusion qu'aux structures extérieurement visibles sur les hommes[38].

Date de publication

Les circonstances de la publication de l'*Anatomie des muscles* sont rapportées par Galien dans la préface des *Pratiques anatomiques*, I, 3 (Kühn II, 227,8 = Garofalo p. 15,3-9[39]) :

> γέγραπται δ' οὐ πρὸ πολλοῦ καὶ ἡ τῶν μυῶν ἀνατομὴ καθ' ἑαυτήν, ἀναγκασάντων μὲν τῶν ἑταίρων, ὅπως ἔχοιεν ἀποδημοῦντες ὑπομνήματα· μάλιστα δέ με προὔτρεψαν ἰδίᾳ γράψαι τὴν ἀνατομὴν ταύτην αὐτὴν καθ' αὑτήν, ἐπειδὴ Λύκου τι σύγγραμμα νῦν ἡμῖν ἐκομίσθη, μικροῦ δεῖν εἰς πεντακισχιλίους στίχους ἐκτεταμένον, ἐν τοῖς πλείστοις αὐτῶν ἐσφαλμένον, ἄχρι καὶ τοῦ παραλελεῖφθαι μῦς οὐκ ὀλίγους. ἀλλὰ τό γε ἡμέτερον, ἐν ᾧ τὴν ἀνατομὴν αὐτὴν πεποιήμεθα, μεγέθει μὲν ὡς τρίτον ἐστὶν ἴσως ἐκείνου μόριον, ἅπαντας δὲ τοὺς μῦς διδάσκει, μετὰ τοῦ καὶ προσεπιμεμνῆσθαι τοῦ Λύκου, πολλῶν μὲν μυῶν ἐνεργείας ἀγνοήσαντος, ἐνίους[40] δ' ὅλως παρελθόντος.
>
> « Je viens d'écrire aussi un livre séparé sur la dissection des muscles, à la demande pressante d'amis désireux d'avoir des mémoires dans leurs voyages ; ils m'ont

d'autres animaux (voir I. Garofalo, « The six classes of animals dissected by Galen », in J.A López-Férez [éd.]), *Galeno, obra, pensamiento e influencia*, Madrid 1991 p. 73-88), abondante dans les *Pratiques anatomiques*, est absente, en revanche, dans *Musc.* Galien se contente de faire référence aux *Pratiques anatomiques* (138,6 sq.) : μεμνημένων ἡμῶν ὡς ἐπὶ τῶν πιθήκων ἅπαντα λέγεται ταῦτα, περὶ δὲ τῆς τῶν ἄλλων ζῴων πρὸς τούτους διαφορᾶς ἐν ταῖς ἀνατομικαῖς ἐγχειρήσεσι λέγεται.

38. Par exemple, les muscles trapézoïdaux, p. 126. Sur le problème de l'anatomie humaine, voir I. Garofalo, « L'anatomia umana in Galeno », *Nuova Civiltà delle macchine* 9, 1991, n. 3-4, p. 101-111.

39. Le livre est cité encore dans les *Pratiques anatomique.* I, 7 Kühn II 257, 2-3 = Garofalo p. 47,11-12.

40. ἐνίους est une correction pour ἐνίας du manuscrit *Parisinus* 1849, leçon qui paraît encore dans mon édition de 1986.

poussé à écrire cette anatomie à part, depuis que j'ai reçu un livre de Lycos, long d'environ 5000 stiques[41], et qui est erroné pour sa plus grande part — au point que beaucoup de muscles y sont omis. Notre livre, dans lequel j'ai traité uniquement de l'anatomie, est un tiers de celui-là, mais expose tous les muscles, après avoir rappelé que Lycos a ignoré l'action de beaucoup de muscles et en a omis complètement certains ».

Le premier livre des *Pratiques anatomiques* a été achevé et publié autour de 175[42]. La datation du traité sur l'*Anatomie des muscles* peut donc être placée autour de 175[43], ce qui est confirmé par le fait qu'il est cité dans les *Commentaires* aux traités chirurgicaux, sous leur forme réélaborée[44] (autour de 175-177)[45].

L'*Anatomie des muscles* est citée encore dans l'*Utilité des parties* II, 3 (Helmreich, I, 70,19) ; III, 10 (Helmreich, I, 169,13-15) ; XV, 8 (Helmreich, II, 368,2-3) ; traité écrit pendant le deuxième séjour romain avant 175. Mais je crois que les citations dans l'*Utilité des parties* appartiennent à une deuxième édition, car elles semblent être un ajout[46].

Il est cité encore dans l'*Art médical* (Boudon, p. 389,15 = Kühn II, 408,18) et dans le *Sur ses propres livres* (Müller, *SM*, II, 102,25 sq.).

41. Un stique = 16 syllabes/36 lettres (cf. Gal. *De plac.* VIII,1,5.1 De Lacy).

42. Garofalo, *Anat. admin.* (1986) p. IX.

43. J. Ilberg, « Über die Schriftstellerei des Klaudios Galenos II », *Rheinisches Museum* 47, 1892, p. 499-502 et 513 : années 169-180 ; K. Bardong, « Beiträge zur Hippokrates- und Galenforschung », *Nachr. d. Ak. d. Wiss. Göttingen*, 1942,7, p. 577-640 : p. 631, D. W. Peterson, « Observations on the chronology of the Galenic Corpus », *Bull. Hist. Med.* 51, 1977, p. 484-495.

44. *In Hipp. de artic.* XVIII A, 310, 4, XVIII A, 627, 3-4 ; *In Hipp. de fract.* XVIII B, 448, 12.

45. Voir Manetti-Roselli, « Galeno commentatore... », p. 1530 et note 2.

46. La citation de I, 7,19 Helmreich fait partie de la préface du livre II.

Dans notre édition (p. 119,6-9) sont citées au présent les *Pratiques anatomiques,* pour ce qui concerne l'anatomie exacte des muscles[47], et le traité *Sur les mouvements problématiques,* comme œuvre en projet. Sont encore cités *Sur le mouvement des muscles* et l'*Utilité des parties*[48].

Ce qui nous est parvenu, c'est en réalité une édition augmentée de l'*Anatomie des muscles*, car à la fin du livre Galien a ajouté, à la demande de ses amis, un chapitre sur les muscles du pied, tiré du livre III des *Pratiques anatomiques* qui semble postérieur à l'année 180 (voir *infra*, p. 106 pour la discussion du texte)[49].

Les citations de l'*Utilité des parties* pourraient avoir été insérées lors de cet ajout, mais elles s'intègrent dans le texte mieux que les citations de l'*Anatomie des muscles* dans l'*Utilité des parties.*

II

LA TRADITION MANUSCRITE DIRECTE

L'*Anatomie des muscles* se lit dans quatre manuscrits indiqués dans le catalogue de H. Diels[50] :

47. καὶ μέντοι καὶ ὡς ἄν τις κάλλιστα γυμνώσειεν οὐ τοὺς μῦς μόνον, ἀλλὰ καὶ τὰ ἄλλα πάντα τοῦ ζῴου μόρια, διὰ τῶν ἀνατομικῶν ἐγχειρήσεων λέγεται.

48. 119,3-6 : περὶ μὲν γὰρ τῆς κινήσεως τῶν μυῶν ἑτέρωθι διὰ δυοῖν ὑπομνημάτων εἴρηταί μοι, περὶ δὲ τῆς χρείας ἅμα τοῖς ἄλλοις ἅπασιν ἐν τῇ μεγάλῃ πραγματείᾳ τῇ περὶ χρείας μορίων. Dans *De motu musc.* IV, 394, 8, *Anatomie des muscles, Pratiques anatomiques* et *Utilités des parties* sont annoncés : ἔν τε γὰρ τῇ τῶν μυῶν ἀνατομῇ, κἂν τῇ περὶ τῆς χρείας μορίων, ἔτι δὲ ταῖς ἀνατομικαῖς ἐγχειρήσεσι λεχθήσεται τό τε πλῆθος ἁπάντων καὶ ἡ δι' ἕκαστον αὐτῶν τοῖς μορίοις ὑπάρχουσα κίνησις.

49. 207,12-16 Ἐπειδὴ τοῖς ἑταίροις ἔδοξε συντομώτερον ἢ κατὰ τὴν τῶν ἄλλων ἀναλογίαν ἑρμηνευθῆναι τὰ κατὰ τὸν πόδα, διὰ τοῦτο τὰ ἐν τῷ δευτέρῳ τῶν ἀνατομικῶν ἐγχειρήσεων εἰρημένα κατὰ λέξιν ἐνταῦθα μετήνεγκα τόνδε τὸν τρόπον ἔχοντα.

50. H. Diels, *Die Handschriften der antiken Ärzte*, I, *Hippokrates und Galenos, Abhand. Preus. Ak. Wiss.*, phil. -hist. Kl., 1905 (réimpr. Leipzig 1970), p. 108-9. Voir aussi Notice à *Oss.*

Scorialensis T III 7	s. XII	90^{r}7-129^{r}7	S
		1^{r}-10^{r}	E
Cryptensis gr. 81 Z γ VI	s. XIV	90^{r}7-129^{r}6	C
Parisinus gr. 2219	s. XIV	124^{v}-140^{r}	P
Ambrosianus 687 (Q 87 sup.)	s. XVI	227^{r}-229^{r}, 222^{r}-223^{r}	A

1. Présentation des manuscrits

Les manuscrits S et C ont été décrits dans la Notice du traité *Sur les os* (p. 15 et 19-20).

Le manuscrit de Paris (P)

Le *Parisinus gr.* 2219[51] (Colbert 3067, *Regius* 2824) provient de l'hôpital de Saint Jean et Paul à Venise ; il contient l'*Anatomie des muscles* (sans titre) aux folios 124^{v}-140^{r}, l'*Anatomie des nerfs* aux folios 140^{v}-144^{v}, et *Veines et artères* au folio 144^{v}, une demi page[52]. C'est un manuscrit de papier, du XVe siècle selon Omont, mais sans doute plus ancien[53].

Le *Parisinus gr.* 2219 porte après les derniers folios 145-154 (149^{v}-151^{v}, 152^{v} blancs), deux feuillets, 155-156, avec des notes datées des années 1547 à 1564. Certaines sont anatomiques. Le texte est systématiquement contaminé avec Oribase.

Dans un des ancêtres de ce manuscrit, le chapitre 20 traitant des muscles de la main — chapitre placé après celui qui décrit les muscles de l'avant-bras dans les autres manuscrits, les extraits du *Scorialiensis*, Oribase et la tra-

51. H. Omont, *Inventaire*..., II, p. 207. Omont n'a pas identifié les ouvrages contenus dans les f. 88-112 (remèdes). Écrit par deux mains. La deuxième 108^{v}-144^{v} écrit 30/31 lignes par page ; le manuscrit mesure 20 x 28,2 cm ; surface écrite 15 x 22 cm.

52. Comme il vient du fonds Colbert, il ne put être connu par Chartier. Cf. vol. IV, p. 710 : *Quum graecos textus Galeni libri de musculis boni publici negligentia nobis non suppetat ; — quodsi ab Italia genuinum Galeni codicem jam diu expectatum habuerim, eum hercle ut et ceteros omnes nos typis mandaturos esse pollicemur.*

53. Selon B. Mondrain, qui a bien voulu contrôler le manuscrit. Dietz le datait du XIVe siècle.

duction arabe —, a été déplacé après le chapitre 10 qui traite, lui, des muscles du larynx[54]. Gadaldini a reproduit l'erreur dans sa traduction (voir *infra*, p. 111) et Kühn a fait la même chose.

L'Ambrosianus 687 (Q 87 sup.) (A)

Il faudrait ajouter ici quelque chose à la description de ce manuscrit que nous avons déjà faite pour le traité *Sur les os*[55]. Dans l'*Ambrosianus* 687 (Q 87 sup.)[56] l'*Anatomie des muscles* occupe les folios 224ʳ-226ᵛ, 230ʳ-240ᵛ et se termine à γλουτοῦ (Kühn XVIII B, 1006,6 = notre édition p. 190,18). Comme dans le cas de *Sur les os*, A omet les titres et la première lettre de chaque chapitre, en laissant l'espace pour la rubrique qui n'a pas été peinte. Il est lacunaire en maints endroits. Les lacunes sont signalées par des espaces vides d'extension variable, de quelques lettres à quelques lignes. Il existe toutefois d'assez longues lacunes non signalées. Le manuscrit de Milan a été contaminé, à son tour, avec Oribase, mais plus rarement et pas aux mêmes endroits que P :

126,10 πρῶτοι Or. A : πρώτως P Kühn *prima* Gad. πρῶτον SC Dietz
126,10 ἀφαιρεθέντος PC : -ες A Orib. (corr. edd.) -ων S

Il connaît parfois la leçon de P qu'il ajoute à côté de la leçon de SC :

131,19 περὶ P : κατὰ SC περὶ κατὰ A

Il connaît aussi la leçon de E :

181,14 οὖρον SCP Ar. : ὕδωρ E ὕδωρ ἤγουν οὖρον A

Le Scorialensis T III 7 f. 1r-10r (E)

Comme le *Scorialensis* est mutilé au début, la partie contenant les extraits qui concernent l'*Anatomie des mus-*

54. Folios 129ʳ6-129ᵛ21.
55. Voir *supra*, p. 17.
56. Voir Martini e Bassi, *Catalogus…*, vol. II, p. 791-794.

cles ne commence qu'à partir de la p. 164,13 de notre édition. L'auteur des extraits reste fidèle au texte de Galien, à l'exception des chapitres 15 et 16 sur les muscles qui fléchissent le rachis et les muscles abdominaux, où il donne un texte original (ff. 3r14-3v25) ; l'orthographe est régularisée :

> Περὶ τῶν ἐντὸς τῆς ῥάχεως μυῶν. Ὥσπερ οἱ ῥαχῖται μῦες ἐκτὸς τῆς ῥάχεως τὴν θέσιν ἔχοντες ἐκτείνουσιν αὐτὴν ἅπασαν καὶ ἀνακλῶσιν· τὸν αὐτὸν τρόπον καὶ οἱ ἔσωθεν τῆς ῥάχεως κείμενοι συγκάμπτουσιν αὐτήν· οἱ μὲν οὖν κατὰ τὴν ἄνω καὶ ἔσω μοῖραν κινούμενοι προσεγγίζοντες τῷ στομάχῳ· κατὰ δὲ τὰ κάτω οἱ ἐμπεφυκότες εἰς ἅπασαν τῆς ῥάχεως τὴν ἐντὸς μοῖραν.
>
> Περὶ τῶν κατὰ τὸ ἐπιγάστριον μυῶν καὶ πόσαι (sic) εἰσὶ τὸν ἀριθμόν. Καὶ οἱ κατ' ἐπιγάστριον μῦες ὀκτὼ τὸν ἀριθμόν εἰσι· συζυγίαι τέσσαρες· ἡ μὲν οὖν πρώτη συζυγία διάκειται οὕτως· ἀρχομένη ἀπὸ τῶν νόθων πλευρῶν κατέρχεται λοξὴ ἐπὶ τὰ κάτω καὶ ὀπίσω, τελευτᾷ δὲ πρὸς τὰ τῆς λαγόνος ὀστᾶ. ἡ δὲ δευτέρα δὲ ἐναντία ταύτης ἀρχομένη μὲν ἀπὸ τῶν τῆς λαγόνος ὀστῶν ἀνέρχεται πρὸς τὸν θώρακα λοξή· καὶ τελευτᾷ εἰς τὸν ξιφοειδῆ χόνδρον (-τρον E)· ἐν τῇ ἄνω δὲ αὐτῆς τέμνει τὰς ἶνας τῆς πρώτης συζυγίας πρὸς ὀξείας καὶ ἀμβλείας γωνίας ὁμοίως τῷ χ γράμματι· ἡ δὲ τρίτη ἄρχεται μὲν ἀπὸ τοῦ ξιφοειδοῦς χόνδρου (-τρου E)· καὶ κατέρχεται ὀρθὴ κατ' εὐθείας γραμμὰς πρὸς τὰ τῆς ἥβης ὀστᾶ, ἑνουμένη δεξιᾷ καὶ ἀριστερᾷ τῇ πρώτῃ καὶ δευτέρᾳ συζυγίᾳ· ἡ τετάρτη δὲ ἔσωθεν πασῶν τῶν συζυγιῶν ἑνουμένη τῷ περιτοναίῳ· ἀρχομένη μὲν ἀπὸ τῶν τῆς ὀσφύος ὀστῶν δύων· πλατυνομένη δὲ δεξιὰ καὶ ἀριστερὰ ἐγκαρσίως, εἰς ἣν ἑνοῦται τῇ τρίτῃ συζυγίᾳ· πάντες δὲ οὗτοι οἱ μῦες εἰς τένοντας τελευτῶσι πλατεῖς καὶ νευρώδεις, ὡς καὶ αἱ ἀρχαΐ αὐτῶν τένοντές εἰσι καὶ αὐτοὶ πλατεῖς· τούτων τῶν ὀκτὼ μυῶν αἵ τε χρεῖαι καὶ αἱ ἐνέργειαί εισιν αὗται· εἴς τε γὰρ τὰς ἐκφύσεις καὶ τὰς καλουμένας μεγάλας τε καὶ ὀξείας φωνὰς ἐμέτους τε καὶ διαχωρήσεις γαστρός, συντελεῖ δὲ αὐτῶν ἡ κάτω μοῖρα τῇ κύστει πρὸς τὴν οὔρησιν.

2. Relations entre les manuscrits

L'archétype alexandrin

La tradition grecque dans son ensemble et la traduction arabe de l'*Anatomie des muscles* partagent une omission par rapport à Oribase :

> 137,3-6 τούτων ἁπάντων τῶν μικρῶν μυῶν ὅσοι τὴν διάρθρωσιν ἐστεφανώκασι τῆς κεφαλῆς, ὥσπερ χορὸς ἐν κύκλῳ περικείμενος

ὥσπερ χορὸς ἐν κύκλῳ περικείμενος Or. : ὥσπερ ὁρᾷς ἐν κύκλῳ περικείμενος P περικείμενοι SCA ὥσπερ χορὸς non vertit Ar. ὥσπερ ὁρᾷς de P est dû à la corruption de ὥσπερ χορὸς d'Oribase avec lequel le ms. est contaminé.

De même, elles concordent sur une erreur[57] :

> 147,4 σιμῷ Or. P marg. : θώρακι SCP Ar. (def. E)

Sous-archétype grec

Les manuscrits grecs ont des fautes communes par rapport à Oribase et à la traduction arabe :

> 119,17 ᾧ Dietz, *in quo* Gad. Ar. : ὧν SCPA (erreur de majuscule)
> 123,5-8 ὁ...μῦς...ἐστι χρήσιμος Or. Ar. : οἱ...μύες... εἰσι χρήσιμοι SCPA
> 134,3 φερομένας Or. Ar. : φερόμεναι SCA φερομένην P
> 134,17 ἔμφυσιν Dietz ex Gad.(cf. Ar.) : ἔκφυσιν SCPA
> 155,14 παρεκκλίνων Or. : παρεγκλίνων SCPA
> 156,16 μόνου Or. Ar. : om. SCPA
> 162,1 τῇ κεφαλῇ scripsi Ar. et Gad. sec. : τῆς κεφαλῆς SCPA def. E
> 173,13 τῷ λοξῷ...μυὶ τῷ μικροτέρῳ P Or. Ar. : τῶν λοξῶν...μυῶν τῶν μικροτέρων SCA def. E
> 187,12 ἐπὶ Or. Ar. : ὑπὸ SCPA def. E

57. Voir *infra*, p. 147 note 1.

194,2 αὐτὸς scripsi Ar. sec. : αὐτῷ SCP def. EA
199,11 μέγιστος scripsi Ar. sec. : μείζων ESP μεῖζον C def. A

Ces manuscrits grecs se divisent en deux familles :

La famille Ω (EP)

Elle est définie par des fautes communes de EP :

164,23 post τῶν add. τριῶν EP : om. SA (def. C) Ar.
189,4-5 εἰς τὸν τροχαντῆρα SC Ar. : τοῦ τροχαντῆρος EP (def. A)
192,3 κατὰ θατέρου SC Or. : καθ' ἑτέρου EP (def. A)
199,1 πέλμα SCP[mg] Or. : τέλμα EP (def. A)

Le Scorialensis (E)

E conserve la leçon correcte confirmée par l'arabe :

169,3 τῷδε λοξαῖς ἰσὶν Garofalo Ar. secutus : τῷδε λοξαῖς εἰσὶν E τῷ δὲ λοξῷ ἴσως P τῶ δὲ λοξωθεὶς SA
204,4 ὑπὸ Garofalo Ar. secutus : ὀυπω E ἐπὶ P om. SC def. A

Il présente de nombreuses innovations ou des fautes isolées :

172,10 post μυῶν add. οἵ τε ἔσωθεν καὶ ἔξωθεν E
207,2 ἑπτὰ SP Ar. : πέντε E

Le Parisinus gr. 2219 (P)

Quand il n'est pas contaminé avec Oribase (voir *supra*, p. 99) P est porteur d'une tradition qui lui est propre et parfois confirmée par la traduction arabe :

190,16 κώλοις κώλοις SC κώλοις P recte def. EA
195,9 ἀναγκάζον P : ἀναγκάζειν S ἀναγκάζην C def. EA
196,13 πολὺ P : πολλοὶ SC def. EA
199,10 περόνης P Ar. : πτέρνης ESC def. A

La famille Φ (SCA)[58]

Elle se trouve établie grâce à de nombreuses fautes séparatives qui la différencient du groupe EP, d'Oribase et de la traduction arabe. Voici une sélection de ces erreurs :

119,3 πρᾶξαι P Ar. : γράψαι SCA
121,12 τέταται P Ar. : τέτακται SCA
126,8 ἐμφυομένων P Or. Ar. : ἐκφυομένων SCA
130,14 κατὰ P Or. Ar. : καὶ SCA
131,4 συνεκφύεται P Ar. Or. : συμφύεται SCA
135,2 οὗτος P Or. : αὐτὸς SCA
150,21 αὐτῶν P Ar. : αὐτοῦ SCA
154,20 μικροτέρᾳ P Ar. : μακροτέρᾳ SCA
174,19 ἀναπνοῆς P Ar. : ἀνατομῆς SCA
179,11 ὑποκειμένων P Ar. : ὑπερκειμένων SCA
181,4 λεπτοῦ EP Or. Ar. : om. SCA pluralem habet Ar.
187,6 ἔμφυσιν P Ar. : ἔκφυσιν SCA
190,7 μεγίστου P Ar. : μεγάλου SC
191,7 ἐξ ὅλου om. SC
193,13-14 ἐπιστρέφων om. SC
197,15-16 οἱ δὲ τρεῖς τοὺς δακτύλους κάμπτουσι om. SC
199,3 ἴσοι P Ar. : εἴσω SC
201,18 παραφυόμενος P Ar. : ἀναφυόμενος SC
205,8 ἔσωθεν P Ar. : ἔξωθεν SC
206,13 ἀριθμείσθω P Or. : ἀριθμεῖσθαι SC
209,13-14 προτεταγμένοι P Or. : προτεταμμένοι SC

SC forment un groupe différent de A :

183,8 ἰσχίον EAP Ar. : ἀγκῶνα SC
184,18 μία γενομένη PA edd. *unus musculus* (μῦς εἷς) Ar. : ἅμα γενόμεναι SC def. E
185,17 ἰσίν, αἷς om. SC

SC sont mutuellement indépendants, car ils ont chacun de nombreuses fautes isolées, comme le montrent les exemples suivants :

58. SC seuls après 188,18.

S

159,1 ἐπικεῖσθαι δὲ om. S
169,6 μὲν om. S
172,14 ταῖς ... ἰσὶ πρὸς om. S

C

168,14 ἀνάγων — 172,5 πα[ρεγκλίσεως def. C

3. Problèmes liés au stemma

Concordance sur les erreurs entre les manuscrits grecs et Oribase (exemple)

141,4 τῆς γραφιοειδοῦς scripsi comp. *UP* (Helmreich I, 120) Ar. : τοῦ γραφοειδοῦς SCA Or.[59].

Concordance sur les erreurs entre ESC contre P (exemples)

199,10 περόνης P Ar. : πτέρνης ESC def. A
200,12 ἐστηριγμένος P Ar. : ἐστηριγμένης ESC def. A
201,1 αὐτοῦ P : αὐτῶ ESC def. A
206,2 τί P : τε ESC def. A

Concordance sur les erreurs entre ES (exemples)

188,11 ἀνατείνει τε CP Or. : ἀνατείνεται ES def. A
191,13 τε om. ES

Concordance sur les erreurs entre SP

194,19 αὐτῆς EC Ar. : αὐτοῖς SP Kühn Dietz

4. Les titres

Tout comme les chapitres du livre *Sur les os*[60], les chapitres de l'*Anatomie des muscles* sont dotés de titres dans la tradition directe, dans la traduction arabe et chez Ori-

59. Voir *supra*, p. 50, n. 5.
60. Voir *supra*, p. 22.

base. Le titre est indispensable pour la compréhension du texte au chapitre XI. Il y a quelque différence entre les titres de la tradition directe et ceux que l'on trouve chez Oribase. Parfois Oribase et la traduction arabe omettent les titres. Dans ces cas, je les considère comme interpolés dans la tradition grecque.

III

LA TRADITION INDIRECTE ET LA POSTÉRITÉ DU TRAITÉ

1. Galien *Pratiques anatomiques*

Le chapitre final de l'*Anatomie des muscles* parlant des muscles du pied est emprunté aux *Pratiques Anatomiques* (Kühn II, 326-328 = Garofalo 119,24-121,2). Il s'agit d'un ajout postérieur à la parution du troisième livre de ce traité (voir *supra*, p. 98). L'utilité pour la constitution du texte est mince.

2. Oribase

L'*Anatomie des muscles* est presque entièrement citée par Oribase dans le livre XXV de ses *Collections médicales*. Elle s'y trouve mélangée avec quelques passages empruntés à l'*Utilité des parties* et aux *Pratiques anatomiques*[61]. Comme c'est le cas, par ailleurs, pour toute l'anatomie mineure, le texte d'Oribase permet, là aussi, d'isoler les fautes de la tradition directe ou de la traduction arabe.

61. Voir *supra* p. 102 sq., pour le rapport avec la tradition directe. Outre l'édition de Raeder, j'ai utilisé l'édition de Daremberg et Bussemaker, Paris, 1854-1858 (voir Notice à *Oss.*).

3. Alexandrie

L'anatomie mineure (*Oss.*, *Musc.*, *Ven.*, *Nerv.*) faisait partie du curriculum d'Alexandrie[62].

Sommaire des Alexandrins

On possède, dans la traduction arabe de Hunain[63], un *Sommaire* alexandrin de l'anatomie, dont les muscles forment la deuxième partie[64]. Ce *Sommaire*, fait à l'intention des étudiants de médecine d'Alexandrie autour du VIe siècle, mêle à la description des muscles des morceaux de physiologie, tout en intégrant, en même temps, des exemples, des dessins et, à la fin, un décompte des muscles[65]. Le *Sommaire* ajoute des muscles qui ne sont pas mentionnés dans l'*Anatomie des muscles* mais qui le sont, en revanche, dans les *Pratiques anatomiques*[66]. Il ne résume pas le dernier chapitre (c. 34) traitant des muscles du pied, emprunté aux *Pratiques anatomiques*[67]. L'utilité du *Sommaire* pour la constitution du texte est donc très faible.

Le sommaire des muscles se trouve à la base de l'anatomie de 'Ali ibn al-'Abbâs al-Majûsî (Ière partie, section III, c. 1-10)[68].

62. Sur le *Canon* voir *supra* p. 24 et n. 67.

63. L'attribution à Hunain dans les manuscrits est confirmée par une masse imposante de notes marginales au nom de Hunain conservées surtout dans le manuscrit Fâtih 3539 (voir note suivante).

64. Voir *supra* p. 25, Notice à *Oss.* J'ai utilisé le manuscrit Fatih 3539, 25^{v}-38^{r} = Sezgin II, 76-104, et le ms. de la British Library OC add. 23407 f. 266 ?-175^{v}. Le texte se lit aussi dans le Fatih 3539, I, 460-489, Sezgin.

65. Le *Canon* alexandrin n'incluait pas le *De usu partium*.

66. Sezgin, p. 104.

67. Voir *supra* p. 106.

68. Édition par P. de Koning (*Trois traités d'anatomie arabes*, Leiden, 1906, p. 235-278.

Stéphanos d'Athènes

On sait que Stéphanos d'Athènes a commenté cet ouvrage, mais ce commentaire est perdu[69].

Ioannes Alexandrinus

Dans son commentaire conservé en traduction latine et sous la forme de fragments grecs[70], un Ioannes Alexandrinus qu'on identifie parfois avec le Grammatikos, fait allusion à un commentaire sur l'anatomie, qui est sans doute l'anatomie mineure[71].

Ioannes Grammatikos

La *Synopsis* des livres du *Canon* de Galien par Ioannes Grammatikos[72] a une partie sur l'*Anatomie des muscles* tirée de notre opuscule, avec des ressemblances très étroites avec le *Sommaire* qu'il connaît.

Théophilos

L'auteur du *De humani corporis fabrica*, « La structure du corps humain », adaptation chrétienne de l'*Utilité*

69. *In Aphor*. I 36,15, Westerink. L'utilisation de l'anatomie chez Stéphanos est abondante, soit qu'il reprenne Galien, soit qu'il fasse des observations qui lui sont propres. Voir *sub verbo* μῦς dans l'index préparé par J. Kollesch et D. Nickel dans l'édition de Westerink, vol. III, p. 347.

70. Voir l'édition de Pritchet, *Ioannes Alexandrinus Commentaria in sextum librum Hippocratis epidemiarum*, rec. et adn. crit. instr., C. D. Pritchet, Leiden, 1975, et l'édition des fragments grecs, par J. M. Duffy, CMG, XI, 1,4 Berlin, 1997.

71. *In Hipp. Epid*. l. VI, p. 17-31-33, Pritchet. Voir Garofalo, « La traduzione araba del commento di Ioannes grammatikos al *De pulsibus* di Galeno », in A. Garzya et J. Jouanna (ed.), *I testi medici greci tradizione e ecdotica*, Atti del III Convegno internazionale, Napoli 15-18 ottobre 1997, Napoli 1999, p. 190-192.

72. Voir Garofalo, « Il Sunto... ». L'abrégé sur les muscles est dans les folios 58^r21-63^r du manuscrit Brit. Libr. Arund. Or. 17, de 615 h.

des parties[73] et qui pourrait être daté du Xe siècle[74], cite une fois le traité de l'*Anatomie des muscles*, mais la lecture directe n'est pas garantie, étant donné que le titre apparaît dans un extrait du passage de l'*Utilité des parties* où justement est cité ce livre[75].

Abu-l-Faraj

Abu l-Faraj ibn at-Tayyib (m. 1042) avait composé un commentaire à l'*Anatomie des muscles* qui est conservé dans plusieurs manuscrits[76]. Comme il utilise du matériel alexandrin[77], il serait intéressant de l'étudier.

4. Les traductions syriaque et arabe

D'après Hunain[78], le traité sur les muscles fut traduit en syriaque par Sergios de Res'êna, mort à Constanti-

73. Voit l'édition de Helmreich pour les passages parallèles.
74. Voir Westerink *op. cit.* note 70, p. 18.
75. *UP*, I 33,10-15, Helmreich.
76. Voir Notices à *Oss.*, *Nerv.* et *Ven.*
77. J'ai étudié ses commentaires à *De elementis* et *De temperamentis* ; voir pour une première approche de la tradition anatomique : I. Garofalo,« Galien et l'Antiquité tardive », *Livret Annuaire de l'Ecole Pratique des Hautes Études*, Section des sciences hist. et philologiques n° 14 (1998-1999), Paris, 2000, p. 224-229.
78. G. Bergsträsser, *Hunain ibn Ishak über die syrischen und arabischen Galenübersetzungen*, Leipzig 1925 = *Risâla* n° 9, p. 8 : « Son livre sur les muscles. Cet ouvrage consiste en un seul livre et Galien ne lui donna pas le titre pour les étudiants, mais les gens d'Alexandrie l'ont introduit au nombre des livres pour les étudiants, puisqu'ils ajoutèrent à ces deux livres (sc. *Oss.* et *Musc.*) trois autres opuscules que Galien avait écrit pour les étudiants, un sur l'anatomie des nerfs, un sur l'anatomie des veines et un sur l'anatomie des artères, et ils firent comme si c'était un seul traité en cinq livres et lui donnèrent pour titre « sur l'anatomie pour les étudiants ». L'objectif de Galien y est de décrire combien sont tous les muscles de toutes les parties, lesquels ils sont et d'où chacun d'entre eux tire son origine et quelle est son action, avec une très grande précision. Je t'en ai parlé à propos du livre sur les os de Galien et de Sergios et de moi, et sous-entends ce que j'ai dit au sujet de ce livre-là, à l'exception près que je ne l'ai pas traduit en arabe

nople avant l'année 536, et par Hunain lui-même (les deux traductions sont perdues) ; la traduction arabe fut réalisée, quant à elle, par le neveu de Hunain, Hubaish[79]. Comme la traduction est mentionnée dans un ajout à la *Risala*, elle est sans doute postérieure à l'année 854 et antérieure à la mort de Hunain (l'an 873).

D'après Sezgin[80] et Ullmann[81], la traduction arabe de notre traité est conservée dans les manuscrits suivants :

Saray Ahmet 2110/3 (89r-117v) du VIe s. de l'hégire
Berlin ar. 6233 (= Pm. 521), ff. 67v-75v, manuscrit très récent, 1074 de l'hégire = 1620/1
Téhéran Danisgâh 448, 982 Ar. = 1531/2
Téhéran Danisgâh 1532
Téhéran Sanâ 3190/0 (1008 h.)
Téhéran Majlis 3949/2 (p. 37-106, Xe s. h.)[82]

J'ai utilisé le seul manuscrit de Berlin (*ar.* 6233), en microfilm. De ce manuscrit nous avons un échantillon d'édition chez Bergsträsser (*Hunain ibn Ishak und seine Schule*, Appendice, p. 1-2).

Deux courts passages, avec le même texte du manuscrit de Berlin, sont cités en marge du manuscrit Fatih 3539 des *Sommaires Alexandrins* : XII, 8 (Sezgin, p. 85 = 143,18-144,1) et XXXI, 4 (Sezgin, p. 102 = 199,10-11).

jusqu'à présent ; Hubaish ibn al-Hasan l'a traduit en arabe pour Muhammad ibn Mûsâ ».

79. Sur Hubaish voir F. Sezgin, *Geschichte des arabischen Schrifttums*, Leiden 1970, vol. III, p. 265-266 ; M. Ullmann, *Die Medizin im Islam*, Leiden, 1970, p. 119-120, G. Bergsträsser, *Hunain ibn Isḥak und seine Schule*, Leiden, 1913 et I. Garofalo, « La versione araba del *De locis affectis* di Galeno », *SCO* 45, 1995, 13-63, p. 17 sq.

80. Sezgin, *op. cit.*, p. 84-85.

81. Ullmann, *op.cit.*, p. 40.

82. Le manuscrit de Florence *Laur.* 235 ne contient pas l'anatomie mineure (comme le dit le catalogue d'Assemann), mais la traduction arabe du *De simpl. med.* par Hubaish.

IV

LA TRADITION IMPRIMÉE

1. Les traductions latines

Agostino Gadaldini[83] a publié sa traduction de l'*Anatomie des muscles* dans la Juntine de 1550[84]. La traduction fut réimprimée immédiatement dans *Aliquot opuscula nunc primum Venetorum opera inventa et excusa*, (Lugduni, apud J. Rouillium, 1550[85]), et dans les Juntines suivantes.

Gadaldini a utilisé P[86], mais aussi Oribase, et il a fait des conjectures qui sont confirmées par le reste de la tradition grecque et par la traduction arabe.

En voici les exemples :

162,1 τῇ κεφαλῇ Ar. Gad. : τῆς κεφαλῆς SCAP
174,14-15 παρατεταμένοι SCA Or. Ar. *exporrecti* Gad. : παρατεταγμέναι P

Une nouvelle traduction, celle de Ioannes Rasarius, a paru à Venise en 1562-63, apud Valgrisium. C'est une copie de celle de Gadaldini avec variations stylistiques. Dans un cas, il présente une conjecture :

83. Pour les rapports avec le *Parisinus* 2219, voir *supra* p. 100. Sur Gadaldini voir Notices à *Os.*, *Nerv. Ven.*

84. R. J. Durling « A chronological Census of Renaissance editions and translations of Galen », *Journal of the Warburg and Courtauld Institutes*, 24, 1961, 230-305 p. 269. J'ai vu l'exemplaire conservé à la Bibliothèque Nationale.

85. J'ai vu l'exemplaire conservé à la Bibliothèque Nationale.

86. Comme le pensait déjà Dietz, préf. p. XV. La main grecque de Gadaldini se trouve aussi dans un Hauniensis Bibl. Univ. comme correcteur (C^2) d'après K. M. Dickson « Gadaldini's hand (Ms. Hauniensis Bibl. Univ. e don. variorum fol. 29) », *Mnemosyne*, 43, 1990, p. 441-446, et sans doute dans les notes sur la *Basileensis* conservée à l'Ambrosiana S *Q* T VIII 9. Voir Jouanna, *Hippocrate*, tome II, 2e partie, Paris 1996, p. 100-101 et n. 194.

169,3 τῷδε λοξαῖς ἰσὶν Garofalo collato Ar. : τῷδε λοξαῖς εἰσὶν E τῷ δὲ λοξῷ ἴσως P Kühn τῶ δὲ λοξωθεὶς SA Dietz *oblique trahunt* Gad. *pari tensione* Rasarius

2. Éditions

Kühn

L'édition *princeps* de C. G. Kühn (dans le vol. XVIII B, p. 926-1026, 1830), est fondée sur le *Parisinus* 2219 (P)[87] et offre, exceptionnellement, un petit apparat critique. Il utilise parfois Oribase, qui contamine déjà le manuscrit de Paris. L'édition de Kühn est, du reste, presque diplomatique. Elle reproduit le déplacement de chapitres du manuscrit de Paris et les fautes les plus banales[88]. Les conjectures sont peu nombreuses et rarement heureuses[89].

Dietz

Dietz[90] travaillait à son projet d'édition complète des médecins grecs inédits, lorsqu'il connut la parution de l'édition de Kühn. Il avait collationné, au cours de ses pérégrinations philologiques, l'*Ambrosianus*[91] à Milan, le

87. La transcription du manuscrit a été faite par de Mercy.

88. Ex. 157,17 ὅλη SC A Or. : ὕλη P Kühn.

89. Ex. 163,10 παρεμπέφυκεν] παραπέφυκεν Kühn.

90. F. R. Dietz, *Galeni De dissectione musculorum et De consuetudinibus*, Leipzig, 1832. F.R. Dietz (Königsberg, 1804-1834), fut professeur ordinaire de médecine clinique à Königsberg, éditeur d'Hippocrate, d'Apollonius de Cition, de Stéphanos d'Athènes, de Théophile ; voir la préface de son édition de *Musc.* p. I-XV. Ses annotations vinrent en possession de Bussemaker et de Daremberg, qui les ont utilisées pour l'édition d'Oribase.

91. Lors d'un séjour à Milan en 1829, (préf. p. XI : « quorum primum (sc. librum De musc. diss.) tribus annis abhinc (1829) e codice Ambrosiano a me transcriptum vereque proximi anni cum codice Escorialensi collatum eodem anno Lipsiae in Volum. XVIII, 2. Corpor. med. graec. e solo codice Parisiensi primum graecis typis expressum esse comperi, Parisiis quum commorarer ». Il travaillait alors aussi sur Hippocrate, *Airs eaux lieux.* Voir Jouanna, *Hippocrate,* tome II, 2e par-

Scorialensis à l'Escorial, le *Parisinus* à Paris. Il a utilisé en outre la traduction de Gadaldini et Oribase, c'est-à-dire toute la tradition, mis à part le *Cryptensis*, qui est, du reste, proche du *Scorialensis*, et la traduction arabe. Les choix textuels de Dietz sont très souvent corrects. Il identifie dans ses notes les structures anatomiques en utilisant Vésale.

3. Les traductions en langues modernes

Ch. Daremberg a traduit en français les passages d'Oribase[92] relatifs à l'*Anatomie des muscles*, dont la plus grande partie est tirée de notre traité. Sa traduction a été un point de départ pour la traduction d'I. Garofalo et A. Debru.

On mentionnera encore la traduction de C. M. Goss (« On the anatomy of muscles for beginners », *Anat. Rec.* 145, 1963, p. 477-501) faite sur l'édition de Kühn[93].

V

PRINCIPES DE LA PRÉSENTE ÉDITION

La présente édition est la première édition critique basée sur la collation de l'ensemble des manuscrits grecs et des témoins connus de la tradition indirecte[94]. On a utilisé la traduction arabe de Hubaish en recourant au témoignage d'un manuscrit de Berlin. On a utilisé aussi le

tie, Paris, 1996, p. 100-101 et note 193, qui cite Kühlewein « Zu dem Texte... », *Hermes*, 18, 1883, p. 18.

92. Voir *supra* p. 107.

93. Pour l'identification des structures anatomiques, à part Daremberg et May, j'ai consulté les chapitres de E. Huber, « The facial musculature (of the Rhesus monkey) », et de A. B. Howell et W. L. jr. Straus, « The muscular system (of the Rhesus monkey) », in C. G. Hartmann-W. L. jr. Straus, *The anatomy of the Rhesus monkey*, Baltimore, 1933, p. 176-188 et 307-327.

94. Pour l'importance de l'édition de Dietz voir *supra*, p. 112 sq.

sommaire arabe de l'*Anatomie des muscles*, composé à Alexandrie au VIe siècle et conservé dans la traduction de Hunain, ainsi que la *Synopsis* attribuée à Ioannes Grammatikos (VIe /VIIe ss.). Les citations conservées chez Oribase sont d'une grande importance.

Dans l'apparat on a retenu les leçons des manuscrits ESCPA. Les leçons de la traduction arabe de Hubaish (Ar.), qui remontent à un état du texte antérieur au plus ancien manuscrit grec, ont été notées dans les cas où le texte grec était fautif ou lacunaire et là où les branches de la tradition sont en désaccord.

N'ont pas été retenues dans l'apparat les fautes, les omissions ou les transpositions isolées d'un seul manuscrit, — sauf les cas signalés dans la *Notice* —, ni les fautes d'iotacisme. L'orthographe est normalisée[95].

95. Voir Préface.

STEMMA

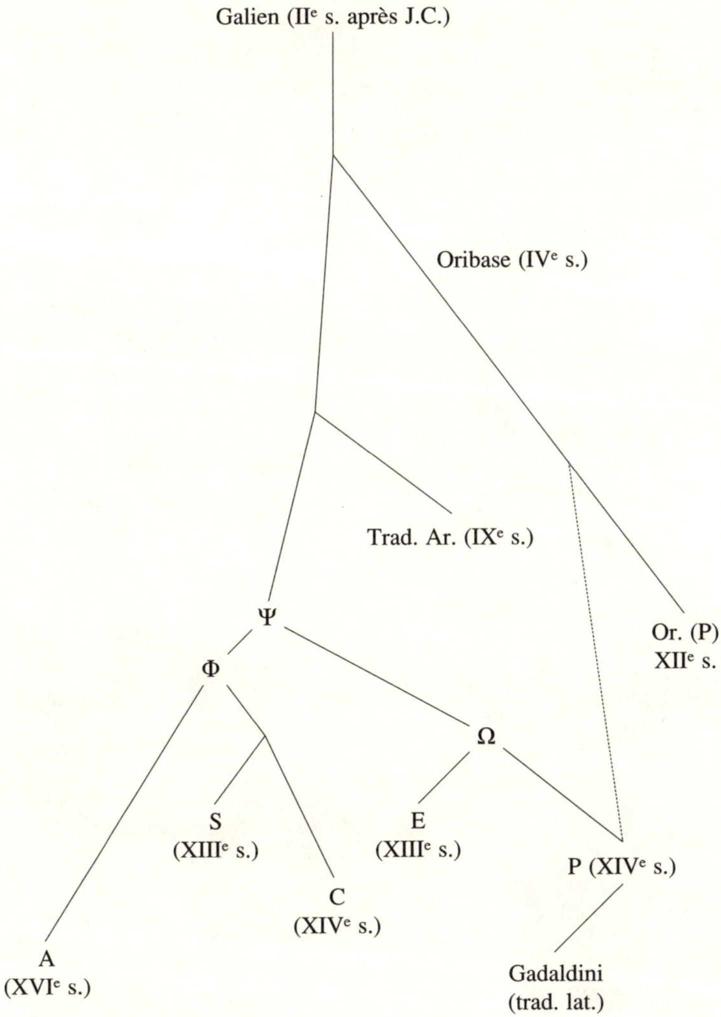

Galien (IIe s. après J.C.)
Oribase (IVe s.)
Trad. Ar. (IXe s.)
Ψ
Or. (P)
XIIe s.
Φ
Ω
S
(XIIIe s.)
E
(XIIIe s.)
P (XIVe s.)
C
(XIVe s.)
A
(XVIe s.)
Gadaldini
(trad. lat.)

CONSPECTVS SIGLORVM

I — *Codices*

S = *Scorialensis* T III 7 f. 90^{r}7-129^{r}7 ; s. XII
E = *Scorialensis* T III 7, f.1^{r}-10^{r}3 ; s. XII
C = *Cryptensis gr.* 81 (Z γ VI) ; s. XIV
P = *Parisinus gr.* 2219 ; s. XIV
A = *Ambrosianus gr.* 687 (Q 87 sup.) ; s. XVI

codd. = codices

II — *Translationes*

Ar. = Versio arabica Hubaishi libri Galeni *De musculorum dissectione*, ms. Berol. Ar. 6233 (Pm. 521).

Gad. = Versio Latina Gadaldini *Aliquot opuscula nunc primum Venetorum opera inventa et excusa*, Lugduni, apud J. Rouillium 1550.

III — *Testimonia*

Orib. = Oribasius, *Collectiones medicae*, ed. J. Raeder, 4 vol. Lipsiae-Berolini, *CMG*, VI, 1-2, 1928-1933.

Summ. = *The Alexandrian compendium of Galen's work, Jawâmi' al-Iskandarâniyyîn*, First Part and Second Part, edited by Fuat Sezgin, Frankfurt am Main, 2001, vol. II.

IV — *Editiones*

Kühn = C. G. Kühn, *Galeni opera omnia*, Lipsiae, 1821-1833, t. XVIII B.

Dietz = F. R. Dietz, *Galeni De dissectione musculorum et De consuetudinibus*, Leipzig, 1832.

edd. = Kühn, Dietz.

ANATOMIE DES MUSCLES

Ia. **1** Personne n'a écrit sur l'anatomie des muscles sans commettre d'erreur, mais Marinos l'a fait avec plus d'exactitude que les autres[1]. Cependant, comme il ne l'a pas fait en un seul livre[2], et qu'il ne les a pas traités tous successivement, la renommée est revenue assez logiquement à l'anatomie des muscles de Pélops[3], ainsi qu'à celles de Lycos et d'Aelianus[4]. **2** Pélops, au troisième livre de son *Introduction à Hippocrate*[5], a présenté la dissection des muscles en même temps que celle de toutes les parties. Lycos, de son côté, a écrit pour lui-même un unique et énorme livre sur les muscles[6] ; quant à Aelianus, dans le livre qu'il a conçu comme un résumé des œuvres anatomiques de son père[7], il a aussi personnellement décrit, en même temps que toutes les autres parties du corps, l'anatomie des muscles. Le livre de Lycos est très étendu du fait qu'il décrit tout trop longuement et qu'il a mêlé des questions logiques aux observations anatomiques ; c'est aussi parce qu'il a consacré de nombreux développements aux maladies, dont certaines n'ont aucun

Voir Notes Complémentaires p. 211.

1. Sur Marinos, voir Grmek-Gourevitch, « Marinus… », ANRW, 37, 2 1994, p. 1493-1503 ; I. Garofalo, « Note filologiche », *ibid.* p. 1823-1827.

2. Il l'avait fait dans les livres 8 à 10 de son anatomie, voir *Sur ses propres livres, De libris propriis*, éd. Müller, *SM* II, p. 104-8.

4. Sur Aelianus, fils de Lycos, nous ne savons rien de plus.

6. 5000 lignes selon les *Pratiques anatomiques,* Kühn II, 227 ; éd. Garofalo p. 15,5 sq.

926 Kühn 2 Dietz

ΓΑΛΗΝΟΥ ΠΕΡΙ ΜΥΩΝ ΑΝΑΤΟΜΗΣ

Ia **1** Μυῶν ἀνατομὴν ἀμέμπτως μὲν οὐδεὶς ἔγραψεν,
ἀκριβέστερον δὲ μᾶλλον μὲν Μαρῖνος τῶν ἄλλων· ἀλλ᾽
3 ἐπειδὴ μήτε δι᾽ ἑνὸς βιβλίου μήθ᾽ | ἑξῆς ὑπὲρ ἁπάντων
διῆλθεν, εὐδοκίμησεν εἰκότως ἡ τοῦ Πέλοπος καὶ τοῦ
Λύκου καὶ Αἰλιανοῦ τῶν μυῶν ἀνατομή. **2** Ὁ μὲν οὖν
Πέλοψ ἐν τῇ τρίτῃ τῶν Ἱπποκρατείων εἰσαγωγικῶν ἅμα
τοῖς ἄλλοις ἅπασι μέρεσι καὶ τοὺς μῦς ἀνέτεμεν, ὁ δὲ
Λύκος ἓν μέγιστον βιβλίον ἐγράψατο περὶ αὐτῶν,
927 Αἰλιανὸς δὲ κατὰ τὴν βίβλον ἣν ὥσπερ | ἐπιτομὴν
ἐποιήσατο τῶν τοῦ πατρὸς ἀνατομικῶν συγγραμμά-
των, ἅμα τοῖς ἄλλοις ἅπασι μορίοις καὶ αὐτὸς ἔγραψε
τὴν τῶν μυῶν ἀνατομήν. ἐμηκύνθη δὲ τὸ τοῦ Λύκου
βιβλίον, ὅτι τε μακρότερον ἑρμηνεύει πάντα καὶ ὅτι
λογικὰς ζητήσεις ἀνέμειξε τοῖς ἐξ ἀνατομῆς φαινομέ-
νοις· ἔτι τε πρὸς τούτοις ὅτι περὶ παθῶν ἐποιήσατο
λόγους πολλούς, ὧν ἔνια κατ᾽ οὐδὲν ᾤκείωται ταῖς τῶν

TEST. : Ia Summ. p. 76 Sezgin.

---

1 post ἀνατομῆς add. τοῖς εἰσαγομένοις codd. om. Ar. || 2 μὲν om. SCA || 5 ἡ τοῦ P : ἥ τε SCA || ante τοῦ alterum add. ἡ SC || 9 μέγιστον non uertit Ar. || ἐγράψατο SCA Dietz : ἔγραψε P Kühn || 10 αἰλιανὸς δὲ SCA Dietz : ὁ δὲ αἰλιανὸς P Kühn || 12 ἅπασι om. SC add. in marg. C || 15 λογικὰς ζητήσεις ἀνέμειξε PCA Kühn λ. ἀ. ζ. S Dietz || 17 ᾠκείωται P Kühn : ᾠκείωτ A ᾠκείωτο S Dietz οἰκείωτο C.

rapport avec la dissection des muscles. Aelianus et Pélops n'ont traité, eux, que des observations, ce que moi aussi j'ai décidé de faire ici avant tout. **3** Car du mouvement des muscles j'ai déjà parlé ailleurs dans un ouvrage en deux livres[1] ; et leur utilité, je l'ai exposée avec celle des autres parties du corps, dans le grand traité *Sur l'utilité des parties*[2]. En outre, nous disons dans les *Pratiques anatomiques*[3] comment faire pour mettre à nu au mieux non seulement les muscles, mais aussi toutes les autres parties de l'être vivant. **4** Pour cette raison, j'avais décidé de ne pas écrire une anatomie particulière des muscles ; mais puisque j'entreprends de rassembler en un seul ouvrage toutes mes découvertes anatomiques, eh bien j'avais aussi l'intention d'exposer ce qui avait été omis par les médecins précédents ou n'avait pas correctement été dit sur les muscles. **5** Mais certains de mes compagnons qui désiraient s'exercer tout seuls ont demandé de disposer d'une sorte d'aide-mémoire[4] des choses qu'ils avaient vues démontrées par moi-même, et ils m'ont contraint à écrire ce livre dans lequel j'enseigne toutes les observations dans l'anatomie des muscles, sans donner aucune démonstration sur l'action des muscles, me contentant de rappeler l'essentiel de ce qui a été démontré ailleurs. **6** Ils m'ont aussi demandé de mentionner tout ce qu'avait omis Lycos[5] ou ce qu'il avait énoncé de façon inexacte, puisqu'il est supposé avoir exposé l'anatomie des muscles de la façon la plus claire et la meilleure pos-

1. *Sur le mouvement des muscles*, *De motu musculorum*, Kühn IV, 367-464 (éd. P. Rosa, thèse Florence, 1998, dactyl.).

2. Pour la physiologie des muscles dans l'*Utilité des parties*, voir May, Galen, *On the usefulness of the parts of the body*, Ithaca, N.Y, 1968, index sous le mot *muscle*.

3. L'œuvre (la deuxième édition en 15 livres) était en cours de rédaction.

5. Les omissions et les erreurs de Lycos sont aussi discutées dans les *Pratiques anatomiques*, Kühn II, 449 ; p. 241,23 sq. Garofalo (fonction du trapèze), et XII (Simon p. 139 = *Proc.* 955 : Lycos n'admet pas les ovaires).

μυῶν ἀνατομαῖς. Αἰλιανὸς μέντοι καὶ Πέλοψ μόνα τὰ φαινόμενα διῆλθον, ὅπερ οὐχ ἥκιστα κἀγὼ νῦν ἔγνωκα πρᾶξαι. 3 περὶ μὲν γὰρ τῆς κινήσεως τῶν μυῶν ἑτέρωθι διὰ δυοῖν ὑπομνημάτων εἴρηταί μοι, περὶ δὲ τῆς χρείας ἅμα τοῖς ἄλλοις ἅπασιν ἐν τῇ μεγάλῃ πραγματείᾳ τῇ περὶ χρείας μορίων· καὶ μέντοι καὶ ὡς ἄν τις κάλλιστα γυμνώσειεν οὐ τοὺς μῦς μόνον, ἀλλὰ καὶ τὰ ἄλλα πάντα τοῦ ζῴου μόρια, διὰ τῶν ἀνατομικῶν ἐγχειρήσεων λέγεται. 4 Ὅθεν οὐδὲ προῃρήμην ἰδίᾳ τι γράψαι περὶ μυῶν ἀνατομῆς· ἀλλ᾽ ἐπειδὰν εἰς ἓν ἀθροίζω πάντα τὰ κατὰ τὰς ἀνατομὰς ὑφ᾽ ἡμῶν εὑρημένα, τηνικαῦτα
928 καὶ τὰ παραλελειμ|μένα τοῖς ἔμπροσθεν ἰατροῖς, ἢ μὴ καλῶς εἰρημένα περὶ μυῶν ἐγνώκειν δηλῶσαι. 5 Τῶν δ᾽ ἑταίρων ἔνιοι γυμνάζεσθαι βουλόμενοι καθ᾽ ἑαυτοὺς ὑπομνήσεις τινὰς ἔχειν ἠξίωσαν ὧν ἐθεάσαντο δεικνυμένων παρ᾽ ἐμοῦ, καὶ τοῦτο ἠνάγκασάν με γράψαι τὸ βιβλίον, ᾧ τὰ μὲν φαινόμενα πάντα κατὰ τὴν ἀνατομὴν τῶν μυῶν ἐκδιδάσκω, ὑπὲρ δὲ τῆς ἐνεργείας ἀπόδειξιν μὲν οὐδεμίαν ἔχω, ἀναμιμνῄσκω δὲ τὰ κεφάλαια τῶν ἐν ἑτέροις ἀποδεδειγμένων. 6 Ἐπιμνησθῆναι δέ με καὶ τῶν εἴ τι παρέλιπεν ἢ οὐκ ἀκριβῶς εἶπεν ὁ Λύκος ἠξίωσαν, ἐπειδὴ σαφέστατά τε καὶ κάλλιστα πάντων οὗτος ἀνα-
4 τετμηκέναι | μῦς πεπίστευται· ἃ μὲν οὖν ἐπαγγέλλεται

---

1 μέντοι SCA Dietz : δὲ P Kühn || 2 ὅπερ Garofalo Ar. sec. : ἅπερ PSC ὥσπερ A || 3 πρᾶξαι P Ar. Kühn : γράψαι SCA Dietz || 6 post περὶ add. τῆς S Dietz || 7 γυμνώσειεν SCA Ar. Dietz : γυμνάσειεν P Kühn || 9 προῃρήμην S Dietz : προειρήμην C προῃρούμην PA Kühn || 11 εὑρημένα SCA Dietz *inuenta sunt* Gad. Ar. *inueneram* Rasarius εἰρημένα P Kühn || 12 ἢ SCA Dietz : εἰ P Kühn καὶ Ar. || 14 ἑταίρων PA Ar. : ἑτέρων SC || 16 παρ᾽ ἐμοῦ P Kühn Ar. : ὑπ᾽ αὐτοῦ SCA ὑπ᾽ ἐμοῦ Dietz || 17 ᾧ Dietz *in quo* Gad. Ar. : ὧν codd. ἐν ᾧ Roselli || 18 ἐκδιδάσκω P edd. : ἐκδιδάσκων A ἐκδιδάσκειν SC || 19 ἔχω P edd. : ἔχων SCA || ἀναμιμνήσκω P : ἀναμιμνήσκων SCA || 21 οὐκ non uertit Gad.

sible. C'est précisément ce que promet notre écrit. Mais passons maintenant à l'exposition des muscles.

Ib. **1** Celui qui veut s'exercer à la dissection des muscles doit d'abord écorcher un singe après l'avoir asphyxié dans l'eau, comme il est dit dans les *Pratiques anatomiques*[1]. En réalité, beaucoup font d'emblée erreur sur ce point en confiant le travail à des gens incompétents. **2** Ces derniers lacèrent et confondent beaucoup de structures, parmi lesquelles surtout le muscle[2] situé sous la peau du cou, fin et large — à moins que l'on préfère ne pas l'appeler muscle mais nature ou substance musculeuse, ou comme on voudra l'appeler. **3** Ce muscle commence, en avant, à partir de la région des lèvres et des joues, et en arrière, à partir de la région des muscles spinaux ; il est tendu en cercle sous toute la peau du cou, étant fin et membraneux, si bien qu'il échappe, pour cette raison, à la vue, et il semble être plutôt une membrane qu'un muscle, tant qu'on l'observe en même temps que la peau ; mais une fois séparé d'elle, il devient évident. **4** Ce muscle ne met en mouvement aucune articulation, du fait qu'il ne s'insère dans aucune d'entre elles ; mais il fait mouvoir les joues et seulement la peau à laquelle il adhère. **5** Avant même de procéder à la dissection, son mouvement est clair sur nous-mêmes quand nous voulons

1. *Pratiques anatomiques,* p. 21,6 sq. Garofalo = Kühn II, 233.

2. Découverte de Galien revendiquée pour la première fois dans *Utilité des parties* (livre XI, chapitre 16, II 167 Helmreich) ; elle devait se trouver aussi dans les premières *Pratiques anatomiques* ; dans les secondes, elle est soudain mentionnée au chapitre 3 du premier livre, où Galien énumère les muscles ignorés par les anatomistes et par lui-même, pour avoir confié la dissection à des ministres inexperts, p. 19,4-5 Garofalo (= Kühn II, 231). Sur ce muscle découvert sur le singe, voir E. Huber, « The facial musculature (of the Rhesus monkey) », in C. G. Hartmann-W. L jr. Straus, *The anatomy of the Rhesus monkey*, Baltimore, 1933, p. 176 sq.

τὸ γράμμα, ταῦτά ἐστιν· ἤδη δ' ἐπὶ τὴν διέξοδον αὐτῶν βαδιοῦμαι.

Ib. **1 Ὅστις ἐθέλει γυμνάζεσθαι περὶ τὴν τῶν μυῶν ἀνατομὴν ἐν ὕδατι πνίξας πίθηκον ἐκδειράτω πρότερον αὐτόν, ὡς ἐν ταῖς ἀνατομικαῖς ἐγχειρήσεσι λέγεται· πολλοὶ γὰρ εὐθὺς ἐν τούτοις διαμαρτάνουσι τοῖς ἐπι-**
929 **τυχοῦσιν ἐπιτρέποντες τὸ ἔρ|γον. 2 Οὗτοι δὲ καὶ ἄλλα μὲν πολλὰ διασπῶσι καὶ συγχέουσιν, ὥσπερ οὐχ ἥκιστα καὶ τὸν ὑπὸ τῷ δέρματι τοῦ τραχήλου λεπτὸν καὶ πλατὺν μῦν, ὃν εἴ τις οὐκ ἐθέλει μῦν ὀνομάζειν, ἀλλὰ μυώδη γε φύσιν ἢ οὐσίαν ἢ ὅπως ἄν τις βούλοιτο καλεῖν, οὕτω προσαγορευέτω. 3 Ἄρχεται δ' ὁ μῦς οὗτος ἔμπροσθεν μὲν ἐκ τῶν κατὰ τὰ χείλη καὶ τὰς γνάθους χωρίων, ὄπισθεν δ' ἐκ τῶν κατὰ ῥάχιν ὑποτεταμένος ἐν κύκλῳ παντὶ τῷ περὶ τὸν τράχηλον δέρματι λεπτὸς καὶ ὑμενώδης ὑπάρχων, ὥστε καὶ διὰ τοῦτο λανθάνειν· καὶ**
5 **ὑμὴν | μᾶλλον ἢ μῦς εἶναι δοκεῖ, μέχρι περ ἂν ὁμοῦ τῷ δέρματι βλέπηται, χωρισθεὶς δ' ἀπ' αὐτοῦ κατάδηλος γίνεται. 4 Ἄρθρον δ' οὐδὲν ὑπὸ τούτου κινεῖται τοῦ μυὸς ὅτι μηδ' ἐμπέφυκεν εἰς ἄρθρον, ἀλλὰ τὰς γνάθους καὶ τὸ δέρμα κινεῖ μόνον ᾧ συμπέφυκεν. 5 Ἔστι δὲ καὶ πρὸ τῆς ἀνατομῆς ἡ κίνησις αὐτοῦ σαφὴς ἐφ' ἡμῶν αὐτῶν,**

TEST. : Cap. Ib, Summ. p. 76 Sezgin.

---

1 ἐστιν SCA Dietz : εἰσιν P Kühn ‖ τὴν διέξοδον SC Dietz : τὴν δίοδον A τῶν διεξόδων P Kühn ‖ 2 βαδιοῦμαι SCA Dietz : βαδιοῦμεν P Kühn ‖ 3 ἐθέλει PA edd. : θέλει SC ‖ 8 post συγχέουσιν add. οὐ μόνον διὰ τὴν ἀμαθίαν, ἀλλὰ καὶ διὰ τὸ μὴ ἔχειν ὄργανον ἐπιτήδειον SC et Dietz, om. PA Ar. Kühn ‖ ὥσπερ P edd. : ἅπερ SC ‖ 9 τῷ δέρματι PA edd. : τὸ δέρμα SC ‖ 19 κινεῖται SCA Ar. Dietz : κατακεῖται P Kühn ‖ 20 μηδ' ἐμπέφυκεν Garofalo : μηδὲ ἐμπέφυκεν P Kühn μηδ' ἐκπέφυκεν Dietz μηδὲν ἐμπέφυκεν C μηδὲ πέφυκεν SA ‖ post ἀλλὰ add. κατὰ S, add. καὶ C.

écarter les joues l'une de l'autre latéralement, sans bouger la mâchoire ni ouvrir la bouche. Chez ceux qui vont avoir des convulsions, c'est le premier muscle à se tendre. De même, les spasmes appelés cyniques[1] sont une affection surtout de ce muscle. **6** Appelons-le, pour plus de clarté dans l'exposé, « plaque musculeuse »[2]. Il se jette tout autour du cou et descend en avant jusqu'aux clavicules et, des deux côtés, le long de l'épine des omoplates jusqu'au début du dos. **7** Étant membraneux, entre cette insertion et la tête il est tendu verticalement à travers l'apophyse spinale cervicale. **8** Ce corps a été ignoré des anatomistes parce que l'animal était mal écorché. Mais il est temps pour moi de passer aux muscles de la face.

II. Muscles de la face

1 Les muscles des lèvres, qui sont étroitement mêlés avec la peau de celles-ci, sont au nombre de quatre. Il y en a un de chaque côté sur la partie supérieure, qui descend obliquement des pommettes[3] ; sur la partie infé-

1. Sur le spasme cynique voir Aétios, VI, 30.

2. Le *platysma* est une chose plate, une plaque. Le nom, une invention de Galien, apparaît ici pour la première fois, ensuite souvent dans les *Pratiques anatomiques*.

3. Sur le sens anatomique du terme *mêlon*, pommette, voir *Utilité des parties*, XI, 16 (Helmreich II, 165) ; *Pratiques anatomiques* IV,4, Garofalo p. 229,5).

**ἐπειδὰν ἀπάγειν ἀλλήλων εἰς τὰ πλάγια τὰς γνάθους
βουληθῶμεν, ἄνευ τοῦ κινῆσαι τὴν κάτω γένυν καὶ
930 διοῖξαι τὸ στόμα· | καὶ τοῖς σπασθῆναι δὲ μέλλουσιν
οὗτος ὁ μῦς πρῶτος ἐντείνεται· καὶ οἱ κυνικοὶ δὲ καλού-
μενοι σπασμοὶ τούτου μάλιστα πάθος εἰσίν. 6 Ὀνομα-
ζέσθω δ' ὑφ' ἡμῶν ἕνεκα σαφοῦς διδασκαλίας μυῶδες
πλάτυσμα· περιβέβληται μὲν οὖν παντὶ τῷ τραχήλῳ,
καταφέρεται δὲ πρόσω μὲν ἄχρι τῶν κλειδῶν, ἑκατέρω-
θεν δὲ κατὰ τὰς τῶν ὠμοπλατῶν ῥάχεις ἄχρι τῆς ἀρχῆς
τοῦ μεταφρένου. 7 Τὸ δὲ μεταξὺ ταύτης τε τῆς καταφύ-
σεως καὶ τῆς κεφαλῆς ὑμενῶδες ὑπάρχον ὄρθιον διὰ
μέσης τέταται τῆς κατὰ τὸν τράχηλον ἀκάνθης. 8 Τουτὶ
μὲν οὖν τὸ σῶμα τοῖς ἀνατομικοῖς ἠγνόηται, κακῶς ἐκ |
6 δερομένου τοῦ ζῴου· ἐμοὶ δ' ἂν εἴη καιρὸς ὑπὲρ τῶν
κατὰ τὸ πρόσωπον μετέρχεσθαι μυῶν.**

II. Περὶ τῶν κατὰ τὸ πρόσωπον μυῶν

**1 Οἱ μὲν τῶν χειλῶν μύες, οἵπερ δὴ καὶ ἀκριβῶς
ἀναμίγνυνται τῷ τούτων δέρματι, τέτταρές εἰσι τὸν ἀρι-
θμόν, ἐκ μὲν τῶν ἄνω μερῶν εἷς ἑκατέρωθεν ἀπὸ τῶν
931 μήλων | καταφερόμενοι λοξοί, ἐκ δὲ τῶν κάτωθεν ἀπὸ**

TEST. : 3 καὶ τοῖς — 7 πλάτυσμα Orib., *Coll.*, XXV, 24 (Raeder, 62,14-16). — Cap. II, Summ. p. 76,15 Sezgin.

---

3 διοῖξαι PCA Kühn : διανοῖξαι S Dietz || 4 δὲ om. P Or. edd. || 6 σαφοῦς ἕνεκα διδασκαλίας Or. || 9 τῶν om. P Kühn || ὠμοπλατῶν Dietz : ὠμοπλάτων PSCA Kühn || 12 τέταται P Ar. edd. : τέτακται SCA || 15 ante μετέρχεσθαι add. ἤδη P Kühn || 16 περὶ — 17 Οἱ om. A uersu uacuo relicto || 16 τὸ πρόσωπον P Kühn Ar. : πρόσωπον SC χείλη Or. περὶ τῶν κατὰ τὰ χείλη μυῶν C in capite folii, *De labiorum musculis* Gad. Rasarius || post μυῶν add. καὶ τῶν κατὰ χείλη P || 17 post μὲν add. δὴ P || 18 τούτων A Ar. : ταύτης SC ταύτῃ P Or. Kühn || τέτταρες A Or. : τέσσαρες PSC edd. || 19 ἄνω SCA Dietz : ἄνωθεν P Or. Kühn.

rieure, venant de la pointe de la mâchoire, où se trouve ce que l'on nomme le menton, il y en a aussi un de chaque côté, l'un à droite, l'autre à gauche. **2** Si l'on tend les deux muscles supérieurs ensemble, la lèvre supérieure est tirée vers le haut ; si on en contracte seulement un, la lèvre est tirée latéralement vers le muscle contracté. De même, quand les deux muscles inférieurs sont tendus ensemble, la lèvre est tirée vers le bas, quand un seul est tendu, elle est tirée latéralement. **3** Quant au mouvement en avant des lèvres, dont les anatomistes n'ont jamais fait mention, il en sera question dans un autre livre, où je traiterai aussi de tous les autres mouvements problématiques[1].

III. Les muscles qui font mouvoir les ailes du nez[2]

1 Deux autres muscles tout à fait petits commencent, eux aussi, après les pommettes et s'insèrent chacun dans l'aile correspondante du nez, en ouvrant celui-ci. **2** Le nez n'est contracté par aucun muscle, mais, lorsque les muscles susdits cessent d'opérer, il prend alors la disposition intermédiaire ; il n'est pas déplacé au-delà de cette position, mais dans les inspirations plutôt fortes les ailes suivent le courant de l'air. Le nez, du reste, est tiré en bas en suivant les lèvres par continuité. **3** De plus, une sub-

1. *De motibus dubiis*, « Les mouvements problématiques », ne nous est pas parvenu en grec, mais a été traduit par Hunain (G. Bergsträsser, *Hunain ibn Ishak, Über die syrischen und arabischen Galenübersetzungen*, Leipzig 1925 = *Risâla* nº 47a). La traduction grécolatine a été publiée par C. Larrain (« Galen, *De motibus dubiis* : die lateinische Übersetzung des Nicolò da Reggio, *Traditio* 49, 1994, p. 171-233. Voir maintenant A. Debru « Galen on the Unclear Movements » in V. Nutton (ed.), *The Unknown Galen*, London, Institute of Classical Studies, School of Advanced Studies, University of London, 2002, (Bulletin of the Classical Studies, Supplement, 77) p. 79-85.

2. Les muscles du nez, probablement les *levatores labii superioris,* leur fonction et leurs nerfs sont décrits dans l'*Utilité des parties,* XI, 17 (Helmreich II,168 sq.)

τῆς γένυος ἄκρας, ἵνα πέρ ἐστι τὸ καλούμενον γένειον εἷς, κἀνταῦθα καθ' ἑκάτερον μέρος ὁ μὲν ἐκ τῶν δεξιῶν, ὁ δ' ἐκ τῶν ἀριστερῶν. 2 Εἰ μὲν δὴ ἀμφότεροι ταθεῖεν οἱ ἄνωθεν, ἀνασπᾶται τὸ ἄνω χεῖλος, εἰ δ' ὁ ἕτερος μόνος, παρασπᾶται πρὸς ἐκεῖνον· οὕτω δὲ καὶ τῶν κάτωθεν ἀμφοῖν μὲν ταθέντων κατασπᾶται τὸ χεῖλος τὸ κάτω, θατέρου δὲ μόνου παρασπᾶται. 3 Περὶ δὲ τῆς εἰς τὰ πρόσω κινήσεως τῶν χειλῶν, ὑπὲρ ἧς οὐδὲ ἐπεμνήσθησαν ὅλως οἱ ἀνατομικοί, δι' ἑτέρου λεχθήσεται γράμμα-
7 τος, ἐν ᾧ καὶ περὶ | τῶν ἄλλων ἁπασῶν κινήσεων ἀπόρων διέξειμι.

III. Περὶ τῶν κατὰ τὰ πτερύγια τῆς ῥινὸς μυῶν

1 Δύο δ' ἄλλοι μύες μικροὶ παντάπασιν ἄρχονται μὲν καὶ αὐτοὶ μετὰ τὰ μῆλα, καταφύονται δ' εἰς τὸ καθ' ἑαυτὸν ἑκάτερος τῆς ῥινὸς πτερύγιον ἀνοιγνύντες αὐτήν. 2 Συστέλλεται δ' ὑπ' οὐδενὸς μυὸς ἡ ῥίς, ἀλλ'
932 ὅταν οἱ προειρημένοι | μύες ἐνεργοῦντες παύσωνται, τὴν μέσην τηνικαῦτα κατάστασιν λαμβάνει· ἐπέκεινα δ' αὐτῆς ὑπ' οὐδενὸς ἀπάγεται μυός, ἀλλ' ἐν ταῖς σφοδροτέραις εἰσπνοαῖς τῇ ῥύμῃ τοῦ πνεύματος ἕπε-|
8 ται τὰ πτερύγια· κάτω μέντοι κατασπᾶται τοῖς χείλεσιν ἀκολουθοῦσα κατὰ προσάρτησιν. 3 Καὶ μὲν δὴ καὶ τῷ

TEST. : 13 μύες — 22 προσάρτησιν ORIB., *Coll.* XXV, 25 (Raeder, 62,21-28). || Cap. III Summ. p. 77,12 Sezgin.

4 ἄνωθεν SCA Or. Dietz : ἄνω P Kühn || 5 οὕτω — 6 χεῖλος non uertit Ar. || 6 κάτω A P Or. Dietz Kühn : κάτωθεν SC || 7 μόνου SCA : μόνον P Or. Kühn || post παρασπᾶται add. τὸ χεῖλος P Kühn, *labrum superius* Ar. || 12 Titulum om. Ar. || κατὰ τὰ πτερύγια om. Or. || 14 μετὰ codd. : *subter* Ar. κατὰ Or. et P in marg. || 16 αὐτὴν codd. Ar. : αὐτὸ Or. || 22 ante καὶ μὲν add. Περὶ τῆς ὑπὸ τῷ δέρματι τοῦ μετώπου μυώδους φύσεως Or. (omisso περὶ suppl. Raeder) P Kühn.

stance musculaire fine se déploie sous la peau du front[1] et c'est pour cela que l'ensemble de la peau du front se meut, même si la mâchoire reste immobile.

IV. Les muscles de l'œil[2]

1 Le muscle à la base de l'œil[3], qu'on le dise un, double ou triple, ou qu'il s'agisse de deux ou même de trois unis en symphyse, est utile pour tenir ferme l'œil, surtout quand nous devons regarder parfaitement droit un petit corps. **2** Tous les autres muscles qui donnent le mouvement à l'œil, sont au nombre de six : quatre parmi eux fournissent les mouvements droits, les deux qui restent tournent l'œil tout entier. Ces derniers partent du côté du grand angle et arrivent au petit angle. Des quatre autres, l'un tire en haut l'œil, un autre le tire en bas, un autre l'approche du nez, un autre encore le tire vers l'extérieur en direction du petit angle. **3** Ceux qui, comme

1. Le muscle du front est annexé ici aux muscles des ailes du nez. Sur ce muscle cf. *Utilité des parties* XI, 15, (II, 162 Helmreich), et aussi *In Hipp. Prog.,* « Commentaire au Prognostic d'Hippocrate » CMG V 9,2 ; Heeg p. 213, 17-21 (= Kühn XVIII B, 30,11).

2. Sur les muscles des yeux voir *Utilité des parties* X, 8, II, Helmreich 81-83 (avec les notes de Daremberg et de May) ; *Pratiques anatomiques,* Simon p. 37 sq. et notes ; *Proc.* p. 862 sq.

3. *Retractor bulbi*, qui manque dans l'homme et dans le singe, est présent dans les autres animaux disséqués par Galien (porc, boeuf, cheval etc., *Utilité des parties* II, 82 Helmreich ; May, *Galen..*, p. 483 note 39), *Pratiques anatomiques*, Simon p. 37 ; *Proc.* p. 862.

τοῦ μετώπου δέρματι μυώδης φύσις ὑποτέταται λεπτὴ καὶ διὰ τοῦτο σύμπαν τὸ περὶ τὸ μέτωπον δέρμα κινεῖται, κἂν ἀκίνητος ἡ γένυς φυλάττηται.

IV. Περὶ τῶν κατὰ τὸν ὀφθαλμὸν μυῶν

1 Ὁ μὲν περὶ τῇ βάσει μῦς, εἴτε ἕνα τις αὐτὸν εἶναι φήσειεν ἤτοι διπλοῦν ἢ τριπλοῦν εἴτε δύο ἢ καὶ τρεῖς συμφυεῖς, εἰς τὸ στηρίζειν τὸν ὀφθαλμόν ἐστι χρήσι-
9 μος. ἐπειδὰν μάλιστα κατ' | εὐθὺ βλέπειν ἀκριβῶς τι
933 μικρὸν σῶμα | δεηθῶμεν. **2** Οἱ δ' ἄλλοι πάντες οἱ κινοῦντες αὐτὸν ἓξ τὸν ἀριθμὸν ὑπάρχουσιν. εὐθειῶν μὲν κινήσεων οἱ τέτταρες ἐξηγούμενοι, δύο δ' οἱ λοιποὶ περιστρέφοντες ὅλον τὸν ὀφθαλμόν· ἀλλ' οὗτοι μὲν ἀπὸ τῶν κατὰ τὸν μέγαν κανθὸν ὁρμώμενοι χωρίων ἐπὶ τὸν μικρὸν ἀφικνοῦνται. τῶν δ' ἄλλων τῶν τεττάρων ὁ μὲν ἀνατείνειν αὐτόν, ὁ δὲ καθέλκειν, ὁ δὲ τῇ ῥινὶ προσάγειν, ὁ δ' ἐκτὸς ἐπισπᾶσθαι πέφυκεν ὡς ἐπὶ τὸν μικρὸν κανθόν. **3** Ὅσοι δ' ὥσπερ καὶ Λύκος οὐχ ἕξ, ἀλλὰ πέντε

TEST. : 122,22 Καὶ μὲν — 16 πέφυκεν ORIB., *Coll.* XXV, 25 (Raeder, 62,31-63,17). — Cap. IV Summ. p. 78,9 Sezgin.

---

1 ὑποτέταται P Ar. edd. : ὑποτέτακται SC Or. (corr. Daremberg) ἀποτίκτεται A || post λεπτὴ add. συμφυὴς αὐτῷ P ex Or. edd. || 2 καὶ διὰ τοῦτο codd. : διὸ Or. || τοῦτο SCA Dietz : τούτων P Kühn || 4 τὸν ὀφθαλμὸν SCA Or. Ar. Dietz : τοὺς ὀφθαλμοὺς P Kühn || 5-8 ὁ...μῦς...ἐστι χρήσιμος Or. Ar. : οἱ...μύες...εἰσι χρήσιμοι codd. edd. || 5 τῇ βάσει SC Or. Dietz : τοῦ[...]σει A τὴν βάσιν P Kühn || 5 εἶναι om. PS Or. Kühn || 8-9 τι μικρὸν P Or. Kühn : εἰς μικρὸν C εἰς σμικρὸν S ἐκ μικροῦ A μικρὸν Dietz || 11 prius οἱ Or. P : om. SCA || 14 ἄλλων codd. Or. : *qui oculos mouent recto motu* Ar. || τεττάρων SC Or. : τεσσάρων AP edd. || post τεττάρων add. μυῶν P Kühn || 16-17 ὡς ἐπὶ τὸν μικρὸν κανθόν P Ar. : om. SCA Or. seclusit Dietz.

Lycos, pensent que ces muscles ne sont pas six, mais cinq, ne se trompent pas seulement au sujet de leur nombre, mais aussi dans la connaissance de leurs actions.

V. Les muscles qui donnent le mouvement à la mâchoire inférieure[1]

1 Quatre paires de muscles donnent le mouvement à la mâchoire inférieure ; ceux que l'on appelle temporaux, ainsi que les muscles à l'intérieur de la bouche[2], la tirent vers le haut ; les muscles des joues que l'on appelle masticateurs la déplacent latéralement. Ce nom leur est donné d'après leur utilité ; les deux autres la tirent en bas. Ces derniers[3] sont étroits et allongés ; ils commencent derrière les oreilles et en dessous d'elles, et avancent à travers le cou, puis, ils s'unissent, et là où ils s'insèrent dans la mâchoire, ils l'ouvrent quand ils se tendent. Ces muscles seuls parmi tous les autres ont leurs deux bouts charnus et un véritable tendon au milieu. **2** Parmi les trois autres paires qui sont à la fois robustes et grandes, les temporaux[4] descendent jusqu'aux becs de l'extrémité de la mâchoire, un de chaque côté, et s'insèrent dans la mâchoire elle-même à côté de l'origine du bec, grâce aux aponévroses robustes à l'aide desquelles ils tirent en haut

1. Sur les muscles de la mâchoire inférieure, *Utilité des parties* XI, 1 sq. (Helmreich II, 113 sq.).
2. Ptérygoïdiens.
3. Digastriques.
4. Les temporaux sont déjà connus d'Hippocrate, *Articulations* 30. Pour la thérapie des blessures aux temporaux voir Héliodore, *apud* Orib. XLVI, 7 (CMG, VI,2,1 ; Raeder III, 216).

νομίζουσιν εἶναι τοὺς μῦς τούσδε, ἁμαρτάνουσιν οὐ περὶ τὸν ἀριθμὸν αὐτῶν μόνον, ἀλλὰ καὶ τὴν τῶν ἐνεργειῶν γνῶσιν.

V. Περὶ τῶν τὴν κάτω γένυν κινούντων μυῶν

1 Τέτταρες συζυγίαι μυῶν τὴν κάτω γένυν κινοῦσιν·
10 ἀνατείνοντες μὲν οἵ τε κροταφῖται κα|λούμενοι καὶ οἱ ἔνδον τοῦ στόματος· εἰς δὲ τὰ πλάγια παράγοντες οἱ κατὰ τὰς γνάθους, οὓς μασητῆρας ὀνομάζουσιν ἀπὸ
934 τῆς χρείας τοὔνομα | θέμενοι, κατασπῶσι δ' οἱ λοιποὶ δύο· ἀλλ' οὗτοι μὲν στενοί τέ εἰσι καὶ προμήκεις· ἀρχόμενοι μὲν ὄπισθέν τε καὶ κάτωθεν τῶν ὤτων, διὰ δὲ τοῦ τραχήλου πρόσω φερόμενοι, κἄπειτα ἐς ταὐτὸν ἀλλήλοις ἰόντες, ἵνα δὴ καταφύονται τῇ γένυι διανοίγοντες αὐτήν, ἐπειδὰν ταθῶσιν· οὗτοι μόνοι συμπάντων μυῶν σαρκώδη μὲν ἔχουσιν ἄμφω τὰ πέρατα, τὸ μέσον δ' ἀκριβῆ τένοντα. **2** Τῶν δ' ἄλλων τριῶν συζυγιῶν εὐρώστων τε ἅμα καὶ μεγάλων οὐσῶν οἱ μὲν κροταφῖται καθήκουσιν εἴς τε τὰς κορώνας τῆς ἄκρας γένυος εἰς ἑκατέρωθεν, εἴς τε τὴν γένυν αὐτὴν παρὰ τὴν ἔκφυσιν τῆς κορώνης ἰσχυραῖς ἀπονευρώσεσιν ἐμφυόμενοι δι' ὧν τήν τε γένυν ἀνασπῶσι καὶ κλείουσι τὸ στόμα· καὶ

TEST. : 4 Περὶ — 125,2 ὀνομάζουσιν Orib., *Coll.* XXV, 29 (Raeder, 64,18-66,33). — Cap. V Summ. p. 78,9 Sezgin.

---

4 τὴν om. P Kühn ‖ 5 τέτταρες Or. SC : τέσσαρες PA ‖ 6 τε om. SC Or. ‖ 9 κατασπῶσι SCA : κατασπῶντες P Or. ‖ 11 ὤτων Or. SCA Ar. Dietz *aures* Gad. : ὀστῶν P Kühn ‖ 12 ἐς ταὐτὸν Or. : ἐπ' αὐτὸν P εἰς ταὐτὸν SCA secl. Dietz ‖ 13 δὴ codd. : δὲ Or. (corr. Daremberg) ‖ post δὴ add. καὶ SC ‖ 14 ταθῶσι PA Or. : καταθῶσι SC ‖ 15 ἄμφω om. Or. ‖ τὸ SCA Or. : τὸν P Kühn ‖ 18 τῆς ἄκρας SCA Dietz : ἄκρας τῆς P Or. Kühn ‖ 19 παρὰ SCA Or. Ar. : περὶ P Kühn ‖ 20-21 δι' ὧν PA Or. Kühn : δι' ὃ SC Dietz.

la mâchoire et ferment la bouche. Pour cette raison, ces muscles sont appelés parfois masséters, non seulement par les médecins modernes, mais aussi par les médecins anciens, comme par exemple Hippocrate[1]. **3** À l'endroit où naissent les dits tendons de ces muscles, un os en diagonale, à l'extérieur, se porte au dessus et autour, l'os qu'on appelle aussi zygoma[2]. [La troisième paire, qui ferme] **4** Les muscles qui sont à l'intérieur de la bouche[3], sont placés sur les parties larges et creuses de la mâchoire inférieure, et montent vers le palais en s'insérant dans les os creux, situés là, qu'embrassent les excroissances alaires. **5** Ils ont là aussi un tendon robuste et toute la partie latérale de ces muscles [de la mâchoire inférieure][4] adhère aux temporaux, et ils ont la même action qu'eux en tirant en haut de l'intérieur la mâchoire inférieure. Certains les considèrent comme une partie des temporaux, tel Marinos ; d'autres les en distinguent, comme Aelianus et Pélops. Lycos, de son côté, les ignore complètement et blâme ceux qui disent que les temporaux sont au nombre de quatre[5]. [Les masséters triangulaires][6] **6** Les deux muscles qui restent sont placés extérieure-

1. Hippocrate ne distingue pas entre les deux ; cf. *Articulations* 30 οἱ μύες οἱ κροταφῖται καὶ μασητῆρες καλεόμενοι, « les muscles dits temporaux et masséters ». Galien note dans son commentaire à *Articulations*, Kühn XVIII A, 429,5-7 ἄδηλον δὲ πότερον τοὺς αὐτοὺς μύας τοῖς τοιούτοις προσηγόρευσεν ὀνόμασιν, ἢ ἄλλους μὲν εἶναι βούλεται τοὺς κροταφίτας, ἄλλους δὲ τοὺς μασσητῆρας (lege μασητῆρας) : « il n'est pas clair s'il veut désigner les mêmes muscles par ces mots, ou s'il veut dire que les temporaux et les masséters sont des muscles différents ».

2. Sur ζύγωμα voir *Oss., supra* p. 51. C'est l'arcade zygomatique.

3. Ptérigoïdiens : *Pratiques anatomiques* Kühn, II 439 = Garofalo p. 231,28 ; *Proc.* p. 403 sq.

4. La phrase, omise par Oribase et l'arabe, semble être une glose.

5. C'est-à-dire, ceux qui, comme Marinos, ne distinguent pas les temporaux et les ptérigoïdiens.

6. Le titre, que je considère comme interpolé, est omis par Oribase et par l'arabe. L'adjectif *trigônos* se trouve dans *Utilité des parties* XI, 4 (Helmreich II, 121,7).

**διὰ τοῦτο καὶ τούτους τοὺς μῦς ἐνίοτε μασητῆρας ὀνομάζουσιν οὐχ οἱ νεώτεροι μόνον, ἀλλὰ καὶ οἱ παλαιοὶ τῶν ἰατρῶν, ὥσπερ καὶ Ἱπποκράτης· 3 ἵνα δέ πρῶτον ἀποβλαστάνουσιν αὐτῶν οἱ εἰρημένοι τένοντες ἐγκάρ-
935 σιον ὀστοῦν | ἔξωθεν ἐπιβέβληταί τε καὶ περιβέβληται τὸ καὶ ζύγωμα προσαγορευόμενον. [Περὶ τῆς τρίτης συζυγίας τῆς κλειούσης]. 4 Οἱ δ' ἐντὸς τοῦ στόματος μύες ἐπιβεβήκασι μὲν τοῖς πλατέσι τε καὶ κοίλοις τῆς κάτω γένυος, ἀνατείνονται δ' ἐπὶ τὴν ὑπερῴαν ἐμφυόμενοι τοῖς ἐνταῦθα κοίλοις ὀστοῖς ἃ περιλαμβάνουσιν αἱ πτερυγώδεις ἐκφύσεις· 5 ἔστι δ' αὐτοῖς ἐνταῦθα καὶ τένων τις εὔρωστος, ὅλον δὲ τὸ πλάγιον μέρος τῶνδε τῶν μυῶν [τῆς κάτω γένυος] συμπέφυκε τοῖς κροταφίταις. καὶ μέντοι καὶ τὴν αὐτὴν ἐνέργειαν ἔχουσιν αὐτοῖς ἀνασπῶντες ἐκ τῶν ἔνδον μερῶν τὴν κάτω γένυν· ἔνιοι μὲν οὖν αὐτοὺς μέρος τι τῶν κροταφιτῶν εἶναι νομίζουσιν, ὥσπερ καὶ Μαρῖνος, ἔνιοι δ' ἀποχωρίζουσιν ἰδίᾳ, καθάπερ Αἰλιανὸς καὶ Πέλοψ. ὁ Λύκος δ' ὅλως ἀγνοήσας αὐτοὺς ἐπιτιμᾷ τοῖς τέτταρας εἶναι λέγουσι τοὺς
936 12 κροταφίτας. | [Περὶ τῶν μασσητήρων τῶν τριγώνων] 6 Οἱ λοιποὶ δὲ δύο μύες ἔξωθεν μὲν ἐπιβέβληνται τῷ μήκει τῆς κάτω γένυος, παραφερόμενοι δὲ καὶ κατα-**

TEST. : 7 Οἱ — 15 γένυν ORIB., *Coll.* XXV, 29 (Raeder, 64,36-65,4). — Cap. V Summ. p. 78,9 Sezgin. — 21 Οἱ — 128,1 καταφυόμενοι ORIB., *Coll.* XXV, 29 (Raeder, 65,4-5).

1 μῦς P Or. A : μῦας S μύας C || 4 οἱ αὐτῶν Kühn || 6 τὸ καὶ om. P Kühn || 6-7 titulum om. A Or. Ar. : secl. Garofalo || 8 τε om. P Kühn || 13 τῆς κάτω γένυος secl. Dietz : om. Or. non uertit Ar. || 15 post μερῶν add. *oris* Ar. || 16 οὖν om. PA Kühn || 17 καὶ om. P Kühn || ἔνιοι δ'ἀποχωρίζουσιν om. SC || ἰδίᾳ SCA Dietz : ἰδίως P Kühn || 20 titulum om. A Ar. Or. : secl. Garofalo || 21 λοιποὶ δ'οἱ δύο Or. || δὲ P Or. : τε SCA || 22-126,1 καταφυόμενοι SCA Or. Ar. : καταφερόμενοι P Kühn.

ment sur le long de la mâchoire inférieure qu'ils côtoient, et ils s'y insèrent avec leurs deux têtes et s'élèvent vers la pommette et le zygoma ; ils sont en vérité deux, et non un, de chaque côté. **7** Ils se relayent effectivement dans l'action et l'utilité de la mastication : l'un en déplaçant la mâchoire en avant, l'autre en arrière. De plus, ces muscles adhèrent aux temporaux à l'intérieur du zygoma.

VI. Les muscles qui s'insèrent dans les omoplates en naissant de la tête

1 Quand on enlève la plaque musculeuse, on voit apparaître en premier les deux muscles nés de l'os occipital[1] qui se touchent chacun d'un côté, l'un à droite, l'autre à gauche dans l'animal. **2** Leur origine est menue et large et s'étend diagonalement en direction des oreilles ; elle ne parvient pourtant pas jusqu'à chacune des oreilles, mais elle est beaucoup plus courte. **3** À partir de là, les

1. Les trapèzes ; cf. *Pratiques anatomiques* IV, 6, *Proc.* p. 411 sq. La fonction du trapèze est aussi exposée dans *Utilité des parties*, Helmreich, I, 283.

φυόμενοι ταῖς δύο κεφαλαῖς αὐτῶν πρός τε τὸ μῆλον ἀνατείνονται καὶ τὸ ζύγωμα, δύο κατ' ἀλήθειαν ἑκατέρωθεν ὄντες καὶ οὐχ εἷς. 7 Ἀλλήλων γοῦν διαδέχονται τὴν ἐν ταῖς μασήσεσιν ἐνέργειάν τε καὶ χρείαν· ὁ μὲν εἰς τὸ πρόσω τὴν γένυν κινῶν, ὁ δ' εἰς τοὐπίσω. καὶ μὲν δὴ καὶ εἰς τοὺς κροταφίτας οἱ μύες οὗτοι συμφύονται κατὰ <τὸ> τοῦ ζυγώματος ἔνδον.

VI. Περὶ τῶν εἰς τὰς ὠμοπλάτας ἐκ τῆς κεφαλῆς ἐμφυομένων μυῶν

1 Πρῶτοι πάντων ἀφαιρεθέντος τοῦ μυώδους πλατύσματος ἐκ τοῦ κατὰ τὸ ἰνίον ὀστοῦ τῆς κεφαλῆς ἐκφυόμενοι φαίνονται δύο μύες ἀλλήλων ψαύοντες εἷς ἑκατέρωθεν· ὁ μὲν ἐκ τῶν δεξιῶν τοῦ ζῴου μερῶν, ὁ δ' ἐκ
13 **τῶν ἀριστε|ρῶν. 2 Ἔστι δ' ἡ ἔκφυσις αὐτῶν ἰσχνὴ καὶ πλατεῖα κατὰ γραμμὴν ἐγκαρσίαν ἐπὶ τὰ ὦτα φερο-**
937 **μένη· οὐ μὴν ἐξικνεῖταί γε πρὸς | ἑκάτερον τῶν ὤτων, ἀλλ' ἐλάττων ἐστὶ συχνῷ. 3 Ἐντεῦθεν ὁρμηθέντες οἱ δύο**

TEST. : 8 Περὶ — 127,7 αὐτῶν ORIB., *Coll.* XXV, 30 (Raeder, 65,24-36). — Cap. VI Summ. p. 78,10-19 Sezgin.

---

3 καὶ om. SC || γοῦν PS (errat Dietz) C edd. : οὖν A || 6 οὗτοι P Kühn : οἵδε SCA Dietz || 7 τὸ suppl. Garofalo || 8-9 titulum om. A in calce iterauit C || 8 τὰς ὠμοπλάτας P Or. : τὴν ὠμοπλάτην A τ´ ὠμοπλατ´ S (errat Dietz) τοὺς ὠμοπλάτας C in textu τὰς ὠμοπλάτ(ους) in calce || ἐκ Or. : καὶ SC in calce om. PC in textu om. A || 8-9 ἐμφυομένων P Or. Ar. : ἐκφυομένων SCA Dietz || 9 μυῶν om. P Kühn || 10 πρῶτοι Or. A : πρώτως P Kühn *prima* Gad. πρῶτον SC Dietz || ἀφαιρεθέντος P C : -ες A Or. (corr. edd.) -ων S || 11 ὀστοῦ SCA Or. Ar. : αὐτοῦ P Kühn || 13 τοῦ ζῴου μερῶν A Or. Dietz : μερῶν τοῦ ζῴου P Kühn om. SC Ar. || 14 αὐτῶν PSC Or. Ar. : αὐτοῦ A || 15 ἐπὶ τὰ ὦτα codd. : ἐπ' ὦτα Or. || 15-16 φερομένη P Or. A : φερομένην S φαινομένην C || 17 ἐλάττων Morelius in ed. Oribasii, Dietz *breuior* Gad. : ἔλαττον codd. Or. Kühn.

deux muscles s'élargissent toujours davantage et, à la fin, s'insèrent dans les épines des omoplates jusqu'à l'acromion correspondant, et ils occupent aussi une petite partie des clavicules. **4** On peut voir clairement ces muscles, même avant dissection, sur les gymnastes. Ils y sont, en fait, très développés et occupent toute la nuque. **5** Leur action n'est pas celle que croit Lycos, qui se trompe avec beaucoup d'autres ; ils ne tirent pas la tête en bas vers les omoplates, mais tirent en haut les omoplates vers la tête. **6** On en trouve la démonstration dans les *Pratiques anatomiques*[1] où nous parlons aussi avec plus d'ampleur de beaucoup d'autres mouvements ignorés par les médecins précédents, et enseignons la méthode pour trouver chacun de ces mouvements. **7** Après que l'on a sectionné et enlevé l'origine des muscles en question, on voit au-dessous une autre paire de muscles[2] maigres et longs, paire fine et large à l'origine, mais qui devient toujours plus ronde à mesure qu'elle progresse, et qui aboutit à l'extrémité de la base de l'omoplate en un fin tendon parfaitement rond comme un nerf. Celui-ci, du côté interne,

1. Cf. *Pratiques anatomiques* IV, 6, *Proc.* p. 411 sq.

2. *Atlantoscapularis anterior* ; cf. *Utilité des parties* Helmreich II, 283,18 ; Howell and Straus, p. 119-120. Il est absent chez l'homme.

**μύες ἀεὶ καὶ μᾶλλον πλατύνονται καὶ τελευτῶντες
ἐμφύονται ταῖς ῥάχεσι τῶν ὠμοπλατῶν ἄχρι τοῦ καθ'
ἑκάτερον ἀκρωμίου συνεπιλαμβάνοντές τι καὶ τῶν κλει-
δῶν. 4 Τούτους τοὺς μῦς ἔστιν ἰδεῖν καὶ ἐπὶ τῶν γυμ-
ναστικῶν ἐναργῶς καὶ πρὸ τῆς ἀνατομῆς. εὐτραφέστα-
τοι γὰρ γίνονται καὶ σύμπαντα καταλαμβάνουσι τὸν
αὐχένα. 5 Τὸ δ' ἔργον αὐτῶν οὐχ ὥσπερ οἴεται Λύκος
ἅμα πολλοῖς ἄλλοις ἐξαπατώμενος· οὐ γὰρ κατασπῶ-
σιν ἐπ' ὠμοπλάτας τὴν κεφαλήν, ἀλλ' ἐκείνας ἐπὶ τὴν
κεφαλὴν ἀνέλκουσιν. 6 Ἀποδείκνυται δὲ τοῦτο διὰ τῶν
ἀνατομικῶν ἐγχειρήσεων, ἔνθα καὶ περὶ πολλῶν ἄλλων
κινήσεων ἠγνοημένων τοῖς ἔμπροσθεν ἰατροῖς ἐπὶ πλέον
14 διέξιμεν, ὡς ἂν καὶ τὴν μέθοδον | ᾗ τις ἂν ἑκάστην
εὑρίσκοι διδάσκοντες. 7 Μετὰ δὲ τὴν τῶν προειρημένων
μυῶν ἔκφυσιν ἀποτμηθεῖσαν ὑπόκειταί τις ἑτέρα συζυ-
γία μυῶν ἰσχνῶν καὶ μακρῶν λεπτὴ μὲν καὶ πλατεῖα
κατὰ τὴν ἔκφυσιν, ἀεὶ δ' ἐν τῷ προϊέναι στρογγυλωτέρα
938 γινομένη καὶ | τελευτῶσα εἰς τένοντα λεπτὸν [καταφύε-
ται] κατὰ τὴν ἀρχὴν τῆς βάσεως τῆς ὠμοπλάτης ἀκρι-
βῶς στρογγύλον οἷόνπερ νεῦρον, ὅστις ἐκ τῶν ἔνδον
μερῶν παραφερόμενος τῇ βάσει καὶ προελθὼν ἄχρι τοῦ**

TEST. : 19 κατὰ — 128,6 ὠμοπλάτην Orib., *Coll.* XXV, 30 (Raeder, 66,5-11). Cap. VII Summ. p. 78,20 Sezgin.

---

4 ἰδεῖν ἔστι P Or. Kühn || 5-6 post εὐτραφέστατοι add. τε AC Dietz || 8 ἄλλοις om. P Kühn || 10 ἀνέλκουσιν SA Dietz : ἕλκουσιν P Kühn ἀνέλκωσιν C || 13 ᾗ τις ἂν ἑκάστην Garofalo : εἴτις ἂν ἑκάστην SC μὲν ἑκάστην A ἥτις ἂν ἕκαστος P Kühn καθ' ἑκάστην Dietz *nos hic docemus uiam qua scientia horum motuum acquiritur, quae uia sit* Ar. || 14 εὑρίσκοι Garofalo : εὑρίσκῃ codd. edd. || 18-19 καταφύεται (καταφύονται SC) non uertit Ar. seclusit Dietz.

passe à côté de la base et, en progressant jusqu'au milieu de celle-ci, effectue ainsi désormais son insertion dans l'os même de la base. **8** L'utilité de ce muscle est de tirer la base de l'omoplate en haut en direction de la tête ; l'école de Lycos ne connaît même pas ce muscle ni le tendon.

VII. Les muscles qui donnent le mouvement à l'omoplate[1]

1 Les muscles qui donnent le mouvement à chacune des omoplates sont au nombre de sept : deux, dont je viens de parler[2], descendent obliquement de l'occiput, un troisième[3] tire son origine de l'éminence latérale de la première vertèbre ; un quatrième[4] de l'os qui entoure le larynx ; deux autres ont pour origine l'épine dorsale[5] ; un septième[6] monte des lombes à l'articulation de l'épaule, un muscle très grand dont je vais décrire toutes les caractéristiques tout à l'heure dans la partie de mon exposé où je parlerai des muscles qui meuvent l'articulation de l'épaule. **2** Le muscle qui tire son origine de la première vertèbre, s'insère dans l'extrémité de l'épine la plus élevée de l'omoplate, vers l'acromion, à peu près au tiers de l'omoplate en son entier. Ce muscle est charnu,

1. *Utilité des parties* XIII, 13 (II 282-3 Helmreich) ; *Pratiques anatomiques* IV, 10, p. 259 sq. Garofalo (= Kühn II, 466).
2. Trapèze et rhomboïde, partie de la tête.
3. *Atlantoscapularis anterior*.
4. Omo-hyoïdien ; Howell and Straus, 100. Voir *infra* p. 142.
5. Rhomboïdes, parties cervicale et dorsale.
6. Grand dorsal.

ἡμίσεος αὐτῆς, οὕτως ἤδη τὴν ἔμφυσιν εἰς αὐτὸ τὸ τῆς βάσεως ὀστοῦν ποιεῖται. **8** Ἡ χρεία δ' αὐτοῦ τῆς ὠμοπλάτης τὴν βάσιν κατ' εὐθὺ ἀνέλκειν τῆς κεφαλῆς, οὐδὲ τοῦτον οἱ περὶ τὸν Λύκον ἔγνωσαν <οὔτε> τὸν τένοντα.

VII. Περὶ τῶν τὴν ὠμοπλάτην κινούντων μυῶν

1 Ἑπτὰ μύες εἰσὶν οἱ κινοῦντες ἑκατέραν τῶν ὠμο-
15 πλάτῶν· δύο μὲν ἀπ' ἰνίου καταφε|ρόμενοι λοξοί, περὶ ὧν ἔμπροσθεν εἶπον, ἕτερος δὲ τρίτος ἀπὸ τῆς εἰς τὸ πλάγιον ἐξοχῆς τοῦ πρώτου σπονδύλου, τέταρτος δ' ἀπὸ τοῦ τὸν λάρυγγα περιέχοντος ὀστοῦ, καὶ δύο ἄλλοι τὴν ἔκφυσιν ἐκ τῆς κατὰ τὸν νῶτον ἀκάνθης ἔχοντες, ἕβδομος δ' ἀπὸ τῆς ὀσφύος ἀναφερόμενος ἐπὶ τὴν κατ' ὦμον διάρθρωσιν μέγιστος μῦς, οὗ τὴν φύσιν ἅπασαν ἐν τοῖς ἑξῆς διηγήσομαι κατ' ἐκεῖνο τοῦ λόγου
939 τὸ μέρος, ἔνθα δίειμι περὶ τῶν τὸ κατ' | ὦμον ἄρθρον κινούντων μυῶν. **2** Ἐμφύεται δ' ὁ μὲν ἐκ τοῦ πρώτου σπονδύλου τὴν ἔκφυσιν ἔχων εἰς τὸ τῆς ἐν ὠμοπλάτῃ ῥάχεως πέρας, ὅσον ὑψηλόν ἐστι πρὸς ἀκρωμίῳ σχεδὸν εἰς τὸ τρίτον που μέρος ὅλης αὐτῆς. ἔστι δὲ σαρκώδης

TEST. : 6 Περὶ — 129,2 τραχήλου Orib., *Coll.* XXV, 31 (Raeder, 66,14-26). — Cap. VII Summ. p. 78,20 Sezgin.

1 ἡμίσεος SCA : ἡμίσεως P Or. edd. ‖ ἔμφυσιν SC Ar. Dietz *inseritur* Gad. : ἔκφυσιν PA Kühn ‖ 3 εὐθὺ ἀνέλκειν PA Or. : εὐθεῖαν ἕλκειν SC ‖ 4 οὔτε suppl. Garofalo Ar. sec. ‖ 6 titulum om. A ‖ τὴν ὠμοπλάτην om. P Kühn ‖ 7 ἑκατέραν PA Or. : ἑκατέρων SC ‖ 7-8 τῶν ὠμοπλατῶν A Or. Dietz : τὴν ὠμοπλάτην P Kühn τῶν ὠμοπλάτων SC ‖ 12 post ἄλλοι *quintus nimirum et sextus* Gad. ‖ 16 alt. τὸ om. P Kühn ‖ 17 ἐμφύεται A Or. Ar. Dietz : ἐκφύεται PC S (errat Dietz) Kühn ‖ 18 ἐν ὠμοπλάτῃ SCA Or. : ὠμοπλάτης P Kühn ‖ 19 ἀκρωμίῳ Or. : ἀκρώμιον A ἀκρόμυον SC τὸ ἀκρώμιον P Kühn ‖ 20 σαρκώδης SCA Dietz : σαρκοειδής P Or. Kühn.

très peu large, et tire l'omoplate vers les parties latérales postérieures du cou. **3** Or, Lycos n'ignore pas seulement l'action de ce muscle, mais aussi son origine et son insertion, car il croit qu'il commence à partir des processus styloïdes du crâne et qu'il parvient à l'acromion. **4** Le muscle[1] qui a son origine à partir de l'os qui entoure le larynx, s'insère précisément dans le point du côté supérieur de l'omoplate où se trouve le début de l'apophyse ancyroïde ; ce muscle est étroit et long, et tire l'omoplate vers sa propre origine, ce qui est commun à tous les muscles. **5** Le muscle[2] qui a les lombes pour origine, et qui monte à l'articulation de l'épaule, atteint la base de l'omoplate entière et les parties concaves du côté inférieur par en bas et en avant ; à l'aide de ces prises, il tire vers lui l'omoplate entière en bas et en avant[3]. **6** Des deux muscles qui restent, dont Lycos croit qu'ils meuvent seuls l'omoplate, l'un, le superficiel[4], qui naît de toutes les vertèbres du thorax, s'insère dans la partie inférieure

1. Omo-hyoïdien.

2. Grand dorsal.

3. Cette action du grand dorsal n'est pas reconnue par Howell et Straus, mais elle est affirmée dans *Utilité des parties* (Helmreich II, 282,15-16), κατασπῶν ὅλην τὴν ὠμοπλάτην. Le grand dorsal a des associations avec le grand rond (Howell-Straus p. 130), qui naît de l'omoplate.

4. Rhomboïde, partie cervicale ; Howell-Straus p. 118.

τε καὶ ἥκιστα πλατὺς ὁ μῦς οὗτος καὶ προσάγει τὴν
ὠμοπλάτην τοῖς πλαγίοις μέρεσι τοῦ τραχήλου. **3** Τού-
του τοῦ μυὸς οὐ τὴν ἐνέργειαν μόνην ὁ Λύκος ἠγνόη-
σεν, ἀλλὰ καὶ τὴν ἔκφυσίν τε καὶ τὴν κατάφυσιν οἰόμε-
νος ἄρχεσθαι μὲν αὐτὸν ἀπὸ τῶν στιλοειδῶν τοῦ
κρανίου ἐκφύσεων, ἥκειν δ' ἐπὶ τὸ ἀκρώμιον. **4** Ὁ δ' ἐκ
16 τοῦ περιέχοντος ὀστοῦ τὸν λάρυγγα τὴν ἔκ|φυσιν
ἔχων εἰς ἐκεῖνο μάλιστα τῆς κατ' ὠμοπλάτην ὑψηλῆς
ἐμφύεται πλευρᾶς, ἵνα περ ἡ ἀρχὴ τῆς ἀγκυροειδοῦς
ἀποφύσεώς ἐστι, στενὸς δὲ καὶ μακρὸς ὁ μῦς οὗτος
ὑπάρχει καὶ προσάγει τὴν ὠμοπλάτην ἐπὶ τὴν ἰδίαν
ἀρχήν, ὅπερ ἁπάντων ἐστὶ κοινὸν τῶν μυῶν. **5** Ὁ δ' ἀπὸ
940 τῆς ὀσφύος | εἰς τὴν κατὰ τὸν ὦμον διάρθρωσιν ἀνα-
φερόμενος μῦς τῇ τε βάσει τῆς ὠμοπλάτης ὁμιλῶν ὅλῃ
καὶ τῶν σιμῶν τοῖς κατὰ τὴν ταπεινοτέραν πλευρὰν
κάτωθέν τε καὶ πρόσθεν ἐφ' αὐτὸν ἐκ τούτων τῶν λαβῶν
ἐπισπᾶται τὴν ὅλην ὠμοπλάτην εἴς τε τὰ κάτω καὶ
πρόσω. **6** Οἱ δ' ὑπόλοιποι δύο μύες, οὓς μόνους οἴεται
Λύκος τὴν ὠμοπλάτην κινεῖν, ὁ μὲν ἐπιπολῆς ἐξ
ἁπάντων ἐκφυόμενος τῶν τοῦ θώρακος σπονδύλων εἰς

TEST. : 6 ὁ δ'' ἐκ — 18 πρόσω ORIB., *Coll.* XXV, 31 (Raeder, 66,27-36). — 19 ὁ μὲν — 131,11 ὁμοία ORIB., *Coll.* XXV, 31-32 (Raeder, 66,37-67,24).

1 ὁ μῦς οὗτος codd. : οὗτος ὁ μῦς Or. || 4 ἔκφυσιν codd. Or. : *positionem* Ar. || 5 στιλοειδῶν Garofalo : στιλλοειδῶν A στηλοειδῶν codd. Or. Dietz *processibus similibus acubus* Ar. || 9 ἐμφύεται PA Ar. : ἐκφύεται SC Or. || 10 ὁ μῦς οὗτος PSC : μῦς οὗτος Or. οὗτος ὁ μῦς A || 11 post ὠμοπλάτην add. εἰς τὸ πρόσω τοῦ τραχήλου P Or. Kühn || ἐπὶ SCA : πρὸς P Or. || 12 ὅπερ κοινόν ἐστι ἁπάντων τῶν μυῶν Or. || post ὁ δ' add. τῶν πλευρῶν τε καὶ P Kühn τῶν πλευρῶν τε add. Or. || 14 ὁμιλῶν PA Or. : ὁμιλεῖ SC || 15 τῶν σιμῶν SCA Dietz : τοῖς σιμοῖς P Or. Kühn || 16 ἐφ' αὐτὸν P Or. Dietz : ἐφ' αὐτῶμον A ἐπ' αὐτῶν SC ἐφ' ἑαυτὸν Kühn.

de l'épine de l'omoplate, **7** l'autre, qui est placé au-dessous de celui-là[1], a pour origine les sept vertèbres du thorax et, en plus, les cinq vertèbres cervicales, et s'insère dans toute la partie cartilagineuse de la base. **8** Chacun de ces deux muscles écarte en arrière l'omoplate, mais le premier cité la tire aussi en bas, tandis que le second la tire en haut vers le cou ; s'ils sont tendus tous les deux, ils écartent l'ensemble de l'omoplate en arrière vers l'épine dorsale, vers les sept premières vertèbres du thorax, vertèbres que l'omoplate côtoie[2].

VIII. Les muscles qui font mouvoir la tête

1 Les mouvements propres de la tête, sans le cou, sont à la fois très courts et doubles, à l'aide de doubles articulations ; avec les unes elle fait une rotation dans les deux sens, avec les autres on fléchit la tête en avant et on la replie en arrière. Ses mouvements avec tout le cou ont une grande ampleur, et je vais en traiter tout à l'heure. Pour le moment, il sera traité des muscles qui lui sont propres. **2** Après la paire déjà citée des muscles menus[3] qui, je l'ai déjà dit, tirent, eux aussi, l'omoplate en haut et

1. Rhomboïde, partie dorsale ; Howell-Straus p. 118.
2. L'omoplate côtoie les vertèbres, d'après une correction suggérée par l'arabe ; dans les manuscrits grecs, les muscles sont le sujet.
3. Rhomboïde, partie de la tête.

τὸ κάτω μέρος ἐμφύεται τῆς ῥάχεως αὐτῆς, 7 ὁ δ' ὑπ' αὐτῷ κείμενος ἐκφύεται μὲν ἐκ τῶν ἑπτὰ τοῦ θώρακος σπονδύλων καὶ προσέτι τῶν ἐν τῷ τραχήλῳ πέντε,
17 **καταφύεται δ' εἰς ὅλον | τὸ χονδρῶδες τῆς βάσεως. 8 Ἀπάγει μὲν οὖν ἑκάτερος αὐτῶν ὀπίσω τὴν ὠμοπλάτην, ἀλλ' ὁ μὲν πρότερον ῥηθεὶς σὺν τῷ κατασπᾶν, ὁ δὲ δεύτερος ὡς ἐπὶ τὸν τράχηλον ἀνέλκων· εἰ δ' ἄμφω ταθεῖεν, ὀπίσω πρὸς τὴν ῥάχιν ἀπάγουσιν ὅλην τὴν ὠμοπλάτην ἐπὶ τοὺς ἑπτὰ τοῦ θώρακος σπονδύλους τοὺς πρώτους, οἷς καὶ παρατέτα[ν]ται.**

941 VIII. **Περὶ τῶν τὴν κεφαλὴν κινούντων μυῶν**

1 Ἡ κεφαλὴ τὰς μὲν οἰκείας κινήσεις ἄνευ τοῦ τραχήλου κινεῖται βραχυτάτας τε ἅμα καὶ διττὰς ὑπαρχούσας κατὰ διττὰς διαρθρώσεις· τὰς μὲν ἑτέρας ἐφ' ἑκάτερα περιστρεφομένη, τὰς δ' ἑτέρας ἐπινευόντων τε πρόσω καὶ ἀνανευόντων ὀπίσω· αἱ δὲ σὺν ὅλῳ τῷ τραχήλῳ κινήσεις αὐτῆς ἐπὶ πολύ τε γίνονται καὶ μετ' ὀλίγον ὑπὲρ αὐτῶν δίειμι· νυνὶ δὲ περὶ τῶν οἰκείων αὐτῆς μυῶν εἰρήσεται. 2 Τῇ προειρημένῃ συζυγίᾳ τῶν ἰσχνῶν μυῶν, οὓς καὶ αὐτοὺς ἔφθην εἰπὼν ἀνασπᾶν τὴν

TEST. : 129,19 ὁ μὲν — 131,11 ὁμοία ORIB., *Coll.* XXV, 31-32 (Raeder, 66,37-67,24). — Cap. VIII Summ. p. 79,21 Sezgin.

---

1 ἐμφύεται PA Ar. : ἐκφύεται SC Or. ‖ 3 τῷ om. A ‖ 6 σὺν τῷ κατασπᾶν SCA Or. Dietz : ἑαυτῷ κατασπᾷ P Kühn ‖ 7 ἀνέλκων SCA Or. Dietz : ἀνέλκει P Kühn ‖ 9 ἐπὶ SCA Or. Dietz : πρὸς P ὡς Kühn ‖ 10 παρατέταται Garofalo (sc. ἡ ὠμοπλάτη) Ar. sec. : παρατέτανται PSC Or. περιτέτανται A ‖ 11 titulum om. A spatio relicto ‖ 13 διττὰς codd. : δισσὰς Or. ‖ 13-14 ὑπαρχούσας codd. : οὔσας Or. ‖ 14 κατὰ P Or. Ar. Kühn : καὶ SCA Dietz ‖ 17 ἐπὶ πολύ codd. : *multi motus species* Ar. ‖ τε om. Or. ‖ 19-20 τῶν ἰσχνῶν non uertit Ar. ‖ 20 ἔφθην εἰπὼν SA Dietz Ar. : ἔφην εἰπὼν C ἔφην P Or.

qui naissent de l'os occipital de la tête, il y a une autre paire[1] qui a une origine transversale, charnue et large jusqu'aux oreilles. **3** Avec celle-ci prend naissance une autre[2] qui part de la région située au-dessous même de l'oreille. **4** Ces paires s'avancent obliquement à travers le cou tout entier ; tout au début de leur naissance, les muscles sont modérément en symphyse, mais dans l'espace suivant ils ont plutôt tendance à se séparer et c'est pour cela qu'ils pourraient sembler être deux muscles, un de chaque côté du cou[3]. **5** L'utilité, le mouvement, la position des fibres des deux muscles est la même ; la seule différence est que les fibres du premier muscle, charnues dès le début de sa naissance, restent toujours telles quelles jusqu'à l'insertion dans l'os de la clavicule, celles du second ont comme commencement une sorte de ligament et, comme terminaison une sorte de tendon, qui aboutit au sternum. **6** Ce second muscle peut, lui aussi, être divisé en deux, si l'on veut parvenir à ce degré de finesse. En effet, il se fend en quelque manière à la hauteur du cou de façon à s'en approcher et à le toucher. Une

1. Il s'agit du cléido-mastoïdien.

2. Sterno-mastoïdien.

3. La tradition de cette phrase est troublée déjà à une phase ancienne. D'après *Musc.*, les deux muscles s'écartent et peuvent sembler deux et non pas un, aux deux côtés du cou ; d'après Oribase, ils s'écartent et pourraient sembler deux muscles, un de chaque côté du cou ; d'après l'arabe « ils adhèrent encore plus et pourraient sembler deux muscles, aux deux côtés du cou ». L'opposition μετρίως/μᾶλλον montre que la leçon correcte est celle de l'arabe. Mais la correction en « s'écartent » est commune à la tradition directe et à celle d'Oribase, un fait difficile à expliquer. Galien pensait que les composants du sterno-cléido-mastoïdien sont contigus : *Utilité des parties*, Helmreich II, 205, 23, συνεχεῖς.

ὠμοπλάτην τοῦ κατ' ἰνίον ὀστοῦ τῆς κεφαλῆς ἐκφυο-
18 μένους ἐφεξῆς ἐστιν | ἑτέρα τὴν ἔκφυσιν ἐγκαρσίαν τε ἅμα καὶ σαρκώδη καὶ πλατεῖαν ἄχρι τῶν ὤτων ἔχουσα. 3 Συνεκφύεται δ' αὐτῇ τις ἑτέρα τὴν ἀρχὴν ἐκ τῆς ὑπ' αὐτὸ τὸ οὖς χώρας πεποιημένη. 4 Αὗται δι' ὅλου τοῦ τραχήλου πρὸς τὰ πρόσω φέρονται λοξαί· κατὰ μὲν τὴν πρώτην ἔκφυσιν μετρίως συμφυεῖς, ἐν δὲ τῷ μετὰ ταῦτα χωρίῳ ἀποχωροῦσι μᾶλλον καὶ διὰ τοῦτο καὶ
942 δύο μύες δό|ξειαν ἄν τῳ, [καὶ] εἷς ἑκατέρωθεν τοῦ τραχήλου. 5 Ἀμφοτέρων δὲ καὶ ἡ χρεία καὶ ἡ κίνησις καὶ ἡ τῶν ἰνῶν θέσις ὁμοία, διαφέρουσι δ' ἑνὶ μόνῳ τῷ τὰς μὲν τοῦ προτέρου μυὸς ἶνας ἀπὸ τῆς πρώτης ἐκφύσεως σαρκοειδεῖς ὑπαρχούσας ἄχρι παντὸς τοιαύτας μενούσας εἰς τὸ τῆς κλειδὸς ὀστοῦν καταφύεσθαι, τὰς δὲ τοῦ δευτέρου καὶ οἷον σύνδεσμον ἔχειν τὴν ἀρχὴν καὶ οἷον τένοντα τὸ πέρας, ὃ πρὸς τὸ στέρνον περαίνεται. 6 Τέμνεσθαι δέ πως καὶ αὐτὸς οὗτος ὁ δεύτερος μῦς εἰς δύο δύναται τῷ βουλομένῳ μέχρι τοσούτου λεπτουργεῖσθαι· σχίζεται γάρ πως περὶ τὸν τράχηλον, ὡς
19 παρακεῖσθαί | τε καὶ ψαύειν αὐτοῦ τὰ μέρη συνηρτημένα· τὸ μὲν οὖν ἕτερον τὸ πρόσθιον ἐμφύεται τῷ

TEST. : 129,19 ὃ μὲν — 11 ὁμοία Orib., *Coll.* XXV, 31-32 (Raeder, 66,37-67,24). — Cap. VIII Summ. p. 79,21 Sezgin

1 ante τοῦ add. ἐκ P Kühn || 4 συνεκφύεται P Or. Ar. Gad. Kühn : συμφύεται SCA || 7 μετρίως codd. : *obscure* Ar. || 8 ἀποχωροῦσι PSC Or. : ἀπὸ χοροῦ A *adhaerent* Ar. || 9 post μύες add. εἶναι C || δόξειαν Dietz Daremberg : δόξειεν codd. Or. || τῳ Or. A Dietz : τὸ C ὁ S τις P Kühn || καὶ CA καὶ οὐχ P Kühn Or. καθ' S om. Ar. seclusit Garofalo || 14 καταφύεσθαι SCA Ar. : καταφέρεσθαι P edd. || τὰς codd. : τὰ Kühn | 16 ὅ PSC : ὡς A εἰ Kühn || 19 περὶ P : κατὰ SC περὶ κατὰ A || 20 τε om. P Kühn.

partie, celle qui est antérieure, s'insère dans le sternum à l'aide d'une terminaison nerveuse, tandis que l'autre opère une insertion charnue à l'extrémité de la clavicule, en se plaçant entre le muscle qui aboutit au sternum et le muscle déjà mentionné, qui tire son origine de l'occiput. **7** Il faut considérer ce muscle tout entier comme formant un tout pour son mouvement et son utilité ; effectivement son mouvement est oblique et son utilité est de donner une rotation en avant à la tête de l'animal. Mais il ne faut pas le considérer comme un tout, du fait qu'il ne reste pas toujours continu et qu'il n'a pas toutes ses origines et toutes ses insertions semblables [droites]. **8** Effectivement ses origines sont au nombre de deux : l'occipitale est charnue, celle sous l'oreille est plutôt tendineuse. Quant aux insertions, comme l'on l'a déjà dit à l'instant, celle qui descend à la clavicule est charnue, celle qui adhère au sternum est tendineuse. **9** Mais à ce sujet les erreurs faites par les anatomistes ne sont pas grandes, tandis que croire que la partie occipitale du muscle s'insère dans toute la longueur de la clavicule est une bévue considérable sur ce qui se voit. **10** Lycos et d'autres personnages célèbres l'ont affirmé ; et pourtant, ce muscle non seulement n'occupe pas toute la clavicule, mais pas même la moitié de celle-ci. **11** Cette paire, assurément, est formée de muscles assez grands pour être reconnus, même avant la dissection, sur tous les hommes, surtout

στέρνῳ διὰ νευρώδους πέρατος, τὸ δ' ἕτερον εἰς τὴν ἀρχὴν τῆς κλειδὸς σαρκοειδῆ κατάφυσιν ποιεῖται, μέσον κείμενον αὐτοῦ τε τοῦ πρὸς τὸ στέρνον περαίνοντος καὶ τοῦ πρόσθεν ῥηθέντος τοῦ τὴν ἔκφυσιν ἐξ ἰνίου πεποιημένου. 7 Τοῦτον ὅλον τὸν μῦν ἕνα μὲν χρὴ τίθεσθαι τῇ τε κινήσει καὶ τῇ χρείᾳ· καὶ γὰρ ἡ κίνησις αὐτοῦ λοξὴ
943 **καὶ ἡ χρεία τὴν κε|φαλὴν τοῦ ζῴου περιάγειν εἰς τὰ πρόσω, οὐχ ἕνα δὲ διά τε τὸ μὴ πάντη μένειν συνεχῆ καὶ διὰ τὸ τὰς ἐκφύσεις τε καὶ καταφύσεις οὐχ ὁμοίως ἁπάσας [εὐθείας] ἔχειν. 8 Αἵ τε γὰρ ἐκφύσεις αὐτοῦ δύο εἰσί, σαρκώδης μὲν ἡ ἐξ ἰνίου, νευρωδεστέρα δέ πως ἡ ὑπὸ τὸ οὖς· αἵ τε καταφύσεις, ὡς νῦν ἤδη λέλεκται,**
20 **σαρκώδης μὲν ἡ εἰς τὴν κλεῖν καθήκουσα, νευρώδης | δ' ἡ τῷ στέρνῳ συμφυομένη. 9 Ἀλλὰ περὶ μὲν τούτων οὐ μεγάλα τοῖς ἀνατομικοῖς ἡμάρτηται, τὸ δ' οἴεσθαι τῷ μήκει τῆς κλειδὸς ἐμφύεσθαι παντὶ τὴν ἀπ' ἰνίου μοῖραν αὐτοῦ, οὐ μικρόν τι περὶ τὸ φαινόμενον ἐσφαλμένον ἐστίν. 10 Εἴρηται δ' ὑπὸ τοῦ Λύκου τοῦτο καὶ ἄλλων τινῶν ἐνδόξων ἀνδρῶν. καίτοι γε οὐ μόνον ὅλην οὐ κατείληφε τὴν κλεῖν ὁ μῦς οὗτος, ἀλλ' οὐδὲ τὸ ἥμισυ μέρος αὐτῆς. 11 Αὕτη μὲν οὖν ἡ συζυγία μεγάλων ἱκανῶς ἐστι μυῶν, ὥστε καὶ πρὸ τῆς ἀνατομῆς ἐπὶ πάντων ἀνθρώπων διαγινώσκεσθαι σαφῶς καὶ μάλιστα ἐπὶ τῶν**

TEST. : 6 καὶ γὰρ — 8 πρόσω ORIB., *Coll.* XXV, 31-32 (Raeder, 67,25-26). — 21 αὕτη — 133,10 ὀρθογωνίῳ ORIB., *Coll.* XXV, 32 (Raeder, 67,26-35). — Cap. VIII Summ. p. 79,21 Sezgin.

---

3 τε om. SC ‖ περαίνοντος PA : περάματος SC ‖ 4 τὴν PA : πρὸς SC ‖ 5 μὲν om. P Kühn ‖ 7 περιάγειν SCA Dietz : περιάγει P Kühn ‖ 9 ὁμοίως SCA *uno modo* Ar. : ὁμοίας P edd. ‖ 10 εὐθείας seclusi non uertit Ar. ‖ 14 ante τῷ στέρνῳ add. ἐν P Kühn ‖ 15 μεγάλα A edd. : μεγάλ´ P μεγάλως SC ‖ 17 αὐτοῦ SCA Ar. Dietz : αὐτῶν P Kühn ‖ 18 post ὑπὸ add. τε A ‖ τοῦτο A Ar. Dietz : τοῦτο τὸ P Kühn τούτου SC.

sur les gymnastes, tandis que les muscles qui naissent en arrière, de l'occiput, sont beaucoup plus petits que ceux-ci et sont très nombreux. **11** Il existe, pourrait-on dire, deux genres de muscles, l'un, commun au cou et à la tête, l'autre, propre à la tête seule. **12** Le genre commun[1] au cou et à la tête se divise en huit muscles, quatre de chaque côté de l'épine. La première paire, qui a de larges origines provenant de l'occiput, se rétrécit en descendant ; et la forme de chaque muscle devient semblable à un triangle rectangle qui aurait comme base l'origine provenant de la tête, comme autre côté de l'angle droit, l'épine de la colonne vertébrale et, comme troisième et dernier côté, la ligne qui unit ces deux endroits ; de la sorte il est clair, d'après ce qu'on a dit, que les fibres de ces muscles sont obliques, vu que, à partir des côtés de la tête, ils se tournent vers l'arrière. **13** Ces muscles, qui sont bien larges, sont placés comme des strates sur les autres, un de chaque côté ; et lorsqu'ils sont enlevés, apparaissent clairement parfois trois paires, mais, le plus souvent, deux, l'une s'étendant à côté de l'épine, faite de muscles un peu larges qui vont obliquement de l'occiput vers les côtés de la colonne, l'autre faite de muscles

1. Triangle occipital.

γυμναστικῶν, οἱ δ᾽ ὄπισθεν ἐξ ἰνίου πεφυκότες ἐλάτ-
944 **τους τε πολὺ τούτων εἰσὶ | καὶ πάμπολλοι τὸν ἀριθμόν.**
11 Ἔστι δ᾽ αὐτῶν, ὡς ἄν τις εἴποι, δύο γένη, τὸ μὲν
ἕτερον κοινὸν τραχήλου καὶ κεφαλῆς, τὸ δ᾽ ἕτερον ἴδιον
αὐτῆς μόνης τῆς κεφαλῆς. 12 Τὸ μὲν οὖν κοινὸν τραχή-
λου καὶ κεφαλῆς εἰς ὀκτώ που διαιρεῖται μῦς ἑκατέρω-
θεν τῆς ἀκάνθης τέτταρας· ὧν ἡ μὲν πρώτη συζυγία
πλατείας ἔχουσα τὰς κατ᾽ ἰνίον ἐκφύσεις στενοῦται
κατιοῦσα καὶ γίνεται τὸ σχῆμα τῶν μυῶν ἑκατέρου
τριγώνῳ παραπλήσιον ὀρθογωνίῳ βάσιν μὲν ἔχοντι τὴν
21 **ἐκ | τῆς κεφαλῆς ἔκφυσιν, τὴν δ᾽ ἑτέραν τῶν περὶ τὴν**
ὀρθὴν γωνίαν πλευρῶν αὐτῆς τῆς ῥάχεως τὴν ἄκανθαν,
λοιπὴν δὲ τρίτην τὴν ταύτας ἐπιζευγνύουσαν, ὥστε ἐκ
τῶν εἰρημένων εὔδηλον ὅτι λοξαὶ τούτων εἰσὶν αἱ ἶνες
ἀπὸ τῶν πλαγίων τῆς κεφαλῆς ἐπιστρεφόμεναι πρὸς
τοὐπίσω. 13 Οὗτοι μὲν οὖν οἱ μύες, ὥσπερ τινὲς πτύχες
ἐπίκεινται τοῖς ἄλλοις πεπλατυσμένοι καθ᾽ ἑκάτερον
μέρος εἷς, ἀρθέντων δ᾽ αὐτῶν ἐνίοτε μὲν ἐναργῶς φαί-
νονται τρεῖς συζυγίαι μυῶν, ὡς τὸ πολὺ δὲ δύο· παρα-
945 **τεταμένη μὲν ἡ ἑτέρα παρὰ τὴν ἄκανθαν ἀτρέμα | πλα-**
τέων μυῶν λοξῶν ἀπ᾽ ἰνίου πρὸς τὰ πλάγια τῆς ῥάχεως
φερομένων, ἡ δ᾽ ἑτέρα στρογγύλων ὑπεναντίως ἐκείνοις

TEST. : 132,21 αὔτη — 10 ὀρθογωνίῳ ORIB., *Coll.* XXV, 32 (Raeder, 67,26-35). — 16 οὗτοι — 134,3 φερομένας ORIB., *Coll.* XXV, 32 (Raeder, 67,35-68,7). — Cap. VIII Summ. p. 79,21 Sezgin.

---

4 ἴδιον om. P Or. Kühn || 7 τέτταρας Or. A : τέσσαρας P edd. τέσσαρες SC || 11 τῆς κεφαλῆς ἔκφυσιν om. A sp. 4 litt. rel. || post ἑτέραν add. μὲν P Kühn || περὶ SCA Dietz : ἐπὶ P Kühn || 13 post δὲ add. καὶ SC || 14 αἱ om. P Kühn || 16 ὥσπερ — 18 μὲν om. A || 17 ἑκάτερον SC Dietz : ἕτερον P (ἑκάτερον in marg.) Kühn || 19-20 παρατεταμένη μὲν ἡ ἑτέρα Or. Dietz : παρατεταμένη ἡ ἑτέρας A (errat Dietz) παρατεταμένης ἑτέρας SC παρατεταμένη μὲν ἑτέρα P Kühn.

ronds qui ont leurs fibres allant, au contraire de celles des muscles précédents, des côtés de la tête, d'où elles tirent leur origine, jusqu'à l'épine. **14** Quand les trois paires apparaissent[1], l'une d'elles s'étend le long de la colonne, l'autre le long des apophyses latérales, la dernière se place au milieu des deux. **15** Souvent on peut voir toutes les fibres de toutes les origines aller obliquement d'arrière en avant de façon à finir toutes dans cette région des vertèbres où se trouvent les apophyses latérales ; et si l'on enlève celles-ci, l'articulation de la tête apparaît à ce moment bien nettement. **16** Quatre[2] petits muscles se trouvent là de chaque côté. Deux tirent leur origine de l'os de la tête à partir d'un même commencement, et touchent la diarthrose à l'extrémité de l'occiput. **17** Le plus tendineux d'entre eux[3] descend vers l'apophyse postérieure de la deuxième vertèbre et il se fait plus mince à l'insertion. L'autre[4] descend obliquement vers l'apophyse latérale de la première vertèbre. Un troisième muscle[5] unit les deux en partant de l'apophyse latérale de

1. Cf. *Utilité des parties,* Helmreich II, 204 ; *Pratiques anatomiques*, Kühn II, 451-2 ; Garofalo p. 243-5. *Splenius capitis* et *semispinalis capitis* d'après May, p. 565, n. 31.

2. *Pratiques anatomiques* IV, 7 Garofalo p. 247 sq. ; *Proc.* p. 425 sq.

3. Grand droit postérieur de la tête.

4. Obliques postérieurs supérieurs de la tête.

5. Obliques postérieurs inférieurs de la tête.

ἐχόντων τὰς ἶνας ἐκ τῶν πλαγίων μερῶν τῆς κεφαλῆς, ὅθεν περ καὶ τὴν ἔκφυσιν ἔχουσιν ἐπὶ τὴν ἄκανθαν φερομένας. 14 Ἐπειδὰν δὲ τρεῖς συζυγίαι φαίνωνται, μία μὲν αὐτῶν παρὰ τὴν ῥάχιν ἐκτέταται, ἡ δ' ἄλλη παρὰ τὰς πλαγίας ἀποφύσεις, ἡ λοιπὴ δ' ἀμφοῖν τέτακται
22 **μέση. | 15 Πολλάκις δὲ καὶ πάσας τὰς ἶνας ἁπασῶν τῶν ἐκφύσεων ἰδεῖν ἔστιν ἀπὸ τῶν ὀπίσω μερῶν εἰς τὰ πρόσω λοξὰς φερομένας, ὡς τελευτᾶν ἁπάσας κατ' ἐκεῖνο τὸ μέρος τῶν σπονδύλων, ἵνα πέρ εἰσιν αὐτῶν αἱ ἀποφύσεις αἱ πλάγιαι, ἀφελόντι δ' αὐτὰς ἀκριβῶς ἤδη καταφαίνεται τὰ κατὰ τὴν διάρθρωσιν τῆς κεφαλῆς. 16 Εἰσὶ δὲ ἐνταῦθα τέτταρες μύες μικροὶ καθ' ἑκάτερον μέρος· δύο μὲν ἐκ τοῦ τῆς κεφαλῆς ὀστοῦ τὴν ἔκφυσιν ἔχοντες ἐκ κοινῆς ἀρχῆς κατὰ τὸ τοῦ ἰνίου πέρας ἁπτόμενοι τῆς διαρθρώσεως. 17 Καθήκει δ' ὁ μὲν νευρωδέ-**
946 **στερος αὐτῶν εἰς τὴν | ὀπισθίαν ἀπόφυσιν τοῦ δευτέρου σπονδύλου στενούμενος κατὰ τὴν ἔμφυσιν, ὁ δ' ἕτερος λοξὸς εἰς τὴν πλαγίαν τοῦ πρώτου, τρίτος δ' ἄλλος μῦς ἐπιζεύγνυσιν ἀμφοτέρους ἀπὸ τῆς τοῦ πρώτου σπονδύ-**

TEST. : 132,21 οὗτοι — 3 φερομένας Orib., *Coll.* XXV, 32 (Raeder, 67,35-68,7 — 10 ἀφελόντι — 11 κεφαλῆς Orib., *Coll.* XXV, 32 (Raeder, 68,6-7). — 13 ὀστοῦ — 136,4 ἐργάζονται Orib., *Coll.* XXV, 32 (Raeder, 68,8-32). — Cap. VIII Summ. p. 79,21 Sezgin.

---

3 φερομένας Or. Ar. Dietz : φερόμεναι SCA φερομένην P Kühn || ante τρεῖς add. αἱ SC || 4 pr. παρὰ SC Dietz *propter* Gad. : περὶ PA Kühn || 5 ἡ λοιπὴ δὲ Dietz : ἡ δὲ λοιπὴ P Kühn λοιπὴ δὲ SC λοιπὸν A || τέτακται SCA Dietz : περιτέτακται P Kühn || 7 ἔστιν ἰδεῖν S Dietz || 8 λοξὰς SCA : λοξῶς P edd. || 11 καταφαίνεται SCA Or. Dietz : καταφαίνονται P Kühn || τὰ SCA Or. Dietz : αἱ P Kühn || κατὰ SCA : περὶ P Kühn || 12 τέτταρες A : τέσσαρες PSC || 14-15 ἁπτόμενοι PA Or. edd. : ἁπτόμεναι SC || 15-16 νευρωδέστερος SCA Ar. Dietz : εὐρωστότερος Or. (corrigendus) P Kühn || 16 τὴν om. A || 17 ἔμφυσιν Dietz ex Gad. (cf. Ar.) : ἔκφυσιν codd. Kühn.

la première vertèbre et en arrivant à l'apophyse postérieure de la deuxième vertèbre, et ce muscle s'insère aux côtés de l'apophyse. L'autre, mentionné en premier, s'insère dans le sommet lui-même qu'on appelle l'épine, et sous ce muscle s'en trouve un autre, un petit muscle qui a pour origine l'occiput et s'insère dans la première vertèbre. **18** L'action de ces petits muscles mentionnés en dernier, au nombre de huit, est de donner le mouvement à la région seule de l'articulation de la tête, tandis que l'action des muscles placés sur eux est de donner le mouvement à la tête et au cou tout entier. **19** Les muscles droits[2] qui descendent à la première et à la deuxième vertèbre replient en arrière la tête seule verticalement ; quant aux quatre autres, ils le font avec une courte inclinaison : les deux premiers qui naissent de la tête, l'écartent de côté un peu obliquement ; les deux qui restent aident ici les muscles opposés dans la tension oblique en arrière qui est produite par ce mouvement, et ramenent la tête avec les parties contiguës de la première vertèbre à la position normale. **20** Il est évident que ces mouvements [obliques][4] se produisent avec chacun de ces muscles agissant seul, mais si les deux muscles de chaque paire

1. Petit droit postérieur de la tête.
2. Droits postérieurs de la tête, grand et petit.
3. Obliques postérieurs inférieurs de la tête.
4. « Obliques » est une interpolation qui s'est produite indépendamment dans la tradition directe grecque et chez Oribase, mais en position différente.

λου πλαγίας ἀποφύσεως ἐπὶ τὴν ὄπισθεν ἀφικνούμενος τοῦ δευτέρου, καταφύεται δ' οὗτος μὲν εἰς τὰ πλάγια
23 **τῆς ἀποφύσεως, ὁ δ' ἕτερος ὁ | πρῶτος λεχθεὶς εἰς αὐτὸ τὸ ὑψηλόν, ὅπερ ἄκανθαν ὀνομάζουσιν, ὑπόκειται δὲ τούτῳ μῦς ἕτερος μικρὸς ἐκ τοῦ τῆς κεφαλῆς ἰνίου καταφυόμενος εἰς τὸν πρῶτον σπόνδυλον. 18 Ἡ δ' ἐνέργεια τῶν μὲν ὑστάτων εἰρημένων μυῶν τούτων τῶν μικρῶν ὀκτὼ τὸν ἀριθμὸν ὄντων τὰ περὶ τὴν διάρθρωσιν μόνην κινεῖν τῆς κεφαλῆς, τῶν δ' ἐπικειμένων αὐτοῖς ἅμα τῷ τραχήλῳ παντὶ τὴν κεφαλήν. 19 Ἀνανεύουσι μὲν οὖν ἐπ' εὐθείας μόνην τὴν κεφαλὴν οἱ καθήκοντες ὄρθιοι μύες εἴς τε τὸν πρῶτον καὶ τὸν δεύτερον σπόνδυλον, μετὰ δὲ βραχείας ἐγκλίσεως οἱ λοιποὶ τέτταρες, οἱ μὲν ἐκ τῆς κεφαλῆς ἐκπεφυκότες ἀτρέμα λοξὴν ἀπά-**
947 **γοντες εἰς τὸ πλάγιον· οἱ λοιποὶ δὲ δύο | συνεργοῦντες τῇδε κατὰ τὴν γινομένην ἐκ ταύτης τῆς κινήσεως τοῖς ἀντιτεταγμένοις μυσὶν ἀνάτασιν λοξὴν ἐπὶ τὴν κεφαλὴν ἅμα τοῖς συνεχέσι μέρεσι τοῦ πρώτου σπονδύλου πρὸς τὸ κατὰ φύσιν ἐπανάγοντες. 20 Πρόδηλον δ' ὅτι καθ' ἕνα μὲν ἕκαστον μῦν αἱ κινήσεις αὗται [λοξαὶ] γίνονται, συναμφοτέρου δὲ καθ' ἑκάστην συζυγίαν ἐνεργήσαντος**

TEST. : 134,13 ὀστοῦ — 136,4 ἐργάζονται Orib., *Coll.* XXV, 32 (Raeder, 68,8-32). — Cap. VIII Summ. p. 79,21 Sezgin.

2 οὗτος P Or. : αὐτὸς SCA || 3 ἀποφύσεως SCA Dietz : ἐκφύσεως Or. P Kühn || 9 κινεῖν τῆς κεφαλῆς SC Dietz : κινεῖ τῆς κεφαλῆς A ἢ τῆς κεφαλῆς κίνησις P Kühn κινῆσαι τῆς κεφαλῆς Or. et P marg. || αὐτοῖς PA Or. : αὐτῇ S αὐτῆς C || 10-11 ἀνανεύουσι — κεφαλὴν om. A || 13 τέτταρες Garofalo : τέσσαρες codd. || 15 συνεργοῦντες τῇδε κατὰ Garofalo Ar. sec. : συνεργοῦντες τῇδε καὶ P Or. edd. καὶ SCA || 17 ἐπὶ τὴν κεφαλὴν codd. Or. : τῆς κεφαλῆς Ar. ἐπὶ secluserit Jouanna || 18 συνεχέσι μέρεσι SCA Dietz : συνέχουσι μορίοις P Kühn || 20 λοξαὶ secl. Garofalo (non uertit Ar.) : λοξαὶ γίγνονται SCA Dietz γίνονται λοξαὶ Or. γίνονται αἱ λοξαὶ P Kühn.

agissent, un mouvement droit unique se réalise ; ainsi, parmi les muscles qui sont placés sur eux et qui occupent le cou tout entier, les muscles obliques produisent un mouvement de flexion en arrière oblique, tandis que les droits en réalisent un droit. **21** Les anatomistes se sont trompés aussi au sujet de ces muscles : ils n'ont décrit correctement ni leur nombre, ni leur position, ni leur utilité, ni leur forme. **22** Il existe, en avant, deux autres muscles[1] parmi ceux qui meuvent la tête avec le cou, robustes et longs, qui avancent jusqu'à la cinquième vertèbre du thorax ; ils s'étendent antérieurement sur toutes les vertèbres cervicales en se glissant sous l'œsophage. **23** Leur origine se situe dans les parties inférieures de la tête ; elle est charnue et occupe le milieu entre l'articulation même et l'extrémité inférieure de la suture lambdoïde. **24** Ces deux muscles inclinent la tête avec le cou, quand ils agissent tout entiers, alors que leur partie supérieure qui provient de la tête et s'insère dans la première et deuxième vertèbres, incline seulement la tête proprement dite, et a parfois un contour distinct, analogue aux petits muscles postérieurs. **25** Il y a deux autres paires de petits muscles provenant des parties latérales autour de l'articulation de la tête : l'une relie la première vertèbre à la tête ; l'autre, relie la deuxième vertèbre à la première,

1. Probablement *recti capitis anteriores* et aussi *longus capitis, longus colli, rectus capitis lateralis*, d'après May, p. 566, note 34 (*Utilité des parties*, Helmreich II, 205).

24 εὐθεῖα κίνησις ἀποτελεῖται μία. οὕτω δὲ καὶ τῶν | ἐπι-
κειμένων αὐτοῖς μυῶν τῶν ὅλον τὸν τράχηλον κατει-
ληφότων οἱ μὲν λοξοὶ λοξὴν ἀνανεύουσιν, οἱ δ' εὐθεῖς
εὐθεῖαν ἐργάζονται. 21 Ἐσφαλμένοι δέ εἰσι καὶ περὶ
τούτους οἱ ἀνατομικοὶ μήτε τὸν ἀριθμὸν αὐτῶν ἀκριβῶς
μήτε τὴν θέσιν μήτε τὴν ἐνέργειαν μήτε τὴν χρείαν μήτε
τὸ σχῆμα γράψαντες. 22 Ἄλλοι δὲ ἐκ τῶν πρόσω δύο
μύες εἰσὶ τῶν κινούντων ἅμα τῷ τραχήλῳ τὴν κεφαλήν,
εὔρωστοί τε καὶ μακροί, προβαίνουσι δ' ἄχρι τοῦ πέμπ-
του τῶν κατὰ θώρακα σπονδύλων, ἐπιτεταμένοι μὲν
ἅπασι τοῖς κατὰ τὸν αὐχένα σπονδύλοις ἐκ τῶν ἔμπρο-
σθεν μερῶν, ὑποβεβλημένοι δὲ τῷ στομάχῳ. 23 Ἡ | δ'
948 ἔκφυσις τούτων ἐκ τῶν κάτω μερῶν ἐστι τῆς κεφαλῆς,
σαρκώδης τε οὖσα καὶ κατειληφυῖα τὸ μεταξὺ τῆς τε
διαρθρώσεως αὐτῆς καὶ τοῦ κάτω πέρατος τῆς λαβδοει-
δοῦς ῥαφῆς. 24 Κάμπτουσι δ' οἱ δύο μύες οὗτοι σὺν τῷ
τραχήλῳ τὴν κεφαλήν, ἐπειδὰν ἐνεργήσωσιν ὅλοι, τὸ δ'
ἄνω μέρος αὐτῶν ὅσον ἀπὸ τῆς κεφαλῆς εἰς τὸν πρῶτόν
τε καὶ τὸν δεύτερον ἐμφύεται σπόνδυλον αὐτὴν μόνην
ἐπινεύει τὴν κεφαλὴν ἰδίαν ἔσθ' ὅτε σαφῆ περιγραφὴν
25 ἔχον ἀνάλογον τοῖς ὄπισθεν μυσὶ τοῖς | μικροῖς. 25 Εἰσὶ
δὲ κἀκ τῶν πλαγίων μερῶν περὶ τὸ τῆς κεφαλῆς ἄρθρον
ἄλλαι δύο συζυγίαι μικρῶν μυῶν ἡ μὲν ἑτέρα συνάπ-
τουσα τῇ κεφαλῇ τὸν πρῶτον σπόνδυλον, ἡ δ' ἑτέρα

TEST. : 134,13 ὀστοῦ — 4 ἐργάζονται ORIB., *Coll.* XXV, 32 (Raeder, 68,8-32). — 7 ἄλλοι — 137,5 περικείμενος ORIB., *Coll.* XXV, 32 (Raeder, 68,32-69,10). — Cap. VIII Summ. p. 79,21 Sezgin.

1 ante τῶν add. ἐπὶ P Kühn || 3 prius οἱ om. Kühn || 10 post κατὰ add. τὸν PA Kühn || ἐπιτεταμένοι P Or. Ar. : ἐπιτεταμένοις SC ἐπιτεταγμένοι A || 15 λαβδ- S P Or. : λαυδ- A λαμδ- C || 17 ἐνεργήσωσιν codd. : ἐνεργῶσιν Or. || 18 τὸν om. P Or. Kühn || 19 σπόνδυλον ἐμφύεται SC || 20 σαφῆ om. SC || 23 μυῶν μικρῶν P Kühn.

mais elle n'est pas toujours distincte. **26** L'action de ces muscles est d'incliner latéralement les seules articulations des premières vertèbres[1]. **27** Or, parmi tous ces petits muscles qui, comme un chœur en cercle[2], forment une couronne à l'articulation de la tête, Lycos n'en connaît que deux, mais il ignore tous les autres, ainsi que les huit muscles occipitaux que nous avons définis comme communs au cou et à la tête ; ceux-ci, il n'a pas été capable de les distinguer des muscles spinaux, pas plus qu'il n'a reconnu les autres, comme on pouvait s'y attendre, car ils sont bien cachés.

IX. Les muscles de la trachée

1 Les muscles propres à la trachée sont au nombre de quatre ; ils la contractent et la rétrécissent lorsqu'ils se tendent en tirant l'os hyoïde et le larynx en direction contraire. **2** Les plus grands d'entre eux[3] commencent à l'extrémité inférieure de la ligne droite de l'hyoïde, puis,

1. Dans l'arabe « l'articulation de la première vertèbre ».

2. Chœur de danseurs. La comparaison est conservée par Oribase, perdue dans la tradition directe grecque et dans la traduction arabe. L'image du chœur se retrouve encore chez Ioannes Grammatikos, dans son commentaire au *De pulsibus*, « Sur le pouls », de Galien, appliquée cette fois aux parois de l'artère qui s'éloignent et se rapprochent du centre comme un chœur de danseuses. Voir Garofalo, « La traduzione araba del commento di Ioannes al *De pulsibus* di Galeno », in *I testi medici greci. Tradizione e ecdotica*, a cura di A. Garzya e J. Jouanna, Naples 1999, p. 185-212 : p. 205.

3. Sterno-hyoïdiens. *Utilité des parties* Helmreich I, 430 ; Howell-Straus p. 100.

τούτῳ τὸν δεύτερον, οὐκ ἀεὶ σαφής. 26 Ἡ ἐνέργεια δὲ τούτων ἐστὶν εἰς τὸ πλάγιον ἐπινεύειν αὐτὰς μόνον τὰς κατὰ τοὺς πρώτους σπονδύλους διαρθρώσεις. 27 Τούτων ἁπάντων τῶν μικρῶν μυῶν ὅσοι τὴν διάρθρωσιν ἐστεφανώκασι τῆς κεφαλῆς, ὥσπερ χορὸς ἐν κύκλῳ
949 περικείμενος, δύο μόνους οἶδεν | ὁ Λύκος, ἀγνοεῖ δὲ τοὺς ἄλλους ἅπαντας, ὥσπερ καὶ τοὺς ὄπισθεν ὀκτὼ τοῦ ἰνίου, οὓς κοινοὺς ἔφαμεν εἶναι τραχήλου καὶ κεφαλῆς· ἀλλὰ τούτους μὲν οὐκ ἠδυνήθη χωρίσαι τῶν ῥαχιτῶν, τοὺς λοιποὺς δὲ κατακεκρυμμένους εἰκότως οὐκ ἔγνω.

IX. **Περὶ τῶν τῆς τραχείας ἀρτηρίας μυῶν**

1 Τῆς τραχείας ἀρτηρίας τέτταρές εἰσιν ἴδιοι μύες,
26 συστέλλοντές τε καὶ στενοῦντες αὐτήν, ἐπει|δὰν ταθῶσιν ἀντισπῶντες τὸ ὑοειδὲς ὀστοῦν καὶ τὸν λάρυγγα. 2 Ἄρχονται δ' αὐτῶν οἱ μὲν μείζους ἐκ τοῦ κάτω πέρατος τῆς εὐθείας γραμμῆς τοῦ ὑοειδοῦς, εἶτα κατὰ τὸ

TEST. : 136,7 ἄλλοι — 6 περικείμενος Orib., *Coll.* XXV, 32 (Raeder, 68,32-69,10). — Cap. VIII Summ. 79,21 Sezgin — 12 Περὶ — 138,6 ἀρτηρίαν Orib., *Coll.* XXV, 33 (Raeder, 69,11,20). — Cap. VIII Summ. 79,21 Sezgin — Cap. IX Summ. p. 82,18 Sezgin.

1 τούτῳ P Or. Ar. : τούτων A τοῦτον SC || οὐκ ἀεὶ σαφὴς codd. : *haud obscura* Gad. αἰσαφὴς eius codex || 1-2 ἡ ἐνέργεια δὲ τούτων P Kühn : ἡ ἐνέργεια δ' αὐτῶν SCA ἡ om. Or || 2 μόνον PA Or. : μόνας SC || 4 μικρῶν om. Kühn || 5 ὥσπερ χορὸς Or. : ὥσπερ ὁρᾷς P Kühn om. SCA non uert. Ar. Gad. || 6 περικείμενος P Or. : περικείμενοι SCA || post περικείμενος add. ἄλλος ἄλλην ἐνέργειαν πεπίστευται ex Oribasio Kühn || ἀγνοεῖ SCA Dietz : ἀγνοῶν P Kühn || 8 τοῦ ἰνίου non uertit Ar. || 9 χωρίσαι SCA Dietz : διαχωρίσαι P Kühn || 10 λοιποὺς δὲ SCA Ar. Dietz : δὲ ὑπὸ τούτους P Kühn || 12 περὶ... μυῶν om. A μυῶν om. C || 13 τετταρες Or. : τέσσαρες codd. || 15 post ἀντισπῶντες add. κάτω SC καὶ P Kühn || 17 post τό add. τε Or.

ils avancent le long de toute la trachée et s'insèrent à l'arrière du sternum. Ces deux muscles peuvent vous sembler parfois doubles. **3** Deux autres qui naissent des parties latérales et inférieures du cartilage tyroïde[1], se terminent, eux aussi, au sternum en l'embrassant latéralement ; souvenons-nous que tout cela se dit à propos des singes ; je parle de la différence des autres animaux par rapport aux singes dans les *Pratiques anatomiques*[2].

X. Les muscles propres au larynx[3]

1 Deux muscles se situent sur les parties antérieures du cartilage thyroïde[4], l'un à droite, l'autre à gauche, verticaux : ils naissent des côtés inférieurs de l'os lambdoïde[5] et tirent le cartilage en haut et en avant ; **2** deux autres[6] naissant, un de chaque côté, des extrémités postérieures du cartilage thyroïde s'insèrent dans l'œsophage en l'entourant à la manière des muscles sphinctères[7] ; ils ont la

1. Sterno-thyroïdiens. *Utilité des parties* Helmreich I, 405 ; Howell-Straus p. 100.
2. Cf. XI, 6, où il est aussi question du porc.
3. Cf. *Utilité des parties* VII, 10-11, Helmreich I, 404-407 ; *Pratiques anatomiques* XI, 4, *Proc.* p. 918-926. Howell-Straus p. 98-100.
4. Thyro-hyoïdiens.
5. Pour ce mot, voir *infra*, p. 140, n. 3.
6. Thyro-pharyngiens.
7. De l'anus et de la vessie ; voir plus bas p. 181-182.

μῆκος ὅλης τῆς ἀρτηρίας ἐνεχθέντες ἐπιφύονται τῷ στέρνῳ κατὰ τὰ ἔνδον μέρη· δόξειαν δ' ἂν σοί ποτε καὶ διφυεῖς ὑπάρχειν οἱ δύο μύες οὗτοι. 3 Ἄλλοι δὲ δύο ἀπὸ τῶν πλαγίων τε καὶ κάτω μερῶν ἐκφυόμενοι τοῦ θυρεοειδοῦς χόνδρου τελευτῶσι καὶ οὗτοι πρὸς τὸ στέρνον ἐκ
950 **τῶν πλαγίων περιλαμβάνον|τες τὴν ἀρτηρίαν, μεμνημένων ἡμῶν ὡς ἐπὶ τῶν πιθήκων ἅπαντα λέγεται ταῦτα, περὶ δὲ τῆς τῶν ἄλλων ζῴων πρὸς τούτους διαφορᾶς ἐν ταῖς ἀνατομικαῖς ἐγχειρήσεσι λέγεται.**

X. **Περὶ τῶν τοῦ λάρυγγος ἰδίων μυῶν**

1 Δύο μὲν ἐπὶ τοῖς προσθίοις μέρεσι τοῦ χόνδρου τοῦ θυρεοειδοῦς, ὁ μὲν ἐκ τῶν δεξιῶν, ὁ δ' ἐκ τῶν ἀριστερῶν ὄρθιοι κατὰ τὸ μῆκος ἐπίκεινται πεφυκότες ἐκ τῶν ταπεινῶν πλευρῶν τοῦ λαβδοειδοῦς, ἀνασπῶσι δ' οὗτοι πρός τε τὸ ἄνω καὶ πρόσω τὸν χόνδρον· 2 Ἕτεροι δὲ
27 **δύο | μύες ἀπὸ τῶν ὀπίσω περάτων τοῦ θυρεοειδοῦς χόνδρου καθ' ἑκάτερον εἷς ἐκφυόμενος καταφύονται τῷ στομάχῳ σφιγκτήρων τρόπον περιλαμβάνοντες αὐτόν·**

TEST. 137,12 Περὶ — 6 ἀρτηρίαν ORIB., *Coll.* XXV, 33 (Raeder, 69,11,20). — 10 Περὶ — 139,13 συμφυεῖς ORIB., *Coll.* XXV,34 (Raeder, 69,21-70,2). — Cap. IX Summ. p. 82,18 Sezgin — Cap. X Summ. p. 83,1 Sezgin

---

1 ἐπιφύονται Or. : ἐμφύονται codd. || 2 δόξειαν PA edd. ; δόξειε S δόξειεν Or. (δόξειαν edd. Oribasii) δόξοιε C || 4 τε SCA Or. : περιλαμβάνονται P Kühn || ἐκφυόμενοι PA Or. Ar. : ἐμφυόμενοι SC || 4-5 θυρεοειδοῦς Or. : θυροειδοῦς C || 5 καὶ οὗτοι PSA : δὲ καὶ αὐτοὶ C καὶ αὐτοὶ Or. || 6 περιλαμβάνοντες SCA Or. : περιλαμβάνονται P || 9]ειρήσεσι— 10 μυῶν om. A || 14 πλευρῶν codd. : μερῶν Kühn || 17 ἐκφυόμενος codd. : ἐκφυόμενοι Or. || 18 σφιγκτήρων codd. : σφιγκτῆρος Or.

propriété de contracter et d'aplatir le cartilage. **3** Deux autres muscles doubles[1] connectent et contractent les extrémités du premier et du deuxième cartilages ; et, après ceux-ci, il y en a quatre autres[2] qui vont du deuxième au troisième cartilage : les deux premiers dilatent l'articulation vers l'arrière, les deux autres vers les côtés ; ensuite, deux autres[3], qui ne se voient que si le larynx est ouvert, connectent le cartilage thyroïde à l'aryténoïde dans tous les cas, et seulement parfois au cartilage restant [l'anonyme][4]. **4** Ces muscles ont une action opposée à celle des quatre muscles précédemment nommés. **5** On trouve aussi autour de la base du troisième cartilage un muscle double, ou deux muscles en symphyse[5], ou comme on voudra les nommer, qui n'existent pas dans tous les animaux. Dans ceux où ils se trouvent, ils contractent le cartilage et ferment le larynx. **6** Les anatomistes se sont beaucoup égarés au sujet de beaucoup des muscles mentionnés.

1. Crico-thyroïdiens.
2. Crico-aryténoïdiens.
3. Thyro-aryténoïdiens.
4. Les manuscrits grecs ajoutent « l'anonyme », qui manque chez Oribase et dans la version arabe ; « anonyme » pour le cartilage cricoïde vient de *Pratiques anatomiques* XI, 1 ; Simon p. 89, *Proc.* p. 908 : « le deuxième cartilage n'a pas un nom à lui ».
5. Interaryténoïdiens ; *Pratiques anatomiques* XI, 3 ; Simon p. 105, *Proc.* p. 922 ; *Utilité des parties*, Helmreich I, 405.

**συνάγειν οὗτοι καὶ προσστέλλειν πεφύκασι τὸν χόν-
δρον. 3 Ἄλλοι δὲ δύο διφυεῖς τὰ πέρατα τοῦ πρώτου καὶ
δευτέρου χόνδρου συνάπτουσί τε καὶ συνάγουσι καὶ
951 μετὰ τούτους ἄλλοι τέτταρες ἐκ τοῦ δευτέρου | χόνδρου
διήκοντες εἰς τὸν τρίτον· οἱ μὲν εἰς τοὐπίσω διαστέλ-
λουσι τὴν διάρθρωσιν, οἱ δ' εἰς τὰ πλάγια· καὶ μετ'
αὐτοὺς ἄλλοι δύο μὴ φαινόμενοι πρὶν διοιχθῆναι τὸν
λάρυγγα συνάπτουσι τὸν θυρεοειδῆ χόνδρον τῷ μὲν
ἀρυταινοειδεῖ διὰ παντός, οὐ διὰ παντὸς δὲ τῷ λοιπῷ
[τῷ ἀνωνύμῳ]. 4 Ἀντικειμένην οἱ δύο μύες οὗτοι τὴν
ἐνέργειαν ἔχουσι τοῖς προειρημένοις δʹ· 5 ἔστι δὲ καὶ
περὶ τῇ βάσει τοῦ τρίτου χόνδρου μῦς διφυὴς ἢ δύο
συμφυεῖς ἢ ὡς ἂν ἐθέλῃς ὀνομάζειν, οὐκ ἐν ἅπασι τοῖς
28 ζῴοις | ὑπάρχοντες, ἀλλ' ἐν οἷς γε εἰσὶ συνάγοντες τὸν
χόνδρον καὶ κλείοντες τὸν λάρυγγα. 6 Πεπλάνηνται δ'
οὐ σμικρὰ περὶ πολλοὺς τῶν εἰρημένων μυῶν οἱ ἀνατο-
μικοί. |**

TEST. : 138,10 Περὶ — 13 συμφυεῖς ORIB., *Coll.* XXV, 34 (Raeder, 69,21-70,2). — Cap. X Summ. p. 83,1 Sezgin.

1 συνάγειν...πεφύκασι codd. : συνάγουσι Or. || προσστέλλειν A : προστέλλειν SCP Or. || 2 ante τὰ add. εἰς SC || 3 post χόνδρου add. ἀπὸ τῶν ὀπίσω περάτων SCA || συνάπτουσι — 4 χόνδρου om. A || 4 μετὰ τούτους codd. : μετ'αὐτοὺς Or. || 6 post πλάγια add. τὸ ἄνω πέρας ἀνοίγοντες τοῦ λάρυγγος Kühn ex Oribasio || 6-7 μετ' αὐτοὺς PA Or. : μετὰ τούτους SC || 10 τῷ ἀνωνύμῳ codd. : non uertit Ar. om. Or. seclusit Garofalo || δύο om. P Or. edd. || 11 δʹ Garofalo : τέσσαρσιν SA τέτταρσιν P Or. τέτρασιν C || post δʹ add. στενοῦντες ἀκριβῶς ἅμα τοῖς εἰρημένοις δύο συμφυέσι τὸ κάτω πέρας τοῦ λάρυγγος Kühn ex Oribasio || 14 ἐν οἷς γε εἰσὶ SCA Ar. Dietz : ἐνίοις τισὶ P Kühn.

XI.[1] Les muscles propres à l'os lambdoïde[2]

1 L'os qui est placé sur le sommet du larynx est appelé par quelques-uns hyoïde, par d'autres, lambdoïde[3]. **2** Il a une ligne droite qui s'étend le long du cou, formée par un os un peu large. **3** Les quatre autres lignes sont obliques et forment deux paires qui naissent du dit os : l'une des paires, formée d'os minces et menus comme des pointes de stylet, naît des parties supérieures, l'autre, formée d'os assez larges, naît des parties inférieures. **4** Les deux côtés menus sont liés aux extrémités des apophyses en forme d'aiguille[4] par des ligaments ronds et minces, les deux côtés inférieurs sont connectés par des ligaments robustes jouxtant le cartilage aryténoïde[5]. **5** Deux muscles larges connectent l'os hyoïde à la mâchoire inférieure[6] : ils naissent des parties latérales de sa ligne droite et s'insèrent dans les parties latérales de la mâchoire après l'insertion[7] des muscles propres à celle-ci[8] ; **6** deux autres[9] parviennent, au sommet de la

1. Comme on l'a dit dans la *Notice* p. 100, le ms. P qui a servi de modèle pour l'édition de Kühn a déplacé ici le chapitre XX.

2. *Utilité des parties* VII, 19 Helmreich I, 430 sq.

3. Hyoïde, en forme de Y, pour l'os, est attesté la première fois chez Rufus, *Noms des parties* 155 (et Pollux II, 202), mais la comparaison avec la forme de la lettre est plus ancienne, chez Asclépiodote Tactique (Ier s. après J.-C.) 11,7 ; lambdoïde, en forme de lambda (non le Λ épigraphique mais celui des papyrus, semblable au λ minuscule), est attesté ici pour la première fois ; voir déjà *supra*, 138,14. Cette forme du lambdoïde est celle de l'os du porc. Voir une description plus détaillée dans les *Pratiques anatomiques* XI (fr. 15, tiré d'Oribase, Garofalo p. 588-591).

4. Apophyses styloïdes de l'os temporal (voir *supra* p. 50).

5. Ligaments thyro-hyoïdiens latéraux ; *Utilité des parties*, Helmreich I, 431,16.

6. Génio-hyoïdiens.

7. Ἔμφυσιν « Insertion » d'après la version de Hubaish ; les manuscrits grecs et Oribase ont ἔκφυσιν, « origine ». Mais la mâchoire inférieure est la région d'insertion des muscles propres à la mâchoire inférieure, les digastriques, comme il est dit partout (par ex. *supra* p. 124). Il s'agit d'une faute indépendante, vu l'échange très fréquent des deux mots.

8. Digastriques.

9. Mylo-hyoïdiens.

957 XI. Περὶ τῶν ἰδίων τοῦ λαβδοειδοῦς ὀστοῦ μυῶν

1 Τὸ ἐπικείμενον ὀστοῦν τῇ κεφαλῇ τοῦ λάρυγγος
ἔνιοι μὲν ὑοειδές, ἔνιοι δὲ λαβδοειδὲς ὀνομάζουσιν·
2 ἔστι δ᾽ ἡ μὲν εὐθεῖα τῶν γραμμῶν αὐτοῦ κατὰ τὸ
μῆκος ἐκτεταμένη τοῦ τραχήλου ὀστοῦν ἀτρέμα πλα-
τύ· **3** τέτταρες δ᾽ αἱ λοιπαὶ λοξαὶ κατὰ δύο συζυγίας
ἀποφυόμεναι τοῦ προειρημένου ὀστοῦ, ἐκ μὲν τῶν ἄνω
μερῶν ἡ ἑτέρα συζυγία λεπτῶν τε καὶ ἰσχνῶν, ὡς γρα-
φείου περάτων, ἡ λοιπὴ δ᾽ ἐκ τῶν κάτω μερῶν μετρίως
29 πλα|τέων. **4** Ἀλλ᾽ αἱ μὲν ἰσχναὶ δύο πλευραὶ διὰ συν-
δέσμων στρογγύλων καὶ λεπτῶν τοῖς πέρασι τῶν βελο-
νοειδῶν ἐκφύσεων συνδοῦνται, τὰς δὲ λοιπὰς δύο τὰς
κάτω συνάπτουσιν ἰσχυροὶ δεσμοὶ παρὰ τὸ ἀρυται-
νοειδῆ χόνδρον. **5** Καὶ μὴν καὶ δύο μύες πλατεῖς τῇ
κάτω γένυι συνάπτουσι τὸ ὑοειδὲς ὀστοῦν, ἐκ μὲν τῶν
πλαγίων μερῶν τῆς εὐθείας αὐτοῦ γραμμῆς ἐκφυόμε-
958 νοι, καταφυόμενοι δ᾽ εἰς τὰ πλά|για μέρη τῆς γένυος
μετὰ τὴν τῶν ἰδίων αὐτῆς μυῶν ἔμφυσιν. **6** Ἄλλοι δὲ δύο

TEST. : 1 Περὶ — μυῶν Orib., *Coll.* XXV, 35 (Raeder, 70,4). — 14 δύο — 142,1 μυῶν Orib., *Coll.* XXV, 35 (Raeder, 70,6-26). — Cap. XI Summ. p. 84,2 Sezgin.

---

1 Περὶ — μυῶν om. A || λαβδοειδοῦς SC Or. : λαμβδ- P. Kühn || ὀστοῦ om. Or. || post μυῶν add. ὅπερ καὶ ὑοειδὲς ὀνομάζεται P Or. edd., in calce C || 3 λαβδοειδὲς SCA Or. : λαμβδ- P Kühn || 4 μὲν om. P Kühn || γραμμῶν codd. Or. : πλευρῶν Ar. || 5 ἐκτεταμένη A : ἐκτεταμένον SC τεταγμένη P Kühn || 5-6 πλατὺ P : πλατὺν SCA edd. || 7 post προειρημένου add. προειμέρους Kühn || ὀστοῦ om. SC et A sp. 7 litt. rel. || ἐκ μὲν om. A || 8 τε om. SC || 9 ἡ λοιπὴ P Ar. : οἱ λοιποὶ SC ἡ ἑτέρα A || 10 ἀλλ᾽ αἱ SCA Ar. : ἄλλαι P edd. || 10-11 συνδέσμων στρογγύλων καὶ λεπτῶν P Ar. : συνδέσμου στρογγύλου καὶ λεπτοῦ SCA || 13 ἰσχυροὶ codd. : ἰσχυρῶς Kühn || 15 τὸ ὑοειδὲς ὀστοῦν P Or. Ar. : τοῦ ὑοειδοῦς ὀστοῦ SCA || 16 εὐθείας codd. : ὀρθίας Or. || αὐτοῦ codd. Or. Ar. : αὐτῶν Kühn || γραμμῆς codd. Or. : πλευρᾶς Ar. || 18 ἔμφυσιν Dietz Kühn (cf. Ar.) : ἔκφυσιν codd. Or. Gad.

mâchoire, étant liés entre eux. Le point de départ de ces muscles est l'extrémité supérieure de la ligne droite du lambdoïde. **7** Deux autres muscles commencent à la racine de l'apophyse styloïde et s'insèrent dans l'extrémité inférieure de la ligne droite du lambdoïde, un de chaque côté[1]. **8** Ces trois paires de muscles sont, à elles seules, propres au lambdoïde, et lui donnent certains mouvements de petite ampleur : la paire qui commence à la base des apophyses en forme d'aiguille l'écarte en arrière, les autres, qui parviennent aux parties latérales de la mâchoire[2], le tirent en haut vers la mâchoire. **9** Les autres muscles qui naissent de l'os hyoïde sont faits plutôt pour d'autres parties ; ceux qui vont aux omoplates[3] sont faits pour donner le mouvement à celles-ci, comme je l'ai dit plus haut[4] ; ceux qui vont à la langue[5] donnent le mouvement à la langue, comme je le dirai en parlant d'elle[6]. **10** Enfin, le muscle placé le long du pharynx à l'extérieur[7], que l'on veuille le définir double ou en voir deux en symphyse mutuelle, ce qui me paraît mieux, ces muscles donc, aplatissent la trachée et tirent le lambdoïde en direction opposée.

1. Stylo-hyoïdiens.
2. L'arabe traduit : « qui le plient vers les deux côtés de la mandibule ».
3. Omo-hyoïdiens.
4. *Supra*, p. 128.
5. Omo-glosses.
6. *Infra*, p. 142 ; hyo-glosses.
7. Hyo-œsophagien ? Cf. *Utilité des parties*, Helmreich I, 431,23, May p. 376 et note 71.

μύες ἐπ᾽ ἄκραν ἥκουσι τὴν γένυν ἀλλήλοις ἐπιζευγνύμενοι. ἀρχὴ δ᾽ αὐτῶν ἐστι τὸ ἄνω πέρας τῆς εὐθείας γραμμῆς τοῦ λαβδοειδοῦς. **7** Ἕτεροι δὲ δύο μύες ἐκ μὲν τῆς ῥίζης ἄρχονται τῆς γραφιοειδοῦς, ἐμπεφύκασι δὲ τῆς ὀρθίας γραμμῆς τοῦ λαβδοειδοῦς τῷ κάτω πέρατι καθ᾽ ἑκάτερον μέρος εἷς. **8** Αὗται μόναι αἱ τρεῖς συζυγίαι τῶν μυῶν αὐτοῦ τοῦ λαβδοειδοῦς εἰσιν ἴδιαι, βραχείας τινὰς αὐτῷ διδοῦσαι κινήσεις· ἡ μὲν ἀπὸ τῆς βάσεως τῶν βελονοειδῶν ἀρχομένη πρὸς τὴν ὀπίσω χώραν ἀπάγουσα. αἱ λοιπαὶ δ᾽ ἐπὶ τὰ πλάγια τῆς γένυος διορίζουσαι καὶ πρὸς τὴν γένυν ἀνατείνουσαι. **9** Οἱ δ᾽ ἄλλοι μύες οἱ ἀπὸ τοῦ ὑοειδοῦς ὀστοῦ πεφυκότες ἑτέρων ἕνεκα γεγόνασι μορίων μᾶλλον. οἱ μὲν εἰς ὠμοπλάτας ὑπὲρ τοῦ κινεῖν ἐκείνας, ὡς ἔμπροσθεν εἶπον, οἱ δ᾽ ἐπὶ τὴν γλῶτταν, ὡς καὶ περὶ ταύτης εἰρήσεται. **10** Καὶ λοιπὸς ἐπ᾽ αὐτοῖς ὁ κατὰ τῆς φάρυγγος ἔξωθεν ἐπιβεβλημένος, εἴθ᾽ ἕνα τις αὐτὸν ἐθέλοι διφυῆ προσαγορεύειν εἴτε δύο παραφυομένους ἀλλήλοις, ὅπερ ἄμει-|
959 νον εἶναί μοι δοκεῖ· προσστέλλουσι δ᾽ οὗτοι τὴν τραχεῖαν ἀρτηρίαν καὶ τὸ λαβδοειδὲς ἀντισπῶσι.

TEST. : 140,14 δύο — 142,1 μυῶν ORIB., *Coll.* XXV, 35 (Raeder, 70,6-26). — Cap. XI Summ. p. 84,2 Sezgin.

---

2 εὐθείας codd. : ὀρθίας Or. || 4 τῆς γραφιοειδοῦς Garofalo : τοῦ γραφοειδοῦς codd. Or. || 5 ὀρθίας SCA Or. Dietz : εὐθείας P Kühn || 6 μόναι αἱ SCA : μόναι Or. μὲν αἱ P Kühn || 7 post αὐτοῦ add. μόνου Or. P Kühn || 10 αἱ λοιπαὶ codd. Or. *reliquae duo* Gad. : ἡ λοιπή Ar. || 11 διορίζουσαι codd. Or. : *flectunt* Ar. || 13 ἕνεκα SCA Or. Dietz : ἕνεκεν P Kühn || μᾶλλον om. SC || 15 γλῶτταν SCA Or. : γλῶσσαν P Kühn || 16 φάρυγγος codd. Or. : *trachea* Ar. || 17 ἐθέλοι Or. Dietz : ἐθέλει PSA Kühn ἐθέλῃ C || 17-18 προσαγορεύειν διφυῆ P Kühn || 19 προσστέλλουσι A : προστ- ceteri codd. Galeni et Oribasii προστέλλουσιν omisso δ᾽ SCA || 20 post ἀντισπῶσι add. κάτω P Kühn ex Oribasio.

XII. Les muscles qui font mouvoir la langue

1 Comme notre maître Pélops l'écrit dans son anatomie de la langue, il y a seize muscles dans la langue du bœuf. Mais notre intention à présent est, comme nous l'avons dit au début[1], de nous exercer sur le corps du singe à cause de sa ressemblance avec l'homme. **2** Parmi donc les muscles qui font mouvoir la langue, deux commencent aux bases des apophyses styloïdes, étroits et longs[2], et, en avançant, s'insèrent aux parties latérales de la langue, un de chaque côté ; ils commandent les mouvements obliques. **3** Tous les autres naissent de l'os qui entoure le sommet du larynx, que nous appelons hyoïde ou lambdoïde, et s'insèrent dans la langue, quatre en deux paires, en lui donnant des mouvements manifestes ; le cinquième muscle, le double[3], qui commence à l'extrémité supérieure de la ligne droite de l'hyoïde, s'attache au-dessous de la langue dans toute sa longueur et arrive à la pointe de la mâchoire inférieure, à ce qu'on appelle menton, là où les os de la mâchoire se soudent. **4** Ce muscle tire en direction contraire, vers le haut, l'hyoïde, vu qu'il est opposé aux muscles qui le tirent en bas vers le sternum[4]. Il n'opère aucun mouvement appréciable sur

1. Chapitre I.
2. Stylo-glosses.
3. Hyo-glosse.
4. Omo-hyoïdiens.

XII. Περὶ τῶν τὴν γλῶτταν κινούντων μυῶν

1 Ὡς μὲν ὁ διδάσκαλος ἡμῶν Πέλοψ ἐν γλώττης ἀνατομῇ γράφει, μύες ἓξ καὶ δέκα βοείας εἰσὶ γλώττης, ἡμῖν δὲ νῦν, ὡς ἐν ἀρχῇ προείρηται, γυμνασθῆναι πρόκειται περὶ πιθήκειον σῶμα διὰ τὴν πρὸς ἄνθρωπον ὁμοιότητα. **2** Τῶν τοίνυν τὴν γλῶτταν κινούντων μυῶν οἱ μὲν δύο ἀπὸ τῶν βάσεων τῶν βελονοειδῶν ἐκφύσεων 26 ἀρχό|μενοι, στενοὶ καὶ μακροὶ προήκοντες εἰς τὰ πλάγια μέρη τῆς γλώττης ἑκατέρωθεν εἷς ἐμφύονται, λοξῶν κινήσεων ἐξηγούμενοι, **3** Οἱ δ' ὑπόλοιποι πάντες ἐκφύονται μὲν ἐκ τοῦ περιέχοντος ὀστοῦ τὴν κεφαλὴν τοῦ λάρυγγος, ὃ καλοῦμεν ὑοειδές τε καὶ λαβδοειδές, ἐμβάλλουσι δ' εἰς τὴν γλῶτταν οἱ τέτταρες μὲν κατὰ δύο συζυγίας ἐναργῶς κινοῦντες αὐτήν, ὁ πέμπτος δ' ὁ διφυὴς ἐκ τοῦ ἄνωθεν πέρατος ἀρχόμενος τῆς εὐθείας | 960 γραμμῆς τοῦ ὑοειδοῦς ὑποπέφυκε τῇ γλώττῃ κατὰ τὸ μῆκος αὐτῆς ἀφικνούμενος ἕως ἄκρας τῆς κάτω γένυος ἐπὶ τὸ καλούμενον γένειον, ἔνθα συμπέφυκεν αὐτῆς τὰ ὀστᾶ. **4** Οὗτος ὁ μῦς ἀντισπᾷ μὲν ἄνω τὸ ὑοειδές, ἀντιτεταγμένος τοῖς κατασπῶσιν ἐπὶ τὸ στέρνον αὐτό· σαφῆ δὲ οὐδεμίαν ἐπὶ τῆς γλώττης ἐργάζεται κίνησιν·

TEST. : 140,14 δύο — 1 μυῶν ORIB., *Coll.* XXV, 35 (Raeder, 70,6-26). — 6 τῶν τοίνυν — 143,14 πλάγιαι ORIB., *Coll.* XXV, 35 (Raeder, 70,26-71,12). — Cap. XII Summ. p. 84,12 Sezgin.

2 Πέλοψ codd. : *Lqws* (= Λύκος) Ar. ‖ 6 τὴν γλῶτταν κινούντων SCA : κ. τ. γ. P Or. Kühn ‖ 7 οἱ μὲν δύο SCA Dietz : δύο μὲν P Or. Kühn ‖ 8 ἀρχόμενοι SCA Dietz : ἀρξάμενοι P Or. Kühn ‖ 12 τε καὶ λαβδοειδές om. Or. ‖ 15 ante ἐκ add. ὁ Or. ‖ εὐθείας codd. : ὀρθίας Or. ‖ 17 ἀφικνούμενος SCA Dietz : ἀφικόμενος P Kühn ‖ 18 αὐτῆς codd. : αὐτῇ Or. Raeder (corr. Daremberg) ‖ 19 τὸ ὑοειδὲς codd. Or. : τῇ γενειάδι Kühn.

la langue. Ceux qui la font clairement mouvoir sont les quatre qui restent. **5** Deux d'entre eux[1] naissent des parties supérieures de l'hyoïde, d'où naît aussi le muscle double[2] déjà nommé, mais plutôt dans les parties latérales. **6** Les deux autres[3] qui restent, après ceux-ci, naissent des parties latérales de la ligne droite et de ses côtés inférieurs ; les plus grands s'insèrent dans la région moyenne de la langue en se touchant jusqu'au bout et parviennent dans la partie antérieure, qui est attachée, de la langue ; les plus petits s'insèrent dans les parties latérales de la langue entre les grands muscles et ceux qui arrivent de chacune des bases des apophyses styloïdes[4]. **7** Les mouvements de chacun de ces muscles correspondent à sa position ; les mouvements des muscles obliques sont obliques, ceux des muscles droits sont droits, de même que les mouvements de ceux qui ont été mentionnés en premier sont latéraux. Pour une exposition plus claire, appelons les muscles qui montent des apophyses styloïdes « latéraux », et « obliques » ceux qui naissent des parties obliques du lambdoïde, « droits » ceux qui naissent de l'extrémité supérieure. **8** Sous tous les muscles susdits se placent, venant des parties inférieures, les muscles qui ont des fibres transversales ; ils s'attachent en dessous à toute la langue et s'insèrent dans l'os

1. Mylo-hyoïdiens.
2. Génio-hyoïdiens.
3. Hyo-glosses.
4. Stylo-glosses.

ἀλλ' οἵ γε ἐναργῶς αὐτὴν κινοῦντες οἱ λοιποὶ τέτταρές εἰσιν. 5 Ἐκφύονται δ' οἱ δύο μὲν ἐκ τῶν ἄνω μερῶν τοῦ ὑοειδοῦς, ὅθεν περ καὶ ὁ προειρημένος ὁ διφυὴς ἤδη πως ἐν τοῖς πλαγίοις αὐτοῦ μᾶλλον, 6 Οἱ δ' ὑπόλοιποι δύο τούτων ἐφεξῆς ἔκ τε τῶν πλαγίων τῆς ὀρθίας γραμμῆς καὶ τῶν ταπεινῶν αὐτοῦ πλευρῶν <ἐκφύ-
32 **ονται>, ἐμφύονται δ' οἱ μὲν μεί|ζους εἰς τὴν μέσην χώραν τῆς γλώττης ἀλλήλων ψαύοντες ἄχρι παντός, ἐξήκουσί τε πρὸς τὸ δεδεμένον αὐτῆς τὸ πρόσω· οἱ δ' ἐλάττους εἰς τὰ πλάγια μεταξὺ τούτων τε καὶ τῶν ἀφ' ἑκατέρας βάσεως τῆς βελονοειδοῦς ἐκφύσεως ἡκόντων. 7 Αἱ κινή-**
961 **σεις δ' ἑκάστου τού|των ἀνάλογον τῇ θέσει· λοξαὶ μὲν τῶν λοξῶν, εὐθεῖαι δὲ τῶν εὐθέων, ὥσπερ γε καὶ τῶν πρώτων ῥηθέντων πλάγιαι· καὶ δὴ καὶ καλείσθωσαν ἕνεκα σαφοῦς διδασκαλίας οἱ μὲν ἀπὸ τῶν βελονοειδῶν ἐκφύσεων ἀνιόντες μύες πλάγιοι, λοξοὶ δ' οἱ τῶν λοξῶν μερῶν ἀποφυόμενοι τοῦ λαβδοειδοῦς, εὐθεῖς δ' οἱ τοῦ ἄνω πέρατος. 8 Ὑποβέβληνται δὲ τοῖς εἰρημένοις ἅπασι μυσὶν ἐκ τῶν κάτω μερῶν οἱ τὰς ἐγκαρσίας ἔχοντες ἶνας, ὑποπεφυκότες μὲν ὅλῃ τῇ γλώττῃ, καταφυόμενοι**

TEST. : 142,6 τῶν τοίνυν — 14 πλάγιαι Orib., *Coll.* XXV, 35 (Raeder, 70,26-71,12). — 18 ὑποβέβληνται — 144,10 ἐνεργῶν Orib., *Coll.* XXV,35 (Raeder, 70,12-71,22). — Cap. XII Summ. p. 84,12 Sezgin.

1 γε om. SCA ‖ 5 post ἐφεξῆς add. εἰσιν SCA ‖ 6 καὶ om. SC *prope costas eius inferiores* Ar. ‖ ὀρθίας Or. SCA : εὐθείας P Kühn ‖ 6-7 ἐκφύονται suppl. Garofalo ex Ar. et Or. ‖ 7 ἐμφύονται δ' om. Or. ‖ 9 τε SCA Or. Dietz : δὲ P Kühn ‖ δεδεμένον PA Ar. (*uinctum* corr. in marg. : *nudatum* in textu) edd. : δεδεγμένον SC δεδομένον Or. (corr. edd.) ‖ 10 ἀφ' codd. : ἐφ' Or. (corrigendus) ‖ 12 ἑκάστου P edd. : ἑκάστων SCA ‖ 13 εὐθέων Garofalo (sc. μυῶν) : εὐθειῶν codd. Or. ‖ 14 post ῥηθέντων add. πλαγίων P Kühn, et Daremberg Raeder in Or. ‖ 15 ἕνεκα SCA Dietz : ἕνεκεν P Kühn ‖ 20 ὑποπεφυκότες SCA Ar. Or. : ἀποπεφυκότες P Kühn *a tota lingua exorti* Gad.

de la mâchoire presque tout entier, à l'exception du menton. Ces muscles en se tendant peuvent soulever et courber la langue.

XIII. Les muscles du pharynx

1 Il y a un espace commun devant l'œsophage et le larynx, dans lequel s'ouvre l'orifice de l'un et de l'autre. Cet espace est appelé isthme, car il est étroit et allongé, et le corps qui contient cet espace est appelé pharynx ; de chaque côté se trouve un muscle qui joue un rôle dans la production des sons et dans la déglutition ; leur origine est placée près des muscles qui montent d'en bas aux parties latérales de la langue[1].

XIV. Les muscles qui font mouvoir le cou

1 Les muscles communs du cou et de la tête ont été décrits plus haut[2]. Il s'agit des trois premières paires des six muscles occipitaux, ainsi que d'une autre, celle des muscles qui sont sous l'œsophage ; en résumé, les muscles qui naissent de la tête et s'insèrent dans le cou

1. Hyo-glosses.
2. Chapitre IX.

δ' εἰς τὸ τῆς γένυος ὀστοῦν σχεδὸν ὅλον πλὴν τοῦ γενείου· δύνανται δ' οἱ μύες οὗτοι ταθέντες ἐπᾶραί τε καὶ κυρτῶσαι τὴν γλῶτταν. |

33 XIII. Περὶ τῶν τῆς φάρυγγος μυῶν

1 Χώρα τις πρόκειται κοινὴ στομάχου τε καὶ λάρυγγος, εἰς ἣν ἑκατέρου τὸ στόμα ἀνήκει· καλοῦσι δ' αὐτὴν μὲν τὴν χώραν ἰσθμόν, ἐπειδὴ στενὴ καὶ προμήκης ἐστί,
962 τὸ πε|ριέχον δ' αὐτὴν σῶμα φάρυγγα, καθ' ἣν ἑκατέρωθεν εἷς ἐστι μῦς ἔν τε τῷ φωνεῖν καὶ καταπίνειν ἐνεργῶν, ἡ κεφαλὴ δ' αὐτῶν πλησίον τέτακται τοῖς κάτωθεν ἀνιοῦσιν εἰς τὰ πλάγια τῆς γλώττης μυσίν.

XIV. Περὶ τῶν τράχηλον κινούντων μυῶν

1 Οἱ μὲν οὖν τραχήλου καὶ κεφαλῆς κοινοὶ μύες ἔμπροσθεν εἴρηνται· τρεῖς μὲν αἱ πρῶται συζυγίαι τῶν ἓξ τῶν κατ' ἰνίον, ἑτέρα δὲ μία τῶν ὑποβεβλημένων τῷ στομάχῳ. συνελόντι γὰρ εἰπεῖν, ὁπόσοι τῆς κεφαλῆς ἐκφυόμενοι τῷ τραχήλῳ παντὶ καταφύονται, κινοῦσιν

TEST. : 143,18 ὑποβέβληνται — 10 ἐνεργῶν ORIB., *Coll.* XXV, 35 (Raeder, 70,12-71,22). — 12 ORIB., *Coll.* XXV,35 (Raeder, 71,23). — Cap. XIII Summ. p. 84,12 Sezgin — Cap. XIV Summ. p. 85,5 Sezgin.

---

17 καταφύονται — 147,16 μυῶν deficit A

---

2 ταθέντες om. P Kühn ‖ 4 Περὶ — μυῶν om. A ‖ 5-6 λάρυγγος SCA Ar. : φάρυγγος P Or. Kühn *gutturis* Gad. ‖ 6 στόμα PA Or. Kühn : στόμιον SC Dietz ‖ 12 Περὶ — μυῶν om. A ‖ 13 κεφαλῆς κοινοὶ S : κοινοὶ post οὖν posuit C, post μύες P Kühn ‖ 14 εἴρηνται SC (ν supra lineam C) : εἴρηται P Kühn ‖ 14-15 τῶν ἓξ non uertit Ar. ‖ 16-17 ὁπόσοι — τραχήλῳ om. SC ‖ 17 κινοῦσιν codd. Or. : *sunt communes* Gad.

tout entier font mouvoir ces deux parties. **2** Sur les muscles propres au cou, il sera dit ici qu'ils sont au nombre de deux pour chaque partie du cou : l'un plutôt en arrière, l'autre en avant. **3** Le muscle postérieur naît de l'apophyse latérale de la première vertèbre, surtout à sa partie la plus convexe. Car le muscle[1], qui s'élève vers l'épine de l'omoplate, dont j'ai parlé auparavant, a son origine plutôt dans l'apophyse antérieure de la vertèbre. **4** Ce muscle postérieur du cou[2], dont on se propose de parler à présent, descend jusqu'à l'omoplate et naît de toutes les vertèbres à l'aide de ligaments robustes, si bien qu'on peut croire qu'il s'agit de plusieurs muscles ; son extrémité inférieure adhère parfaitement au muscle[3] du thorax de la partie concave de l'omoplate. **5** L'autre muscle[4], le muscle antérieur du cou, commence à partir de l'apophyse percée de la deuxième vertèbre et naît aussi des autres vertèbres cervicales ; de là, il parvient à travers les aisselles jusqu'à la cinquième côte du thorax, et parfois il touche aussi la sixième[5]. Une de ses parties s'insère aussi dans la première côte du thorax, celle qui vient après la clavicule. **6** Ce muscle est plutôt rond et long. Son action, là où il s'insère dans le cou, est de plier celui-ci vers l'avant obliquement ; là où il parvient aux

1. *Atlantoscapularis anterior.*

2. *Atlantoscapularis posterior.*

3. Dentelé antérieur, *Pratiques anatomiques* V, 3 Garofalo, p. 287 sq. Kühn II 493. Il n'est pas mentionné dans *Utilité des parties*.

4. *Scalenus longus* : *Pratiques anatomiques* Kühn II, 494, Garofalo, p. 289, *Proc.* p. 483 ; *Utilité des parties* Helmreich II, 206, Howell-Straus p. 97.

5. Dans les *Pratiques anatomiques* les cinq premières.

ἄμφω τὰ μόρια. 2 Περὶ δὲ τῶν ἰδίων τοῦ τραχήλου μυῶν ἐν τῷδε ῥηθήσεται. δύο καθ' ἑκάτερον αὐτοῦ μέρος
34 εἰσίν, ὁ μὲν ὀπίσθιός πως μᾶλλον, ὁ δ' | ἐμπρόσθιος. 3 Ἐκφύεται δ' ὁ μὲν ὀπίσθιος ἐκ τῆς πλαγίας ἐξοχῆς τοῦ πρώτου σπονδύλου κατ' αὐτὸ μάλιστα τὸ κυρτότατον αὐτῆς. ἐκ γὰρ τῆς πρόσω μᾶλλον ὁ ἐπὶ τὴν ῥάχιν τῆς
963 ὠμοπλάτης ἀνατεινόμενος, ὑπὲρ οὗ ἔμ|προσθεν εἶπον, ἔχει τὴν ἔκφυσιν. 4 Ὁ δ' ὀπίσθιος τοῦ τραχήλου μῦς οὗτος, ὑπὲρ οὗ νῦν πρόκειται λέγειν, ἄχρι τῆς ὠμοπλάτης καθήκει, ἐκπεφυκὼς ἐξ ἁπάντων τῶν σπονδύλων διὰ συνδέσμων ἰσχυρῶν ὡς δοκεῖν πολλοὺς εἶναι μῦς καὶ τὸ κάτω πέρας αὐτοῦ συνεχὲς ἀκριβῶς ἐστι τῷ κατὰ τὰ σιμὰ τῆς ὠμοπλάτης τοῦ θώρακος μυί. 5 Ὁ δ' ἕτερος ὁ πρόσθιος τοῦ τραχήλου μῦς ἄρχεται μὲν ἐκ τῆς διατετρημένης ἀποφύσεως τοῦ δευτέρου σπονδύλου, συνεκφύεται δὲ καὶ τῶν ἄλλων τῶν κατὰ τὸν τράχηλον· ἐντεῦθεν δὲ διὰ τῶν μασχαλῶν ἄχρι τῆς πέμπτης πλευρᾶς ἀφικνεῖται τοῦ θώρακος ψαύων ἔστιν ὅτε καὶ τῆς ἕκτης· καταφύεται δέ τις μοῖρα καὶ εἰς τὴν πρώτην
35 αὐτοῦ πλευρὰν τὴν ἐφεξῆς | τῇ κλειδί. 6 Στρογγύλος πως μᾶλλον οὗτος ὁ μῦς ἐστι καὶ μακρός. ἐνέργεια δ' αὐτοῦ καθὰ μὲν ἐπιπέφυκε τῷ τραχήλῳ κάμπτειν τοῦτον ὡς ἐπὶ τὸ πρόσω λοξόν· καθὰ δ' εἰς τὰς πλευρὰς

TEST. : 1 περὶ — 148,5 λόγου Orib., *Coll.* XXV, 38 (Raeder, 71,24-73,3). — Cap. XIV Summ. p. 85,5 Sezgin.

144,17 κατὰ — 147,16 μυῶν deficit A.

---

2 post δύο add. δὲ SC || 2-3 εἰσὶ μέρος P Kühn || 6 ῥάχιν codd. Ar. *spinam* Gad. : ἀρχὴν P Or. Kühn || 10 ἐκπεφυκὼς SC Or. Ar. *enatus* Gad. : ἐμπεφυκὼς P Kühn || 14 post μῦς add. οὗτος P Kühn || 16 τῶν ἄλλων τῶν SC Or. Dietz : τοῖς ἄλλοις τοῖς P Kühn || 18 ἀφικνεῖται τοῦ θώρακος SC : τ. θ. ἀ. Or. τῷ θώρακι ἀ. P Kühn || ἔστιν ὅτε PSC : ἔσθ' ὅτε Or. || 23 τὸ SC Dietz : τὰ P Or. Kühn.

côtes du thorax, son action est de le dilater ; en raison de cela, il vaut mieux le considérer comme deux muscles unis entre eux, ainsi que les muscles mentionnés plus haut[1], ou, s'il faut le considérer comme un, il vaut mieux l'attribuer au thorax. On voit clairement, en effet, qu'il dilate le thorax, tandis qu'on ne voit pas aussi clairement qu'il incline le cou. **7** Le muscle mentionné plus haut a une action opposée à celle de celui-ci, du fait qu'il plie lui aussi tout le cou, mais plutôt latéralement et en arrière. Si les deux muscles sont tendus ensemble, ils réalisent la flexion latérale moyenne du cou tout entier. Si seuls les deux antérieurs sont tendus des deux côtés, à droite et à gauche, ils obligent tout le cou à s'incliner en avant ; si seulement les deux postérieurs sont tendus, ils obligent tout le cou à s'incliner en arrière ; si tous les quatre sont tendus à la fois, le cou reste alors sans inclinaison vers toutes les parties, comme cela se produit dans l'affection du tétanos.

XV. Les muscles de la partie concave de l'omoplate qui dilatent le thorax

1 Il y a un muscle[2] de chaque côté qui offre une grande dilatation au thorax ; qu'on veuille le définir comme

1. Dentelé antérieur.
2. Dentelé antérieur.

τοῦ θώρακος ἀφικνεῖται, διαστέλλειν ἐκεῖνον· ὅθεν ἄμει-
964 νον ἤτοι δύο μῦς ἀλλήλοις ἡνωμένους | ὁμοίως τοῖς προειρημένοις ὑπολαμβάνειν αὐτοὺς ἤ, εἴπερ ἕνα χρὴ τιθέναι, τοῦ θώρακος νομίζειν αὐτόν. ἐκεῖνον μὲν γὰρ ἐναργῶς φαίνεται διαστέλλων, τὸν τράχηλον δ' ἐπινεύων οὐχ ὁμοίως ἐναργῶς φαίνεται. 7 Ἀντιτεταγμένην δ' αὐτῷ κίνησιν ὁ προειρημένος ἔχει κάμπτων καὶ αὐτὸς εἰς τὰ πλάγια καὶ πρὸς τοὐπίσω μᾶλλον ὅλον τὸν τράχηλον. εἰ δ' ἀμφότεροι ταθεῖεν ἅμα τὴν μέσην καμπὴν ἐπὶ τὰ πλάγια τοῦ σύμπαντος ἐργάζονται τραχήλου· εἰ δ' οἱ πρόσθιοι μύες μόνοι ταθεῖεν οἱ ἑκατέρωθεν, ὅ τε ἐκ τῶν δεξιῶν καὶ ὁ ἐκ τῶν ἀριστερῶν ὅλον εἰς τὰ πρόσω τὸν τράχηλον ἐπινεύειν ἀναγκάζουσιν, εἰ δ' οἱ ὄπισθεν ἀνανεύειν ὅλον ὀπίσω· εἰ δὲ καὶ πάντες ἅμα
36 ταθεῖεν οἱ τέτταρες ἀκαμπὴς εἰς | ἅπαντα τὰ μέρη γένοιτο ἂν οὕτως ὁ τράχηλος, ὡς κἂν τῷ πάθει τῷ τετάνῳ συμβαίνει. |

965 XV. **Περὶ τῶν κατὰ τὰ σιμὰ τῶν ὠμοπλατῶν τὸν θώρακα διαστελλόντων μυῶν**

1 Τὸν διαστέλλοντα τὸν θώρακα μεγάλην διαστολὴν μῦν, ἕνα καθ' ἑκάτερον ὑπάρχοντα μέρος εἴτε κοινὸν

TEST. : 145,1 περὶ — 148,5 λόγου Orib., *Coll.* XXV, 38 (Raeder, 71,24-73,3). — Cap. XIV Summ. p. 85,5 Sezgin. — Cap. XV Summ. p. 85,5 Sezgin.

144,17 καταφύεται — 147,16 μυῶν deficit A

4-5 ἐκεῖνον... διαστέλλων SC Dietz : ἐκεῖνος...διαστέλλων τὸν θώρακα P Or. Kühn || 5-6 post ἐπινεύων add. αὐτὸς P Or. Kühn || 13 οἱ om. SC || 14 ἀνανεύειν P Or. Kühn : ἀνανεύουσιν SC || 15 ἀκαμπὴς Dietz : ἀκαμπῆ S ἀκαμπεῖς C ἀρρεπὴς Or. ἰσόρροπος P Kühn || μέρη P Or. Kühn : μόρια SC Dietz || 16-17 τῷ πάθει τῷ τετάνῳ συμβαίνει SC Dietz : τῷ τετάνῳ συμβαίνει πάθει P Or. Kühn || 18-19 τῶν...διαστελλόντων Or. Ar. S : τοῦ...διαστελλόντων C τοῦ...διαστέλλοντος P Kühn.

« commun à l'omoplate et au thorax », ou comme « scapulaire du thorax », il n'y a pas de différence. **2** Il naît de la base de l'omoplate dont il couvre toute la face creuse[1] ; cette partie du muscle est cachée si bien qu'on ne peut pas la voir avant d'enlever l'omoplate. **3** La partie du muscle à partir de là est tout entière visible, s'insérant dans le thorax jusqu'au muscle[2] qui descend du cou jusqu'à la sixième côte ; mais ce muscle monte aussi sur deux fausses côtes près des apophyses cartilagineuses. **4** Son insertion n'est pas continue, mais elle se divise en autant de petits muscles, un pour chaque côte. Au-delà de toutes les extrémités antérieures de ce muscle commence à naître le plus grand des muscles abdominaux[3] qui est, lui aussi, attaché à des origines divisées de façon analogue.

XVI. Les muscles qui font mouvoir l'articulation de l'épaule[4]

1 Quand tu auras enlevé les muscles qui font mouvoir l'omoplate et, après ceux-ci, le muscle situé dans sa cavité, que je viens de décrire, tu pourras saisir facilement le nombre de tous les muscles qui font mouvoir le bras ; **2** ils sont onze en tout[5] : tu en verras trois mon-

1. Leçon d'Oribase. Ici la tradition grecque et la traduction arabe s'accordent dans l'erreur, en présentant « thorax » au lieu de « partie creuse ». En effet le dentelé antérieur quand il est caché par l'omoplate ne couvre pas *tout* le thorax.

2. *Scalenus longus* ; voir *supra* chapitre XIV.

3. Oblique extérieur de l'abdomen (voir *infra* p. 178-180).

4. Sur les muscles de l'articulation du bras, voir *Utilité des parties* XIII, 13, *Pratiques anatomiques* V, 1, Howell-Straus p. 101 sq. et 128 sq.

5. Onze de chaque côté.

τῆς ὠμοπλάτης καὶ θώρακος ὀνομάζειν ἐθελήσειέ τις, εἴτε τοῦ θώρακος [μόνου] τὸν κατ᾽ ὠμοπλάτην οὐ διοίσει. 2 Ἐκφύεται δ᾽ ἀπὸ τῆς βάσεως αὐτῆς ἐπιτεταμένος ἅπαντι τῷ σιμῷ· τουτὶ μὲν οὖν αὐτοῦ κατακέκρυπται τὸ μέρος, ὥστε οὐκ ἂν αὐτὸ θεάσαιο πρὶν ἀφελεῖν τὴν ὠμοπλάτην. 3 Τὸ δ᾽ ἀπὸ τοῦδε σύμπαν ἐστὶ φανερὸν ἐπιπεφυκὸς τῷ θώρακι μέχρι τοῦ καθήκοντος ἐπὶ τὴν ἕκτην πλευρὰν ἀπὸ τοῦ τραχήλου μυός, ἀλλὰ καὶ τῶν νόθων πλευρῶν ἐπιβαίνει δυοῖν ὁ μῦς οὗτος ἐγγὺς ἤδη τῶν χονδρωδῶν ἀποφύσεων. 4 Ἔστι δ᾽ οὐ συνεχὴς αὐτοῦ ἡ κατάφυσις, ἀλλ᾽ οἷον εἰς μικρούς τινας ἐσχισμένη μῦς ἕνα καθ᾽ ἑκάστην πλευράν· ἐφεξῆς δὲ τοῖς τούτου
37 πέρασιν ἅπασι τοῖς πρόσω | τὴν ἀρχὴν τῆς ἐκφύσεως ὁ
966 μέ|γιστος ἔχει τῶν κατ᾽ ἐπιγάστριον μυῶν ἐσχισμέναις ὁμοίως καὶ αὐτὸς ἐκφύσεσιν ἀνηρτημένος.

XVI. **Περὶ τῶν τὸ κατ᾽ ὦμον ἄρθρον κινούντων μυῶν**

1 Ἐπειδὰν ἀφέλῃς τούς τε κινοῦντας τὴν ὠμοπλάτην μῦς καὶ μετ᾽ αὐτοὺς τὸν ἐν τοῖς σιμοῖς αὐτῆς, ὃν ἄρτι διῆλθον, εὐφώρατον ἤδη τὸν ἀριθμὸν ἁπάντων τῶν κινούντων τὸν βραχίονα μυῶν ἕξεις· 2 ὄντων γὰρ ἁπάν-

TEST. : 145,1 περὶ — 148,5 λόγου ORIB., *Coll.* XXV, 38 (Raeder, 71,24-73,3). — Cap. XV Summ. p. 85,5 Sezgin. — Cap. XVI Summ. p. 86,3 Sezgin.

144,17 καταφύεται — 147,16 μυῶν deficit A

1 ἐθελήσειε Or. P Kühn : ἐθελήσει SC Dietz || 2 μόνου om. Or. Ar. secl. Garofalo || τὸν PSC Or. Kühn : τῶν Dietz *proprius partis thoracis ad scapulam* Ar. Gad (τοῦ) || 4 σιμῷ Or. P marg. : θώρακι PSC Ar. || 5 θεάσαιο SC Or. Dietz : θεάσαις P Kühn || 8 post πλευρὰν posuit μυὸς P Kühn || 9 ἐπιβαίνει Or. P Kühn : ἐπεμβαίνει S Dietz ἐπεμβαίνειν C || 13 πρόσω om. P Kühn || 14 ἐπιγάστριον P marg. Or. : ὑπογάστριον PSC || 18 μῦς codd. Or. Dietz : μύας Kühn. || 18 τὸν P Or. edd. : τοὺς SCA || αὐτῆς Or. PSC : αὐτοῖς A || ὃν P Or. : οὓς SCA || 19 εὐφώρατον Garofalo : εὐφορώτατον codd. Or. εὐφωρατότατον Daremberg εὐφορότατον (sic) Dietz ἀφορώτατον Kühn.

ter de la poitrine au bras, deux partir des régions des flancs, cinq de l'omoplate elle-même, et tu verras le onzième et le dernier, le muscle qui occupe le sommet de l'épaule [appelé deltoïde][1] ; je ne compte pas dans le présent calcul le petit muscle de l'articulation[2]. **3** Il faut donc sectionner tout d'abord le grand muscle qui monte de la poitrine[3] et celui qui occupe le sommet de l'épaule[4] ; de fait, ils adhèrent l'un à l'autre dans la région de la veine humérale et insèrent leurs aponévroses l'une à côté de l'autre dans l'humérus, au-dessous de sa tête dans sa partie antérieure, sur une ligne presque droite qui va de haut en bas ; l'insertion du muscle qui vient du sternum est plus menue, celle du muscle du sommet de l'épaule est plus ronde et plus charnue, et elle est placée à l'extérieur. **4** Les points de départ pour ce muscle-ci, sont la clavicule, l'épine de l'omoplate et presque toutes les parties superficielles[5] de l'omoplate après l'épine, en direction de son

1. L'indication du nom technique manque chez Oribase, P et la traduction arabe. Elle est donc une glose.
2. Coraco-brachial, Voir *infra*, c. 17, p. 154 et n. 7.
3. Grand pectoral.
4. Deltoïde.
5. C'est-à-dire du côté extérieur (convexe).

των ἕνδεκα, τρεῖς μὲν ἀπὸ τοῦ στήθους ἐπ' αὐτὸν ἀνα-
φερομένους θεάσῃ, δύο δ' ἐκ τῶν κατὰ τὰς λαγόνας
χωρίων, πέντε δὲ ἐξ αὐτῆς τῆς ὠμοπλάτης ὁρμωμένους,
ἑνδέκατον δ' ἐπὶ τούτοις ἅπασι τὸν τὴν ἐπωμίδα κατει-
ληφότα [ὃν καὶ δελτοειδῆ λέγουσι]· τὸν γὰρ μικρὸν μῦν
τὸν κατὰ τὴν διάρθρωσιν ἐξαίρω τοῦ παρόντος λόγου.
3 Πρῶτον μὲν οὖν ἁπάντων ἀνατέμνειν χρὴ τόν τε ἀπὸ
τοῦ στήθους ἀναφερόμενον τὸν μέγαν καὶ τὸν τὴν ἐπω-
38 μίδα κατειληφότα· καὶ γὰρ συμφυεῖς ἀλλήλοις | εἰσὶν
οὗτοι κατὰ τὴν τῆς ὠμιαίας φλεβὸς χώραν καὶ τὰς
ἀπονευρώσεις ἐγγὺς ἀλλήλων εἰς τὸν βραχίονα κατα-
φύουσι κατωτέρω τῆς κεφαλῆς εἰς τὸ πρόσθιον μέρος
αὐτῆς κατ' εὐθεῖαν μάλιστα γραμμὴν ἄνωθεν κάτω
967 τετα[γ]μένην· ἰσχνοτέραν μὲν | ὁ ἀπὸ τοῦ στέρνου,
στρογγυλωτέραν δέ πως καὶ σαρκωδεστέραν κἀκ τῶν
ἔξω τοῦδε μερῶν ὁ ἀπὸ τῆς ἐπωμίδος. **4** Ἡ δ' ἀρχὴ τῆς
ἐκφύσεως τούτου μὲν ἥ τε κλείς ἐστι καὶ ἡ ῥάχις τῆς
ὠμοπλάτης καὶ τὰ ἐπιπολῆς χωρία μετὰ τὴν ῥάχιν
ὀλίγου δεῖν ἅπαντα τῆς ὠμοπλάτης, ὅσα πρὸς τὴν

TEST. : 145,1 περὶ — 5 λόγου Orib., *Coll.* XXV, 38 (Raeder, 71,24-73,3). — Cap. XVI Summ. p. 86,3 Sezgin.

---

2 λαγόνας codd. Or. : πλευρὰς Ar. || 4-5 τὸν — κατειληφότα om. P Kühn || 5 ὃν καὶ δελτοειδῆ λέγουσι secl. Garofalo : om. P Or. Kühn Ar. || 9 ἀλλήλοις P : ἀλλήλων SCA || 12 μέρος om. P Kühn || 13 αὐτῆς codd. Dietz : αὐτοῦ Kühn || 14 τεταμένην Garofalo Ar. et Gad. sec. : τεταγμένην codd. || ἰσχνοτέραν edd. : ἰσχνοτέρα P ἰσχνότερος SC ἰσχνο A || 15 στρογγυλωτέραν P Ar. : στρογγυλώτερος SC στρογγύλω A || σαρκωδεστέραν Garofalo Ar. et Gad. sec. : σαρκώδη P Kühn σαρκώδης SC || 17 τούτου SCA Ar. Dietz : τούτων P Kühn || 18 ante μετὰ add. τὰ P Kühn || ῥάχιν om. P Kühn.

côté bas ; et pour l'autre, l'os du sternum tout entier. **5** Partant de là, l'un se divise, pour ainsi dire, autour de l'acromion et occupe toute la tête de l'humérus, l'autre s'étend tout au long de la veine humérale et crée la partie antérieure, musculeuse, de l'aisselle : ce muscle forme aussi presque tout le charnu de la poitrine ; de fait, la mamelle est placée sur lui. Il est préférable de le compter pour deux muscles, non pour un. **6** Le muscle[1] qui naît de la partie inférieure du sternum, le plus petit des muscles du sternum, a ses fibres inversées, en quelque sorte, par rapport à celles de l'autre tout entier. Commençant en bas, ces libres s'élèvent vers le haut jusqu'à leur propre aponévrose, alors que toutes les autres fibres ont leur origine plus en haut que celles-là, dans le sternum et se dirigent vers l'aponévrose, étant transversales pour celles[2] qui naissent des parties supérieures du sternum, et étant légérement obliques pour celles qui naissent des parties basses. **7** Quant aux deux autres muscles, l'un[3] part de la partie externe et inférieure de la mamelle et adhère, pour la plus grande part, au grand muscle double qui vient d'être décrit ; se terminant en un tendon membraneux, il s'insère dans le devant de l'humérus, surtout sur le bord

1. *Pratiques anatomiques*, Kühn II, 481-3, Garofalo p. 273-275, *Proc*. p. 465-7. Fibres profondes du grand pectoral ou petit pectoral (Ch. Singer, *Galen On anatomical procedures*, London 1956, note ad loc. à *Anat. admin.*)
2. Du grand pectoral.
3. *Panniculus carnosus, pars sternalis*, Howell-Straus p. 103 sq.

ταπεινὴν ἐν αὐτῇ ῥέπει πλευράν. τοῦ δ᾽ ἑτέρου τὸ τοῦ
στέρνου σύμπαν ὀστοῦν. 5 Ἐντεῦθεν δ᾽ ὁρμηθέντες ὁ μὲν
οἷον ἐσχισμένος ἀμφὶ τὸ ἀκρώμιον ἅπασαν κατείληφε
τὴν κεφαλὴν τοῦ βραχίονος, ὁ δέ γε τῇ τε ὠμιαίᾳ φλεβὶ
παρατέταται καὶ τὸ πρόσω τῆς μασχάλης μυῶδες
αὐτὸς ἐργάζεται καὶ σχεδὸν ἅπαν τὸ περὶ τὰ στήθη
σαρκῶδες ὁ μῦς οὗτός ἐστι· καὶ γὰρ καὶ ὁ τιτθὸς ἐπ᾽
39 αὐτοῦ τέτακται. ἄμεινον δὲ δύο | μῦς αὐτὸν καὶ οὐχ ἕνα
τίθεσθαι. 6 Ὁ μὲν οὖν ἀπὸ τῶν κάτω τοῦ στέρνου πεφυ-
κὼς ὁ μικρότερος τῶν ἐν αὐτῷ μυῶν ἀντεστραμμένας
πως ἔχει τῷ ἄλλῳ παντὶ τὰς ἶνας· εἰς γὰρ τὸ ἄνω μέρος
ἀναφέρονται πρὸς τὴν οἰκείαν ἀπονεύρωσιν ἀρχόμεναι
κάτωθεν· αἱ δ᾽ ἄλλαι πᾶσαι τὴν μὲν ἔκφυσιν ἀνωτέρω
968 τούτων ἔχουσιν | ἐξ αὐτοῦ τοῦ στέρνου, φέρονται δ᾽ ἐπὶ
τὴν ἀπονεύρωσιν, ἐγκάρσιαι μὲν αἱ τῶν ὑψηλῶν τοῦ
στέρνου μερῶν ἐκφυόμεναι, λοξαὶ δ᾽ ἀτρέμα αἱ τῶν
ταπεινῶν. 7 Τῶν δ᾽ ἄλλων δυοῖν ὁ μὲν ἕτερος ἀπὸ τῆς
ἔξω τε καὶ κάτω τοῦ τιτθοῦ χώρας ὁρμώμενος κατὰ μὲν
τὰ πλεῖστα μέρη συμφυής ἐστι τῷ προειρημένῳ τῷ
διφυεῖ τε καὶ μεγάλῳ, τελευτῶν δ᾽ εἰς ὑμενώδη τένοντα
καταφύεται τοῖς πρόσω τοῦ βραχίονος εἰς αὐτὴν μάλι-

TEST. : Cap. XVI Summ. p. 86,3 Sezgin.

---

2 σύμπαν SCA Dietz : ἅπαν P Kühn || 5 τὸ PA : τὰ SC || μυῶδες SCA Dietz : τὸ μὴ ἐκφύειν P Kühn || τὸ ante μυῶδες add. A || 6-7 ἅπαν τὸ...σαρκῶδες SCA Dietz : ἅπαντα τὰ... σαρκώδη P Kühn || 7 ὁ τιτθὸς ἐπ᾽ SCA Ar. Dietz : ὅτι τῆς ὑπ᾽ P Kühn || 8 μῦς SCA Dietz : μύας P Kühn || καὶ om. P Kühn || 9 οὖν SCA Dietz : γοῦν P Kühn || κάτω SCA Dietz : ἐκ P Kühn || 11 τῷ ἄλλῳ παντὶ SCA Ar. Dietz : τῇ ὠμοπλάτῃ P Kühn || 12 οἰκείαν SCA Dietz : ἰδίαν P Kühn || ἀρχόμεναι SCA Dietz : ἀρχόμενοι P Kühn || 13 ἄλλαι SCA Dietz : λοιπαὶ P Kühn || 16 ἐκφυόμεναι SCA Dietz : ἀπο- P Kühn || 17 δ᾽ om. SC || 18 τοῦ τιτθοῦ SCA Ar. Dietz : τούτου τοῦ P Kühn.

antérieur de la cavité qu'occupe la tête la plus grande du muscle du bras[1], muscle qui s'étend intérieurement le long de la veine du bras bien visible. **8** L'autre muscle[2], qui n'est pas visible avant que le grand muscle soit sectionné, vient des parties supérieures du sternum et naît du deuxième, du troisième, du quatrième, du cinquième, du sixième os. Il monte au point le plus haut de l'une des têtes de l'humérus, celle qui se situe vers la clavicule, et il s'insère ensuite dans le ligament membraneux qui entoure l'articulation avec une aponévrose bien plus robuste que celle du muscle susdit. **9** Les muscles qui montent d'en bas sont au nombre de deux. L'un[3] d'entre eux est le plus massif et le plus long de tous les muscles qui font mouvoir le bras, l'autre[4], le plus menu mais pas moins long que l'autre ; ce muscle a été inconnu, comme on pouvait s'y attendre, des anatomistes, car il disparaît avec la peau quand on l'enlève mal. **10** Pour ce qui est du grand muscle, tous ont écrit avec plus ou moins d'exactitude au sujet de sa nature. **11** Le muscle menu monte de la peau qui se trouve sur les flancs et les fausses côtes, et a son origine surtout depuis les membranes situées sous la peau. Au fur et à mesure qu'il monte vers l'aisselle, il

1. Biceps.
2. Fibres profondes du grand pectoral ou petit pectoral : cf. *Pratiques anatomiques*, Kühn II, 481 et 483, Garofalo, p. 273-5 *Proc.* p. 465-7.
3. Grand dorsal : Howell-Straus p. 118.
4. Partie caudale et pectorale du *panniculus carnosus*.

**στα τὴν προσθίαν ὀφρὺν τῆς κοιλότητος, ἧς κατείλη-
φεν ἡ μείζων κεφαλὴ τοῦ κατὰ τὸν βραχίονα μυὸς τοῦ
παρεκτεταμένου κατὰ τὴν ἔνδον χώραν τῇ προφανεῖ
40 κατ᾽ αὐτὸν φλεβί. 8 Ὁ δ᾽ | ἕτερος μῦς ὃς οὐδὲ φαίνεται
πρὶν ἀνατμηθῆναι τὸν μέγαν, ἀπὸ τῶν ἄνω μερῶν τοῦ
στέρνου γενόμενος, ἐκφύεται μὲν ἔκ τε τοῦ δευτέρου καὶ
τρίτου καὶ τετάρτου καὶ πέμπτου καὶ ἕκτου τῶν ὀστῶν,
ἀνέρχεται δ᾽ εἰς αὐτὸ τὸ ὑψηλότατον τῆς ἑτέρας κεφα-
λῆς τοῦ βραχίονος τῆς πρὸς τῇ κλειδί, κἀντεῦθεν ἐμ-
969 φύεται τῷ περὶ τὸ ἄρθρον ὑμενώδει | συνδέσμῳ πολὺ
τοῦ προειρημένου μυὸς ἰσχυροτέραν ἔχων τὴν ἀπο-
νεύρωσιν. 9 Δύο δ᾽ οἱ κάτωθεν ἀναφερόμενοι μύες, ὧν ὁ
μὲν ἁπάντων ἁδρότατός τε καὶ μήκιστός ἐστι τῶν τὸν
βραχίονα κινούντων μυῶν, ὁ δ᾽ ἰσχνότατος μέν, οὐχ
ἧττων δ᾽ ἐκείνου τὸ μῆκος· οὗτος μὲν οὖν εἰκότως ἠγνό-
ηται τοῖς ἀνατομικοῖς ἐναφανιζόμενος τῷ δέρματι κα-
κῶς ἀποδερομένῳ. 10 Περὶ δὲ τοῦ μεγάλου πάντες
ἔγραψαν οἱ μὲν μᾶλλον οἱ δ᾽ ἧττον ἀκριβώσαντες αὐτοῦ
τῷ λόγῳ τὴν φύσιν. 11 Ὁ μὲν οὖν ἰσχνὸς ἔκ τε τοῦ κατὰ
τὴν λαγόνα καὶ τὰς νόθας πλευρὰς [τοῦ] δέρματος
ἀναφερόμενος ἐξ αὐτῶν μάλιστα τῶν ὑμένων τῶν ὑπὸ
τὸ δέρμα τὴν ἔκφυσιν ἔχει, ἀεὶ δ᾽ ἐν τῷ πρὸς τὴν μασ-**

TEST. : Cap. XVI Summ. p. 86,3 Sezgin.

1 προσθίαν PCA Kühn : ἐμπροσθίαν S Dietz || ἧς P Kühn : ἣν SCA Dietz || 5-6 τοῦ στέρνου om. P Gad. Kühn || 6 ἐκφύεται SC Ar. *exoritur* Gad. : ἐμφύεται P edd. || 9 τῆς πρὸς Garofalo Ar. sec. : τὸ πρὸς P τῷ πρὸς A (errat Dietz) τὸ περὶ S τῷ περὶ C || 10 πολὺ non uerterunt Ar. Gad. || 13 μὲν om. Kühn || 15 δ᾽ codd. Dietz : τε Kühn || 17 ἀποδερομένῳ SCA Dietz : ὑποδερομένῳ P Kühn || 18 οἱ δ᾽ ἧττον post φύσιν traiec. P Kühn || 20 τὴν PA edd. : τὸν SC || καὶ τὰς νόθας πλευρὰς non uertit Ar. || τοῦ secl. Garofalo || 21 αὐτῶν P Ar. Kühn : αὐτοῦ SCA Dietz || 22 τὸ δέρμα SCA Dietz : τῷ δέρματι P Kühn || πρὸς SCA Dietz : περὶ P Kühn.

gagne en grosseur : prenant désormais clairement un aspect de muscle, il se termine en un tendon membraneux et se pose sur deux autres tendons[1] avec lesquels il est aussi en symphyse. **12** L'un de ces deux tendons naît du muscle le plus bas[2] de ceux qui viennent du sternum, l'autre, d'une des deux parties du muscle double[3]. Le dernier[4] des muscles qui vont d'en bas à l'articulation de l'épaule, et qui est le plus grand de tous, commence à partir des vertèbres des fausses côtes et, en adhérant au muscle spinal et à l'extrémité de la base de l'omoplate, avance légèrement en oblique. Il adhère pendant une certaine distance aux muscles qui sont sur le côté inférieur de l'omoplate, et lorsqu'il arrive au niveau de l'aisselle, il monte droit vers elle. Là, à l'aide d'un tendon considérable, légèrement large, il s'insère dans l'humérus à l'intérieur de l'aponévrose du plus grand des trois muscles qui viennent de la poitrine. **13** Ce muscle est en symphyse avec deux autres, l'un placé au-dessus dans l'aisselle, l'autre, qui parvient à l'articulation du coude[5], et dont on va parler tout à l'heure. **14** Les cinq muscles qui naissent de l'omoplate, se terminant tous en des tendons robustes et larges, s'insèrent, eux aussi, dans l'os du bras. **15** En symphyse avec le muscle susdit près de l'aponé-

1. L'arabe a mal compris « muscles ».
2. Fibres profondes du grand pectoral ou petit pectoral.
3. Grand pectoral.
4. Grand dorsal.
5. Anconé : Howell-Straus p. 134.

41 **χάλην ἀναφέρεσθαι | πάχος τι προσκτώμενος, κἀνταῦθα ἤδη σαφὴς μῦς φαινόμενος εἰς ὑμενώδη τένοντα τελευτᾷ, κατὰ δυοῖν ἐποχούμενος ἑτέρων, οἷς καὶ συμφύεται. 12 Γεννᾶται δ' αὐτῶν ὁ μὲν ἐκ τοῦ ταπεινοτάτου τῶν ἀπὸ τοῦ στήθους μυῶν, ὁ δ' ἐκ τῆς ἑτέρας**
970 **μοίρας τοῦ διφυοῦς, ὁ | δ' ὑπόλοιπος τῶν κάτωθεν ἀναφερομένων μυῶν ἐπὶ τὴν κατ' ὦμον διάρθρωσιν, ὅσπερ καὶ μέγιστός ἐστιν, ἄρχεται μὲν ἀπὸ τῶν κατὰ τὰς νόθας πλευρὰς σπονδύλων, ἐπιπεφυκὼς δὲ τῷ τε ῥαχίτῃ μυὶ καὶ τῷ πέρατι τῆς κατ' ὠμοπλάτην βάσεως φέρεται πρόσω λοξὸς ἀτρέμα μέχρι τινὸς ἐπιπεφυκὼς τοῖς ἐπικειμένοις μυσὶ τῇ ταπεινῇ τῆς ὠμοπλάτης πλευρᾷ. κἀπειδὰν ἀφίκηται κατ' εὐθὺ τῆς μασχάλης ὄρθιος ἐπ' αὐτῆς ἀναφέρεται, κἀνταῦθα διὰ τένοντος οὐκ ἀγεννοῦς ἠρέμα πλατέος ἐμφύεται τῷ βραχίονι κατὰ τὰ ἔνδον μέρη τῆς ἀπονευρώσεως τοῦ μεγίστου μυὸς τῶν ἀπὸ τοῦ στήθους τριῶν. 13 Οὗτος ὁ μῦς συμφύεται δύο μυσίν, ἑνὶ μὲν ὑπερκειμένῳ κατὰ τὴν μασχάλην αὐτήν, ἑτέρῳ δ' ἐπὶ τὴν κατ' ἀγκῶνα διάρθρωσιν ἀφικνουμένῳ, περὶ ὧν ἐν τοῖς ἑξῆς εἰρήσεται. 14 Οἱ δ' ἀπ' αὐτῆς τῆς**
42 **ὠμοπλάτης ἐκφυόμενοι πέντε | μύες εἰς εὐρώστους τένοντας πλατεῖς πάντες τελευτῶντες ἐμφύονται καὶ αὐτοὶ τῷ τοῦ βραχίονος ὀστῷ· 15 συμφυὴς μὲν τῷ**

TEST. : Cap. XVI Summ. p. 86,3 Sezgin.

---

2 σαφὴς SCA Ar. : σαφῶς P edd. || 6 διφυοῦς codd. : *lati* Ar. || 6-7 ἀναφερομένων SCA Ar. Dietz : ἀναφερόμενος P Kühn || 8 ἀπὸ P edd. : ἐκ SCA || 9-10 τῷ…μυὶ codd. : pluralem num. habet Ar. || 10 βάσεως om. P Kühn || 11 ἀτρέμα non uertit Ar. || 14 αὐτῆς P edd. : αὐτὴν SCA || 15 ἠρέμα non uertit Ar. || ἐμφύεται SCA : ἐμφυὼς P Kühn || 16 μυὸς PCA Ar. : μυῶν S || 21 ἐκφυόμενοι P marg. Ar. Gad. Dietz : ἐμφυόμενοι PSCA || 22 πάντες PA : πάντη SC || τελευτῶντες ἐμφύονται PA : τελευτῶσιν ἐμφύονται SC Dietz || post ἐμφύονται add. δὲ S Dietz || 23 ὀστῷ SCA Dietz Ar. : μέρει ὡς P Kühn || συμφυὴς PCA Ar. edd. : συμφυεῖς S Gad.

vrose, il y a le muscle[1] qui prend son origine dans les parties basses du côté inférieur, puis s'introduit, depuis les parties postérieures et intérieures, sous l'humérus et ensuite s'y insère avec une insertion à la fois plus élevée, plus longue et plus menue qui s'unit à celle du muscle susdit. Cette insertion est donc du côté intérieur de l'humérus en contact avec l'aponévrose déjà mentionnée. **16** Un peu plus au-dessus de celle-ci, déjà dans la tête même de l'humérus du côté intérieur, s'insère le tendon du muscle qui occupe la cavité de l'omoplate[2], tendon qui est robuste et large en même temps. **17** L'aponévrose du muscle[3], qui occupe la région entre l'épine de l'omoplate et son côté supérieur, s'insère dans la partie la plus haute de la tête de l'humérus, non dans celle située vers la clavicule où s'insère le muscle susdit, mais dans la partie que laisse à l'extérieur la tête la plus grande du muscle[4] qui descend jusqu'à l'articulation du coude. **18** Attenant à l'insertion susdite, il y a le muscle qui vient des parties inférieures de l'épine de l'omoplate[5], et qui occupe tout l'espace entre celle-ci et le côté inférieur, forme son aponévrose et l'insère dans la tête de l'humérus, plutôt à l'extérieur. **19** Le muscle[6] qui adhère à celui-ci, qui pourrait en sembler une partie, insère son tendon dans la par-

1. Grand rond : Howell-Straus p. 130.
2. Subscapulaire.
3. Supra-épineux.
4. Biceps.
5. Infra-épineux.
6. Petit rond, Howell-Straus p. 130.

**προειρημένῳ μυὶ πλησίον τῆς ἀπονευρώσεως ὁ ἐκ τῶν
971 κάτω | τῆς ταπεινῆς πλευρᾶς ἀρχόμενος, εἶτα ἐκ τῶν
ὀπίσω τε καὶ ἔνδον μερῶν ὑποδυόμενος τὸν βραχίονα, κἄπειτα καταφυόμενος εἰς αὐτὸν ὑψηλοτέρᾳ τε ἅμα καὶ μακροτέρᾳ καὶ ἰσχνοτέρᾳ καὶ συνεχεῖ καταφύσει τῇ τοῦ προειρημένου μυός· αὕτη μὲν οὖν ἐκ τῶν ἔνδον ἐστὶ μερῶν τοῦ βραχίονος ψαύουσα τῆς προειρημένης ἀπονευρώσεως· 16 ἀνωτέρω δέ τι ταύτης εἰς αὐτὴν ἤδη τὴν κεφαλὴν τοῦ βραχίονος ἐκ τῶν ἔνδοθεν ἐμφύεται μερῶν ὁ τένων τοῦ κατειληφότος μυὸς τὸ σιμὸν τῆς ὠμοπλάτης εὔρωστός τε καὶ πλατὺς ὑπάρχων. 17 Ἡ δὲ τοῦ τὴν μεταξὺ χώραν τῆς τε ῥάχεως [καὶ] τῆς ὠμοπλάτης καὶ τῆς ὑψηλοτέρας πλευρᾶς κατειληφότος ἀπονεύρωσις εἰς αὐτὸ τὸ ὑψηλότατον ἐμφύεται τῆς κεφαλῆς τοῦ βραχίονος, οὐ κατὰ τὸ πρὸς τῇ κλειδὶ μόριον αὐτῆς, εἰς ὅπερ ὁ προειρημένος, ἀλλ᾽ ὅσον ἐκτὸς ἀποτέτμηκεν ἡ
43 μείζων κεφαλὴ τοῦ κατιόντος μυὸς | εἰς τὴν κατ᾽
ἀγκῶνα διάρθρωσιν. 18 Συνεχὴς δὲ τῇ προειρημένῃ καταφύσει καὶ ὁ ἐκ τῶν κάτω μερῶν τῆς ἐν ὠμοπλάτῃ
972 ῥάχεως ὁ κατειληφὼς ἅπαν τοὐμμέσῳ χωρίον | αὐτῆς
τε καὶ τῆς ταπεινῆς πλευρᾶς ἀπονεύρωσιν ποιούμενος ἐμβάλλει [τὸν τένοντα] τῇ κεφαλῇ τοῦ βραχίονος ἤδη πως μᾶλλον ἔξωθεν. 19 Ὁ δὲ τούτῳ συνεχὴς μῦς καὶ τάχα ἄν τι μόριον αὐτοῦ δόξας ὑπάρχειν εἰς τὰ ἐκτὸς**

TEST. : Cap. XVI Summ. p. 86,3 Sezgin.

3 τε om. S || 4 τε om. SA || 6-7 μερῶν ἐστι P Kühn || 8 δέ τι SCA Ar. Dietz : δέ ἐστι P Kühn || 9 ante ἐκ add. ὁ P Kühn || ἔνδοθεν SCA Dietz : ἔνδον P Kühn || 10 ὁ om. P Kühn || 12 καὶ secl. Garofalo om. Ar. Gad. || 14 τῆς κεφαλῆς SCA Dietz : τῇ κεφαλῇ P Kühn || 20 τοὐμμέσῳ Garofalo : τοῦ μέσω CA τὸ ἐν μέσῳ P edd. τὸ μέσον S || 22 τὸν τένοντα seclusit Garofalo non uertit Ar. || 23 τούτῳ A Dietz : τοιούτῳ P Kühn τούτου S τοῦτο C || 24 τι Dietz (cf. Ar.) : τὸ codd. Kühn || ὑπάρχειν om. P.

tie tout à fait extérieure de l'humérus ; il naît des parties hautes du côté inférieur de l'omoplate, à peu près à une moitié d'elle, dans la partie la plus convexe et la plus effilée. **20** Les mouvements de ces muscles sont les suivants : celui qui occupe le sommet de l'épaule[1] soulève le bras à peu près en ligne droite. **21** Parmi les muscles des deux côtés de celui-ci qui naissent de l'omoplate elle-même, celui du côté supérieur soulève l'omoplate, mais l'incline vers le dedans ; parmi ceux du côté inférieur, le plus grand soulève l'omoplate, lui aussi, mais vers le dehors ; celui qui est comme une partie de ce muscle, écarte l'omoplate obliquement vers le dehors. **22** Ces mouvements sont relayés, à l'intérieur, par les muscles qui montent de la poitrine[2], — trois ou quatre, comme on voudra le dire —, et à l'extérieur, par le muscle[3] qui monte de l'extrémité basse du côté inférieur. **23** Tous les muscles pectoraux sont abducteurs du bras vers le dedans, mais le plus haut tire plutôt la tête de l'humérus, tandis que le plus grand, le double, approche le membre entier de la poitrine ; si les deux parties du muscle double sont tendues ensemble, le haut et le bas, le mou-

1. Deltoïde.
2. Pectoraux, grand et petit et *panniculus carnosus*.
3. *Teres maior* ou grand rond.

ἀκριβῶς μέρη τοῦ βραχίονος ἐμβάλλει τὸν τένοντα ἐκφυόμενος ἀπὸ τῶν ἄνω μερῶν τῆς ταπεινῆς ἐν ὠμοπλάτῃ πλευρᾶς σχεδὸν ἐκ τοῦ ἡμίσεως αὐτῆς μέρους, κατὰ τὸ κυρτότατόν τε καὶ ὀξύτατον αὐτῆς. 20 Αἱ κινήσεις δ᾽ αὐτῶν, τοῦ μὲν τὴν ἐπωμίδα κατειληφότος ἀνατείνειν ἄνω τὸν βραχίονα κατ᾽ εὐθεῖαν μάλιστα γραμμήν· 21 τῶν δ᾽ ἑκατέρωθεν αὐτοῦ τῶν ἐξ αὐτῆς τῆς ὠμοπλάτης ἐκπεφυκότων ὁ μὲν κατὰ τὴν ὑψηλὴν πλευρὰν ἀνατείνει μέν, ἀλλ᾽ ἐκκλίνων ἐπὶ τὰ ἔνδον, τῶν δὲ κατὰ τὴν ταπεινὴν ὁ μὲν μείζων ἀνατείνει μὲν καὶ αὐτός, ἀλλ᾽ ἐπὶ τὰ ἐκτός, ὁ δ᾽ ὡς μόριον αὐτοῦ λοξὸν
44 ἀπάγει πρὸς | τὰ ἐκτός. 22 Διαδέχονται δὲ τὰς κινήσεις ταύτας, ἔνδοθεν μὲν οἱ ἀπὸ τοῦ στήθους ἀνιόντες, εἴτε
973 τρεῖς ἐθέλοις λέγειν εἴτε | τέτταρας, ἔξωθεν δ᾽ ὁ ἀπὸ τοῦ κάτω πέρατος τῆς ταπεινῆς πλευρᾶς ἀναφερόμενος. 23 Τῶν μὲν οὖν ἀπὸ τοῦ στήθους μυῶν ἁπάντων προσαγόντων ἔσω τὸν βραχίονα, τὴν μὲν κεφαλὴν αὐτοῦ μᾶλλον ὁ ὑψηλότατος ἐπισπᾶται, τὸ δ᾽ ὅλον κῶλον ὡς ἐπὶ τὸ στῆθος ὁ μέγιστος ὁ διφυὴς προσάγει· ταθέντων δ᾽ ἀμφοτέρων ὁμοῦ τῶν κατ᾽ αὐτὸν μυῶν τοῦ τε ἄνω καὶ

TEST. : 4 αἱ κινήσεις — 154,18 διάρθρωσιν Orib., *Coll.* XXV, 40 (Raeder, 73,3-29). — Cap. XVI Summ. p. 86,3 Sezgin.

1 ἐμβάλλει P edd. : ἐμβάλει C ἐμβάλλων S ἐμβαλλ΄ A || 2 ἐκφυόμενος SCA Ar. Gad. : ἐμφυόμενος P edd. || 3 ἡμίσεως PCA : ἡμίσεος S || 4 κυρτότατον SCA Dietz Ar. : κυριώτατον P Kühn || τε om. P Kühn || αὐτῆς PA Ar. edd. : αὐτό SC || 5 αὐτῶν A Ar. Or. : αὐτοῦ PSC Kühn || 7 ἑκατέρωθεν codd. Or. : *sub* Ar. || 8 ἐκπεφυκότων P C Or. : ἐμπ- SA || 9 ἀνατείνει … ἐκκλίνων Dietz : ἀνατείνων…ἐκκλίνων P Or. ἀνατείνειν … ἐκκλίνειν SC ἀνατείνειν … ἐκκλίνει A || 11 αὐτός SCA Ar. Or. Dietz : αὐτὸν P Kühn || ὁ δ᾽ — 12 ἐκτὸς om. SC || 12 τὰ ἐκτὸς P Or. Kühn : τοὐκτὸς A Dietz || 14 post τρεῖς add. αὐτοὺς SCA || 16 οὖν om. SC || 16-19 προσαγόντων — προσάγει non uertit Gad. || 18 ἐπισπᾶται codd. Dietz : ἐπὶ τὰ νῶτα Kühn || 20-154,1 τοῦ τε…καὶ τοῦ SC Ar. Dietz : τῶν τε…καὶ τῶν P Kühn τοῦ ἄνω τε…καὶ τοῦ A.

vement moyen se produit ; si un seul opère, le plus haut réalise une adduction plus haute, le plus bas une adduction plus basse. **24** Le muscle près de la mamelle[1] approche le bras de la poitrine et le tire en bas. **25** De plus, le muscle superficiel[2] et fin tend le bras de façon légèrement oblique en direction des flancs et le muscle très grand[3] au-dessous de celui-ci, tend le bras verticalement vers les côtes. **26** Après ces muscles, viennent les deux derniers muscles qui naissent de l'omoplate elle-même et qui tournent le membre en dehors et en arrière. Celui qui naît de la partie concave[4] tourne la tête de l'humérus en arrière, celui[5] qui naît de l'extrémité basse du côté inférieur, écarte vers le dehors surtout la partie dans laquelle il a été dit s'insérer. **27** Quand ils opèrent ensemble, ils réalisent le mouvement rotatoire du bras appelé « redoublement »[6].

XVII. Le petit muscle situé dans l'articulation de l'épaule

1 Un très petit muscle[7] se cache dans l'articulation de l'épaule. Il naît en symphyse avec la tête la plus petite[8] du grand muscle du bras[9], et s'insère directement sous la

1. *Panniculus carnosus*, partie thoracique.
2. *Panniculus carnosus*, partie dorsale.
3. Grand dorsal.
4. Subscapulaire.
5. Grand rond.
6. Évidemment, un terme de la gymnastique ou de la lutte (erroné LSJ *s.v.*).
7. Coraco-brachial, Howell-Straus p. 132 ; voir *supra*, p. 148, n. 2.
8. « Plus petite » : traduit la leçon de l'arabe, de P et de Gadaldini ; elle correspond à la réalité anatomique (le *coracobrachialis* naît justement du procès coracoïde, avec la tête courte du biceps (Howell-Straus p. 131) ; les ms. SCA ont « plus longue », leçon adoptée par Dietz.
9. Biceps.

τοῦ κάτω ἡ μέση γίνεται κίνησις, εἰ δ᾽ ὁ ἕτερος ἐνεργήσειε μόνος, ὑψηλοτέραν τὴν προσαγωγὴν ὁ ὑψηλότερος ἐργάζεται, ταπεινοτέραν δ᾽ ὁ ταπεινότερος. 24 Ὁ δὲ παρὰ τὸν τιτθὸν προσάγει τῷ στήθει τὸν βραχίονα καὶ κατασπᾷ κάτω. 25 Ἐπὶ τούτοις δ᾽ ὁ μὲν ἐπιπολῆς ὁ λεπτὸς ὡς ἐπὶ τὰς λαγόνας ἀτρέμα πλάγιον, ὁ δ᾽ ὑπ᾽ αὐτῷ μέγιστος εὐθὺν ἀποτείνει παρὰ τὰς πλευρὰς τὸν βραχίονα. 26 Τούτων δ᾽ ἐφεξῆς οἱ λοιποὶ δύο μύες ἀπ᾽ αὐτῆς τῆς ὠμοπλάτης ἐκδέχονται περιάγοντες ἔξω τε καὶ εἰς τοὐπίσω τὸ κῶλον· ὁ μὲν ἀπὸ τῶν σιμῶν ἐκπεφυκὼς τὴν κεφαλὴν αὐτοῦ περιστρέφων ὀπίσω, ὁ δ᾽
974 **ἀπὸ | τοῦ κάτω πέρατος τῆς ταπεινῆς πλευρᾶς ἐκεῖνο μάλιστα τὸ μέρος, εἰς ὅπερ ἐμφύεσθαι λέλεκται, πρὸς τοὐκτὸς ἀπάγων. 27 Ἀμφότεροι δ᾽ ἐνεργήσαντες ἅμα τὴν ἐν τῷ καλουμένῳ διπλασιασμῷ περιαγωγὴν ἐργάζονται τοῦ βραχίονος.**

XVII. Περὶ τοῦ μικροῦ μυὸς τοῦ κατὰ τὴν ἐν ὤμῳ διάρθρωσιν

1 Μικρὸς παντάπασι μῦς ἐγκατακέκρυπται τῇ διαρθρώσει, συνεκφυόμενος μὲν τῇ μικροτέρᾳ κεφαλῇ τοῦ κατὰ τὸν βραχίονα μυὸς τοῦ μεγάλου, καταφυόμενος δ᾽

TEST. : 153,4 αἱ κινήσεις — 18 διάρθρωσιν Orib., *Coll.* XXV, 40 (Raeder, 73,3-29).— Cap. XVII Summ. p. 86,3 Sezgin.

4 ante προσάγει add. καὶ Or. ‖ 6 ὡς om. P Kühn ‖ 7 εὐθὺν Or. Dietz : ἰθὺν SCA εὐθὺ P Kühn ‖ 11 ὀπίσω SCA Or. Dietz : εἰς τοὐπίσω P Kühn ‖ 12 post ἀπὸ add. τε P Kühn ‖ 13 ἐμφύεσθαι P Ar. Or. : ἐκφύεσθαι SCA ‖ λέλεκται SC Ar. : λέγεται PA edd. om. Or. ‖ 14 ἀπάγων PSCA Or. : ἐπάγων P marg. Kühn ‖ 15 διπλασιασμῷ codd. : διπλασμῷ Or. (corrigendus) ‖ 17 Περὶ — 18 διάρθρωσιν om. A ‖ 19 μῦς om. A ‖ ἐγκατακέκρυπται P Kühn : κατακέκρυπται SCA Dietz ‖ 20 μικροτέρᾳ P Ar. Gad. Kühn : μακροτέρᾳ SCA Dietz.

tête de l'humérus dans la région située entre les aponévroses du muscle qui naît de la cavité de l'omoplate et, en outre, du muscle qui adhère à tout le côté inférieur. **2** Ce muscle pourrait être considéré aussi comme une partie du grand muscle du bras ; néamoins, même à lui seul, il peut contribuer un peu à l'élévation oblique.

XVIII. Les muscles qui meuvent l'articulation du coude[1]

1 L'articulation du coude est mise en mouvement par quatre muscles qui enveloppent l'os du bras tout entier. **2** Les deux muscles antérieurs plient l'articulation chacun d'une manière qui n'est pas parfaitement droite, mais l'un d'entre eux l'incline vers le dedans, l'autre vers le dehors. Le premier s'insère, en effet, dans le radius, l'autre sur le cubitus ; tous les deux adhèrent aussi au ligament membraneux qui embrasse l'articulation. **3** Quand ces muscles sont tendus tous les deux, il se produit la flexion moyenne qui soulève le carpe vers l'acromion. Celui qui plie plutôt vers le dedans, le plus grand[2], on le voit clairement occuper tout le devant du bras, avant même la dissection. Il naît du bord supérieur du

1. *Utilité des parties* II, 16, Helmreich I, 110 sq., *Pratiques anatomiques*, Kühn II, 274-276, Garofalo p. 65-67, *Proc.* p. 165 sq., Howell-Straus p. 131-134.

2. Biceps.

εὐθέως ὑπὸ τὴν κεφαλὴν τοῦ βραχίονος ἐν τῇ μεταξὺ χώρᾳ τῶν ἀπονευρώσεων τοῦ τε ἀπὸ τοῦ σιμοῦ τῆς ὠμοπλάτης ἐκφυομένου μυὸς καὶ προσέτι τοῦ παραφυομένου πάσῃ τῇ ταπεινῇ πλευρᾷ. 2 Τοῦτον τὸν μῦν καὶ μέρος μὲν ἄν τις ἴσως θείη τοῦ κατὰ τὸν βραχίονα μεγάλου μυός, οὐ μὴν ἀλλὰ καὶ καθ' ἑαυτὸν ἀνατάσει λοξῇ βραχύ τι δύναται συντελεῖν. |

975 46 XVIII. Περὶ τῶν κινούντων τὴν κατ' ἀγκῶνα διάρθρωσιν μυῶν

1 Ἡ κατ' ἀγκῶνα διάρθρωσις ὑπὸ τεττάρων κινεῖται μυῶν ἅπαν ἐν κύκλῳ τὸ τοῦ βραχίονος ὀστοῦν κατειληφότων. 2 Οἱ μὲν οὖν πρόσθιοι δύο μύες κάμπτουσι τὸ ἄρθρον οὐκ εὐθεῖαν ἀκριβῶς ἑκάτερος καμπήν, ἀλλ' ὁ μὲν ἔσω παρεκκλίνων, ὁ δ' ἔξω. καταφύεται γὰρ ὁ μὲν εἰς τὸ τῆς κερκίδος ὀστοῦν, ὁ δ' ἐπὶ τὸ τοῦ πήχεως συνεπιφυόμενος ἑκάτερος καὶ τῷ περιέχοντι τὴν διάρθρωσιν ὑμενώδει συνδέσμῳ. 3 Ταθέντων δ' ἀμφοῖν ἡ μέση γίνεται κάμψις ἡ τὸν καρπὸν ἐπὶ τὸ ἀκρώμιον ἀνάγουσα· ὁ μὲν οὖν ἔσω μᾶλλον κάμπτων ὁ μείζων μῦς ἐναργῶς ὁρᾶται καὶ πρὸ τῆς ἀνατομῆς ὅλον τοῦ βραχίονος κατειληφὼς τὸ πρόσθιον· ἄρχεται δ' ἀπό τε τῆς ὑψηλῆς ὀφρύος τοῦ τῆς ὠμοπλάτης αὐχένος καὶ

TEST. : 4 τοῦτον — 14 ἔξω ORIB., *Coll.* XXV, 40-42 (Raeder, 73,30-37). — 17 ταθέντων — 22 αὐχένος ORIB., *Coll.* XXV, 42 (Raeder, 73, 37-74,4). — Cap. XVIII Summ. p. 88,13 Sezgin.

---

4 τοῦτον τὸν μῦν PA Or. : οὗτον τὸν μῦν C οὗ S || 5 ἴσως ἄν τις Or. || 6 post ἀνατάσει add. γὰρ P Or. Gad. || 12 μύες om. P Or. || 13 καμπήν codd. Or. : καμπῆς Kühn || 14 παρεκκλίνων Or. : παρεγκλίνων codd. || 15 ἐπὶ τὸ SA Dietz : ἐπὶ τῷ C εἰς τὸ P Kühn.

cou de l'omoplate et de l'apophyse ancyroïde, et il est accroché au bord à l'aide d'un ligament robuste et rond, et à l'apophyse ancyroïde à l'aide d'un autre ligament à la fois plus mince et parfaitement rond. **3** Une substance charnue sort en symphyse avec lui, semblable à un petit muscle. Celle-ci franchit l'articulation et s'insère sous la tête de l'humérus. **4** En avançant à partir de là, le ligament s'insère dans l'humérus à l'aide d'un autre point de départ situé plus en haut que le milieu de cet os, dans la partie où le corps du muscle commence à se former, recevant en lui aussi l'autre ligament. **5** Descendant de là à travers les parties antérieures de l'humérus, le muscle le touche jusqu'à la moitié ; à partir de là, il s'élève sur l'autre muscle qui est à cet endroit et s'insère dans l'articulation du coude. **6** L'autre muscle[1] naît seulement de l'humérus ayant son point de départ en arrière près de la tête de l'humérus ; de là, il s'avance obliquement à travers les parties extérieures jusqu'à l'articulation du coude. Ce muscle s'insère dans le cubitus, tandis que le muscle susdit, le grand, s'insère dans le radius. **7** Les muscles extenseurs de l'articulation ont deux origines :

1. Muscle brachial.

τῆς ἀγκυροειδοῦς ἀποφύσεως, τῇ μὲν ὀφρύι διὰ συν-
δέσμου τινὸς ἰσχυροῦ στρογγύλου συναπτόμενος, τῇ
δ' ἀγκυροειδεῖ δι' ἑτέρου συνδέσμου λεπτοτέρου τε
976 ἅμα καὶ ἀκριβῶς στρογγύλου. **3** Συνεκφύεται δ' αὐτῷ
σαρκώδης τις οὐσία προσεοικυῖα μυὶ μικρῷ. αὕτη μὲν
47 οὖν ὑπερβᾶσα τὸ ἄρθρον ὑπὸ | τὴν κεφαλὴν τοῦ
βραχίονος ἐμφύεται. **4** Προελθὼν δ' ἐντεῦθεν ὁ σύνδεσ-
μος δι' ἄλλης ἀρχῆς ἐμφύεται τῷ βραχίονι τῆς μέσης
αὐτοῦ χώρας ἀνωτέρω, καθ' ἃ μέρη τὸ σῶμα τοῦ μυὸς
ἄρχεται γεννᾶσθαι δεχόμενον εἰς ἑαυτὸ καὶ τὸν ἕτερον
σύνδεσμον· **5** Ἐντεῦθεν δὲ κατιὼν ὁ μῦς διὰ τῶν
ἐμπροσθίων μερῶν τοῦ βραχίονος ἄχρι μὲν ἡμίσεως
αὐτοῦ ψαύει, τὸ δ' ἀπὸ τοῦδε μετέωρος ἐπιβεβλημένος
θατέρῳ τῶν ἐνταῦθα μυῶν ἐπὶ τὴν κατ' ἀγκῶνα διάρ-
θρωσιν ἐμβάλλει· **6** ὁ δ' ἕτερος ἐκ τοῦ βραχίονος ἐκφύε-
ται <μόνου>, τὴν μὲν ἀρχὴν ὄπισθεν ἔχων ἐγγὺς τῆς
κεφαλῆς τοῦ βραχίονος· ἐντεῦθεν δὲ διὰ τῶν ἔξωθεν
μερῶν λοξὸς ἐπὶ τὰ πρόσω παραγίνεται ἄχρι τῆς κατ'
ἀγκῶνα διαρθρώσεως· ἐμφύεται δ' ὁ μῦς οὗτος εἰς τὸ
τοῦ πήχεως ὀστοῦν, ὥσπερ ὁ προειρημένος ὁ μείζων εἰς
τὸ τῆς κερκίδος. **7** Τῶν δ' ἐκτεινόντων τὴν κατ' ἀγκῶνα

TEST. : 11 ἐντεῦθεν — 157,5 ἐκπέφυκε Orib., *Coll.* XXV, 42 (Raeder, 74,4-16). — Cap. XVIII Summ. p. 88,13 Sezgin.

1-2 συνδέσμου om. SC Dietz || 5 σαρκώδης SCA Or. Dietz : σαρκοειδής P Kühn || μυὶ μικρῷ SCA (σμικρῷ A) : μικρῷ μυί P Kühn || 9 αὐτοῦ SCA Ar. Dietz : αὐτῆς P Kühn || ante τοῦ add. αὐτοῦ P Kühn || 11 ὁ μῦς om. Or. || 14 ἐπὶ SCA Dietz : εἰς P Or. Kühn || 15 ἐκ τοῦ βραχίονος om. P Gad. Kühn || 16 μόνου Or. Ar. : om. codd. || 16-17 τῆς κεφαλῆς codd. : τῇ κεφαλῇ Or. || 17 ἐντεῦθεν SCA Or. : ἐνταῦθα P Kühn || 18 παραγίνεται SCA Dietz : παραγενόμενος P Or. || 19 ὁ μῦς οὗτος non uertit Gad.

l'une commence à la moitié du côté inférieur de l'omoplate, là où elle monte en direction de l'épaule ; l'autre naît sous la tête de l'humérus depuis ses parties postérieures[1]. **8** Ces deux origines, en s'unissant en symphyse[2], te donneront l'impression de réaliser un seul muscle, très grand, qui s'insère dans le coude à l'aide d'un large tendon, mais si tu suis les origines d'en haut selon la direction des fibres, ce tendon te paraît double, ayant sa partie extérieure issue du muscle nommé en premier, et son outre partie issue du second. **9** Ces muscles étendent, tous les deux, l'articulation du coude, mais le premier avec une inclinaison vers l'extérieur, et le second vers l'interieur ; et ce dernier opère une inclinaison légèrement oblique. **10** La partie du muscle nommé en second qui enveloppe l'humérus (elle est comme double), demeurant tout entière charnue, s'insère dans la partie postérieure du coude et réalise une extension plutôt droite, mais inclinant, au niveau du cubitus, un peu vers le dedans. **11** Il y a aussi une autre insertion dans l'arti-

1. Les manuscrits SC ont *extérieures*, leçon acceptée par Dietz et introduite par Daremberg chez Oribase (Raeder ne corrige pas), mais la leçon du manuscrit d'Oribase et des manuscrits A et P de Galien (leçon certaine sur la base de la *recensio*) est confirmée par la version arabe et par la comparaison avec les *Pratiques anatomiques* : « l'autre tête naît des parties postérieures sous la tête de l'humérus ». Du reste, la tête latérale du triceps naît de la face postéro-latérale de l'humérus (Howell-Straus p. 134).

2. Pour la forme du participe -φυείς chez Galien, cf. Kühn I, 640,16 ; VII, 138,9 ; 725,7.

**διάρθρωσιν μυῶν ἡ μὲν ἑτέρα τῶν ἀρχῶν ἀπὸ τῆς
ταπεινῆς ἐστι πλευρᾶς τῆς ὠμοπλάτης τοῦ ἡμίσεως,
977 ὅσον ὡς | πρὸς τὸν ὦμον ἀναφέρεται, ἡ δ' ἑτέρα μετὰ
τὴν κεφαλὴν τοῦ βραχίονος ἐκ τῶν ὄπισθεν αὐτοῦ |
48 μερῶν ἐκπέφυκε. 8 Συνεμφυεῖσαι δ' ἀλλήλαις αὗται
μέγιστόν σοι δόξουσιν ἐργαζεσθαι μῦν ἕνα καταφυόμενον εἰς τὸν ἀγκῶνα τένοντι πλατεῖ· ἀλλ' εἰ ταῖς [ἄλλαις ἁπάσαις] ἄνωθεν ἐκφύσεσιν ἕποιο κατὰ τὴν τῶν ἰνῶν εὐθύτητα φαίνεταί σοι διφυὴς ὁ τένων οὗτος, τὸ μὲν ἔξω μέρος ἀπὸ τοῦ προτέρου ῥηθέντος ἔχων μυός, τὸ δ' ἕτερον ἀπὸ τοῦ δευτέρου. 9 Ἐκτείνουσι μὲν οὖν οἱ μύες ἀμφότεροι τὴν κατ' ἀγκῶνα διάρθρωσιν, ἀλλ' ὁ μὲν πρότερος ἅμα τῷ παρεγκλίνειν ἐκτός, ὁ δ' ἕτερος ἔσω, καὶ οὗτος ἐπὶ βραχὺ λοξὴν ποιεῖται τὴν ἔγκλισιν· 10 ἡ δὲ περιπεφυκυῖα τὸ τοῦ βραχίονος ὀστοῦν μοῖρα τοῦ δευτέρου ῥηθέντος μυός (ἔστι γὰρ ὥσπερ τις διφυής), σαρκώδης ὅλη διαμένουσα κατὰ τὸ ὄπισθεν ἐμβάλλει μέρος τοῦ ἀγκῶνος, εὐθεῖάν πως μᾶλλον ἔκτασιν ἐργαζομένη περὶ τὸν πῆχυν εἴσω βραχὺ ῥέπουσαν. 11 Ἔστι**

TEST. : 156,11 ἐντεῦθεν — 5 ἐκπέφυκε. Orib., *Coll.* XXV, 42 (Raeder, 74,4-16). — 11 ἐκτείνουσι — 19 ῥέπουσαν Orib., *Coll.* XXV, 42 (Raeder, 74,16-22). — Cap. XVIII Summ. p. 88,13 Sezgin.

1 τῶν ἀρχῶν SCA Ar. Dietz : τὴν ἀρχὴν P Kühn || ἀπὸ Or. Ar. : ὑπὸ codd. edd. || 4 ὄπισθεν PA Or. Ar. : ἔξωθεν SC Dietz et Daremberg in Or. || 4-5 μερῶν αὐτοῦ P Kühn || 5 συνεμφυεῖσαι PA : συμφυεῖς αἱ SC || 6 ἐργάζεσθαι SCA Dietz : ἐργάσασθαι P Kühn || 7-8 ἄλλαις ἁπάσαις om. P Gad. non uertit Ar. : secl. Garofalo || 8 ἕποιο SCA Dietz : εἴ πως P Kühn || 9 φαίνεται SCA Dietz : φανεῖται P Kühn || ἔξω SCA Dietz : ἔξωθεν P Kühn || 11 οὖν om. P Kühn || 13 ἔσω PS Or. : εἴσω CA || 14 λοξὴν om. P Kühn || 16 ῥηθέντος om. SCA Dietz || 17 ὅλη SCA Or. : ὕλη P Kühn || 18 ἔκτασιν om. A || 19 ῥέπουσαν Or. Dietz, *uergentem* Gad. ῥέπουσα codd. Kühn.

culation du coude chez les singes, laquelle réalise l'extension vers le dehors. Cette insertion se fait dans l'extérieur de l'articulation et part d'une diaphyse[1] transversale du muscle le plus grand de l'épaule qui, je l'ai dit, monte de l'épine dorsale et des côtes[2].

XIX. Les muscles de l'avant-bras qui font mouvoir le radius, le carpe et les doigts

1 Selon les différentes manières de conduire l'exposé, on peut donner un nombre différent pour les muscles de l'avant-bras, comme nous le montrons dans les *Pratiques anatomiques*[3]. Si l'on veut être précis, ils sont au nombre de dix-sept, mais si l'on veut apprendre clairement aux débutants, ils sont au nombre de quinze. **2** Sept muscles sont rangés à l'intérieur de l'avant-bras ; on ne peut en compter ni plus ni moins ; sur la face extérieure le nombre minimal est huit, et si on sépare les muscles doubles, le nombre maximal est dix ; le nombre moyen est neuf. Le bras sera évidemment disposé de manière que le cubitus soit en bas et le radius en haut : c'est dans

1. Anconé.
2. Grand dorsal.
3. La référence est aux premières *Pratiques*, écrites dans le premier séjour à Rome, en 161-166.

δὲ καὶ ἄλλη τις ἔμφυσις εἰς τὴν κατ᾽ ἀγκῶνα διάρθρωσιν ἐπὶ τῶν πιθήκων λοξὴν ἐπὶ τὰ ἔξω τὴν ἔκτασιν |
978 ἐργαζομένη· καὶ γὰρ καταπέφυκεν εἰς τὰ ἐκτὸς τῆς |
49 διαρθρώσεως ἀπὸ διαφύσεως ἐγκαρσίας ἀρχομένη τοῦ μεγίστου τῶν κατὰ τὸν ὦμον μυῶν, ὃν ἀπὸ τῆς ῥάχεως καὶ τῶν πλευρῶν ἔφην ἀνέρχεσθαι.

XIX. Περὶ τῶν κατὰ τὸν πῆχυν μυῶν, ὑφ᾽ ὧν ἥ τε κερκὶς καὶ ὁ καρπὸς καὶ οἱ δάκτυλοι κινοῦνται

1 Κατὰ διαφέροντας τρόπους διδασκαλίας ἄλλοτε ἄλλος ἀριθμὸς δύναται λέγεσθαι τῶν περὶ τὸν πῆχυν μυῶν, ὡς ἐν ταῖς ἀνατομικαῖς ἐγχειρήσεσιν δείκνυμεν· ἀκριβολογουμένων μὲν ιζ´, διδάσκειν δὲ βουλομένων σαφῶς τοὺς πρώτους ἀρχομένους ιε´. **2** Τεταγμένοι δέ εἰσιν ἐκ μὲν τῶν ἔνδον τοῦ πήχεως ἑπτὰ μύες οὔτε πλείους οὔτε ἐλάττους ἀριθμεῖσθαι δυνάμενοι, κατὰ δὲ τὴν ἔξω χώραν ὁ μὲν ἐλάχιστος ἀριθμὸς ὀκτώ, διαχωριζομένων δὲ τῶν συμφυῶν μυῶν ὁ πλεῖστος δέκα, μέσος δ᾽ ἀμφοῖν ὁ τῶν ἐννέα, δῆλον [δὲ] ὅτι τῆς χειρὸς ἐσχηματισμένης οὕτως ὡς ὑποκεῖσθαι μὲν τὸ τοῦ πήχεως

TEST. : 7 Περὶ τῶν κατὰ τὸν πῆχυν μυῶν Orib., *Coll.* XXV, 43 (Raeder, 74,23). — 14 ἐκ μὲν — 18 ἐννέα Orib., *Coll.* XXV, 43 (Raeder, 74,24-27). — Cap. XIX Summ. p. 89,16 Sezgin.

2 ἔκτασιν SCA Ar. Dietz : ἔγκλισιν P Kühn || 3 τὰ ἐκτὸς PA : τὸ ἐκτὸς SC || 3 ante τῆς add. ὁ P Kühn || 5 post ῥάχεως add. τε SC || 6 ἀνέρχεσθαι PA Ar. : ἄρχεσθαι SC || 7 Περὶ — 8 κινοῦνται om. A || 7-8 ὑφ᾽ ὧν — κινοῦνται om. Or. || 8 ὁ om. P Kühn || 10 ἄλλος SCA Dietz : ἄλλως ὁ P Kühn || 11 δείκνυμεν S (errat Dietz) CA Ar. : ἐδείκνυμεν P Gad. edd. || 12 ἀκριβολογουμένων SCA : ἀκριβολογουμένῳ Dietz ἀκριβολόγου Kühn P || ιζ´ Garofalo : ἑπτὰ καὶ δέκα SCA Dietz : δεκαεπτά P Kühn || βουλομένων Garofalo : βουλομένῳ codd. edd. || 13 σαφῶς om. P Kühn || ιε´ S : πεντεκαίδεκα CA Dietz δεκαπέντε P Kühn || 18 δὲ secl. Garofalo || 19 οὕτως PA : οὗτος SC.

ce sens que les anatomistes parlent de quelque chose situé à l'intérieur ou à l'extérieur de l'avant-bras ; en bas aucun muscle n'est placé sous le cubitus[1], mais en haut, sur le radius, il y en a un au sujet duquel tous les anatomistes se sont trompés. Nous le décrirons clairement en l'ajoutant aux muscles extérieurs qui sont au nombre de neuf, sans celui-ci. **3** Un seul grand muscle[2] étend les quatre doigts sans le pouce ; il est placé presque au milieu de la totalité de l'avant-bras et donne naissance à quatre tendons, un pour chaque doigt. Des deux côtés de ce muscle, il y a deux autres muscles : l'un[3] écarte obliquement les petits doigts des autres doigts, l'autre en approche les trois autres. En voulant être précis, tu diras que ces muscles sont chacun deux muscles en symphyse. **4** Tous ces muscles sont cachés par un seul ligament qui naît des extrémités carpiennes du cubitus et du radius, à la hauteur des têtes des tendons ; chaque tête produit des tendons en nombre égal aux doigts qui sont mus. **5** Il y a d'autres muscles à côté de ceux-là, l'un qui s'étend le long du cubitus extérieurement et s'insère dans

1. Le mot grec πῆχυς signifie au sens large « l'avant-bras », mais au sens restreint et technique, le principal os de l'avant-bras, à savoir le cubitus. C'est le cas ici où le cubitus (πῆχυς) est en paralléle avec le radius. Juste auparavant, le cubitus était dit « l'os de l'avant-bras » (τὸ τοῦ πήχεως ὀστοῦν). Pour ce double sens de πῆχυς, voir *Oss.*, c. 17,1 (p. 74, 13-16).

2. *Extensor digitorum profundus.*

3. *Extensores digiti minimi et digiti quarti.*

979 ὀστοῦν, ἐπικεῖσθαι δὲ τὸ τῆς κερκίδος, καθὸ ἢ ἔνδον | ἢ
50 ἔξω τι λέγουσι τοῦ πήχεως οἱ ἀνα|τομικοί, κάτωθεν
μὲν οὖν ὅλως οὐδεὶς ὑποτέτακται τῷ πήχει μῦς, ἄνωθεν δ' ἐπιβέβληται τῇ κερκίδι, περὶ ὃν ἐσφάλησαν ἅπαντες, ἀλλ' ἡμεῖς γε σαφῶς αὐτὸν ἐξηγησόμεθα τοῖς ἔξωθεν προσνέμοντες ἐννέα τὸν ἀριθμὸν οὖσι χωρὶς τούτου. 3 Τοὺς μὲν γὰρ τέτταρας δακτύλους ἄνευ τοῦ μεγάλου μῦς εἷς μέγας ἐκτείνει κατὰ τὴν μέσην μάλιστα χώραν τεταγμένος ὅλου τοῦ κώλου τέτταρας ἀποφύων τένοντας εἰς ἕκαστον δάκτυλον ἕνα, δύο δ' ἐφ' ἑκάτερα τοῦδε μύες· ὁ μὲν τοὺς μικροὺς δακτύλους ἀπάγει λοξοὺς ἀπὸ τῶν ἄλλων, ὁ δὲ τοὺς ὑπολοίπους τρεῖς τούτοις προσάγει. εἰ δ' ἀκριβολογοῖο, δύω μύας ἂν εἴποις εἶναι τούτους ἀλλήλοις συμφυεῖς· 4 Οὗτοι μὲν οὖν ἅπαντες ὑφ' ἑνὸς συνδέσμου καλύπτονται κατ' αὐτὰς μάλιστα τὰς κεφαλὰς τῶν τενόντων ἐκπεφυκότος τῶν πρὸς τῷ καρπῷ περάτων πήχεώς τε καὶ κερκίδος, ἑκάστης κεφαλῆς ἰσαρίθμους ἀποφυούσης τένοντας τοῖς κινουμένοις δακτύλοις. 5 Ἄλλοι δ' ἐφ' ἑκάτερα
51 980 τούτων ὁ μὲν τῷ | πήχει παρατεταμένος ἔξωθεν εἰς | τὸ

TEST. : 7 τοὺς — 14 συμφυεῖς Orib., *Coll.* XXV, 43 (Raeder, 74,27-32). — 19 ἄλλοι — 161,3 αὐτός Orib., *Coll.* XXV, 43 (Raeder, 74,32-75,10). — Cap. XIX Summ. p. 89,16 Sezgin.

3 οὐδεὶς — 161,18 λιχανὸν deficit A.

1 ἐπικεῖσθαι δὲ τὸ PCA : τῶ S || δὲ om. C || ante ἔνδον add. τὸ SC || 2 τι λέγουσι P Kühn : λέγουσί τι τὸ A τι λέγουσι τὸ C τι λέγουσι τῶ S || 4 ὃν S Dietz : ὧν PC Kühn || 6 ἔξωθεν SC Dietz : ἔξω P Kühn || 6-7 τούτου SC Ar. Dietz : τούτων P Kühn || 11 μικροὺς δακτύλους...λοξοὺς codd. : μικρὸν δάκτυλον...λοξὸν Or. (corrigendus) || 13 τούτοις codd. Ar. : τούτῳ Or. (corrigendus) || ἀκριβολογοῖο Garofalo : ἀκριβολογεῖς PS edd. ἀκριβολογοῖς C Or. (ἀκριβολογοίης Morelius Daremberg Raeder) || μύας codd. : μῦς Or. || 14 εἴποις ἂν SC || τούτους om. S || 17 τῶν C : τῷ P Kühn om. S || περάτων SC Dietz : πέρατι P Kühn || 19 τοῖς κινουμένοις δακτύλοις P : τοὺς κινουμένους δακτύλων SC.

la partie du métacarpe située avant le petit doigt[1] par un seul tendon, l'autre s'insère dans la partie située avant l'index et le majeur par deux tendons ; et un troisième, en plus de ceux-là, s'insère par un seul tendon dans le premier os du carpe, qui correspond au pouce[2]. **6** Ces trois muscles donnent au carpe un mouvement d'extension : du côté du petit doigt, la main incline dans le sens de la pronation, du côté du pouce, elle incline dans le sens de la supination. Le muscle situé au milieu des deux autres, réalise, lui aussi, une extension du carpe moyenne entre les deux extensions ; et la main subit une extension moyenne aussi quand les deux autres muscles agissent simultanément. **7** Cependant, un autre muscle s'attache à côté de celui qui donne le mouvement au carpe du côté du pouce, ainsi que nous l'avons dit, de telle sorte que les deux sont considérés comme un seul ; ce muscle[3] descend au premier os du pouce et donne à ce doigt un mouvement analogue, en sens inverse, au mouvement oblique dont nous avons parlé pour les cinq doigts qui, comme je le disais, est réalisé par trois muscles. **8** Un ligament entoure ces deux têtes à la partie supérieure du radius, et aussi les deux autres têtes qui donnent le mouvement au carpe. **9** Les muscles extérieurs de l'avant-bras qui res-

1. Cubital postérieur.
2. Cubital externe.
3. Extenseur propre au pouce.

πρὸ τοῦ μικροῦ δακτύλου μετακάρπιον ἐμφύεται δι᾿ ἑνὸς τένοντος, ὁ δ᾿ εἰς τὸ πρὸ τοῦ λιχανοῦ τε καὶ μέσου διὰ δυοῖν· καὶ τρίτος ἐπὶ τοῖσδε δι᾿ ἑνὸς εἰς τὸ πρῶτον ὀστοῦν τοῦ καρποῦ τὸ κατὰ τὸν μέγαν δάκτυλον. 6 Ὑπὸ τούτων τῶν τριῶν ὁ καρπὸς ἐκτείνεται κατὰ μὲν τὸν μικρὸν δάκτυλον ἐγκλινομένης ὡς ἐπὶ τὸ πρηνὲς σχῆμα τῆς ἄκρας χειρός, κατὰ δὲ τὸν μέγαν ἐπὶ τὸ ὕπτιον· ὁ μέσος δ᾿ ἀμφοῖν μῦς μέσην ἀμφοτέρων ἐργάζεται τὴν ἔκτασιν τοῦ καρποῦ· μέσην δ᾿ ἀμφοῖν κἀν οἱ λοιποὶ δύο μύες [ἐὰν] ἐνεργήσωσιν ἅμα τὴν κατάτασιν ἡ χεὶρ ἄκρα λαμβάνει. 7 Τῷ μέντοι κατὰ τὸν μέγαν δάκτυλον κινοῦντι τὸν καρπόν, ὡς εἴρηται, παραπέφυκεν ἕτερος μῦς, ὡς ἀμφοτέρους, ἕνα τίθεσθαι καθήκων εἰς τὸ πρῶτον ὀστοῦν τοῦ μεγάλου δακτύλου καὶ κινεῖ γε αὐτὸν τὴν ἀνάλογον ἐπὶ θάτερα κίνησιν τῇ προειρημένῃ λοξῇ κατὰ τοὺς πέντε δακτύλους, ἣν ὑπὸ τριῶν ἔφην γίγνεσ-
52 θαι μυῶν. 8 Σύνδεσμος δὲ καὶ ταύτας ἀμφοτέρας | τὰς κεφαλὰς περιλαμβάνει κατὰ τὸ τῆς κερκίδος ὑψηλὸν
981 καὶ τὰς ἑτέρας δύο τὰς | τὸν καρπὸν κινούσας. 9 Λοιποὶ δὲ τῶν ἔξωθεν τοῦ πήχεως μυῶν εἰσιν ὅ τε ἐμφυόμενος

TEST. : 159,19 ἄλλοι — 161,3 αὐτός Orib., *Coll.* XXV, 43 (Raeder, 74,32-75,10). — Cap. XIX Summ. p. 89,16 Sezgin.

159,3 οὐδεὶς — 161,18 λιχανὸν deficit A

1 πρὸ SC Or. Ar. Dietz : πρὸς P Gad. Kühn || 2 post εἰς add. τε SC || 6 πρη(νὲς) usque Galeni codices : (πρα)νὲς Or. || 8 δ᾿ om. P Kühn || post ἀμφοῖν add. αἱ προειρημέναι ὡς S || 9 κἀν Or. : καὶ codd. edd. || 10 ante μύες add. οἷον P Kühn || ἐὰν om. Or. secl. Garofalo || κατάτασιν P Or. Ar. : κατάστασιν SC || 13 ἀμφοτέρους ἕνα τίθεσθαι SC Dietz : ἕνα τίθεσθαι ἀμφοτέρους P Kühn ἀμφοτέρους ἕνα φαίνεσθαι Or. || 15 ἐπὶ θάτερα om. SC || 16 ὑπὸ SC Or. Ar. Dietz : ἀπὸ P Kühn || 19 post κινούσας add. εἰ δ᾿ ἄμφω ταθεῖεν ἅμα ἀκλινῆ τὴν ἔκτασιν ὁ μέγας δάκτυλος λαμβάνει P edd.

tent sont : celui[1] qui s'insère obliquement dans les parties supérieures du radius et qui est tout entier charnu, et celui qui, long, placé sur le radius, ne se termine pas non plus en un véritable tendon[2]. **10** Son extrémité reste en effet charnue, mêlée à un tendon un peu large, membraneux, et s'insère dans l'extrémité inférieure, carpienne, du radius dans son côté intérieur ; sa tête est en haut en direction de l'humérus. **11** Pour les autres muscles dont on vient de parler, les points de départ en haut se présentent de la façon suivante. De la tête extérieure de l'humérus, que l'on appelle aussi « condyle », naissent trois muscles en symphyse mutuelle[3]. **12** Le plus élevé est celui des quatre doigts[4] ; le plus bas, celui du carpe du côté du petit doigt ; au milieu entre les deux, le muscle des deux petits doigts ; les deux muscles des trois autres doigts s'unissent et adhèrent l'un à l'autre en certains points ; ils naissent du cubitus presque tout entier ; **13** celui qui s'insère dans le majeur et l'index, naît de la partie du cubitus du côté du carpe ; l'autre qui s'insère dans le pouce, naît de la partie suivante qui monte vers l'articulation du coude. Le point de départ du premier est la partie du cubitus qui

1. Supinateur. *Pratiques anatomiques* Garofalo p. 53, Kühn II, 263, *Proc.* p. 149, *Utilité des parties* Helmreich, I 81 ; Howell-Straus p. 139.

2. Brachioradialis. *Pratiques anatomiques* Kühn II, 262, Garofalo p. 53, *Proc.* p. 147. *Utilité des parties* Helmreich, I 82-83 ; Howell-Straus p. 138.

3. Pour condyle, voir *Oss.* p. 60, n. 2.

4. Extenseur profond des doigts.

τοῖς ἄνω μέρεσι τῆς κερκίδος λοξὸς ὅλος σαρκοειδής, ὅ τε ἐπικείμενος ἄνωθεν αὐτῇ μακρὸς οὐκ εἰς ἀκριβῆ τένοντα τελευτῶν οὐδ᾽ αὐτός. **10** Διαμένει γὰρ αὐτοῦ τὸ πέρας σαρκῶδες ἠρέμα πλατεῖ τένοντι μιγνύμενον ὑμενώδει, καταφύεται δ᾽ εἰς τὸ κάτω πέρας τῆς κερκίδος τὸ πρὸς τῷ καρπῷ κατὰ τὸ ἔνδον αὐτοῦ μέρος, τὴν κεφαλὴν δ᾽ ἀνήκουσαν ἐπὶ τὸ τοῦ βραχίονος ὀστοῦν ἔχει. **11** Τῶν δ᾽ ἄλλων μυῶν τῶν προειρημένων αἱ ἄνωθεν ἀρχαὶ τόνδε τὸν τρόπον ἔχουσιν· ἐκ μὲν τῆς ἔξω κεφαλῆς τοῦ βραχίονος, ἣν δὴ καὶ κόνδυλον ὀνομάζουσι, τρεῖς ἐκπεφύκασι συμφυεῖς ἀλλήλοις, **12** ὑψηλότατος μὲν ὁ τῶν τεττάρων δακτύλων, ταπεινότατος δ᾽ ὁ κατὰ τὸν μικρὸν δάκτυλον τοῦ καρποῦ, μέσος δ᾽ ἀμφοῖν ὁ τῶν δυοῖν δακτύλων τῶν μικρῶν, οἱ δὲ τῶν ὑπολοίπων τριῶν δακτύλων δύο μύες ἑνούμενοί τε καὶ συμφυόμενοι
982 κατά τι μέρος ἑαυτῶν | ἐκπεφύκασι τοῦ πήχεως ὀλίγου
53 δεῖν ὅλου. **13** Ὁ μὲν εἰς | τοὺς δακτύλους ἐμβάλλων τόν τε μέσον καὶ τὸν λιχανὸν ἐκ τοῦ πρὸς τὸν καρπὸν μέρους, ὁ δ᾽ εἰς τὸν μέγαν δάκτυλον ἐκ τοῦ μετ᾽ αὐτὸν τοῦ πρὸς τὴν κατ᾽ ἀγκῶνα διάρθρωσιν ἀνήκοντος· ἡ δ᾽ ἀρχὴ τῆς ἐκφύσεως αὐτῷ τὸ ὑποκείμενον αὐτοῦ μέρος

TEST. : 159,19 ἄλλοι — 3 αὐτός ORIB., *Coll.* XXV, 43 (Raeder, 74,32-75,10). — Cap. XIX Summ. p. 89,16 Sezgin.

159,3 οὐδεὶς — 18 λιχανὸν deficit A

---

1 μέρεσι τῆς κερκίδος SC : τῆς κερκίδος μέρεσι P edd. ‖ 2 αὐτῇ PC Ar. Kühn : αὐτῷ S Dietz ‖ 3 αὐτὸς codd. : οὕτως Or. (corr. Daremberg) ‖ 3-4 αὐτοῦ τὸ πέρας σαρκῶδες SC Dietz : τὸ π. α. σαρκοειδὲς P Kühn ‖ 7 δ᾽ om. P Kühn ‖ 8 προειρημένων P : εἰρημένων SC ‖ 12 ταπεινότατος P Ar. : ταπεινότερος SC ‖ 14 τῶν...δακτύλων P : τοῖν... δακτύλοιν SC ‖ 16 τι P : τὸ SC ‖ 17 ἐμβάλλων P : ἐμβαλὼν SC ‖ 21 αὐτῷ PCA Ar. Kühn : αὐτὸ S Dietz.

est située sous la tête du radius. **14** Un peu plus bas que ce point de départ, naît le muscle qui donne le mouvement au pouce ; et il se porte vers le bas au milieu du cubitus et du radius. **15** Le muscle du carpe du côté du pouce qui part du radius et occupe toute la région après le radius, tire son origine d'un peu plus haut que le précédent. **16** Le muscle qui s'insère dans le métacarpe avant l'index et le majeur, est situé extérieurement sur tout le radius, et a son origine dans les parties supérieures du condyle extérieur de l'humérus, origine située sur celle du muscle mentionné en premier, l'extenseur des quatre doigts[1]. Ce muscle est toujours en contact avec l'humérus, dès sa première origine, et s'avance un peu au-delà du condyle ; parfois il s'étend manifestement sur une plus grande distance. **17** Les muscles, en effet, n'ont pas toujours exactement les origines que nous avons décrites ; ils occupent parfois, mais rarement, un peu des parties supérieures ou latérales de chaque côté. **18** Le muscle propre du radius[2], qui s'étend d'en haut sur le radius tout entier, a son origine au-dessus des dits muscles, et son action est de mettre la main en supination. **19** Il y a enfin un autre muscle du radius dans les

1. Extenseur profond des doigts.
2. Brachio-radial — long supinateur pour Daremberg, p. 459.

ἐστὶ τῇ κεφαλῇ τῆς κερκίδος. **14** Ταύτης τῆς ἀρχῆς μικρὸν κατωτέρω καὶ ὁ τὸν μέγαν δάκτυλον κινῶν ἐκφύεται διὰ τῆς μεταξὺ χώρας πήχεώς τε καὶ κερκίδος ἐπὶ τὰ κάτω φερόμενος. **15** Ὑψηλότερος δ' αὐτοῦ τήν τε ἔκφυσιν ἐκ τῆς κερκίδος ἔχων καὶ τὴν μετὰ ταῦτα χώραν ἅπασαν ὁ τοῦ καρποῦ μῦς ἐστιν ὁ κατὰ τὸν μέγαν δάκτυλον. **16** Ὁ δ' εἰς τὸ πρὸ τοῦ λιχανοῦ τε καὶ μέσου μετακάρπιον ἐμφυόμενος, ἐπίκειται μὲν ἔξωθεν ἅπαντι τῷ τῆς κερκίδος ὀστῷ, τὴν δ' ἔκφυσιν ἐκ τῶν ὑπεράνω μερῶν ἔχει τοῦ ἔξω κονδύλου τοῦ βραχίονος ὑπερκειμένην τῆς τοῦ πρώτου πάντων ῥηθέντος μυός, ὃς ἐκτείνει τοὺς τέτταρας δακτύλους· οὗτος ὁ μῦς ἅπτεται μὲν ἀεὶ καὶ τοῦ βραχίονος κατὰ τὴν πρώτην |
983 ἔκφυσιν ὀλίγον τι προσαναβαίνων ἀπὸ τοῦ κονδύλου, φαίνεται δ' ἐνίοτε καὶ μέχρι πλείονος ἀνατεινόμενος·
54 **17** οὐ γὰρ ἀκρι|βοῦσι τὰς εἰρημένας ἐκφύσεις διὰ παντὸς οἱ μύες, ἀλλ' ἐν τῷ σπανίῳ ποτὲ προσεπιλαμβάνουσιν ἤτοι τῶν ἄνω μορίων ἢ τῶν ἐφ' ἑκάτερα. **18** Τούτων δ' ἀνωτέρω τὴν κεφαλὴν ὁ τῆς κερκίδος ἴδιος ἔχει μῦς, ὁ καθ' ὅλης αὐτῆς ἄνωθεν ἐκτεταμένος, ἐνέργειαν ἔχων ὑπτίαν ἐργάζεσθαι τὴν χεῖρα. **19** Λοιπὸς δ' ἄλλος μῦς ἐστι τῆς κερκίδος ἐν τοῖς ἔξω χωρίοις

TEST. : 21 ἐνέργειαν — 163,4 καταπέφυκεν Orib., Coll. XXV, 43 (Raeder, 75,10-14). — Cap. XIX Summ. p. 89,16 Sezgin.

---

1 τῇ κεφαλῇ Garofalo Ar. et Gad. sec. : τῆς κεφαλῆς PSCA edd. || ταύτης τῆς ἀρχῆς Ar. edd. : ταύτης· ἧς ἀρχὴ PSCA || 3 ἐκφύεται PA Ar. : ἐμφύεται SC || 4 τὰ SCA Dietz : τὸ P Kühn || 8 ἐμφυόμενος SCA Ar. Dietz : ἐκφυόμενος P Kühn || ἔξωθεν SCA Dietz : ἔξω ἐν P Kühn || 11 ὑπερκειμένην SCA Ar. Dietz : ὑποκειμένην P Kühn || 13 ante κατὰ add. αὐτοῦ P Kühn || 21 ante λοιπὸς add. ὁ SC.

parties extérieures, oblique, qui s'insère dans ses parties supérieures et non dans ses parties inférieures, comme le muscle[1] que nous avons mentionné auparavant. Pour cette raison, chacun de ces deux muscles donne un mouvement à la partie du radius dans laquelle il s'insère, et si les deux muscles agissent ensemble, le bras acquiert la position en supination. **20** Ce muscle naît du ligament membraneux qui entoure l'articulation et des extrémités du cubitus qui sont en contact avec le radius, extrémités sur lesquelles s'appuie le plus bas de tous les muscles extérieurs mettant en mouvement le carpe. Après sa première origine, il longe le cubitus tout entier où il s'insère. **21** Tels sont la position, la nature et le mouvement des muscles extérieurs. Du côté intérieur de l'avant-bras, les muscles sont au nombre de sept ; deux[2] fléchissent le carpe, deux les doigts[3], deux autres font rouler le radius vers la pronation ; **22** le muscle qui reste, unique, qui est aussi le plus menu de tous, est placé superficiellement sous la peau[4], à peu près vers le milieu du membre ; il se porte de haut en bas et se termine en un tendon unique qui est rond à l'endroit où il sort d'abord du muscle, bien

1. Court supinateur.
2. Cubital et radial internes.
3. Fléchisseurs, superficiel et profond.
4. Palmaire grêle.

λοξός, ἐμφυόμενος αὐτῆς τοῖς ἄνω μέρεσιν οὐχ ὥσπερ ὁ προειρημένος τοῖς κάτω· καὶ διὰ τοῦτο ἑκάτερος αὐτῶν ἐκεῖνο τὸ μέρος κινεῖ τῆς κερκίδος, εἰς ὃ καταπέφυκεν. ἀμφοτέρων δ' ἐνεργησάντων ὁμοῦ, τὴν ὑπτίαν κατάστασιν ἡ χεὶρ [ὅλη] λαμβάνει. **20** Ἐκπέφυκε δ' ὁ μῦς οὗτος ἔκ τε τοῦ περὶ τὸ ἄρθρον ὑμενώδους συνδέσμου καὶ τῶν ψαυόντων αὐτῆς τοῦ πήχεως περάτων, οἷς καὶ ὁ ταπεινότατος ἁπάντων τῶν ἔξω μυῶν τῶν τὸν καρπὸν κινούντων ἐπιβαίνων μετὰ τὴν πρώτην ἔκφυσιν ὅλῳ τῷ
984 πήχει παρεμπέφυκεν. **21** Οὕτω μὲν | ἔχουσι θέσεώς τε καὶ φύσεως καὶ κινήσεως οἱ ἔξωθεν μύες· τῶν δ' ἐντὸς τοῦ πήχεως μυῶν ἑπτὰ τὸν ἀριθμὸν ὄντων δύο μὲν τὸν
55 καρπὸν κάμπτουσι, δύο δὲ τοὺς | δακτύλους, δύο δ' ἄλλοι τὴν κερκίδα περιάγουσιν ἐπὶ τὸ πρηνές. **22** Ὁ δ' ὑπόλοιπος εἷς ὅσπερ καὶ πάντων ἰσχνότατός ἐστιν, ἐπιπολῆς μὲν ὑπὸ τῷ δέρματι τέτακται, κατὰ μέσον μάλιστα τὸ κῶλον, ἄνωθεν κάτω φερόμενος, εἰς τένοντα δὲ τελευτήσας ἕνα στρογγύλον, ἵνα πρῶτον ἀποφύεται

TEST. : 162,20 ἐνέργειαν — 4 καταπέφυκεν ORIB., *Coll.* XXV, 43 (Raeder, 75,10-14). — 4 ἀμφοτέρων — 5 λαμβάνει ORIB., *Coll.* XXV, 43 (Raeder, 75,14-15). — 9 ἐπιβαίνων — 17 φερόμενος ORIB., *Coll.* XXV, 43 (Raeder, 75,14-15). — Cap. XIX Summ. p. 89,16 Sezgin.

---

1 αὐτῆς A Ar. : τῆς κερκίδος Or. αὐτοῦ P Kühn *ipsius* Gad. αὐτοῖς SC Dietz ‖ τοῖς SCA Ar. Dietz τῷ P Kühn ‖ 2 διὰ τοῦτο SCA Or. Ar. Dietz : διὰ τούτων P Kühn ‖ 5 ὅλη non uertit Ar. Gad. secl. Garofalo ‖ 7 τῶν ψαυόντων αὐτῆς τοῦ πήχεως περάτων P Ar. : τῶν τοῦ πήχεως αὐτῆς περάτων SC τῶν τοῦ πόλεως αὐτῆς περάτων A ‖ 10 παρεμπέφυκεν codd. : παραπέφυκεν Kühn ‖ 11 καὶ φύσεως om. Or. ‖ καὶ φύσεως καὶ κινήσεως οἱ ἔξωθεν μύες om. Ar. ‖ 14 πρηνὲς codd. : πρανὲς Or. ‖ 15 ὅσπερ Or. Dietz : ὥσπερ SCA ὃς P Kühn ‖ 16 τῷ δέρματι SCA Dietz : τοῦ δέρματος P Kühn ‖ 18 τελευτήσας P edd. : τελευτήσι A τελευτῆς C τελευτᾶ S ‖ post ἵνα add. ὅπου P Kühn.

au-dessus du carpe, et qui demeure tel jusqu'au carpe ; mais dès ce point il s'élargit de façon à s'implanter sous toute la peau de la main qui est dépourvue de poil. **23** Ce muscle ne met en mouvement aucune articulation ; pourtant, tous les anatomistes qui nous ont précédé croient qu'il tire et fléchit tous les doigts. Il faut sectionner ce muscle en premier, car il est le premier de tous les muscles placés sous la peau. **24** Après, il y a trois muscles placés à la suite les uns des autres qui occupent en longueur toute la région interne de l'avant-bras. **25** Le muscle en position médiane[1], placé exactement sous le muscle susdit, est robuste et se partage entre les quatre doigts. **26** De chaque côté de celui-ci, il y a un autre muscle ; l'un s'insère dans le carpe, l'autre dans le métacarpe, par un tendon simple ; ces deux muscles fléchissent justement le carpe : celui qui s'implante dans la région carpienne avant le petit doigt, avec inclinaison du carpe vers la supination, tandis que le muscle qui s'insère dans la région du métacarpe avant l'index, avec inclinaison du carpe vers la pronation. Quand tous les deux agissent, il se produit la flexion moyenne sans aucune inclinaison de l'articulation carpienne. **27** Une fois ces muscles sectionnés, on trouve un autre muscle, très

1. Fléchisseur superficiel des doigts.

τοῦ μυός ἀνωτέρω πολὺ τοῦ καρποῦ, καὶ διαμένων γε τοιοῦτος ἄχρι τοῦ καρποῦ πλατύνεται τοὐντεῦθεν οὕτως, ὡς ὑποφύεσθαι παντὶ τῷ τῆς ἄκρας χειρὸς ἔσωθεν δέρματι τῷ ψιλῷ τῶν τριχῶν. 23 Οὐδὲν ἄρθρον ὁ μῦς οὗτος κινεῖ, καίτοι νομίζουσί γε οἱ ἀνατομικοὶ πάντες οἱ πρὸ ἡμῶν ἐπισπᾶσθαί τε καὶ κάμπτεσθαι πρὸς αὐτοῦ ἅπαντας τοὺς δακτύλους· τοῦτον μὲν οὖν πρῶτον ἀνατέμνειν χρή, διότι καὶ πρῶτος ἁπάντων ὑπὸ τῷ δέρματι τέτακται. 24 μετὰ τοῦτον δὲ τρεῖς μύες ἐφεξῆς ἀλλήλων κεῖνται κατὰ τὸ μῆκος ἅπασαν
985 κατειληφό|τες τὴν ἐντὸς χώραν τοῦ πήχεως. 25 Ἔστι δ᾽ αὐτῶν ὁ μέσος μὲν τῇ θέσει καὶ ἀκριβῶς ὑποκείμενος τῷ προειρημένῳ μυὶ εὔρρωστος εἰς τοὺς τέτταρας δακ-
56 τύλους διανεμόμε|νος. 26 Εἷς δ᾽ ἑκατέρωθεν αὐτοῦ μῦς ἕτερος, ὁ μὲν εἰς τὸν καρπὸν ἐμφυόμενος, ὁ δ᾽ εἰς τὸ μετακάρπιον, ἁπλῷ τένοντι· καὶ δὴ καὶ κάμπτουσιν οἱ δύο μύες οὗτοι τὸν καρπόν· ὁ μὲν εἰς τὴν πρὸ τοῦ μικροῦ δακτύλου χώραν ἐμβάλλων τοῦ καρποῦ μετὰ τοῦ παρεγκλίνειν ἐπὶ τὸ ὕπτιον, ὁ δ᾽ εἰς τὴν πρὸ τοῦ λιχανοῦ τοῦ μετακαρπίου μετὰ τῆς εἰς τὸ πρηνὲς ἐγκλίσεως, ἀμφοῖν δ᾽ ἐνεργούντων ἡ μέση τε καὶ ἀπαρέγκλιτος καμπὴ γίνεται τῆς κατὰ τὸν καρπὸν διαρθρώσεως. 27 Ἀνατμηθέντων δὲ καὶ τούτων τῶν μυῶν

TEST. : 13 εἷς — 14 διανεμόμενος E. — 21 ἀμφοῖν — 165,3 τρίτον E. — Cap. XIX Summ. p. 89,16 Sezgin.

164,17 μύες — 166,1 ὥσπερ deficit C

---

1 ἀνωτέρω SCA Dietz : ἀνωτέρου P Kühn || 2 τοιοῦτος SC : τοι οὗτος P Kühn οὗτος τοιοῦτος A || 3 ὑποφύεσθαι A Ar. *subnascatur* Gad. : ἀποφύεσθαι PSC edd. || 7 αὐτοῦ SCA Ar. : αὐτοὺς P Kühn *ab hoc* Gad. || δακτύλους codd. : *artus* Ar. || 13 εὔρρωστος SCA Dietz : εὔρωστος P Kühn || 19 παρεγκλίνειν PA : παρεκκλίνειν S || 22 κατὰ τὸν P Ar. edd. : μετὰ τὸν A κατὰ τὸν μετὰ τὸν S || 23 post τῶν add. τριῶν EP Dietz.

grand, placé sous le muscle médian, qui fléchit, lui aussi, les cinq doigts[1]. Des quatre doigts, il fléchit la première et la troisième articulations, toutes les deux par un seul tendon, et il fléchit la deuxième et la troisième du pouce. **28** Sur les tendons de ce muscle, qui sont grands, sont situés les tendons du muscle mentionné plus haut[2], un tendon sur un tendon pour chaque doigt, à l'exception du pouce, ainsi que nous l'avons dit. **29** Quand les tendons se rejoignent à proximité des articulations moyennes, le plus petit se scinde en deux parties qui embrassent le grand tendon situé au-dessous de lui, et il s'implante dans le début de l'os médian de l'articulation. **30** La première et la troisième articulations sont fléchies par le tendon le plus grand, mais pas toutes les deux de la même manière. En effet, le tendon fléchit directement la troisième articulation, tandis qu'il fléchit la première par le biais du ligament. **31** Les anatomistes ont bien décrit les tendons qui donnent le mouvement aux doigts, en disant qu'ils sont ronds comme des nerfs. Toutefois, ils n'ont décrit avec précision ni les origines supérieures, ni le nombre des muscles, si bien que certains d'entre eux n'ont pas même montré les muscles qui donnent le mouvement au radius,

1. Fléchisseur profond des doigts. Les mots « lui aussi » sont bizarres, étant donné que le fléchisseur superficiel en fléchit quatre (cf. p. 164, l. 13 et p. 166, l. 21).

2. Fléchisseur superficiel des doigts.

ἄλλος εὑρίσκεται μέγιστος μῦς ὑποκείμενος τῷ μέσῳ κάμπτων καὶ αὐτὸς τοὺς πέντε δακτύλους· τῶν μὲν τεττάρων τὸ πρῶτον καὶ τὸ τρίτον ἄρθρον δι᾽ἑνὸς ἀμφότερα τένοντος, τοῦ δὲ μεγάλου τὸ δεύτερον καὶ τὸ τρίτον. 28 Τοῖς δὲ τούτου τοῦ μυὸς τένουσι μεγάλοις
986 **οὖσιν οἱ τοῦ προειρημένου μυὸς ἐποχοῦνται | καθ᾽ ἕκαστον δάκτυλον εἷς ἐφ᾽ ἑνὶ πλὴν τοῦ μεγάλου δακτύλου, καθάπερ εἴρηται. 29 Ἐπειδὰν δὲ πλησίον ἥκωσι**
57 **τῶν μέσων ἄρθρων, ὁ μικρότερος τένων δίχα | σχισθεὶς [ἐν] ἑκατέρῳ μέρει περιλαβὼν τὸν ὑποκείμενον ἑαυτῷ τὸν μέγαν εἰς τὴν ἀρχὴν ἐμφύεται τοῦ μέσου τῶν κατὰ τὴν διάρθρωσιν ὀστῶν. 30 Τὸ δὲ πρῶτόν τε καὶ τρίτον ἄρθρον ὑπὸ τοῦ μείζονος κάμπτεται τένοντος, οὐ μὴν κατὰ τὸν αὐτόν γε τρόπον ἀμφότερα. τὸ μὲν γὰρ τρίτον ἄρθρον αὐτὸς ὁ τένων δι᾽ ἑαυτοῦ κάμπτει, τὸ δὲ πρῶτον διὰ τοῦ συνδέσμου. 31 Ὅτι μὲν οὖν στρογγύλοι πάντες εἰσὶν οἱ τοὺς δακτύλους κινοῦντες τένοντες, ὥσπερ νεῦρα, καλῶς εἴρηται τοῖς ἀνατομικοῖς, οὐ μὴν οὔτε τὰς ἄνωθεν ἀρχὰς ἔγραψαν ἀκριβῶς οὔτε τὸν ἀριθμὸν τῶν μυῶν, ὥστε τινὲς αὐτῶν οὐδὲ τοὺς τὴν κερκίδα**

TEST. : 164,21 ἀμφοῖν — 3 τρίτον E. — Cap. XIX Summ. p. 89,16 Sezgin.

164,17 μύες — 166,1 ὥσπερ deficit C

---

1 μῦς ante μέγιστος add. P Kühn || 2 μὲν τῶν E || 3 τεττάρων SA : τεσσάρων P || ἄρθρον SPA : τῶν ἄρθρων E || 4 τὸ alt. om. AE || 4-5 post τρίτον add. ὀστοῦν P Kühn Gad. || 9 μέσων codd. : *primorum* Ar. || ἄρθρων SCA Dietz : ἀρθρώσεων P Kühn || μικρότερος SA (per comp.) Ar. : μικρότατος S Dietz μικρὸς P Kühn || 10 ἐν seclust non uertit Ar. || ἑαυτῷ P edd. : αὐτῶ A ἐν αὐτῶ S || 13 post μὴν posuit γε P Kühn || 16 τοῦ non uertit Ar. fortasse τινος legendum || 16 στρογγύλοι πάντες SA Dietz : πάντες στρογγύλοι τέ P Kühn || 19 ἔγραψαν ἀκριβῶς P Kühn : ἀκριβῶς ἔγραψαν SA Dietz || 20 οὐδε — 166,2 εἰρήσεται om. A spatio 1 fere uersus rel.

comme c'est le cas d'Aelianus. **32** On reviendra sur ces muscles un peu plus loin. Des cinq muscles mentionnés plus haut, celui[1] qui fléchit le carpe du côté du petit doigt, tire son origine du condyle interne de l'humérus, tout en étant en contact avec le cubitus. **33** Le muscle du côté du pouce tire son origine plutôt des parties supérieures du même condyle, et entre ses deux origines se place l'origine du muscle qui descend à la peau elle-même de la main ; les deux grands muscles sont situés sous cette origine et remplissent tout l'espace entre le cubitus et le radius. **34** Le plus petit d'entre eux, qui est placé exactement au milieu, naît de la tête interne de l'humérus, et il est à cet endroit un peu en contact avec le cubitus. **35** Le plus grand est placé sous le précédent et occupe tout l'espace entre le cubitus et le radius. Il adhère aux deux os et il enveloppe également le cubitus du côté du coude ; mais cette partie du muscle est en direction de l'insertion dans le petit doigt. **36** Il y a une autre partie de ce muscle qui a la même origine que celle du muscle mentionné

1. Fléchisseur cubital du carpe.

κινοῦντας μύας ἐδήλωσαν, ὥσπερ οὐδ᾽ Αἰλιανός. **32** Περὶ
μὲν οὖν τούτων ὀλίγον ὕστερον εἰρήσεται· τῶν δὲ
προειρημένων πέντε μυῶν ὁ μὲν κατὰ τὸν μικρὸν δάκτυ-
λον κάμπτων τὸν καρπὸν ἀπὸ τοῦ ἔσωθεν ἄρχεται
987 κονδύλου τοῦ βραχίονος συνεφαπτόμενος | καὶ τοῦ
πήχεως. **33** Ὁ δὲ κατὰ τὸν μέγαν ἐκ τῶν ἄνω μερῶν
μᾶλλον ἄρχεται τοῦ αὐτοῦ κονδύλου, μεταξὺ δ᾽ ἀμφο-
58 τέρων τῶν ἀρχῶν ἡ τοῦ καθή|κοντος εἰς αὐτὸ τὸ δέρμα
τῆς χειρὸς μυὸς ἔκφυσις τέτακται, ὑπόκεινται δ᾽ οἱ δύο
μύες οἱ μεγάλοι ταύτῃ τῇ ἐκφύσει, τὸ μεταξὺ πήχεώς τε
καὶ κερκίδος ἀναπληροῦντες ἅπαν. **34** Ὁ μὲν οὖν μικρό-
τερος αὐτῶν, ὅσπερ καὶ μέσος ἀκριβῶς τέτακται, τῆς
ἐντὸς κεφαλῆς ἐκφύεται τοῦ βραχίονος ἐφαπτόμενός
πως ἐνταῦθα καὶ τοῦ πήχεως. **35** Ὁ δὲ μέγιστος ὑποτέ-
τακται τούτῳ τὴν μέσην χώραν πήχεώς τε καὶ κερκίδος
ἅπασαν κατειληφὼς καὶ συμφυόμενος ἀμφοτέροις τοῖς
ὀστοῖς, τῷ δὲ πήχει κατὰ τὰ πρὸς ἀγκῶνα μέρη πε-
ριφυόμενος ὡσαύτως· ἀλλὰ τοῦτο μὲν τὸ μέρος τοῦ μυὸς
κατ᾽ εὐθὺ τῆς εἰς τὸν μικρὸν δάκτυλόν ἐστιν ἐμφύσεως.
36 Ἄλλο δὲ μέρος αὐτοῦ ἐστιν ὃ τὴν αὐτὴν ἀρχὴν ἔχει
τῷ προειρημένῳ μυὶ τῷ τοὺς τέτταρας δακτύλους

TEST. : 3 πέντε — 12 αὐτῶν E. — Cap. XIX Summ. p. 89,16 Sezgin.

165,17 μύες — 1 ὥσπερ deficit C

---

1 μύας SA Dietz : μῦς P Kühn || 2 εἰρήσεται P Kühn : ἐρῶ SCA Dietz || 7 μᾶλλον om. P Kühn E Gad. || τοῦ αὐτοῦ CAE Ar. : τοῦ S Dietz αὐτοῦ τοῦ P Kühn || 9 χειρὸς codd. : *interioris partis manus* Ar. || δ᾽ om. CPE || 10 πήχεώς τε ESCA Dietz : τοῦ πήχεως P Kühn || 12 ὅσπερ P : ὥσπερ SCA || 18 ὡσαύτως om. SC || 20 αὐτοῦ om. P Kühn || 21 τέτταρας Garofalo : τέσσαρας codd.

plus haut, qui met en mouvement les quatre doigts[1]. Cette partie du muscle est surtout en direction de l'index. **37** Sa troisième partie, qui est aussi la plus grande, occupe l'espace entre le radius et le cubitus. **38** Des muscles obliques qui mettent en mouvement le radius[2], celui qui naît du condyle interne de l'humérus est symphyse avec la tête du muscle qui fléchit le carpe du côté du pouce[3] ; il naît des parties les plus élevées du condyle et descend à peu près jusqu'à la moitié du radius en se déployant dans sa partie supérieure ; il roule le radius vers la pronation ; **39** l'autre[4] est beaucoup plus petit que celui-ci, il est le plus court de tous, a une position à peu près transversale, et il connecte, du côté du carpe, les extrémités des deux os, le radius et le cubitus, en se détournant, légèrement oblique, du cubitus vers le radius. Son action, à lui aussi, c'est de rouler le radius vers la pronation.

XX. Les muscles de la main[5]

1 À l'intérieur de la main, il y a deux types de muscles. Tous sont petits nécessairement, mais ils présentent entre

1. Fléchisseur superficiel des doigts.
2. Pronateurs ronds.
3. Fléchisseur radial du carpe.
4. *Pronator quadratus.*
5. *Pratiques anatomiques* II, 9 ; *Proc.* p. 149 sq. ; *Utilité des parties* II, 3.

κινοῦντι, κατ' εὐθὺ δ' ἐστὶ τοῦτο μάλιστα τὸ μέρος τοῦ
μυὸς τοῦ λιχανοῦ δακτύλου. **37** Τὸ δὲ τρίτον αὐτοῦ τῶν
μερῶν, ὅπερ δὴ καὶ μέγιστόν ἐστιν αὐτῶν, τὴν μεταξὺ
988 χώραν κατείληφε κερκίδος | τε καὶ πήχεως. **38** Τῶν δὲ
λοξῶν μυῶν τῶν τὴν κερκίδα κινούντων ὁ μὲν ἐκ τοῦ
59 ἔσωθεν κονδύλου τοῦ βραχίονος ἐκφυό|μενος συμφυὴς
ὢν τῇ κεφαλῇ τοῦ κατὰ τὸν μέγαν δάκτυλον κάμπτοντος τὸν καρπὸν μυός, ἐκ τῶν ὑψηλοτέρων μερῶν ἐκφύεται τοῦ κονδύλου, καθήκει δ'εἰς τὸ τῆς κερκίδος ὀστοῦν σχεδόν τι μέσον, ἐκτεινόμενος ἐπὶ τὰ ἄνω, περιάγει δὲ ταύτην ἐπὶ τὸ πρηνές. **39** Ὁ δ' ἕτερός ἐστι μὲν ἐλάττων πολὺ τούτου καὶ τῷ μήκει βραχύτατος ἁπάντων ὀλίγου δεῖν ἐγκαρσίαν τὴν θέσιν ἔχων, ἐν τοῖς πρὸς τὸν καρπὸν μέρεσι συνάπτων ἀμφοτέρων τῶν ὀστῶν τὰ πέρατα τοῦ τε τῆς κερκίδος καὶ τοῦ πήχεως, ἀτρέμα λοξὸς ἐγκεκλιμένος ἀπὸ τοῦ πήχεως ἐπὶ τὴν κερκίδα. ἡ δ' ἐνέργεια καὶ τούτου τὴν κερκίδα περιάγειν εἰς τὸ πρηνές. |

951 XX. Περὶ τῶν ἐν ἄκρᾳ τῇ χειρὶ μυῶν

1 Διττὰ μὲν γένη μυῶν ἐστιν ἐν ἄκρᾳ τῇ χειρὶ κατὰ
60 τὰ ἔνδον αὐτῆς μέρη, μικροὶ μὲν πάντες ἐξ | ἀνάγκης,

TEST. : 19 Περὶ — 168,7 ἄλλων ORIB., *Coll.* XXV, 44 (Raeder, 75,23-30). — 4 τῶν δὲ — 6 ἐκφυόμενος E. — 13 ἐγκαρσίαν — 18 πρηνές E. — Cap. XIX Summ. p. 89,16 Sezgin. — Cap. XX Summ. p. 93,2 Sezgin.

1 ἐστὶ τοῦτο μάλιστα τὸ μέρος SPA : μάλιστα ἐστὶ τοῦτο τὸ μέρος C || ἐστι post μυὸς transtul. S Dietz || 3 αὐτῶν om. P Kühn || post αὐτῶν add. ἐστι CA || 10 μέσον SCA Dietz : μέσος P Kühn || ante ἐπὶ add. ὡς P Kühn || 11 δ'...ἐστι non uertit Ar. || 13 ἁπάντων om. P Kühn || 19 Περὶ — μυῶν om. A || Caput XX de manus musculis traiec. P Kühn post XI de laryngis musc. περὶ τῶν μυῶν τῶν κινούντων τὴν χεῖρα καὶ πόσοι εἰσὶ τὸν ἀριθμ´ E || 20 μὲν om. C Or.

eux des différences considérables de tout ordre, et en particulier de grandeur. **2** Les muscles[1] qui président aux mouvements obliques vers l'intérieur et vers le haut, sont au nombre de cinq, un pour chaque doigt ; un sixième rapproche le grand doigt appelé pouce[2], de l'index[3], et le septième éloigne le petit doigt des autres aussi loin que possible. **3** Parmi les muscles qui inclinent les doigts vers le haut et vers l'intérieur, quatre commencent à partir des téguments entourant les tendons qui fléchissent, nous l'avons montré, la première et la troisième articulations ; et ils se terminent en un tendon fin, assez rond, après avoir adhéré à toute la partie latérale de chaque doigt, grâce à quoi ils produisent le dit mouvement. **4** Le cinquième muscle, qui éloigne le pouce de l'index[4] autant que possible, a sa tête accrochée au premier os du carpe et se termine, lui aussi, en un tendon mince, ainsi que les autres, et, lui aussi, s'implante dans le pouce et produit le

1. Lombricaux et court abducteur du pouce.
2. *Anticheir*, 'qui fait face à la main'.
3. Long adducteur.
4. Abducteur du pouce.

952 **ἀλλήλων | δ' οὐκ ὀλίγον διαφέροντες, τά τε ἄλλα καὶ κατὰ τὸ μέγεθος. 2 Πέντε μὲν οὖν εἰσιν οἱ τῶν λοξῶν κινήσεων ἐπὶ τὰ ἔσω τε καὶ ἄνω κινοῦντες τοὺς δακτύλους, εἷς καθ' ἕκαστον· ἕκτος δ' ὁ τὸν ἀντίχειρα καλούμενον τὸν μέγαν προσάγων τῷ λιχανῷ· ὁ δ' ἕβδομος ἀπάγει μέχρι πλείστου τὸν μικρὸν δάκτυλον ἀπὸ τῶν ἄλλων. 3 Τῶν μὲν οὖν ἐπὶ τὰ ἄνω καὶ ἔσω τοὺς δακτύλους [ὅλους] ἐκκλινόντων οἱ τέτταρες μὲν ἐκ τῶν περιεχόντων ἀμφιεσμάτων τοὺς τένοντας, οἱ τὸ πρῶτόν τε καὶ τρίτον ἄρθρον ἐδείχθησαν κάμπτειν, ἀρχόμενοι τελευτῶσιν εἰς λεπτὸν τένοντα μετρίως στρογγύλον ὅλῳ τῷ πλαγίῳ μέρει καθ' ἕκαστον δάκτυλον παραπεφυκότες, δι' οὗ δὴ καὶ κινοῦσιν αὐτοὺς τὴν εἰρημένην κίνησιν. 4 Ὁ δὲ πέμπτος ὁ τὸν μέγαν δάκτυλον ἀπάγων ἐπὶ πλεῖστον τοῦ λιχανοῦ τὴν κεφαλὴν μὲν ἀνηρτημένην ἔχων πρὸς τὸ πρῶτον ὀστοῦν τοῦ καρποῦ, τελευτήσας δ' εἰς τένοντα καὶ αὐτὸς ὁμοίως τοῖς ἄλλοις λεπτὸν ὡσαύτως τε καταφύεται τῷ μεγάλῳ δακτύλῳ |**

TEST. : 167,19 Περὶ — 7 ἄλλων Orib., *Coll.* XXV, 44 (Raeder, 75,23-30). — 2 πέντε — 8 τέτταρες E. — 11 τελευτῶσιν — 15 λιχανοῦ E. — Cap. XX Summ. p. 93,2 Sezgin.

14 ἀπάγων — 170,5 πα(ρεγκλίσεως) deficit C

1 ὀλίγον SPA Or. : ὀλίγω C || 2-3 λοξῶν κινήσεων codd. Or. : *rectorum motuum* Ar. || 3 τὰ SCA Dietz : τὸ P Kühn || 6 πλείστου P E Or. Kühn : τοῦ πλείστου SCA Dietz || 7-8 τοὺς δακτύλους ὅλους SCA Dietz : ὅλους τοὺς δακτύλους P Kühn || 8 ὅλους seclusit Garofalo : om. Ar. E || τέτταρες Garofalo : τέσσαρες codd. || 9 τοὺς τένοντας codd. Or. : τὸν τένοντα uertit Ar. || τε om. SCA || 10 ἐδείχθησαν SC Dietz : ἐδείχθη A ἐλέχθησαν P Kühn || ἀρχόμενοι P Ar. Kühn : ἐρχόμενοι SCA Dietz || 11 μετρίως om. ESC Ar. || 12-13 παραπεφυκότες codd. Or. : παραπεφυκότα uertit Ar. || 13 καὶ om. P edd. || 15 τὴν κεφαλὴν — 18 τῷ om. A || 15 μὲν om. Kühn || 17 καὶ αὐτὸς ὁμοίως S A Dietz : ὁμ. κ. αὐ. P Kühn || 18 ὡσαύτως τε SA : ὁμοίως P Kühn.

même mouvement. **5** Le muscle qui le rapproche de l'index, produisant le mouvement contraire, tire le doigt par des fibres obliques vers sa propre tête qui est accrochée au métacarpe, avant le majeur. **6** Un autre muscle a un mouvement homologue à celui de ce muscle : il naît du premier des os carpiens, ayant une position basse, et il s'implante dans les parties inférieures du petit doigt — évidemment lorsque le bras est placé en position naturelle ; ce muscle éloigne autant que possible le petit doigt de l'annulaire, et c'est à juste raison que ce muscle et celui qui éloigne le pouce de l'index sont beaucoup plus grands que les cinq autres : ils doivent être accrochés au carpe pour pouvoir donner un mouvement étendu. **7** Quand on enlève ces muscles avec les tendons, on voit apparaître d'autres muscles placés sur le métacarpe, muscles que tous les anatomistes ont ignorés, et moi aussi pendant longtemps[1] ; ils tirent leur origine du ligament qui embrasse les os du carpe, à peu près là où finit

1. Les muscles interosseux sont une découverte dont Galien était fier ; il la mentionne dans *Sur ses propres livres* (c. 3,9 éd. Boudon-Millot = Müller *SM*, 100,7-10) où il dit avoir révélé ces muscles dans le livre II de l'*Utilité des parties* : ἐν τῷ δευτέρῳ δεδήλωται τοὺς κινοῦντας τὸ <α΄ (suppl. Garofalo)> ἄρθρον ἑκάστου δακτύλου μῦς προσεξευρῆσθαί μοι ἅπαντας ἀγνοηθέντας ἄχρι πολλοῦ, καθάπερ ἅπασι τοῖς πρὸ ἐμοῦ. Mais dans le passage du l'*Utilité des parties* (II, c. 2) il dit avoir déjà décrit les muscles dans les *Pratiques anatomiques* et dans la *Dissection des muscles* : οὐ μόνον δ' ἐν τούτοις ἡμαρτήκασιν, ἀλλὰ καὶ τοὺς μικροὺς μῦς, ὑφ' ὧν καὶ αὐτῶν ἡ πρώτη γε διάρθρωσις ἑκάστου δακτύλου κάμπτεται, τελέως ἠγνόησαν, ὥσπερ καὶ ἡμεῖς αὐτοὶ μέχρι πολλοῦ. γεγραμμένοι δ' εἰσὶ σαφῶς ἔν τε τῇ τῶν Μυῶν ἀνατομῇ καὶ ταῖς Ἀνατομικαῖς ἐγχειρήσεσιν. Cf. *Pratiques anatomiques*, p. 57 Garofalo ; Kühn II, 266.

61 **καὶ τὴν αὐτὴν ἐργάζεται κίνησιν. 5 Ὁ δέ γε προσά-**
953 **γων αὐτὸν τῷ | λιχανῷ τὴν ἐναντίαν ἔχων κίνησιν τῷδε λοξαῖς ἰσὶν ἕλκει τὸν δάκτυλον ἐπὶ τὴν ἑαυτοῦ κεφαλὴν ἀνηρτημένην εἰς τὸ πρὸ τοῦ μέσου δακτύλου μετακάρπιον. 6 Ὁμογενῆ δὲ τούτῳ κίνησιν ἔχει μῦς ἄλλος, ἐκφυόμενος μὲν ἐκ τοῦ πρώτου τῶν κατὰ τὸν καρπὸν ὀστῶν τοῦ ταπεινοῦ τῇ θέσει, καταφυόμενος δ' εἰς τὰ κάτω τοῦ μικροῦ δακτύλου, κατὰ φύσιν ἐσχηματισμένης δηλονότι τῆς χειρός, ἀπάγων αὐτὸν ἐπὶ πλεῖστον τοῦ παραμέσου· καὶ τοίνυν εἰκότως οὗτός τε καὶ ὁ τὸν μέγιστον ἀπάγων τοῦ λιχανοῦ μείζους εἰσὶ πολὺ τῶν ἄλλων πέντε μυῶν ἀνηρτῆσθαι δεηθέντες εἰς τὸν καρπὸν ἕνεκα τῆς ἐπὶ πολὺ κινήσεως. 7 Ἀρθέντων δ' αὐτῶν ἅμα τοῖς τένουσιν ἄλλοι μύες ἐν τῷ μετακαρπίῳ κείμενοι φανοῦνταί σοι τοῖς τε ἀνατομικοῖς ἀγνοηθέντες ἅπασι κἀμοὶ δὲ μέχρι πολλοῦ, τὴν δ' ἔκφυσιν ἔχουσιν ἐκ τοῦ περιλαμβάνοντος συνδέσμου τὰ κατὰ τὸν καρπὸν ὀστᾶ, κατ' ἐκεῖνο μάλιστα τὸ μέρος ἔνθα παύε-**

TEST. : 14 ἄλλοι — 16 πολλοῦ ORIB., *Coll.* XXV, 44 (Raeder, 75,30-31). — 1 ὁ δὲ — 5 μετακάρπιον E. — 14 ἄλλοι — 18 ὀστᾶ E. — Cap. XX Summ. p. 93,2 Sezgin.

168,14 ἀπάγων — 170,5 μετὰ πα(ρεγκλίσεως) deficit C

---

1 γε om. P Kühn || 2 αὐτὸν P : αὐτῷ ESA || 3 τῷδε λοξαῖς ἰσὶν Garofalo Ar. sec. : τῷδε λοξαῖς εἰσὶν E τῷ δὲ λοξῷ ἴσως P Kühn τῷ δὲ λοξωθεὶς SA Dietz *oblique trahunt* Gad. *pari tensione* Rasarius || 6 μὲν om. S || 7 τῇ θέσει ES Dietz : τὴν θέσιν P Kühn || 8-9 ἐσχηματισμένης post χειρός (9) S Dietz || 10 τοίνυν εἰκότως PA Ar. Kühn : δῆλον ὡς S Dietz || 10-11 οὗτός τε καὶ SA Dietz : οὕτως καὶ P Kühn || 11 μείζους SA Dietz : μείζονες P Kühn || 13 ἕνεκα SA Dietz : ἕνεκεν P Kühn || 14 μετακαρπίῳ P : μετακάρπῳ A καρπίῳ S || 16-17 ἔχουσιν ESA Dietz : ἔχοντες P Kühn.

le carpe et commence le métacarpe. **8** Partant de cet endroit, ils parviennent à la première articulation de chaque doigt ; il sont deux pour chaque doigt et naissent de la partie médiane de chaque côté, mais ils occupent aussi un peu de l'espace latéral, et c'est pour cela qu'ils fléchissent avec une inclinaison latérale la première articulation de chaque doigt qui, je l'ai dit, est aussi fléchie par le ligament qui embrasse les grands tendons[1]. **9** En ce qui concerne le pouce, l'insertion des dits muscles n'est pas tout à fait la même, et leur nombre ne l'est pas non plus. **10** En effet, le muscle qui touche à l'un des dits muscles, celui qui éloigne le pouce des autres autant que possible, est plus petit et s'implante dans le doigt près de la seconde articulation[2] ; cependant il ne donne pas un mouvement manifeste à cette articulation, mais plutôt à la première ; **11** les deux muscles qui viennent après ce muscle fléchissent la seconde articulation ; le premier qui touche au muscle le plus grand que nous avons mentionné auparavant, réalise une flexion sans inclinaison, tandis que celui qui vient après donne une légère inclinai-

1. Tendons du fléchisseur profond des doigts, qui fléchit aussi bien la troisième articulation. Voir *supra* p. 165.

2. Opposant du pouce.

62 **ται μὲν | ὁ καρπός, ἄρχεται δὲ τὸ μετακάρπιον. 8 Ἐντεῦ-
θεν δ' ὁρμώμενοι πρὸς τὴν πρώτην διάρθρωσιν ἥκουσιν |
954 ἑκάστου δακτύλου δύο καθ' ἕκαστον ὄντες, ἐμφυόμενοί
τε τῆς μέσης χώρας ἑκατέρωθεν, ὡς ἐπιλαμβάνειν τι καὶ
τοῦ πλαγίου· καὶ διὰ τοῦτό γε αὐτὸ μετὰ παρεγκλί-
σεως τῆς εἰς τὸ πλάγιον ἑκάστου τῶν δακτύλων κάμπ-
τουσι τὸ πρῶτον ἄρθρον, ὃ καὶ διὰ τοῦ περιέχοντος
συνδέσμου τοὺς μεγάλους τένοντας ἔφην κάμπτεσθαι.
9 Κατὰ δὲ τὸν μέγαν δάκτυλον οὔθ' ὁμοία κατὰ πᾶν
ἐστιν ἡ τῶν εἰρημένων μυῶν κατάφυσις οὔτε ἴσος ἀριθ-
μός. 10 Ὁ μὲν γὰρ ἁπτόμενος ἑνὸς τῶν προειρημένων
μυῶν τοῦ τὸν μέγαν δάκτυλον ἐπὶ πλεῖστον ἀπάγοντος
τῶν ἄλλων μικρότερός ἐστι καὶ καταφύεται τῷ δακ-
τύλῳ πλησίον τῆς δευτέρας διαρθρώσεως, οὐ πάνυ μὲν
ἐκείνην σαφῶς κινῶν, τὴν πρώτην δὲ μᾶλλον. 11 Οἱ
63 δ' ἐφεξῆς αὐτοῦ δύο τὴν δευτέραν κάμ|πτουσι διάρθρω-
σιν, ὁ μὲν τοῦ προειρημένου τοῦ μείζονος ψαύων ἀρρε-
πῆ τὴν καμπὴν ποιούμενος, ὁ δὲ μετ' αὐτὸν ἐκκλίνων**

TEST. : 1 ἐντεῦθεν — 8 τένοντας E. —3 δύο — ὄντες ORIB., *Coll.* XXV, 44 (Raeder, 75,33). — 9 κατὰ — 171,17 κλεῖν ORIB., *Coll.* XXV,44-45 (Raeder, 75,33-76,15). — 16 δύο — 171,5 κάμπτεσθαι E. — Cap. XX Summ. p. 93,2 Sezgin.

168,14 ἀπάγων — 5 μετὰ πα(ρεγκλίσεως) deficit C

2 δ' om. S || ἥκουσιν E P Ar. : ἔχουσιν SA || 3 post ὄντες add. μύες S Dietz || ἐμφυόμενοι codd. : ἐκφυόμενοι Dietz (qui S falso ἐκ- habere putat) || 9 δὲ om. Or. || 11 ὁ μὲν — προειρημένων om. A sp. rel. || 12 ἐπὶ πλεῖστον ἀπάγοντος om. A sp. rel. || 13 μικρότερος P Or. SCA : μακρότερος P marg. Kühn μικρότατος legit Ar. || 14-15 οὐ πάνυ μὲν ἐκείνην om. A sp. rel. 10 litt. || 17-18 ἀρρεπῆ Or. Ar. Gad. : ἄνω ῥέπειν P edd. ἄνω ῥέπων ESC ἀνωρρεπῆ A || 18 καμπὴν codd. : κάμπην Or. || ἐκκλίνων E P Or. Kühn ἐγκλίνων SCA Dietz.

son latérale. **12** L'action de tous les onze muscles susdits est commune : elle consiste à fléchir la synarthrose avec le carpe de chacun des os métacarpiens autant que la nature de chacune lui permet d'être fléchie, ce qui est très peu, car les os à cet endroit sont en synarthrose mutuelle, et non en diarthrose comme les os des doigts. **13** C'est encore pour cette raison que la première diarthrose du pouce a un mouvement manifeste, tandis que celle du métacarpe avec le carpe a un mouvement imperceptible et tout à fait faible ; parfois, cependant, on ne voit que deux muscles au pouce, analogues à ceux des autres doigts ; souvent même ces muscles sont en symphyse entre eux de façon telle qu'ils semblent en former un seul pour chaque doigt.

XXI. Les muscles au-dessous des clavicules

1 Sous chaque clavicule est placé un muscle[1] qui n'est pas clairement visible avant qu'on enlève la clavicule ; chacun de ces deux muscles est tout entier charnu et s'insère dans deux os : la clavicule elle-même et la première côte du thorax, la petite, que certains appellent

1. Subclavier.

ἀτρέμα εἰς τὸ πλάγιον. **12** Ἁπάντων δὲ τῶν εἰρημένων
955 ἕνδεκα μυῶν τῶνδε κοινόν ἐστιν ἔργον | τὴν πρὸς τὸν
καρπὸν συνάρθρωσιν ἑκάστου τῶν κατὰ τὸ μετακάρπιον ὀστῶν κάμπτειν τοσοῦτον, ὅσον ἑκάστη πέφυκε κάμπτεσθαι· βραχύτατον δέ ἐστι τοῦτο· συνήρθρωται γὰρ ἀλλήλοις τὰ κατὰ τοῦτο τὸ μέρος ὀστᾶ, καὶ οὐ καθάπερ τὰ τῶν δακτύλων διήρθρωται. **13** Διὰ τοῦτο δὲ καὶ ἡ τοῦ μεγάλου δακτύλου πρώτη διάρθρωσις ἐναργῆ τὴν κίνησιν ἔχει, λεληθυῖαν δὲ καὶ τελέως ἀμυδρὰν ἡ τῶν τοῦ μετακαρπίου πρὸς τὸν καρπόν, ἐνίοτε μέντοι κατὰ τὸν μέγαν δάκτυλον οἱ δύο μόνοι φαίνονται μύες, ὁμοίως ἔχοντες τοῖς ἐπὶ τῶν ἄλλων· κἀκεῖνοι δὲ πολλά-|
64 κις οὕτως ἀλλήλοις εἰσὶ συμφυεῖς, ὡς ἕνα φαίνεσθαι καθ' ἕκαστον δάκτυλον.

XXI. Περὶ τῶν ὑπὸ ταῖς κλεισὶ μυῶν

1 Ὑφ' ἑκατέρᾳ κλειδὶ μῦς εἷς ὑπόκειται μηδὲ φανῆναι σαφῶς δυνάμενος πρὶν ἀρθῆναι τὴν κλεῖν· ἔστι δὲ σαρκώδης ὅλος ἑκάτερος αὐτῶν, εἰς ὀστᾶ δύο τὴν κατάφυσιν ἔχων τήν τε κλεῖν αὐτὴν καὶ τὴν πρώτην τοῦ
956 θώρακος | πλευρὰν τὴν μικράν, ἣν ἔνιοι κατακλεῖδα

TEST. : 170,9 κατὰ — 17 κλεῖν Orib., *Coll.* XXV, 44-45 (Raeder, 75,33-76,15). — 170,16 δύο — 5 κάμπτεσθαι E. — Cap. XX Summ. p. 93,2 Sezgin — Cap. XXI Summ. p. 93,2 Sezgin.

---

3 κατὰ SC P Or. : μετὰ E A || 4 ἑκάστη PA Or. : ἕκαστος SC om. E || πέφυκε om. A || 5 ἐστι PA Or. : ἔσται SC || 8 μεγάλου δακτύλου πρώτη διάρθρωσις CA : μ. π. δακτύλου διάρθρωσις S μεγάλου δακτύλου διάρθρωσις πρώτη P Or. Kühn || 10 μετακαρπίου SC Or. Dietz : μετακάρπου A P Kühn || μέντοι S PA Or. Dietz : μὲν δὴ C || 11 μόνοι CPA μόνον S Dietz || 15 Περὶ — μυῶν om. A || μυῶν] sing. Ar. || 16 ὑφ' CP Ar. : ἐφ' S Or. φ' A || εἷς om. P Or. Kühn || 18 εἰς ὀστᾶ δύο non uertit Ar. || 19 τὴν πρώτην non uertit Ar.

katakleis[1] ; **2** ce muscle s'implante dans les parties de la clavicule qui montent vers l'acromion, et dans la première côte là où elle s'articule au sternum. **3** Certains anatomistes déclarent leur ignorance au sujet de l'action de ces muscles, et certains autres croient qu'ils rapprochent l'omoplate de la côte, comme Lycosle dit à propos des animaux qui n'ont pas de clavicule ; il pense, en effet, que ces muscles s'implantent dans l'apophyse ancyroïde de l'omoplate, ce qui est une erreur grossière ; sur les hommes et les animaux qui ont une clavicule, il ne peut pas non plus dire cela. **4** Il leur assigne l'utilité de ligament ; cela n'est évidemment pas vrai ; ces muscles ont la même action que les muscles dits intercostaux ; de même que chacun de ceux-là tire par ses fibres externes la côte inférieure vers la supérieure, de même ces muscles-ci tirent la première côte vers la clavicule.

XXII. Les muscles du thorax

1 Parmi les muscles du thorax, ceux des espaces intercostaux sont au nombre de vingt-deux. Leurs fibres ont

1. L'autorité est inconnue. Dans ce sens le mot n'est attesté qu'ici. Mais *katakleis* était aussi synonyme d'*akromion* : cf. Héliodore *apud* Orib. XLVIII, 48, 1 et Gal. *De oss.* Kühn II, 766 : *supra* p. 72. Ce sens est probable chez Soranos IV, 10,2 Ilberg = éd. Burguière - Gourevitch - Malinas, CUF, 2000, IV, 5, 31, p. 18.

προσαγορεύουσι· 2 τῇ μὲν οὖν κλειδὶ συμπέφυκε κατὰ τὰ πρὸς ἀκρώμιον ἀναφερόμενα μέρη, τῇ δὲ πρώτῃ πλευρᾷ ἵνα συναρθροῦται τῷ στέρνῳ. 3 Περὶ τούτων τῶν μυῶν τῆς ἐνεργείας ἔνιοι μὲν ἀποροῦσι τῶν ἀνατομικῶν, ἔνιοι δὲ τὴν ὠμοπλάτην οἴονται προσάγεσθαι <τῇ πλευρᾷ>, καθάπερ ὁ Λύκος ἐπί γε τῶν ἄλλων ζῴων ὅσα κλεῖς οὐκ ἔχει· καὶ γὰρ καὶ νομίζει συμφύεσθαι τοὺς μῦς τούτους τῇ ἀγκυροειδεῖ τῆς ὠμοπλάτης ἀποφύσει, μέγιστα σφαλλόμενος, ἐπὶ δὲ τῶν ἀνθρώπων τε καὶ τῶν 65 **κλεῖς ἐχόντων ζῴων οὐδὲ τοῦτο δυνάμενος εἰ|πεῖν. τὴν ὡς συνδέσμου χρείαν αὐτοῖς ἀνατίθησιν· 4 οὐ μὴν οὕτω γε ἔχει τὸ ἀληθές, ἀλλὰ καὶ οὗτοι οἱ μύες ὁμοίαν τοῖς μεσοπλευρίοις ὀνομαζομένοις μυσὶ τὴν ἐνέργειαν ἔχουσιν. ὥσπερ γὰρ ἐκείνων ἕκαστος ταῖς ἔξωθεν ἰσὶ πρὸς τὴν ὑψηλοτέραν πλευρὰν ἀνασπᾷ τὴν ταπεινοτέραν, οὕτω καὶ οἵδε πρὸς τὴν κλεῖν ἀνέλκουσι τὴν πρώτην πλευράν.**

XXII. Περὶ τῶν τοῦ θώρακος μυῶν

1 Τῶν τοῦ θώρακος μυῶν οἱ μὲν ἐν τοῖς μεσοπλευρίοις δύο καὶ εἴκοσίν εἰσι τῷ μήκει τὰς ἶνας ἔμπα-

TEST. : 12 ὁμοίαν — 173,4 παραπλησίως ORIB., *Coll.* XXV, 45-46 (Raeder, 76,15-24). — 19 τῶν τοῦ — 175,1 ἔμπαλιν E. — Cap. XXI Summ. p. 93,16 Sezgin — Cap. XXII Summ. p. 93,20 Sezgin.

1 προσαγορεύουσι — 2 μέρη om. A uno uersu fere rel. ‖ 2-3 τῇ δὲ πρώτῃ πλευρᾷ Garofalo (*primae costae* Gad.) « *parua costa* » Ar. τὸ δὲ τῆς πλευρᾶς P Kühn τῷ δὲ τῆς πλευρᾶς SCA Dietz ‖ 3 ἵνα S Dietz : εἶνα C ἵνα καὶ ὅπου P Kühn om. A ‖ 5 προσάγεσθαι codd. : προσαγορεύεσθαι Kühn ‖ 5-6 τῇ πλευρᾷ suppl. Garofalo ex Ar. ‖ 6 γε SCA Dietz : τε P Kühn ‖ 8 τούτους om. Kühn ‖ 9 τε om. P Kühn ‖ 14 ταῖς … ἰσὶ πρὸς om. S ‖ 16 οὕτω P Or. : οὕτως SCA ‖ ἀνέλκουσι PA Or. : ἕλκουσι SC ‖ 19 Τῶν τοῦ θώρακος μυῶν om. A non uertit Ar. ‖ post μυῶν add. οἵ τε ἔσωθεν καὶ ἔξωθεν E.

une direction opposée au sens de la longueur ; en effet, les fibres ne vont pas du rachis au sternum, comme les muscles eux-mêmes, mais naissent d'une côte et s'insèrent dans une autre obliquement, à l'instar de la lettre chi (X). **2** Les fibres externes dans la partie des côtes descendantes dilatent le thorax, les fibres profondes le contractent ; au contraire, les fibres des parties cartilagineuses, du côté du sternum, contractent le thorax, quand elles sont superficielles, et le dilatent, quand elles sont profondes. **3** Une autre paire de petits muscles relève les premières côtes[1], de même que deux autres paires abaissent la dixième et la onzième[2] : car la douzième côte se trouve en dehors du diaphragme, et adhère au plus petit des muscles obliques abdominaux[3] ; parfois on voit cette côte munie d'un muscle propre, bien délimité, qui la tire en bas. **4** Trois autres paires de muscles qui descendent du cou, dilatent la poitrine : la plus grande est la paire

1. Dentelé postérieur supérieur.
2. Dentelé postérieur inférieur.
3. Oblique interne. Voir *infra* p. 179.

989 **λιν ἔχοντες· οὐ | γὰρ ὥσπερ οἱ μύες ἀπὸ τῆς ῥάχεως
ἄχρι τοῦ στέρνου περαίνουσιν, οὕτω καὶ αἱ ἶνες αὐτῶν,
ἀλλ' ἐκ πλευρᾶς εἰς πλευρὰν ἐμπεφύκασι λοξαὶ τῷ Χ
γράμματι παραπλησίως. 2 Αἱ μὲν οὖν ἐκτὸς ἶνες ἐν τοῖς
ἄνωθεν κάτω φερομένοις μέρεσι τῶν πλευρῶν διαστέλ-
λουσι τὸν θώρακα, συστέλλουσι δ' αἱ διὰ βάθους, ἐναν-**
66 **τίως δ' αὐταῖς αἱ κατὰ | τὰ χονδρώδη τὰ πρὸς τῷ
στέρνῳ. συστέλλουσι μὲν αἱ ἐπιπολῆς, διαστέλλουσι δ'
αἱ διὰ βάθους. 3 Ἑτέρα δὲ συζυγία μικρῶν μυῶν ἀνασπᾷ
τὰς πρώτας πλευράς, ὥσπερ ἕτεραι δύο κατασπῶσι τὴν
δεκάτην τε καὶ τὴν ἑνδεκάτην. ἡ γάρ τοι δωδεκάτη
πλευρὰ τοῦ διαφράγματος ἔξωθέν ἐστι, συμπεφυκυῖα
τῷ λοξῷ κατ' ἐπιγάστριον μυὶ τῷ μικροτέρῳ· φαίνεται**
990 **δ' ἐνίοτε καὶ περιγραφὴν ἰδίου μυὸς ἔχουσα τοῦ | κατα-
σπῶντος αὐτήν. 4 Ἄλλαι δὲ τρεῖς ἐκ τραχήλου καθή-
κουσαι συζυγίαι μυῶν διαστέλλουσι τὸν θώρακα,**

TEST. : 172,12 ὁμοίαν — 4 παραπλησίως Orib., *Coll.* XXV, 45-46 (Raeder 76, 15-24). — 4 αἱ — 174,2 ὄπισθεν Orib., *Coll.* XXV, 46 (Raeder, 76,24-77,2).— 3 ἐκ — ἐμπεφύκασι E. — Cap. XXII Summ. p. 93,20 Sezgin.

---

2 οὕτω P Or. : οὕτως SCA || 3 ἐμπεφύκασι P Or. marg. Ar. edd. : ἐκπεφύκασι SC πεφύκασι A ἐμπεφύκασι τε καὶ ἐκπεφύκασι E || 3 Χ Garofalo : χ PA Or. : χὶ SC || 4 παραπλησίως SCA Or. Dietz : παραπλήσιαι P Kühn || post παραπλησίως add. ἐγκαρσίαν ἀλλήλαις αἵ τε ἔξω καὶ ἐντὸς ἔχουσαι τὴν θέσιν P ex Or. (ubi ἐναντίαν pro ἐγκαρσίαν) Gad. Dietz Kühn || 6 δ' om. SC || 7 τὰ PSCA : τὸν Or. (corr. Daremberg) || 8 συστέλλουσι... διαστέλλουσι SCA : προστέλλουσι... διαστέλλουσι P Kühn : διαστέλλουσι συστέλλουσι Or. (inuerterunt Daremberg Raeder) || 9 post βάθους add. ἐπὶ δὲ τῶν κατὰ τὰς νόθας πλευρὰς μυῶν ἄχρι τῆς πλευρῆς αὐτῶν ἡ αὐτὴ φύσις ἐστὶ τῶν ἰνῶν, οὐδὲ γὰρ ἔχουσιν αἵδε τινὰ καμπὴν ex Or. P Kühn, seclusit Dietz || post δὲ add. μία Or. || pro δὲ scripsit μία C || 12 συμπεφυκυῖα P Or. : συμπεφυκότων A πεφυκυῖα SC || 13 τῷ λοξῷ... μυὶ τῷ μικροτέρῳ P Or. Ar. : τῶν λοξῶν... μυῶν τῶν μικροτέρων SCA || 14 περιγραφὴν P Or. : παραγραφὴν SC περιγρα A.

placée sur la face concave de l'omoplate[1] ; plus petite est la paire située devant l'omoplate[2] ; la plus petite est la paire placée derrière l'omoplate[3]. **5** Les origines supérieures sont, pour la paire mentionnée en premier, la première vertèbre cervicale, pour la deuxième, la deuxième vertèbre cervicale ; la troisième paire naît de l'apophyse épineuse, à l'aide d'un ligament membraneux, et de la moitié inférieure des vertèbres cervicales et des deux premières dorsales[4]. **6** La première paire avance jusqu'aux fausses côtes, la deuxième jusqu'à la cinquième, la troisième s'insère sur la troisième côte, mais s'implante, toutefois, d'une manière aussi forte sur les quatre suivantes. **7** Tous ces muscles, ainsi que le diaphragme, dilatent le thorax, alors que ceux qui le contractent sont les intercostaux, avec la moitié de leurs fibres, et les muscles étendus le long des muscles spinaux au niveau des racines des côtes, ainsi que la partie supérieure des muscles droits de l'abdomen et les muscles qui tirent en bas les dernières côtes. Les muscles abdominaux participent parfois dans une certaine mesure à la contraction du thorax. **8** Un exposé sur tous ces muscles se trouve dans mon livre *Sur les causes de la respiration*[5]. En lisant bien

1. Grand dentelé.
2. Faisceaux propres au singe (Daremberg).
3. *Serratus posterior superior*.
4. L'arabe dit « de la septième vertèbre » mais cf. *Pratiques anatomiques* Kühn II, 494, 14-17, Garofalo p. 289,24-27 ὥσπερ γε καὶ ἡ ὑπόλοιπος ἡ τρίτη τῶν ὑμενωδῶν μυῶν, καὶ γὰρ καὶ ταύτην δέχεσθαι δύνανται τὴν ἐπωνυμίαν, ἄρχεται μὲν ἀπὸ τῆς ἀκάνθης τῶν τελευταίων ἐν τραχήλῳ τριῶν σπονδύλων ἅμα τῷ πρώτῳ τοῦ μεταφρένου. « La troisième paire des muscles membraneux, car ils peuvent prendre cette appellation, tire son origine de l'apophyse épineuse des trois dernières vertèbres cervicales et de la première dorsale ». Il y a donc une différence entre *Musc.* et *Pratiques anatomiques* sur l'origine dorsale de ce muscle.
5. Sur cette œuvre perdue, voir *Notice* p. 95.

**μεγίστη μὲν ἡ κατὰ τὰ σιμὰ τῶν ὠμοπλατῶν, ἐλάττων
δ' ἡ πρόσθεν αὐτῆς, ἐλαχίστη δ' ἡ ὄπισθεν. 5 Αἱ δ' ἄνω-
67 θεν ἀρχαὶ τῆς μὲν πρώτης λεχθείσης ὁ πρῶτος | τῆς δὲ
δευτέρας ὁ δεύτερος τῶν ἐν τραχήλῳ σπονδύλων ἐστίν,
ἡ τρίτη δ' ἐκ τῆς ἀκάνθης ἐκπέφυκε δι' ὑμενώδους συν-
δέσμου τοῦ τε ἡμίσεως μέρους τοῦ κάτω τῶν κατὰ τὸν
τράχηλον σπονδύλων καὶ τῶν πρώτων δυοῖν τοῦ μετα-
φρένου. 6 Προήκει δ' ἡ μὲν πρώτη συζυγία μέχρι καὶ
τῶν νόθων πλευρῶν, ἡ δὲ δευτέρα μέχρι τῆς πέμπτης, ἡ
τρίτη δ' ἐπιπέφυκε μὲν καὶ τῇ τρίτῃ πλευρᾷ, καταπέ-
φυκε δ' ὅμως ἰσχυρῶς εἰς τὰς ἐφεξῆς τέτταρας. 7 Οὗτοι
πάντες οἱ μύες διαστέλλουσι τὸν θώρακα καὶ πρὸς
αὐτοῖς αἱ φρένες· συστέλλουσι δ' οἵ τε μεσοπλεύριοι
ταῖς ἡμισείαις ἰσὶ καὶ οἱ τοῖς ῥαχίταις μυσὶ παρατετα-
μένοι κατὰ τὰς ῥίζας τῶν πλευρῶν καὶ τῶν ὀρθίων κατ'
ἐπιγάστριον ἡ ἄνω μοῖρα καὶ οἱ τὰς ἐσχάτας πλευρὰς
κατασπῶντες· συντελοῦσι δέ τι πρὸς τὰς συστολὰς τοῦ
991 θώ|ρακος ἐνίοτε καὶ οἱ κατ' ἐπιγάστριον. 8 Ἐπιδέδεικται
δὲ περὶ τούτων ἁπάντων ἐν τοῖς περὶ τῶν τῆς ἀναπνοῆς**

TEST. : 173,4 αἱ — 2 ὄπισθεν ORIB., *Coll.* XXV, 46 (Raeder, 76, 24-77,2). — 11 οὗτοι — 18 ἐπιγάστριον ORIB., *Coll.* XXV, 46 (Raeder, 77,2-8). — Cap. XXII Summ. p. 93,20 Sezgin.

---

3 πρῶτος P Gad. Kühn : τὰ σιμὰ τῆς ὠμοπλάτης ἐστί SCA Dietz *secundus* Ar. || post ὁ πρῶτος add. τῶν ἐν τραχήλῳ σπονδύλων P Kühn || 4 δεύτερος codd. : *primus* Ar. || ante τῶν add. ἐκ SC || 6 τοῦ τε ἡμίσεως μέρους τοῦ κάτω codd. : *septem* Ar. || 10 καὶ om. S Dietz || 11 ἰσχυρῶς ὅμως P Kühn || 14 ἰσὶ om. SCA || μυσὶ SCA : om. P Or. Kühn τῇ ῥάχει Ar. || 14-15 παρατεταμένοι SCA Or. Ar. Dietz *exporrecti* Gad. : παρατεταγμένοι P Kühn || 17 δέ τι P Or. Kühn : δ' ἔτι SCA Dietz || 19 ἀναπνοῆς P Ar. edd. : ἀνατομῆς SCA.

cet ouvrage, on comprendra clairement que l'action de presque tous ces muscles était ignorée des anatomistes qui m'ont précédé.

XXIII. Les muscles du rachis[1]

1 Les muscles du rachis commencent à la deuxième des vertèbres cervicales[2] ; on peut les considérer comme étant aussi nombreux que les vertèbres en comptant à partir de cette vertèbre là, et comme étant en symphyse les uns avec les autres, ou bien les considérer comme deux très grands muscles, un de chaque côté de l'apophyse épineuse, composé de plusieurs parties. **2** Les fibres de tous ces muscles se trouvent être légèrement obliques, et quand elles se tendent, elles inclinent un peu dans le sens de leur direction chacune des vertèbres attenantes ; quand les fibres sont tendues, des deux côtés à la fois à droite et à gauche de la vertèbre, alors celle-ci est renversée en arrière restant droite et sans inclinaison, et si la même chose a lieu sur le rachis tout entier dans le cas d'une tension moyenne, le rachis subit tout entier une extension, et dans le cas d'une tension plus violente, elle est renversée en arrière et prend une position contraire à ce qu'on appelle cyphose[3].

1. *Pratiques anatomiques* V, 10 (Kühn II, 529-531, Garofalo p. 333-335) ; *Utilité des parties*, Helmreich II, 219, *Commentaire à Articulations*, XVIIIA, 538, 10 sq. ; Howell-Straus p. 121-124.

2. Le traducteur arabe ajoute ici une glose : « jusqu'au sacré (cf. *Utilité des parties*, Helmreich II, 219,21 ἀπὸ τῆς κεφαλῆς ἄχρι τοῦ πλατέος ὀστοῦ) et leur nombre est 22 ou 23 ».

3. Déformation « en bosse ». Première attestation chez Hippocrate *Articulations* 41 et 47 (pl.) ; voir le commentaire de Galien, Kühn XVIIIA, 74. Galien évite ici le terme lordose qu'il emploie cependant dans le même commentaire au chapitre 48, Kühn XVIIIA, 493.

68 **αἰτίων, ἅπερ εἴ τις ἀναλέξαιτο, γνώσεται | σαφῶς ὀλίγου δεῖν ἁπάντων τῶν εἰρημένων μυῶν ἠγνοημένην τὴν ἐνέργειαν τοῖς πρὸ ἡμῶν ἀνατομικοῖς.**

XXIII. Περὶ τῶν ῥαχιτῶν μυῶν

1 Οἱ ῥαχῖται μύες ἄρχονται μὲν ἀπὸ τοῦ δευτέρου σπονδύλου τῶν κατὰ τὸν τράχηλον, ἤτοι δὲ τοσοῦτοι τὸν ἀριθμόν εἰσιν, ὅσοιπερ οἱ ἀπὸ τοῦδε σπόνδυλοι συμφυεῖς ἀλλήλοις ὄντες, ἢ μέγιστοι δύο, εἷς ἑκατέρωθεν τῆς ἀκάνθης, ἐκ πολλῶν μορίων σύνθετος. 2 Ἁπάντων δ' αἱ ἶνες ἀτρέμα τε λοξαὶ τυγχάνουσιν οὖσαι καὶ ταθεῖσαι βραχὺ παρεγκλίνουσιν ἐφ' ἑαυτὰς ἕκαστον τῶν συνεχῶν σπονδύλων, ὅταν δ' ἀμφότεραι ταθῶσιν αἱ ἶνες ἔκ τε τῶν δεξιῶν καὶ τῶν ἀριστερῶν ἑκάστου σπονδύλου τηνικαῦτα μὲν ὀρθὸς καὶ ἀρρεπὴς μένων ἀνακλᾶται πρὸς τοὐπίσω· καὶ εἰ καθ' ὅλην τὴν ῥάχιν
992 **οὕτως γένοιτο, | μετὰ μὲν μετρίας τῆς τάσεως ἐκτείνεται**
69 **πᾶσα, βιαιότερον δὲ ταθέντων ἀνακλᾶται πρὸς τοὐπίσω | τὴν ἐναντίαν τῇ κυφώσει καλουμένῃ λαμβάνουσα διάθεσιν.**

TEST. : 4 Περὶ — 18 sq. διάθεσιν ORIB., *Coll.* XXV, 47 (Raeder, 77,9-20). — 4 Περὶ — 6 σπονδύλου E. — 8 συμφυεῖς — ὄντες E. — 10 αἱ ἶνες — 15 τοὐπίσω E. — 18 τὴν — 19 διάθεσιν E. — Cap. XXIII Summ. p. 95,3 Sezgin.

---

1 ἀναλέξαιτο A : ἀνελέξατο P Kühn ἀναλέξεται SC Dietz || 4 ῥαχιτῶν codd. : τῆς ῥάχεως Or. E || Titulum om. A || 7 τὸν om. Kühn || τοῦδε σπόνδυλοι Or. Ar. Dietz : τοῦδε σπονδύλου P Kühn τοῦ σπονδύλου SCA || 8 συμφυεῖς codd. : διαφυεῖς Or. || μέγιστοι δύο εἷς SCA Dietz : μέγιστος εἷς Or. εἷς μέγιστος P Kühn || 9 μορίων Or. Ar. Kühn : μυῶν codd. Dietz || σύνθετος P Or. Kühn : σύνθετοι A Dietz συνέθετο S (falso Dietz) C || 11 παρεγκλίνουσι SA P : παρεκκλίνουσι Or. περεγκλίνουσαι C || 12 συνεχῶν codd. Dietz : συνεχόντων Or. Kühn || 13 ἶνες om. Or. Kühn || 14 σπονδύλου SA P Or. Dietz : σπονδυλ΄ C σπονδύλων Kühn || μὲν om. Or. Kühn || 16 οὕτως SCA Or. : οὕτω P Kühn.

XXIV. Les muscles qui fléchissent le rachis

1 Dans toute la partie supérieure jusqu'à la quatrième vertèbre thoracique et quelquefois même jusqu'à la cinquième, ce sont les deux muscles[1] placés, je l'ai dit auparavant[2], au-dessous de l'œsophage, qui fléchissent le rachis. **2** Dans les parties inférieures, aux lombes, toute la région intérieure possède deux muscles très grands, que tous les anatomistes appellent psoas[3]. Ils naissent au-dessus du diaphragme à la dixième, ou quelquefois à la onzième vertèbre thoracique, et fléchissent la partie correspondante du rachis. **3** La partie du rachis située entre ces muscles et ceux dont on a parlé avant, qui est la partie moyenne du thorax, ne possède aucun muscle propre, mais elle suit les mouvements des parties situées en haut et en bas.

XXV. Les muscles abdominaux[4]

1 Les muscles abdominaux sont au nombre de huit, quatre de chaque côté : avant tout, il y a les muscles qui descendent du thorax obliquement[5], et qui sont les plus grands des muscles de cette région ; en second lieu, viennent les muscles qui remontent des flancs[6], en troisième lieu, les muscles droits[7] qui touchent les précédents, et, en quatrième lieu, les muscles adhérant au péritoine, qui

1. *Utilité des parties*, Helmreich II, 205, *Capitis anteriores* et aussi *longus capitis, longus colli, rectus capitis lateralis*, d'après May, p. 566 note 34.

2. P. 136.

3. À partir d'Hippocrate, *Articulations* 45. Sur le psoas, voir *infra* 184 sq.

4. *Utilité des parties,* V, 14 ; *Pratiques anatomiques,* VI, 14 ; Howel-Straus, p. 105-106.

5. Grands obliques de l'abdomen.

6. Petits obliques de l'abdomen.

7. Droits de l'abdomen et pyramidaux non distingués.

XXIV. Περὶ τῶν καμπτόντων τὴν ῥάχιν μυῶν

1 Κατὰ μὲν τὴν ἄνω μοῖραν ἅπασαν ἄχρι τοῦ τετάρτου, ποτὲ δὲ καὶ τοῦ πέμπτου τῶν κατὰ θώρακα σπονδύλων οἱ δύο μύες, οὓς ὑποβεβλῆσθαι τῷ στομάχῳ πρόσθεν εἶπον, οἱ κάμπτοντες τὴν ῥάχιν εἰσί. 2 Κατὰ δὲ τὰ κάτω μέρη κατὰ τὴν ὀσφὺν ἡ ἔνδον πᾶσα χώρα μεγίστους ἔχει δύο μύας, οὓς ψόας ὀνομάζουσιν οἱ ἀνατομικοὶ πάντες· ἐκφύονται δ' ἀνωτέρω τοῦ διαφράγματος οἵδε κατὰ τὸν δέκατον ἢ ἑνδέκατον ἐνίοτε τοῦ θώρακος σπόνδυλον κάμπτοντες τὸ καθ' ἑαυτοὺς μέρος τῆς ῥάχεως. 3 Τὸ δ' ἐν τῷ μεταξὺ τούτων τε καὶ τῶν προειρημένων, ὅπερ ἐστὶ τοῦ θώρακος τὸ μέσον οὐδένα κέκτηται μῦν ἴδιον, ἀλλὰ τοῖς ἑκατέρωθεν μέρεσι συγκινεῖται. |

993 XXV. Περὶ τῶν κατ' ἐπιγάστριον μυῶν

1 Ὀκτὼ μύες εἰσὶν οἱ κατ' ἐπιγάστριον, ἑκατέρωθεν
70 τέτταρες, ἔξωθεν μὲν ἁπάντων οἱ ἀπὸ | τοῦ θώρακος καταφερόμενοι λοξοὶ μέγιστοι τῶν ἐνταῦθα μυῶν· δεύτεροι δ' ὑπ' αὐτοῖς οἱ ἀπὸ τῶν λαγόνων ἀναφερόμενοι καὶ τρίτοι τούτοις συνάπτοντες οἱ εὐθεῖς, καὶ τέταρτοι

TEST. : 2 Κατὰ — 177,1 θέσει Orib., *Coll.* XXV, 47-48 (Raeder, 77,21-35). — Cap. XXIV Summ. p. 95,12 Sezgin. — Cap. XXV Summ. p. 95,21 Sezgin.

---

1 titulum om. Or. || pro hoc capitulo alia habet E *supra* p. 101 : 2 ἄχρι τοῦ codd. Or. : μέχρι Kühn || 3 τοῦ om. SA || 6 μέρη om. P Kühn || κατὰ CA : καὶ S Dietz τὰ κατὰ P Kühn || κατὰ τὴν ὀσφὺν ἡ codd. : ἡ κατ' ὀσφὺν Or. || 7 μύας codd. : μῦς Or. || 9 δέκατον ἢ ἑνδέκατον SCA Dietz : ἑνδέκατον ἢ δέκατον P Or. Kühn || 10 ἑαυτοὺς Or. Kühn : ἑαυτὰς S (errat Dietz) C A ἑαυτὸ P || 12 post μέσον add. δὲ SCA || 16 post ὀκτὼ add. μὲν Kühn || 16-17 τέτταρες ἑκατέρωθεν Or. || 18 post λοξοὶ add. μέχρι τῶν τῆς ἥβης ὀστῶν P Or. Kühn || 19 ὑπ' αὐτοῖς Or. C : ἐπ' αὐτῶν A ἀπ' αὐτῶν S ὑπ' αὐτοὺς P Kühn || 20 τρίτοι PA Or. edd. : τρίτην SC.

ont une position transversale[1]. **2** Les muscles droits qui s'étendent de la poitrine jusqu'aux os du pubis, sont entièrement charnus. Jusqu'au nombril et un peu plus en avant de cela, ils sont proches l'un de l'autre et se touchent ; mais à partir de cet endroit, ils forment une symphyse et, pour finir, s'insèrent dans les os du pubis. Leur sommet est un tendon membraneux qui remonte au début du thorax, mais, comme il est recouvert par les muscles de la poitrine, il a échappé tout naturellement aux anatomistes. **3** Une fois ces muscles enlevés, on voit clairement ce tendon membraneux qui est implanté sur l'extrémité du sternum, et en plus sur toutes ses parties latérales avec lesquelles il s'articule aux parties cartilagineuses des côtes. Ce tendon remonte jusqu'à la première côte à laquelle il est suspendu. **4** Sur cette même côte, il y a aussi une autre tête charnue du muscle susdit qui aboutit au même tendon. Son origine est couplée avec l'insertion du petit muscle de la clavicule[2]. **5** On observe, en outre, en bas vers l'hypochondre une bande transversale, plutôt blanche ; au-delà de cette bande toute la partie supérieure jusqu'à la clavicule peut être considérée comme un autre muscle qui contracte les synarthroses des côtes. **6** Les

1. Transverses de l'abdomen.
2. Subclavier.

οἱ τῷ περιτοναίῳ συμφυεῖς ἐγκάρσιοι τῇ θέσει. 2 Ἀλλ' οἱ μὲν εὐθεῖς ὅλοι σαρκώδεις εἰσὶν οἱ ἀπὸ τοῦ στήθους ἄχρι τῶν τῆς ἥβης ὀστῶν ἐκτεταμένοι· καὶ μέχρι μὲν τοῦ ὀμφαλοῦ καὶ μικρὸν ἔτι προσωτέρω παράκεινταί τε καὶ ψαύουσιν ἀλλήλων, τὸ δ' ἀπὸ τοῦδε συμφύονται καὶ τελευτῶντες εἰς τὰ τῆς ἥβης ὀστᾶ καταφύονται· ἡ κορυφὴ δ' αὐτῶν ὑμενώδης τένων ἐστὶν ἐπὶ τὴν ἀρχὴν τοῦ θώρακος ἀναφερόμενος, ἀλλ' ἐπικειμένων αὐτῇ τῶν κατὰ τὸ στῆθος μυῶν ἔλαθεν εἰκότως τοὺς ἀνατομικούς. 3 Ἀρθέντων δ' ἐκείνων ὁ ὑμενώδης τένων οὗτος ἐναργῶς φαίνεται συμπεφυκὼς ἄκρῳ τῷ στέρνῳ καὶ προσέτι τοῖς πλαγίοις αὐτοῦ μέρεσιν ἅπασι, καθ' ἃ
994 συναρθροῦται τοῖς χονδρώδεσι | τῶν πλευρῶν ἄχρι τῆς πρώτης ἀναφερόμενος, ἐξ ἧς ἀνήρτηται. 4 Κατὰ δὲ τὴν
71 αὐ|τὴν ταύτην πλευράν ἐστι καὶ ἄλλη τις σαρκώδης κεφαλὴ τοῦ προειρημένου μυὸς εἰς τὸν αὐτὸν τοῦτον ἐμβάλλουσα τένοντα, τὴν δ' ἔκφυσιν ἐζευγμένην ἔχει τῇ καταφύσει τοῦ κατὰ τὴν κλεῖν μυὸς τοῦ μικροῦ. 5 Καὶ μέντοι καὶ κάτω πρὸς ὑποχονδρίῳ διάφυσις ὁρᾶται κατ' αὐτὴν ἐγκαρσία λευκανθίζουσα, μεθ' ἣν τὸ ἄνω πᾶν ἄχρι τῆς κλειδὸς ἕτερον μῦν ἐγχωρεῖ τίθεσθαι προσστέλλοντα τὰς συναρθρώσεις τῶν πλευρῶν. 6 Οἱ

TEST. : Cap. XXV Summ. p. 95,21 Sezgin.

2 οἱ om. PA edd. || στήθους codd. *sterni* Ar. || 3 μέχρι SCA Ar. Dietz : μέρει P Kühn || 4-5 τε καὶ ψαύουσιν om. A || 6 καταφύονται om. A || 8 ἀναφερόμενος PA Ar. : ἀναφερομένη SC || αὐτῇ PA Ar. : αὐτῷ S Dietz : αὐτοῦ C || 10 οὗτος PA Ar. : οὕτως SC || 11 post ἄκρῳ add. τε P Kühn || 13 post χονδρώδεσι add. μέρεσι P Kühn || 14-15 τὴν αὐτὴν ταύτην πλευράν PA : τὴν ἀρχὴν ταύτην πλευρά SC || 17 ἔκφυσιν SCA Dietz : ἔμφυσιν P Kühn || 19 ὑποχονδρίῳ SCA Dietz : ὑποχόνδριον P Kühn || 20 ἐγκαρσία SC : ἁμαρτία A om. P Kühn || 22 προσστέλλλοντα Dietz : προστέλλοντα SCA συστέλλοντα P Kühn.

deux muscles qui descendent du thorax à l'abdomen commencent, le plus souvent, à la sixième côte, mais ils naissent aussi de toutes les côtes suivantes, avec des points de départ séparés, un pour chaque côte, situés près des apophyses cartilagineuses dans les parties inférieures à la fois du muscle antérieur du thorax et du muscle de la concavité de l'omoplate. **7** En se faisant plus minces ces muscles longent les creux des flancs et s'implantent sur les os du pubis en se terminant en tendons membraneux, et ils s'insèrent grâce à eux dans les os du pubis et les aines ; à cet endroit, les os sont percés et à travers ce trou passe le muscle appelé suspenseur[1], qui descend à chaque testicule ; et avec lui passent aussi le vaisseau spermatique, la veine et l'artère et l'extension du péritoine. **8** La partie du suspenseur qui remonte jusqu'aux muscles droits susdits s'amincit progressivement ; se terminant ensuite en un tendon membraneux, elle s'implante dans ces muscles mêmes, du côté extérieur, de telle manière qu'on croit que ce tendon est une couverture propre à ces muscles, semblable à ce que sont les membranes dans la plupart d'entre eux. **9** La troisième paire, celle des

1. Voir *infra* p. 181.

δ' ἀπὸ τοῦ θώρακος εἰς ἐπιγάστριον καταφερόμενοι δύο μύες ἄρχονται μὲν ἀπὸ τῆς ἕκτης ὡς ἐπὶ τὸ πολὺ πλευρᾶς, ἐκφύονται δὲ κἀκ τῶν μετ' αὐτὴν ἁπασῶν ἐκ διεστηκυιῶν ἀρχῶν μιᾶς καθ' ἑκάστην πλησίον τῶν χονδροειδῶν [ἔχοντες] ἀποφύσεων ἐν τοῖς κάτω μέρεσι τοῦ τε ἔμπροσθεν μυὸς τοῦ θώρακος καὶ τοῦ κατὰ τὰ σιμὰ τῆς ὠμοπλάτης. 7 Λεπτυνόμενοι δὲ τοῖς τε κενεῶσι παραφέρονται καὶ τοῖς τῶν λαγόνων ὀστοῖς ἐπιβάλλουσιν εἰς ὑμενώδεις τένοντας τελευτήσαντες· ἐμφύον-
995 **ται δὲ δι' αὐτῶν | τοῖς τε τῆς ἥβης ὀστοῖς καὶ τοῖς βουβῶσι· καὶ δὴ καὶ τέτρηνται κατὰ ταῦτα καὶ διεξέρχεται διὰ τοῦ τρήματος ὅ τε καταφερόμενος εἰς ἑκάτερον**
72 **ὄρχιν μῦς, | ᾧ κρεμαστὴρ ὄνομα καὶ σὺν αὐτῷ τό τε σπερματικὸν ἀγγεῖον καὶ ἡ φλὲψ καὶ ἡ ἀρτηρία καὶ ἡ τοῦ περιτοναίου ἀπόφυσις. 8 Ὅσον δὲ πρὸς ἐπιγάστριον αὐτῶν ἀνήκει μέχρι μὲν τῶν προειρημένων μυῶν τῶν εὐθέων, ἀπολεπτύνεται κατὰ βραχύ· τοὐντεῦθεν δ' εἰς ὑμενώδη τένοντα καταπαυσάμενον ἐπιφύεται τοῖς μυσὶν αὐτοῖς ἔξωθεν, ὡς δοκεῖν ἐκείνων εἶναι ἴδιον σκέπασμα τοιοῦτον, οἷον ἐν τοῖς πλείστοις αὐτῶν ὑμένες εἰσίν. 9 Ἡ δὲ τρίτη συζυγία τῶν λοξῶν μυῶν ἔμπαλιν**

TEST. : Cap. XXV Summ. p. 95,21 Sezgin.

---

1 εἰς SCA : πρὸς P Kühn ‖ 2 ἐπὶ om. P Kühn ‖ 4 μιᾶς Garofalo : μίαν codd. ‖ 5 ἔχοντες seclusit Garofalo ‖ ἀποφύσεων SCA : ἀποφύσεις P Kühn ‖ 6 τοῦ τε ἔμπροσθεν PA : τοῦ προσθίου SC ‖ 7 λεπτυνόμενοι PA : λεπτυνόμενον SC ‖ 9-10 τελευτήσαντες ἐμφύονται PA : τελευτήσαντας ἐκφύονται SC ‖ 10 αὐτῶν PA : αὐταῖς SC ‖ 10-11 ὀστοῖς... βουβῶσι codd. : βουβῶσι...ὀστοῖς Ar. ‖ 11 ταῦτα SC Dietz : αὐτὰ A ταύτας P Kühn ‖ 13 ὄρχιν SCA Dietz : ὅρον P Kühn ‖ 14 ἡ alt. om. P Kühn ‖ 17 εὐθέων Dietz : εὐθειῶν codd. Kühn ‖ ἀπολεπτύνεται SCA Ar. Dietz : ἀποπλύνεται P Kühn ‖ τοὐντεῦθεν PA : τὸ ἐντεῦθεν SC ‖ 18 καταπαυσάμενον SCA Dietz : παυσάμενον P Kühn ‖ 19 ἐκείνων PA : ἐκεῖνον C om. S ‖ 20 ἐν om. P Kühn ‖ 21 τρίτη codd. : *secunda* Ar.

muscles obliques, présente des fibres en direction inverse de celles des dits muscles, montant obliquement d'en bas. Ces muscles commencent à partir des os des flancs avec une origine charnue, et s'avancent jusqu'aux muscles droits, où ils se terminent ; dans leur remontée ils adhèrent aux muscles transversaux et à quatre fausses côtes, plus précisément à leurs prolongements cartilagineux. **10** Une fine apophyse cartilagineuse de ces muscles monte aussi sur les muscles droits de l'abdomen en se situant au-dessous de l'apophyse des très grands muscles descendants à l'extérieur en oblique. Leur aponévrose basse, en s'unissant à celle des muscles sous-jacents transversaux, s'implante dans les os du pubis, plutôt dans les parties intérieures, ainsi que le fait l'aponévrose percée des muscles susdits. Les muscles transversaux sont placés à l'intérieur des dits muscles. **11** La dernière et quatrième paire de muscles abdominaux[1] est celle qui tire son origine des extrémités des fausses côtes, sur leur face intérieure, et encore de l'apophyse latérale des vertèbres lombaires ; ensuite, ces muscles s'attachent au moyen d'un ligament membraneux à la crête verticale de l'os du flanc[2] et se terminent en une aponévrose transversale membraneuse et mince qui adhère au péritoine. **12** Le corps composé par ces muscles et le péritoine échappe à

1. Obliques internes.

2. L'os du flanc, dont il sera souvent question dans la suite, est la partie supérieure de deux os dépourvus en grec de noms (= os iliaque) ; voir *Oss. supra*, p. 78, l. 13.

τοῖς εἰρημένοις ἔχει τὰς ἶνας ἐκ τῶν κάτω μερῶν ἀναφερομένας λοξάς· ἄρχονται μὲν οὖν ἀπὸ σαρκώδους ἐκφύσεως ἐκ τῶν κατὰ τὰς λαγόνας ὀστῶν, προέρχονται δ' ἄχρι τῶν εὐθέων μυῶν, κἀνταῦθα παύονται τοῖς ἐγκαρσίοις μυσὶ κατὰ τὴν ἄνοδον ἐπιφυόμενοι καὶ τῶν νόθων πλευρῶν ταῖς τέτταρσι, κατ' αὐτὰς μάλιστα τὰς
996 **χονδρώδεις ἀποφύσεις. 10 Ἐπιβάλλει δέ τις | καὶ τούτων τῶν μυῶν ὑμενώδης ἀπόφυσις λεπτὴ τοῖς εὐθέσι κατ' ἐπιγάστριον ὑποβεβλημένη τῇ τῶν ἔξωθεν κατιόντων λοξῶν τῶν μεγίστων· ἡ κάτω δ' αὐτῶν ἀπονεύ-**
73 **ρω|σις ἑνουμένη τῇ τῶν ὑποκειμένων ἐγκαρσίων εἰς τὰ τῆς ἥβης ὀστᾶ καταφύεται, κατὰ τὰ ἔνδον ἤδη πως αὐτῶν μέρη μᾶλλον ὁμοίως τῇ τῶν προειρημένων διατετρημένη· ἔσωθεν δὲ τῶν εἰρημένων οἱ ἐγκάρσιοι μύες εἰσίν. 11 Ἡ λοιπὴ δὲ καὶ τετάρτη συζυγία τῶν ἐπιγαστρίων μυῶν ἀπό τε τῶν κατὰ τὰς νόθας πλευρὰς περάτων ἐκφυομένη κατὰ τὰ ἔνδον αὐτῶν μέρη καὶ προσέτι τῆς πλαγίας ἀποφύσεως τῶν ἐν ὀσφύι σπονδύλων· εἶθ' ἑξῆς ὑμενώδει συνδέσμῳ συναπτόμενοι πρὸς τὴν ὀρθίαν ῥάχιν τοῦ τῆς λαγόνος ὀστοῦ τελευτῶσιν εἰς ἐγκαρσίαν ἀπονεύρωσιν ὑμενώδη τε καὶ λεπτὴν ἐπιπεφυκυῖαν τῷ περιτοναίῳ. 12 Καὶ λανθάνει γε τοὺς πλείστους τῶν**

TEST. : 22 καὶ λανθάνει — 182,9 μυῶν Orib., *Coll.* XXV, 48-52 (Raeder, 77,36-78,30).

3-4 προέρχονται SCA Dietz : περιέχονται P Kühn ‖ 4 εὐθέων Dietz : εὐθειῶν codd. Kühn ‖ 6 ταῖς SC Dietz : τοῖς PA Kühn ‖ 8 τοῖς εὐθέσι SCA Dietz : εὐθέσι μυσὶ τοῖς P Kühn ‖ 9 τῇ SCA Dietz : τῷ P Kühn ‖ 10 λοξῶν non uertit Ar. ‖ 11 ὑποκειμένων P Ar. Kühn : ὑπερκειμένων SCA ‖ 13 τῇ SCA : τῷ P Kühn ‖ 14 οἱ PA : οἷον SC ‖ 15 δὲ codd. Kühn : τε Dietz ‖ 16 νόθας SCA Dietz : νόθους P Kühn ‖ 17 ἐκφυομένη SCA Dietz : ἐκφυόμενοι P Kühn ‖ 18 τῆς πλαγίας ἀποφύσεως codd. : pluralem habet Ar. ‖ 19 ὀρθίαν SCA Dietz : εὐθεῖαν P Kühn ‖ 22 γε P Or. edd. : τε SC om. A.

la majorité des médecins qui croient qu'il s'agit du péritoine. **13** Naturellement dans ce que l'on appelle « coutures du ventre »[1] ils le suturent comme s'il s'agissait d'une membrane, et en décrivant dans leurs livres comment il faut faire les coutures du ventre ils en parlent comme d'une membrane. **14** Cette aponévrose quitte en bas le péritoine, et c'est alors que le péritoire apparaît seul à découvert, tandis que l'aponévrose embrasse extérieurement les muscles droits et charnus[2], s'unit à la terminaison des muscles placés au-dessus et s'insère dans les os du pubis. **15** L'utilité et, en même temps, le mouvement de ces huit muscles ont été traités longuement dans mon ouvrage *Sur l'utilité des parties* ; toutefois, il en sera traité maintenant encore, mais sommairement. Ils sont utiles pour les fortes expirations et pour ce qu'on appelle les rétentions de souffle, pour les émissions de voix fortes et aiguës, pour les vomissements et pour les défécations. Leur partie inférieure, et particulièrement celle des muscles qui reposent sur la vessie, contribuent à l'action d'uriner.

1. Cf. Antyll. apud Orib. XLIV 20 Raeder [23 Daremberg], et Gal. *Méthode thérapeutique*, Kühn X, 416.
2. Droits de l'abdomen ; cf. *supra*, p. 176, n. 7.

ἰατρῶν τὸ σύνθετον ἐξ αὐτῶν τε καὶ τοῦ περιτοναίου σῶμα περιτόναιον εἶναι νομίζοντας. 13 Ἀμέλει κἀν ταῖς καλουμέναις γαστρορραφίαις, ὥσπερ ὑμένα διαρράπ-
997 **τουσιν αὐτὸ καὶ γράφοντες ἐν | τοῖς ὑπομνήμασιν ὅπως**
74 **χρὴ ποιεῖ|σθαι τὰς γαστρορραφίας, ὡς περὶ ὑμένος δια-**
λέγονται. 14 Καταλείπει μέντοι τὸ περιτόναιον ἐν τοῖς κάτω μέρεσιν ἡ ἀπονεύρωσις αὕτη καὶ φαίνεται μὲν ἐκεῖνο μόνον γυμνόν, ἡ δ' ἀπονεύρωσις ἐκ τῶν ἔξω μερῶν περιβαίνουσα τοὺς εὐθεῖς καὶ σαρκώδεις μῦς ἑνωθεῖσα τῇ τῶν ὑπερκειμένων μυῶν τελευτῇ τοῖς τῆς ἥβης ὀστοῖς ἐμφύεται. 15 Τούτων τῶν ὀκτὼ μυῶν ἡ χρεία τε ἅμα καὶ ἡ κίνησις εἴρηται μὲν ἐπὶ πλέον ἐν τοῖς περὶ χρείας μορίων, εἰρήσεται δὲ καὶ νῦν τό γε κεφάλαιον [ἑκάστης αὐτῶν]· εἴς τε γὰρ τὰς ἐκφυσήσεις καὶ τὰς καλουμένας καταλήψεις τοῦ πνεύματος καὶ τὰς μεγάλας τε καὶ τὰς ὀξείας φωνὰς ἐμέτους τε καὶ διαχωρήσεις γαστρός εἰσι χρήσιμοι. συντελεῖ δ' αὐτῶν ἡ κάτω μοῖρα καὶ μάλιστα τῶν ἐπιβεβλημένων τῇ κύστει τῇ κατὰ οὔρησιν ἐνεργείᾳ.

TEST. : 179,22 καὶ λανθάνει — 182,9 μυῶν ORIB., *Coll.* XXV, 48-51 (Raeder, 77,21-78,30). — Cap. XXV Summ. p. 95,21 Sezgin.

---

1 ante ἐξ add. τὸ SC ‖ αὐτῶν τε Or. : αὐτῶν P Kühn αὐτοῦ τε SCA ‖ 2 σῶμα om. P Kühn ‖ νομίζοντας P Or. : νομίζοντα A νομίζοντες SC ‖ 3 γαστρορρ- PA Or. : -ρ- SC ‖ ὑμένα PA Or. : εἰς ἕνα SC ‖ 5 περὶ PA : περ δὲ SC ‖ 10 ἑνωθεῖσα PA : ἑνωθεῖσαν SC ‖ 11 post τούτων add. δὲ P Kühn ‖ 13 γε SCA Dietz : τε P Kühn ‖ 14 ἑκάστης αὐτῶν seclusit Garofalo : non uertit Ar. nec Gad. ‖ γὰρ om. P Kühn ‖ ἐκφυσήσεις A Or. Ar. Dietz, Kühn in apparatu : ἐκφύσεις SC P Kühn in textu ‖ 16 τὰς om. P Kühn ‖ 19 ante οὔρησιν add. τὴν P Or. Kühn ‖ post ἐνεργείᾳ add. προσστέλλοντες εἴσω τὸ ὑπογάστριον Kühn ex Or.

XXVI. Les muscles qui descendent aux testicules

1 Deux muscles[1] vont à chaque testicule ; ils sont menus. L'un tire son origine de l'os du pubis à l'aide d'un mince ligament membraneux, l'autre de l'os du flanc. **2** Ils descendent de là à travers le canal qui aboutit au testicule ; ensuite ils s'élargissent et embrassent la tunique élytroïde[2]. **3** Leur travail est de tirer en haut le testicule ; c'est pourquoi certains appellent ces muscles suspenseurs.

XXVII. Les muscles du col de la vessie[3]

1 Un muscle charnu entoure circulairement le col de la vessie, dont la plus grande partie est placée au-dessous[4]. **2** Ce muscle ferme l'orifice de la vessie pour empêcher que rien ne s'écoule sans notre volonté ; ce muscle participe aussi à l'expulsion de l'urine qui le traverse.

XXVIII. Les muscles du pénis

1 Le pénis a deux très petits muscles obliques, qui s'insèrent sur son origine[5], et deux autres muscles qui sont en

1. Crémasters : Howell-Straus p. 109 ; *Utilité des parties* XIV, 14, Helmreich II, 336 ; *Pratiques anatomiques* Simon p. 157, *Proc.* p. 970. Galien considère les crémasters comme formés chacun de deux muscles, avec deux origines. L'origine iliaque s'explique par le fait que le crémaster continue les muscles abdominaux interne, oblique et transverse, qui naissent du fascia glutéa. La première application du terme aux muscles crémasters est chez Galien, la première mention pour les suspenseurs des ovaires, chez Soranos I, 12,3 Ilberg = éd. Burguière - Gourevitch - Malinas, CUF 1988, A 4,100, p.12. Dans le sens de *ductus deferens* Rufus *De satyriasmo et gonorroea* 10. Voir aussi Pollux II,173. Une description chez Gal. *De semine* « *La semence* » IV, 635 Kühn ; De Lacy CMG V 3,1 188,21 et *Pratiques anatomiques* XII, 7, Simon p. 158, *Proc.* p. 971.

4. Sphincter de la vessie, *sphincter urethrae membranaceae* et *transversus perinei profundus* non distingués, cf. May p. 276 et note 55.

5. Les muscles ischio-spongieux.

XXVI. Περὶ τῶν ἐπὶ τοὺς ὄρχεις καταφερομένων μυῶν

1 Δύο πρὸς ἑκάτερον ὄρχιν ἀφικνοῦνται μύες ἰσχνοί,
998 ἐκφύεται δ' ὁ μὲν ἐκ τοῦ τῆς ἥβης ὀστοῦ | δι' ὑμενώδους
75 συνδέσμου λεπτοῦ, ὁ δ' ἐκ τοῦ τῆς λαγόνος ὀστοῦ.
2 Καταφέρονται δ' ἐντεῦθεν διὰ τοῦ καθήκοντος ἐπὶ τὸν ὄρχιν πόρου, κἄπειτα πλατυνόμενοι περιλαμβάνουσι τὸν ἐλυτροειδῆ. 3 Τὸ δ' ἔργον αὐτῶν ἀνατείνειν τὸν ὄρχιν, ὅθεν ἔνιοι κρεμαστῆρας αὐτοὺς ὀνομάζουσι.

XXVII. Περὶ τῶν κατὰ τὸν τράχηλον τῆς κύστεως μυῶν

1 Σαρκώδης μῦς ἐν κύκλῳ περιβέβληται τῷ τραχήλῳ τῆς κύστεως. τὸ πλεῖστον δ' αὐτοῦ μέρος ὑποβέβληται κάτωθεν. 2 Οὗτος ὁ μῦς κλείει τὸ στόμα τῆς κύστεως ὑπὲρ τοῦ μηδὲν ἐκρεῖν ἀκουσίως, συναπωθεῖ δὲ καὶ τὸ δι' αὐτοῦ φερόμενον οὖρον.

XXVIII. Περὶ τῶν τοῦ αἰδοίου μυῶν

1 Δύο μὲν ἔχει πάνυ μικροὺς καὶ λοξοὺς μῦς τὸ αἰδοῖον εἰς τὴν ἔκφυσιν ἐμβάλλοντας αὐτοῦ, δύο δ'

TEST. : 179,22 καὶ λανθάνει — 182,9 μυῶν ORIB., *Coll.* XXV, 48-52 (Raeder, 77,36-78,30). — 2 Δύο — 15 οὖρον E. — Cap. XXVI Summ. p. 96,14 Sezgin. — Cap. XXVII Summ. p. 96,19 Sezgin. — Cap. XXVIII Summ. p. 97,5 Sezgin.

1 καταφερομένων codd. et Or. index capitum : κάτω ἐπιφερομένων Or. || 3 ἐκφύεται codd. Or : ἐκφύονται E || 4 λεπτοῦ EP Or. Ar. : om. SCA || 5 ἐντεῦθεν SCA : ὁ μὲν ἔνθεν, ὁ δ' ἔνθεν P ex Or. Kühn || 7 ἐλυτροειδῆ E Or. Dietz : ἐρυτρωειδῆ C P ἐρυτροειδῆ AS ἐρυθροειδῆ Kühn || 9 τῶν... μυῶν codd. et Or. index, Ar. : τοῦ μυός Kühn et Or. in textu || 13 συναπωθεῖ codd. : συνεπωθεῖ Or. (corrigendus) || 14 οὖρον PSC Ar. : ὕδωρ E ὕδωρ ἤγουν οὖρον A Dietz || 15 τῶν... μυῶν Ar. et Or : om. codd. edd. || 16 μικροὺς codd. : σμικροὺς Or. || μικροὺς καὶ λοξοὺς SCA Or. : λοξοὺς καὶ μικροὺς P Kühn.

symphyse entre eux, ou bien un seul muscle double et charnu, muscles qui sont plutôt placés en dessous du pénis mais qui l'entourent aussi circulairement[1]. **2** Les têtes de ces mucles n'aboutissent clairement à aucun os, tandis que celles des deux autres aboutissent aux os dits du pubis. **3** Tous ces muscles, que nous avons énumérés, sont capables d'assurer au pénis la roideur dans l'érection, et les mouvements de secousse latérale et verticale.

XXIX. Les muscles du siège

1 La partie du rectum qui est la plus proche de l'extérieur contient un muscle mêlé à la peau de telle sorte qu'on peut l'appeler soit muscle dermatoïde, soit peau musculeuse[2] ; et on peut trouver cela particulièrement dans la partie antérieure. **2** Un autre muscle parfaitement rond entoure transversalement le siège et le ferme quant il est tendu ; il est en contact en son milieu avec ce qu'on appelle le coccyx et se termine des deux côtés à l'origine du pénis. **3** Les deux autres muscles sont membraneux et ont leur origine sur les parties intérieures des os du pubis

1. Bulbo-spongieux.

2. Sphincter externe. *Utilité des parties*, Helmreich I, 287 ; *Pratiques anatomiques* XII, 9, Simon p. 164, *Proc.* p. 976. Galien n'emploie pas ici le nom sphincter, qu'il connaît : *Utilité des parties*, Helmreich I, 246,7.

ἄλλους συμφυεῖς ἢ ἕνα διφυῆ σαρκώδη, κάτωθεν μὲν
999 76 ὑποκειμένους αὐτῷ | μᾶλλον, οὐ μὴν | ἀλλὰ καὶ περιλαμβάνοντας ἐν κύκλῳ. 2 Τούτων μὲν οὖν εἰς οὐδὲν σαφῶς ὀστοῦν ἀνήκουσιν αἱ κεφαλαί, τῶν δ᾽ ἄλλων δυοῖν εἰς τὰ τῆς ἥβης ὀνομαζόμενα. 3 Δύνανται δ᾽ ἅπαντες οἱ εἰρημένοι [τέτταρες μύες] τό τ᾽ ἀρρεπὲς ἐν ταῖς ἐντάσεσι παρέχειν τῷ αἰδοίῳ καὶ τὰς ἐν τῷ διασείειν τε καὶ ἀνασείειν αὐτοῦ κινήσεις.

XXIX. Περὶ τῶν κατὰ τὴν ἕδραν μυῶν

1 Αὐτὸ μὲν τὸ ἐξωτάτω μέρος τῆς ἕδρας συγκεκραμένον ἔχει τῷ δέρματι μῦν, ὡς ἤτοι γε δερματώδη μῦν εἰπεῖν ἢ σαρκῶδες δέρμα, καὶ μάλιστα τοῦθ᾽ εὑρεῖν ἔστιν ἐν τοῖς πρόσω μέρεσιν. 2 Ἄλλος δὲ μῦς ἀκριβῶς
77 στρογγύλος, ἐγκάρ|σιος περιβέβληται τῇ ἕδρᾳ κλείων αὐτὴν εἰ ταθείη, κατὰ μὲν τὸ μέσον ἑαυτοῦ ψαύων τοῦ καλουμένου κόκκυγος, ἑκατέρωθεν δ᾽ εἰς τὴν ἔκφυσιν τοῦ αἰδοίου τελευτῶν. 3 Οἱ λοιποὶ δὲ δύο μύες ὑμενώδεις ὄντες ἐκφύονται μὲν ἐκ τῶν ἔνδον μερῶν τῶν τε τῆς

TEST. : 179,22 καὶ λανθάνει — 182,9 μυῶν Orib. *Coll.* XXV, 48-52 (Raeder 77,36-78,30). — 10 Αὐτὸ — 11 μῦν Orib., *Coll.* XXV, 52 (Raeder, 78,34-35). — 15 κατὰ — 17 τελευτῶν Orib., *Coll.* XXV, 52 (Raeder, 78,33-34). — 17 οἱ λοιποὶ — 18 ὄντες Orib., *Coll.* XXV, 52 (Raeder, 79,3-4). — 18 ἐκφύονται — 183,3 ἕδραν Orib., *Coll.* XXV, 52 (Raeder, 79,5-7). — 6 ἀρρεπὲς — 8 κινήσεις E. — 10 Αὐτὸ — 183,5 κοινωνίαν E. — Cap. XXVIII Summ. p. 97,5 Sezgin. — Cap. XXIX Summ. p. 97,15 Sezgin.

5 post ἥβης add. ὀστᾶ P Or. Dietz || 6 εἰρημένοι SC Or. : προειρημένοι PA || τέτταρες μύες secl. Garofalo : om. Or. non uertit Ar. || 7 ἐντάσεσι SCA Or. : ἐκτάσεσι P Kühn || 9 μυῶν om. P Kühn || 10 ἐξωτάτω P Or. : ἐξώτατον ESCA || 10 μέρος SCA : πέρας P Or. om. E || τῆς ἕδρας Dietz *sedis* Gad. Ar. : αὐτῆς Or. τῆς κεφαλῆς PSC Kühn om. A τῆς κεφαλῆς τοῦ μυὸς E || 12 σαρκῶδες δέρμα codd. Ar. : δέρμα μυῶδες Or. || 14 post κλείων add. ἀκριβῶς καὶ ἰσχυρῶς P Or. Kühn || 15 ante μέσον add. σῶμα P Kühn || 17 οἱ om. P Kühn.

et de l'os qu'on appelle os large. Ils s'implantent, un de chaque côté, obliquement, tirant vers le haut, le siège ; et aussitôt ces mêmes muscles contribuent à tirer aussi la base du pénis vers le haut, à cause de la communauté exposée plus haut.

XXX. Les muscles qui mettent en mouvement l'articulation de la hanche[1]

1 Il y a dix muscles qui mettent en mouvement l'articulation de la hanche. Parmi les anatomistes qui se sont beaucoup trompés à leur égard, Lycos, le disciple de Quintus, croit qu'ils sont cinq, trois internes, deux externes. Des cinq autres, il en a omis trois et il en a confondu deux, ignorant leur action et ne considérant que leur position. En effet ils sont placés sur le fémur ainsi que tous les muscles qui mettent en mouvement l'articulation du genou ; les choses, cependant, ne se déroulent pas comme Lycos le croit, mais comme nous allons l'expliquer. **2** Un des ces muscles, qui est précisément le plus grand des muscles de cette région[2], amène le fémur en dedans et en arrière, l'autre[3] porte aussi la jambe un peu

1. *Utilité des parties* V 14 ; *Pratiques anatomiques* II 6 ; Howell-Straus p. 148-152.

2. Grand adducteur ; *Utilité des parties* Helmreich II, 371 ; *Pratiques anatomiques* Kühn II, 306 ; Garofalo p. 97,17 sq.

3. Droit du fémur ; *Utilité des parties* Helmreich, II, 373.

1000 ἥβης ὀστῶν | καὶ τοῦ καλουμένου πλατέος ὀστοῦ,
καταφύονται δ᾽ ἑκατέρωθεν εἷς λοξοί, τείνοντες ἄνω τὴν
ἕδραν· εὐθὺς δὲ καὶ τὴν ἔκφυσιν τοῦ αἰδοίου συνα-
νασπῶσιν οἱ αὐτοὶ μύες διὰ τὴν προειρημένην κοινω-
νίαν.

XXX. Περὶ τῶν τὴν κατὰ τὸ ἰσχίον διάρθρωσιν κινούντων μυῶν

1 Δέκα μέν εἰσι μύες οἱ τὴν κατ᾽ ἰσχίον διάρθρωσιν
κινοῦντες, ἐσφάλησαν δ᾽ οὐ σμικρὰ περὶ αὐτοὺς οἵ τε
ἄλλοι τῶν ἀνατομικῶν ἀνδρῶν καὶ ὁ τοῦ Κοΐντου
μαθητὴς Λύκος πέντε νομίζων ὑπάρχειν αὐτούς, ἔσωθεν
μὲν τρεῖς, ἔξωθεν δὲ δύο· τῶν δ᾽ ἄλλων πέντε παρέλιπε
μὲν τρεῖς, ὑπήλλαξε δὲ δύο, τήν τε ἐνέργειαν ἀγνοήσας
αὐτῶν καὶ τῇ θέσει μόνῃ προσεσχηκώς· ἅμα γὰρ τοῖς
78 ἄλλοις ἅπασι τοῖς κινοῦσι τὴν κατὰ γόνυ | διάρθρωσιν
ἐπίκεινται τῷ μηρῷ. ἔχει δ᾽ οὐχ ὡς ὁ Λύκος οἴεται
τἀληθές, ἀλλ᾽ ὡς ἡμεῖς ἐροῦμεν. **2** Ὁ μὲν ἕτερος αὐτῶν,
ὅσπερ καὶ μέγιστός ἐστιν ἁπάντων τῶν ἐνταῦθα μυῶν,
1001 εἴσω τε καὶ ὀπίσω προσάγει τὸν μηρόν, ὁ | δ᾽ ἕτερος

TEST. : 182,18 ἐκφύονται — 3 ἕδραν Orib., *Coll.* XXV, 52 (Raeder, 79,5-7). — 6 Περὶ — 9 κινοῦντες Orib., *Coll.* XXV, 53 (Raeder, 79,17-18). — 182,10 Αὐτὸ — 5 κοινωνίαν E. — 8 Δέκα — 9 κινοῦντες E. — 17 αὐτῶν — 19 μηρόν E. — Cap. XXIX Summ. p. 97,15 Sezgin. — Cap. XXX Summ. p. 98,2 Sezgin.

---

2 καταφύονται — 5 κοινωνίαν om. A ‖ 4-5 διὰ τὴν προειρημένην κοινωνίαν om. P Gad. Kühn ‖ 8 μέν εἰσι μύες SCA : μένουσι μύες P Kühn μύες εἰσὶν E Or. *sunt musculi* Gad. ‖ ἰσχίον EPA Ar. : ἀγκῶνα SC ‖ 9 σμικρὰ SC : μικρὰ PA edd. ‖ 11 πέντε om. SC ‖ 14 προσεσχηκώς SCA Dietz : προσέχων P Kühn ‖ 16 μηρῷ PA *tibiae* Ar. : μικρῷ SC ‖ 17 τἀληθὲς PC Kühn : ἀληθὲς S Dietz τὸ ἀληθὲς A.

vers le dedans, mais sa majeure partie ou[1] sa totalité met en mouvement le fémur, si bien que les muscles restants qui mettent en mouvement la jambe seule sont au nombre de huit. **3** Si l'on veut observer clairement les muscles qui mettent en mouvement la hanche, on doit ôter d'abord tous les muscles qui sont autour du fémur, et qui donnent mouvement à la jambe. Comme, pourtant, l'ordre selon la position nous amène d'abord aux muscles de la hanche, je commencerai mon discours à partir de là. **4** Le psoas est un muscle qui n'est pas petit et qui commence à la onzième[2] côte du thorax. Sa partie intérieure s'implante grâce à un ligament robuste dans la partie intérieure de la hanche, précisément là où commence l'os dit du pubis et où l'os du flanc se termine ; sa partie extérieure s'insère au début de l'os du flanc ; tout le reste[3] du psoas s'avance à côté des parties intérieures de l'os du flanc et reçoit aussi de cet os une origine épaisse et charnue[4] ; ces deux muscles deviennent après cela un seul muscle qui s'implante, grâce à un tendon robuste et légè-

1. « Ou » est une addition faite sur l'arabe.

2. Chez Oribase et dans le *Sommaire* alexandrin, la dixième.

3. Grand psoas. Galien en parle dans son *Commentaire à Articulations,* Kühn XVIII A, 627.

4. Iliaque.

εἴσω μέν τοι βραχὺ καὶ τὴν κνήμην κινεῖ, τὸ πλεῖστον δ' <ἣ τὸ> σύμπαν[τα] τὸν μηρόν, ὥστε λοιποὺς εἶναι τοὺς μόνην τὴν κνήμην κινοῦντας ὀκτώ. 3 Εἰ δέ τις βούλοιτο σαφῶς θεάσασθαι τοὺς τὴν κατ' ἰσχίον διάρθρωσιν κινοῦντας μῦς, ἀφελεῖν χρὴ προτέρους τοὺς περὶ τὸν μηρὸν ἅπαντας, ὑφ' ὧν ἡ κνήμη κινεῖται· ἐπεὶ δ' ἡ τάξις τῆς θέσεως ἐπὶ τοὺς κατ' ἰσχίον ἡμᾶς ἄγει προτέρους, ἐντεῦθεν ἄρξομαι τοῦ λόγου. 4 Τῆς ψόας οὐ μικροῦ τινος οὔσης μυός, ἀρχομένης δ' ἀπὸ τῆς ἑνδεκάτης τοῦ θώρακος πλευρᾶς, ἡ μὲν ἔνδον μοῖρα δι' εὐρώστου συνδέσμου καταφύεται τῷ κατ' ἰσχίον ἔσωθεν μέρει, καθ' ὃν μάλιστα τόπον ἄρχεται μὲν τὸ καλούμενον ἥβης ὀστοῦν, παύεται δὲ τὸ τῆς λαγόνος, ἡ δ' ἔξωθεν εἰς τὴν ἀρχὴν καταφύεται τοῦ τῆς λαγόνος
79 ὀστοῦ, τὸ δ' ὑπόλοιπον ἅπαν τῆς ψόας | τοῖς ἔνδον μέρεσι τοῦ τῆς λαγόνος ὀστοῦ παραφερόμενον δέχεταί τινα καὶ ἐξ ἐκείνου συχνὴν ἔκφυσιν σαρκώδη, κἄπειτα ἄμφω μία γενομένη δι' εὐρώστου τένοντος ἠρέμα πλατέος ἐμφύεται τῷ μικρῷ τοῦ μηροῦ τροχαντῆρι τὸ περι-

TEST. : 9 τῆς — 10 πλευρᾶς Orib., *Coll.* XXV, 53 (Raeder, 79,19-20). — 9 ἀρχομένης — 10 πλευρᾶς E. — Cap. XXX Summ. p. 98,2 Sezgin.

1 τοι S (errat Dietz) CA : τι P edd. || 2 <ἣ τὸ> σύμπαν[τα] Garofalo Ar. sec. || 3 τὴν κνήμην κινοῦντας SCA Dietz : κινοῦντας τὴν κνήμην P Kühn || 3-4 βούλοιτο SCA Dietz : βούλεται P Kühn || 5 post ἀφελεῖν add. τε SC || 8 τῆς PA : τοὺς SC || 9 μικροῦ PA : σμικροῦ SC || οὔσης P edd. (οὖσα Or.) : ὄντος SCA || 9-10 ἑνδεκάτης codd. Ar. : δεκάτης Or. Summ. || 10 τοῦ θώρακος πλευρᾶς EPA Kühn : πλευρᾶς τοῦ θώρακος SC Dietz || 12 τόπον PA Ar. : τρόπον SC om. E || 13-14 ἡ δ' ἔξωθεν — 14 λαγόνος om. SC || 14 καταφύεται — 16 λαγόνος om. A || 16 δέχεται SCA Dietz *suscipit* Gad. : ἄρχεται P Kühn || 18 μία γενομένη PA edd. *unus musculus* (μῦς εἷς) Ar. : ἅμα γενόμεναι SC || ἠρέμα SCA Dietz : ἀτρέμα P Kühn.

rement large, dans le petit trochanter du fémur et en occupe toute la surface sphérique. Ce muscle fléchit à la fois toute la cuisse et la tourne plutôt en dedans. **5** Un autre muscle s'implante dans le petit trochanter susdit ; il est petit et commence à la base de l'os de la hanche près de la partie nue et décharnée des fesses du singe, de couleur livide[1] ; **6** son tendon, semblable au tendon susdit, occupe toute la partie inférieure du petit trochanter et prend aussi un peu de sa partie intérieure ; **7** ce muscle est responsable de l'adduction vers le bas et ne peut pas être vu avant qu'on enlève le plus grand des muscles du fémur[2]. **8** Ce muscle est placé sur tout l'os du pubis et occupe aussi une partie de la hanche, de côté et en bas, jusqu'à la partie nue et décharnée ; il s'implante sur tout le fémur en s'y attachant par des prises charnues. Grâce aux fibres qui ont leur origine sur la partie inférieure près de la région nue et décharnée, à l'aide desquelles il atteint le voisinage de l'articulation du genou, ce muscle porte la cuisse plutôt en arriere et, en même temps, lui imprime

1. *Adductor brevis* et/ou *pectineus*.

2. Grand adducteur ; *Pratiques anatomiques,* Kühn II, 306, Garofalo p. 97.

1002 **φερὲς ἅπαν αὐτοῦ κατειληφώς· | οὗτος ὁ μῦς κάμπτει τε ἅμα καὶ πρὸς τοὐντὸς μᾶλλον ἐπιστρέφει τὸν ὅλον μηρόν. 5 Τῷ <δὲ> προειρημένῳ τροχαντῆρι τῷ μικρῷ καὶ ἕτερός τις ἐμφύεται μῦς μικρὸς ἀπὸ τῆς βάσεως ἀρχόμενος τοῦ κατ᾽ ἰσχίον ὀστοῦ παρὰ τὸ ψιλὸν καὶ ἄσαρκον τῆς πυγῆς τοῦ πιθήκου, πελιδνὸς τὴν χρόαν. 6 Ὁ τένων δ᾽ αὐτοῦ παραπλήσιος ὑπάρχων τῷ προειρημένῳ τὸ κάτω μέρος ἅπαν κατείληφε τοῦ μικροῦ τροχαντῆρος ἐπιλαμβάνων τι καὶ τῶν ἔνδον αὐτοῦ. 7 Ταπεινῆς προσαγωγῆς ὁ μῦς οὗτός ἐστιν αἴτιος οὐ δυνάμενος ὀφθῆναι πρὶν ἀφαιρεθῆναι τὸν μέγιστον τῶν κατὰ τὸν μηρὸν μυῶν, 8 Ὅστις ἐπίκειται μὲν ἅπαντι τῷ**
80 **τῆς ἥβης ὀστῷ συνεπιλαμ|βάνων τι καὶ τῶν ἰσχίων ἐκ πλαγίων τε ἅμα καὶ κάτωθεν ἄχρι τοῦ ψιλοῦ καὶ ἀσάρκου· καταφύεται δ᾽ εἰς ὅλον τὸν μηρὸν σαρκώδεσι λαβαῖς ἀντεχόμενος αὐτοῦ, ταῖς μὲν ἐκ τῶν κάτω μερῶν τῶν παρὰ τὸ ψιλὸν καὶ ἄσαρκον ἐκφυομέναις ἰσίν, αἷς ἐγγὺς τῆς κατὰ γόνυ διαρθρώσεως ἐξικνεῖται, πρὸς**
1003 **τοὐπίσω μᾶλλον ἀπάγων τὸν μηρὸν ἅμα τῷ | προσά-**

TEST. : 1 κάμπτει — 3 μηρόν Orib., *Coll.* XXV, 53 (Raeder, 79,20-21). — 4 καὶ ἕτερος — 6 πυγῆς Orib., *Coll.* XXV, 53 (Raeder, 79,21-23). — 10 ταπεινῆς — 186,14 τοὐπίσω Orib., *Coll.* XXV, 53 (Raeder, 79,23-80,5). — 1 κάμπτει — 3 μηρόν E. — 4 μῦς — 5 ψιλὸν E. — 6 πελιδνὸς τὴν χρόαν E. — 8 ἅπαν — 10 προσαγωγῆς E. — 15 καταφύεται — 16 αὐτοῦ E. — 18 ἐγγὺς — 19 μηρὸν E. — Cap. XXX Summ. p. 98,2 Sezgin.

---

1 κατειληφώς PA Ar. Kühn : κατειληφότες S Dietz κατειληφότος C || 2 τοὐντὸς Or. A (τὸ ἐντὸς E) Ar. Dietz *introrsum* Gad. : τοὐκτὸς PS (errat Dietz) C Kühn, Daremberg et Raeder apud Or. || 2-3 τὸν ὅλον μηρόν PA Or. : ὅλον τὸν μηρόν E τὸν μηρὸν ὅλον SC || 3 δὲ suppl. Garofalo || 6 πυγῆς PA Or. Ar. : πηγῆς ESC || 7-8 τῷ προειρημένῳ SCA Ar. : τοῖς προειρημένοις P edd. || 15 post ὅλον add. κύκλῳ P Or. Kühn || 17 ἐκφυομέναις A Ar. : ἐμφυομέναις P Or. SC || ἰσίν, αἷς om. SC.

un léger mouvement d'adduction vers l'autre cuisse ; grâce aux fibres situées plus en haut que celles-ci, il produit une adduction simple, et grâce aux fibres les plus élevées qui commencent en haut et s'implantent au commencement du fémur, il produit à la fois l'adduction et le soulèvement de la cuisse. **9** En disséquant ce muscle on voit apparaître clairement le muscle livide susdit et les contours peu manifestes de certains autres muscles, qui sont parfois au nombre de deux et parfois au nombre de trois, et, si l'on compte ceux-là parmi les muscles, on dira qu'il y a plus de dix muscles qui mettent en mouvement l'articulation de la hanche. **10** À la partie postérieure, à l'endroit des fesses, il y a d'abord le muscle superficiel[1] qui est l'analogue par sa position et son utilité, de celui qui occupe la pointe de l'épaule[2]. Il étend parfaitement la cuisse en la tirant en arrière[3]. Il a plusieurs origines en haut, dont deux sont charnues et une membraneuse. Parmi les charnues, la plus grande commence sur la crête verticale de l'os du flanc, la plus petite sur deux os de la hanche et de ce que l'on appelle le coccyx, la partie médiane, en haut, est tout entière membraneuse. **11** Ce muscle entoure la partie postérieure de la tête du fémur, et, avançant un peu après celle-ci, se termine en un large tendon en pente et s'implante dans les parties posté-

1. Grand fessier et tenseur du fascia lata, qui sont confondus chez le singe (Howell et Straus, p. 149-150).

2. Deltoïde ; voir *supra* p. 148, n. 4.

3. *Utilité des parties* II, 370 Helmreich ; *Pratiques anatomiques* Kühn II, 311, Garofalo p. 103, *Proc.* p. 219.

γειν ἀτρέμα πρὸς τὸν ἕτερον μηρόν· ταῖς δ᾽ ὑψηλοτέραις τούτων προσάγων μόνον, ταῖς δ᾽ ὑψηλοτάταις ἄνωθεν μὲν ἀρχομέναις, εἰς δὲ τὰ πρῶτα μέρη τοῦ μηροῦ καταφυομέναις προσάγων τε ἅμα καὶ ἀνατείνων αὐτόν. **9** Ἀνατεμνομένου δὲ τούτου τοῦ μυὸς ὅ τε προειρημένος ὁ πελιδνὸς ἐναργῶς φαίνεται καί τινες ἕτεραι περιγραφαὶ μυῶν οὐκ ἐναργεῖς, ἐνίοτε μὲν δυοῖν, ἔστι δ᾽ ὅτε τριῶν, οὓς ἄν τις ἐν τοῖς μυσὶν ἀριθμῇ, πλείονας ἐρεῖ τῶν δέκα τοὺς κινοῦντας εἶναι τὴν κατ᾽ ἰσχίον διάρθρωσιν. **10** Ἐκ δὲ τῶν ὀπίσω μερῶν τῶν κατὰ τὴν πυγὴν πρῶτος μέν ἐστιν ὁ ἐπιπολῆς μῦς ἀνάλογον ἔχων τῷ τὴν ἐπωμίδα κατειληφότι κατὰ τὴν θέσιν καὶ τὴν χρείαν. ἐκτείνει γὰρ ἀκριβῶς τὸν μηρὸν ἐπισπώμενος εἰς τοὐπίσω· τῶν δ᾽ ἄνωθεν ἐκφύσεων αὐτοῦ δύο μέν εἰσι σαρκώδεις, ὑμενώδης δὲ μία. τῶν σαρκωδῶν δ᾽ ἡ μὲν μείζων ἐκ τῆς ὀρθίας ῥάχεως ἄρχεται τοῦ τῆς λαγόνος ὀστοῦ, ἡ δ᾽ ἐλάττων ἐκ δυοῖν ὀστῶν ἰσχίου τε καὶ τοῦ καλουμένου κόκκυγος, τοῦ μέσου δὲ τούτων τὸ ὑψηλὸν ὑμενῶδες ἅπαν ἐστίν. **11** Οὗτος ὁ μῦς περιλαμβάνει τὸ
1004 ὀπί|σθιον τοῦ μηροῦ τῆς κεφαλῆς καὶ βραχύ τι προελθὼν ἀπ᾽ αὐτῆς εἰς τένοντα πλατὺν τελευτήσας κατάντη καταφύεται τοῖς ὀπισθίοις μέρεσι τοῦ μηροῦ, παρακεί-

TEST. : 185,10 ταπεινῆς — 14 τοὐπίσω Orib., *Coll.* XXV, 53 (Raeder, 79,23-80,5). — Cap. XXX Summ. p. 98,2 Sezgin.

4 τε om. P Kühn || 5 ἀνατεμνομένου SCA Or. : ἀνατεινομένου P Kühn || 7-8 ἔστι δ᾽ ὅτε SCA Or. : ἐνίοτε δὲ P || 10 τῶν κατὰ P edd. : κατὰ Or. εἰς τὰ κατὰ SCA || post κατά add. τε P Kühn || 11 ἀνάλογον — 13 χρείαν om. Or. || 16 ἄρχεται post μείζων transpos. P Dietz || 17 ὀστῶν SCA Dietz : ὀστοῖν P Kühn || 18 τοῦ μέσου SC Dietz : τὸ μέσον P Kühn τοὐμμέσον A || 19 ἐστὶν om. PA Kühn || τὸ om. P Kühn || 20 τοῦ μηροῦ τῆς κεφαλῆς SCA Dietz : τῆς κεφαλῆς τοῦ μηροῦ P Kühn || 21 κατάντη P Kühn : κατάντην SC Dietz κάταντι A || 22 καταφύεται codd. : φύεται edd.

rieures du fémur ; en cet endroit-là il est placé exactement à côté de l'origine d'un muscle et est en symphyse avec elle ; il s'agit du muscle qui a une aponévrose large et charnue, et qui, en s'implantant dans les parties extérieures de la jambe, tourne l'articulation du genou en dehors. **12** On ne peut pas observer exactement l'insertion susdite du muscle de la hanche si l'on ne sectionne pas auparavant ce muscle. **13** Il y a encore un autre prolongement, charnu, de ce muscle[1], qui descend sur la cuisse entre deux des muscles antérieurs et adhère un peu sur eux, et qui, à l'aide d'un tendon membraneux tirant son origine de toutes ses parties inférieures, entoure les muscles antérieurs jusqu'au genou. **14** En second lieu, après le muscle superficiel susdit, il y a un autre muscle assez épais et charnu[2], qui tire son origine de presque toutes les parties extérieures de l'os du flanc et qui est en symphyse aussi avec le muscle des parties inférieures de l'os large jusqu'au coccyx. **15** Au niveau de l'os du flanc il est placé au-dessous du muscle susdit, mais sa partie supérieure qui monte vers les lombes est située sous la peau, alors que le commencement dit membraneux[3] de l'autre muscle l'entoure. Ce muscle, se terminant en un tendon large et robuste, s'implante dans tout le sommet

1. Tenseur du fascia lata.

2. Moyen fessier.

3. Pour le commencement membraneux du muscle superficiel, voir *supra*, p. 186, l. 15.

μενος ἀκριβῶς ἐνταῦθα καὶ συμφυόμενος τῇ ἐκφύσει τοῦ πλατεῖάν τε καὶ σαρκώδη τὴν ἀπονεύρωσιν ἔχοντος μυός, ὃς εἰς τὰ τῆς κνήμης ἔξω καταφυόμενος μέρη τὴν κατὰ γόνυ διάρθρωσιν ἐπιστρέφει πρὸς τοὐκτός· 12 οὐδ᾽ ἀκριβῶς ἔστι θεάσασθαι τὴν προειρημένην τοῦ κατ᾽ ἰσχίον μυὸς ἔμφυσιν, εἰ μὴ τοῦτόν τις τὸν μῦν ἀνα-
82 **τέμοι πρότερον· 13 ἔστι δ᾽ αὐ|τοῦ καὶ ἑτέρα τις ἀπόφυσις σαρκώδης ἐπὶ τὸν μηρὸν καθήκουσα μεταξὺ τῶν δύο τῶν προσθίων μυῶν, ἐπιφυομένη τέ πως αὐτοῖς, καὶ δι᾽ ὑμενώδους τένοντος ἐκπεφυκότος ἁπάντων τῶν κάτω μερῶν αὐτοῦ περιλαμβάνουσα τοὺς προσθίους μῦς ἄχρι τοῦ γόνατος. 14 Δεύτερος δ᾽ ἐπὶ τῷ προειρημένῳ μυὶ τῷ ἐπιπολῆς ἕτερός ἐστι μῦς, ἱκανῶς παχὺς καὶ σαρκώδης ἐξ ἁπάντων σχεδόν τι τῶν ἔξω μερῶν ἐκφυόμενος τοῦ τῆς λαγόνος ὀστοῦ, συνεπιφυόμενος δὲ**
1005 **καὶ τῷ τῶν κάτω τοῦ | πλατέος ὀστοῦ μερῶν μυὶ μέχρι τοῦ κόκκυγος. 15 Κατὰ μὲν οὖν τὸ τῆς λαγόνος ὀστοῦν ὑπόκειται τῷ προειρημένῳ μυί, τὸ δ᾽ ἄνω μέρος αὐτοῦ τὸ πρὸς τὴν ὀσφὺν ἀνατεινόμενον ὑπὸ τῷ δέρματι τέτακται, περιπεφυκυίας αὐτῷ τῆς λεχθείσης ὑμενώδους ἀρχῆς ἐκείνου τοῦ μυός· οὗτος ὁ μῦς εἰς τένοντα πλατὺν εὔρωστον τελευτῶν ἐμφύεται τῇ κορυφῇ πάσῃ**

TEST. : 12 δεύτερος — 14 σαρκώδης Orib., *Coll.* XXV, 53 (Raeder, 80,6-7). — 21 ὁ μῦς — 188,18 ἀνατείνει — 13 ἱκανῶς — 15 ὀστοῦ E. — Cap. XXX Summ. p. 98,2 Sezgin.

---

5 ἔστιν ἀκριβῶς P Kühn ‖ 6 ἔμφυσιν P edd. Ar. : ἔκφυσιν SCA ‖ εἰ codd. Kühn : ἂν Dietz ‖ 6-7 ἀνατέμοι Garofalo : ἀνατέμει C ἀνατέμῃ PSA edd. ‖ 9 προσθίων PA : ἐμπροσθίων SC Dietz ‖ 10 δι᾽ om. P Kühn ‖ ante ἁπάντων add. ἐξ P Kühn ‖ 12 ἐπὶ Or. Ar. Kühn : ὑπὸ codd. Dietz ‖ 13 τῷ SC Or. Dietz : τῆς P Kühn ‖ τῷ — 18 μυί om. A ‖ 14 τι om. SC Dietz ‖ ἔξω SC : ἔξωθεν P Kühn ‖ 15 τῆς λαγόνος Ar. Dietz : τῆς ἥβης SC E ἥβης καὶ λαγόνος P Kühn ‖ 17 οὖν om. P Kühn ‖ 18 προειρημένῳ PA Ar. : εἰρημένῳ SC ‖ 22 τῇ κορυφῇ πάσῃ PA : πάσῃ τῇ τελευτῇ SC.

du grand trochanter ; il met tout le fémur en extension, et en même temps il tire la tête de cet os du côté extérieur[1]. **16** Sous ce muscle, il y en a un autre de couleur livide[2] qui tire son origine des parties intérieures de l'os large et a son aponévrose en symphyse avec l'aponévrose susdite du grand muscle. **17** Mais, alors que celle-là franchit jusqu'à la partie antérieure de sommet du trochanter, celle-ci est derrière elle et monte jusqu'au sommet du trochanter occupant aussi une partie de la région intérieure. Ce muscle tend la tête du fémur vers le haut et en même temps la tire en dehors. **18** Il y a encore un autre muscle petit et épais[3], qui prend son origine à la partie extérieure[4] et inférieure de l'os du flanc située au niveau de la hanche, et qui s'insère au-dessous du grand muscle susdit, et se termine lui aussi en un tendon large et s'implante sous les parties intérieures du commencement du grand trochanter jusqu'au *gloutos*[5]. Ce muscle tire la tête du fémur vers le haut en même temps qu'il lui donne un mouvement de rotation vers l'extérieur. **19** Il reste encore

1. « Extérieur » est la leçon d'Oribase, de l'arabe et de E, mais *Utilité des parties* Helmreich, II, 370,21 a « intérieur » et Dietz accepte la leçon de SA et de la marge de P « intérieur ».

2. *Piriformis* : May *Utilité des parties* p. 676 ; petit fessier : Daremberg p. 473.

3. Petit fessier : May *Utilité des parties* p. 676, pyramidal : Daremberg p. 473.

4. Intérieure et latérale, dans *Pratiques anatomiques* p. 103 Garofalo = Kühn II, 312.

5. Le passage présente une difficulté, car dans *Oss.* (*supra*, p. 80, l. 2) le *gloutos* est défini comme étant le grand trochanter ; voir aussi *infra*, p. 195, n. 3. La difficulté se résout si l'on donne à *gloutos* l'acception de pointe du grand trochanter.

**τοῦ μεγάλου τροχαντῆρος, ἐκτείνων τε ἅμα τὸν ὅλον
μηρὸν καὶ πρὸς τὴν ἐκτὸς χώραν ἐπισπώμενος αὐτοῦ
τὴν κεφαλήν. 16 Ὑποφύεται δ' αὐτῷ μῦς ἕτερος πελιδ-
83 νὸς τὴν χρόαν ἐκ μὲν τῶν ἔνδον με | ρῶν ἐκφυόμενος
τοῦ πλατέος ὀστοῦ, τὴν δ' ἀπονεύρωσιν συμφυῆ ποιού-
μενος τῇ προειρημένῃ τοῦ μεγάλου μυὸς ἀπονευρώσει.
17 Ἀλλ' ἐκείνη μὲν ἐπὶ τὰ πρόσω τῆς κορυφῆς ὑπερ-
βαίνει τοῦ τροχαντῆρος· αὕτη δ' ἐκ τῶν ὄπισθεν ἐκείνης
ἐστὶν ἄχρι τε τῆς κορυφῆς ἀνιοῦσα τοῦ τροχαντῆρος
καὶ συνεπιλαμβάνουσά τι καὶ τῆς ἔνδον χώρας. οὗτος ὁ
μῦς ἀνατείνει τε ἅμα καὶ πρὸς τοὐκτὸς ἐπισπᾶται τὴν
κεφαλὴν τοῦ μηροῦ. 18 Καὶ ἄλλος δέ τις μῦς μικρὸς καὶ
1006 | παχὺς ἐκ τῶν ἔξω τε καὶ κάτω μερῶν τοῦ τῆς λαγόνος
ὀστοῦ τῶν κατ' ἰσχίον τὴν ἔκφυσιν ποιησάμενος ὑπο-
φύεται τῷ προειρημένῳ μεγάλῳ μυὶ τελευτῶν καὶ αὐτὸς
εἰς εὔρωστον τένοντα πλατὺν ἐμφυόμενος τοῖς ἐντὸς
μέρεσι τῆς πρώτης ἐκφύσεως τοῦ μεγάλου τροχαντῆ-
ρος ἄχρι τοῦ γλουτοῦ· οὗτος ὁ μῦς ἀνατείνει τε ἅμα καὶ
πρὸς τοὐκτὸς ἐπιστρέφει τοῦ μηροῦ τὴν κεφαλήν,
84 19 Ὑπόλοιποι δὲ | δύο μύες εἰσὶ τῶν κινούντων τὸν**

TEST. : 1 ἐκτείνων — 3 ἕτερος Orib., *Coll.* XXV, 53 (Raeder, 80,7-9). — 11 ἀνατείνει — 15 μυὶ Orib., *Coll.* XXV, 53 (Raeder, 80,9-12). — 18 ἀνατείνει — 189,1 μηρὸν Orib., *Coll.* XXV, 53 (Raeder, 80,13-14). — 187,21 ὁ μῦς — 189,12 ὀπίσω E. — Cap. XXX Summ. p. 98,2 Sezgin.

2 ἐκτὸς PE Or. Ar. Kühn : ἐντὸς SCA P marg. Dietz ‖ 7 τὰ πρόσω PEA Kühn : τὸ πρόσω S Dietz τῶ πρόσω C ‖ 8 αὕτη — 9 τροχαντῆρος om. A ‖ 9 κορυφῆς ESCA : κεφαλῆς P Kühn ‖ 11 ἀνατείνει τε PA Or. : ἀνατείνεται ESC ‖ 11-12 τὴν κεφαλὴν τοῦ μηροῦ PECA Or. Kühn : τοῦ μηροῦ τ. κ. S Dietz ‖ 14 τῶν Or. Ar. : καὶ τοῦ PSCA. τοῦ E ‖ 18 post γλουτοῦ deficit A ‖ ἀνατείνει τε P C Or. : ἀνατείνεται ES.

deux des muscles[1] mettant en mouvement la cuisse, qui s'insèrent dans la cavité postérieure du grand trochanter à l'aide de tendons robustes légèrement larges. **20** Ils prennent leur origine sur les os du pubis tout entiers, l'un à l'intérieur, l'autre à l'extérieur. L'insertion interne dans le trochanter est plus élevée, et l'externe est contiguë à celle-ci. Ces muscles occupent aussi le trou naturel de l'os du pubis et ils ont au milieu d'eux un ligament membraneux ; en arrière ils aboutissent tous les deux au même point en s'implantant sur l'os de l'ischion par des attaches charnues. **21** Le travail de ces muscles consiste à imprimer un mouvement de rotation à la tête du fémur, pour le premier muscle, à la fois en dedans et en avant, et, pour l'autre, à la fois en dehors et en arrière. **22** Outre ceux qu'on vient de nommer, il y a encore un dixième muscle situé à la partie intérieure de la cuisse, dont on pourra bien dire qu'il imprime du mouvement aussi à la jambe, mais il est clair pour tout le monde qu'il donne à tout le fémur un mouvement d'adduction vers l'intérieur. Je dirai un peu plus bas de quelle nature est ce muscle, en parlant de ceux qui mettant en mouvement l'articulation du genou, vu qu'il est placé avec eux[2].

1. Obturateurs ; voir *Utilité des parties* Helmreich, II 374 ; *Pratiques anatomiques* Kühn II, 313, Garofalo p. 105.

2. Voir *infra*, p. 194, l. 6-11.

μηρὸν εἰς τὴν ὀπισθίαν ἐμφυόμενοι κοιλότητα τοῦ μεγάλου τροχαντῆρος ἰσχυροῖς τένουσιν ἀτρέμα πλατέσιν. 20 Ἐκφύονται δ' ἐκ τῶν τῆς ἥβης ὀστῶν ὅλων ὁ μὲν ἔσωθεν, ὁ δ' ἔξωθεν· καὶ ἔστιν ἡ τοῦ ἔσωθεν εἰς τὸν τροχαντῆρα κατάφυσις ὑψηλοτέρα, συνεχὴς δ' ἐστὶν αὐτῇ καὶ ἡ ἔξωθεν. οὗτοι οἱ μύες καὶ τὸ φυσικὸν τρῆμα κατειλήφασι τοῦ τῆς ἥβης ὀστοῦ μέσον ἔχοντες ἑαυτῶν ὑμενώδη σύνδεσμον· ὀπίσω δ' ἐς ταὐτὸ ἀλλήλοις ἥκουσι περιφυόμενοι τῷ κατ' ἰσχίον ὀστῷ σαρκώδεσι λαβαῖς. 21 Ἔργον τούτων τῶν μυῶν ἐστι περιστρέφειν
1007 τὴν κεφαλὴν τοῦ μηροῦ ἔσω μὲν ἅμα καὶ πρόσω | τοῦ ἔμπροσθεν μυός, ἔξω δ' ἅμα καὶ ὀπίσω τοῦ λοιποῦ. 22 Δέκατος δ' ἐπὶ τοῖς εἰρημένοις ἐστὶ μῦς ἐκ τῶν ἔνδον μερῶν τοῦ μηροῦ κείμενος, ὃν ἴσως μέν τις καὶ τὴν
85 κνήμην φήσει κινεῖν, ἐναργέστατα μὲν ὅλον | εἴσω προσάγει τὸν μηρόν. ὀλίγον δ' ὕστερον ὁποῖός τίς ἐστι διηγήσομαι, μετὰ τῶν κινούντων τὴν κατὰ γόνυ διάρθρωσιν, ἐπειδὴ καὶ σὺν αὐτοῖς τέτακται.

TEST. : 188,18 ἀνατεινει — 1 μηρὸν ORIB., *Coll.* XXV, 53 (Raeder, 80,13-14). — 3 ἐκφύονται — 190,1 διάρθρωσιν ORIB., *Coll.* XXV, 53-54 (Raeder, 80,14-27). — 187,21 ὁ μῦς — 12 ὀπίσω E. — Cap. XXX Summ. p. 98,2 Sezgin.

Deficit A.

---

1 ὀπισθίαν P Kühn : ὄπισθεν SC Dietz ὀπίσθιον E || 2 ἰσχυροῖς P Ar. Kühn : ἰσχυροτέροις SC Dietz om. E || 4-5 εἰς τὸν τροχαντῆρα SC Ar. Dietz : τροχαντῆρος E P Kühn || 6 αὐτῇ om. P Kühn || 7 ante μέσον add. τὸ P Kühn || 8 ἐς ταὐτὸ E : ἐπ' αὐτὸν SC εἰς ταὐτὸ P Or. edd. || 9 περιφυόμενοι SC Ar. : παραφυόμενοι P edd. || 10 ante ἔργον add. τὸ SC Dietz || 11-12 τοῦ ἔμπροσθεν C Ar. : τὸ ἐμπροσθ' E τοῦ πρώτου P Or. Kühn τοῦ ἔξωθεν S Dietz || 15-16 εἴσω προσάγει P Or. Kühn : προσάγει ἔσω S Dietz προσάγειν ἔσω C || 18 καὶ om. P Kühn.

XXXI. Les muscles qui mettent en mouvement l'articulation du genou

1 Il y a neuf muscles qui donnent le mouvement à l'articulation du genou ; non pas dix, comme le croit Lycos, et avec lui beaucoup d'autres anatomistes ; Lycos ignore un muscle entier, sur lequel je parlerai en dernier[1], et il se trompe à cause du muscle[2] qui descend au condyle intérieur du fémur, et encore à cause du muscle le plus grand de la cuisse[3] qui en occupe toute la région intérieure et aussi une grande partie de la région postérieure. **2** Ce dernier, cependant, non seulement ne s'implante pas dans l'os de la jambe — alors qu'il devrait le faire complètement s'il devait lui donner le mouvement, mais il ne s'implante pas non plus dans les ligaments de l'articulation, ainsi que le font certains muscles qui réalisent un mouvement peu clair. En effet tous les mouvements forts sont réalisés par des muscles qui passent au-delà de l'articulation et s'implantent dans les membres qui viennent à la suite. En revanche, les muscles qui s'implantent dans les ligaments contribuent peu aux mouvements[4]. **3** Le plus grand des muscles de la cuisse, pourtant, ne s'implante pas dans l'articulation du genou, quoiqu'il arrive

1. Poplité, voir *infra* p. 196.
2. Ce muscle est un mystère.
3. Grand adducteur.
4. C'est le sens de la traduction arabe ; le grec est corrompu.

XXXI. Περὶ τῶν κινούντων τὴν κατὰ γόνυ διάρθρωσιν

1 Ἐννέα μύες εἰσὶν οἱ τὴν κατὰ γόνυ κινοῦντες διάρθρωσιν, οὐχ ὡς ὁ Λύκος οἴεται δέκα σὺν πολλοῖς καὶ ἄλλοις ἀνατομικοῖς ἀνδράσιν, ἀγνοῶν ἕνα μῦν ὅλον, ὑπὲρ οὗ τελευταῖον ποιήσομαι τὸν λόγον, ἐξαπατώμενος δ' ὑπό τε τοῦ καθήκοντος εἰς τὸν ἐντὸς [τοῦ γόνατος] κόνδυλον τοῦ μηροῦ, καὶ προσέτι τοῦ μεγίστου τῶν κατ' αὐτὸν μυῶν τοῦ τὴν ἔνδον ἅπασαν αὐτοῦ χώραν κατειληφότος, ἐπιλαμβάνοντος δὲ καὶ τῆς ὄπισθεν οὐκ ὀλίγον. **2** Ἀλλ' οὗτός γε οὐ μόνον οὐκ ἐμφύεται
1008 τῷ τῆς κνήμης ὀστῷ, δέον ἐμφύεσθαι πάντως | εἴπερ γε κινήσειν αὐτὴν ἔμελλεν, ἀλλ' οὐδὲ τοῖς κατὰ τὴν διάρθρωσιν συνδέσμοις, ὡς ἔνιοι τῶν ἀμυδράν τινα κίνησιν ἐργαζομένων μυῶν· αἱ μὲν γὰρ σφοδραὶ πᾶσαι κινήσεις
86 ὑπερβαινόντων τε τὰς διαρθρώσεις ἐμ|φυομένων τε τοῖς ἐφεξῆς κώλοις ἀποτελοῦνται, μικρὸν δέ τι συνεπιλαμβάνουσιν αὐταῖς οἱ εἰς τοὺς συνδέσμους ἐμβάλλοντες. **3** Ἀλλ' ὅ γε μέγιστος τῶν κατὰ τὸν μηρὸν μυῶν οὐκ ἐμφύεται τῇ κατὰ γόνυ διαρθρώσει, καίτοι πλησίον

TEST. : 189,3 ἐκφύονται — 1 διάρθρωσιν Orib., *Coll.* XXV, 53-54 (Raeder, 80,14-27). — Cap. XXXI Summ. p. 100,5 Sezgin.

Deficit A.

---

4 ἀνατομικοῖς ἀνδράσιν P Kühn : ἀνδράσιν ἀνατομικοῖς SC Dietz || 6 δ' om. P Kühn || 6-7 τοῦ γόνατος non uertit Ar. secl. Garofalo || 7 μεγίστου P Ar. : μεγάλου SC || 8 τῶν κατ' αὐτὸν μυῶν Garofalo Ar. sec. : τούτων κατ' αὐτὸν μυὸς S τοῦτον κατ' αὐτὸν μυὸς C τοῦ κατ' αὐτὸν μυὸς P Kühn τούτου κατ' αὐτὸν μυὸς Dietz || 10 γε post μόνον traiec. SC || 11 ante πάντως add. γε P Kühn || γε om. P Kühn || 14 πᾶσαι κινήσεις SC Dietz : κινήσεις πᾶσαι P Kühn || 16 κώλοις Dietz : κώλοις κώλοις SC βόλοις P Kühn || 17-18 αὐταῖς οἱ εἰς τοὺς συνδέσμους ἐμβάλλοντες Garofalo Ar. sec. : αὐταῖς αἱ τῶν...ἐμβαλλόντων P edd. αὐτοῖς ἄρα τῶν...ἐμβαλλόντων SC || 19 κατὰ γόνυ SC : κατ' ἄρει P κατ' ἄρνυ Kühn.

très près d'elle. Et si l'on dit qu'il touche un peu les ligaments de l'articulation, il ne serait pas correct, même dans ce cas, de penser que ce muscle est propre à l'articulation seule, mais on peut l'envisager comme commun aux deux articulations, la supérieure, celle de la hanche, et celle dont nous parlons maintenant. Ce muscle donne un mouvement fort et clair à l'articulation de la hanche, vu qu'il prend son origine sur tout l'os du pubis et s'implante sur le fémur tout entier. **4** Le mouvement du genou, même s'il existe, serait de toute façon peu clair, vu qu'il est réalisé par des attaches très petites. Mais cela suffit pour ce qui est du plus grand des muscles de la cuisse. **5** Parmi les autres muscles il y a d'abord un muscle superficiel[1], très étroit et très long, qui prend son origine supérieure à la moitié de la crête verticale de l'os du flanc ; il traverse la partie intérieure de la cuisse vers le genou, et s'implante là dans ce qu'on appelle anticnémion[2], pas beaucoup au-delà de l'articulation. **6** Ce muscle fléchit à la fois la jambe vers l'intérieur, la tend en haut de quelque manière, et il met tout le membre

1. Couturier ; voir *Utilité des parties* Helmreich I, 190,4 sq. ; *Pratiques anatomiques* Kühn II, 294-295, Garofalo p. 85.

2. 'Αντικνήμιον, la partie antérieure de la jambe, est attesté à partir d'Hipponax fr. 28 West (49 Bergk).

ἀφικνούμενος αὐτῆς· εἰ δέ τις αὐτὸν ἐφάπτεσθαί πως
λέγοι τῶν συνδέσμων τῆς διαρθρώσεως, οὐδ' οὕτω δί-
καιον ἦν ἐκείνης μόνης ἴδιον ὑπολαμβάνειν τὸν μῦν
τοῦτον, ἀλλ' εἴπερ ἄρα κοινὸν ἀμφοτέρων τῆς θ' ὑπερ-
κειμένης τῆς κατ' ἰσχίον καὶ τῆς νῦν ἡμῖν προκειμένης·
τὴν μὲν γὰρ κατ' ἰσχίον ἐναργῶς καὶ σφοδρῶς κινεῖ, ὡς
ἂν τὴν ἔκφυσιν ἐξ ὅλου τοῦ τῆς ἥβης ὀστοῦ πεποιημέ-
νος καὶ τὴν κατάφυσιν εἰς ὅλον τὸν μηρόν. **4** Ἡ δὲ κατὰ
γόνυ κίνησις εἴπερ καὶ ἦν, ἀμυδρά τις ἂν εἴη παντάπα-
σιν, ὡς ἂν ὑπ' ἐλαχίστων λαβῶν ἐπιτελουμένη· περὶ |
1009 μὲν δὴ τοῦ μεγίστου τῶν κατὰ τὸν μηρὸν μυῶν ἱκανὰ
καὶ ταῦτα. **5** Τῶν δ' ἄλλων πρῶτος ἐπιπολῆς ἐστιν ὁ
στενότατός τε καὶ μακρότατος, τὴν μὲν ἄνωθεν ἔκφυσιν
ἐκ μέσης τῆς ὀρθίας ῥάχεως τοῦ τῆς λαγόνος ὀστοῦ
87 πεποιημένος, διὰ δὲ τῶν ἔνδον | τοῦ μηροῦ φερόμενος
ἐπὶ τὸ γόνυ κἀνταῦθα καταφυόμενος εἰς τὸ καλούμενον
ἀντικνήμιον οὐ μετὰ πολὺ τῆς διαρθρώσεως. **6** Οὗτος
μὲν οὖν κάμπτει τε ἅμα πρὸς τοὐντὸς τὴν κνήμην καὶ

TEST. : 12 πρῶτος — 192,3 θατέρου Orib., *Coll.* XXV, 54 (Raeder, 80, 27-35). — 12 πρῶτος — 192,9 ἀνατάσεως E. — Cap. XXXI Summ. p. 100,5 Sezgin.

Deficit A

---

1 αὐτὸν S Ar. Gad. : αὐτῶν PC Kühn || 2 λέγοι SC Dietz : λέγει P Kühn || 3 ὑπολαμβάνειν P : ἐπιλαμβάνεσθαι S (errat Dietz) C || 5 προκειμένης ἡμῖν SC || 6 σφοδρῶς κινεῖ P : δρῶμεν καὶ σφοδρῶς κινοῦσαν SC || 7 ἐξ ὅλου om. SC || τοῦ... ὀστοῦ codd. : pluralem habet Ar. || 9 εἴπερ καὶ ἦν P Ar. : ὕπερθεν καὶ ἦν C ὕπερθεν καὶ S || εἴη SC Dietz : ἦν P Kühn || 10 ἂν om. S Dietz || 13 τε om. ES Dietz || ἔκφυσιν ESC Ar. Or. Dietz : ἔμφυσιν P Kühn || 14 ὀστοῦ om. SC || 16 pr. τὸ om. SC || γόνυ codd. : *tibiam* Ar. || καταφυόμενος P Or. Ar. : καταφερόμενος SC om. E || 18 τοὐντὸς P Or. Ar. (τὸ ἐντὸς SC) : τοὐκτὸς E P marg. Kühn.

dans la position où il se trouve surtout lorsque nous relâchons[1] l'une des jambes sur l'autre. **7** Le muscle qui vient après celui-là[2] s'implante dans l'os de la jambe, non pas par une terminaison charnue, comme le premier, mais par un tendon large ; il a son point de départ sur les os du pubis, s'implante sur la partie antérieure du tibia[3], et lui aussi tourne la jambe en dedans en la soulevant perpendiculairement. **8** Le muscle contigu[4] au précédent ordinairement à l'intérieur, parfois aussi un peu en dessous de lui, s'implante de manière analogue à l'aide d'un tendon[5] sur la partie antérieure du tibia, et donne à la jambe un mouvement à la fois de flexion et de rotation en dehors obliquement, de même que la position du muscle est, elle aussi, oblique. **9** Il tire son origine des parties inférieures et extérieures de l'os de la hanche et, ensuite, en traversant les parties postérieures de la cuisse et franchissant toute l'articulation du genou, il se tourne alors vers le dehors et s'implante obliquement sur la partie dénuée de chair qui s'appelle *anticnémion.* **10** Il y a trois autres

1. Plus précis, *Pratiques anatomiques* Kühn II, 295 ; Garofalo p. 85,30 sq. : « tu placeras la jambe dans la position où la placent les aides qui massent la cuisse lorsqu'ils mettent le pied sur la cuisse de l'autre jambe ». La correction de Dietz (μεταλλαττόντων) adoptée par Daremberg et Raeder chez Oribase est erronée. Voir I. Garofalo, « Problemi di lessico anatomico » *Fontes* 2002, p. 59-62.

2. Droit interne, selon Daremberg, mais ce même muscle est identifié avec le grêle dans *Utilité des parties* Helmreich I, 189.

3. Pour la définition de l'*anticnémion*, voir *Oss.* p. 80, l. 17-19.

4. Semi-membraneux propre ; voir *Pratiques anatomiques* Kühn II, 297, Garofalo p. 89. Dans le singe le *semimembranosus* est répresenté par deux muscles, *proprius* et *accessorius* (Howell et Straus, p. 153). Semi-tendineux, Daremberg.

5. Daremberg traduit de manière erronée p. 475 « à la manière d'un tendon ». Galien souligne que ce muscle a un tendon comme le précédent, et non une insertion charnue comme le muscle couturier.

**ἀνατείνει πως ὑψηλὴν καὶ εἰς τοῦτ᾽ ἄγει τὸ σχῆμα τὸ
σκέλος σύμπαν, ἐν ᾧ μάλιστα καθίσταται μαλαττόντων
ἡμῶν αὐτὸ κατὰ θατέρου. 7 Ὁ δ᾽ ἐφεξῆς τούτῳ τὴν
ἔμφυσιν ἔχων εἰς τὸ τῆς κνήμης ὀστοῦν οὐ διὰ σαρκώ-
δους πέρατος ὡς ὁ πρότερος, ἀλλὰ διὰ τένοντος πλα-
τέος, ἄρχεται μὲν ἐκ τῶν τῆς ἥβης ὀστῶν, καταφύεται
δ᾽ εἰς αὐτὸ μάλιστα τὸ ἀντικνήμιον, ἔσω καὶ αὐτὸς
ἐπιστρέφων τὴν κνήμην μετὰ τῆς ἐπὶ τὸ ὄρθιον ἀνατά-
σεως. 8 Ὁ δ᾽ ὡς τὸ πολὺ μὲν ἐκ τῶν ἔνδον μερῶν, ἐνίοτε
δὲ βραχὺ τοῦ προειρημένου κατωτέρω, συνεχὴς αὐτῷ
1010 μῦς | ὁμοίως τένοντι καταφυόμενος εἰς τὸ ἀντικνήμιον,
κάμπτει τε ἅμα καὶ πρὸς τοὐκτὸς ἐπιστρέφει τὴν
κνήμην λοξήν, ὥσπερ καὶ αὐτὸς κεῖται λοξός· 9 Ἐκφυό-
μενος γὰρ ἐκ τῶν κάτω τε καὶ ἔξω μερῶν τοῦ κατ᾽ ἰσχίον
ὀστοῦ, κἄπειτα διὰ τῶν ὀπίσω τοῦ μηροῦ μερῶν παρε-
88 νεχθεὶς λοξός, εἶθ᾽ οὕτως | τὴν διάρθρωσιν ὅλην ὑπερ-
βὰς τὴν κατὰ γόνυ, μετὰ ταῦτα ἐπιστρέφεται πρὸς
τοὐντὸς καὶ ἐμφύεται λοξὸς εἰς τὸ τῆς κνήμης ἄσαρκον
ὃ δὴ ἀντικνήμιον ὀνομάζεται. 10 Τούτῳ τῷ μυὶ συνεχὴ**

TEST. : 9 Ὁ — 13 λοξός ORIB., *Coll.* XXV, 54 (Raeder, 80, 37-81,3). — 19 τούτῳ — 193,2 ἱκανῶς ORIB., *Coll.* XXV, 54 (Raeder, 81,3-5). — 12 κάμπτει — 18 λοξὸς E. — Cap. XXXI Summ. p. 100,5 Sezgin.

1 τοῦτ᾽ P Or. : τοῦτο ESC || 2 ᾧ SC Dietz : οἵῳ P Or. Kühn οἷς E || μαλαττόντων SCP : ἀλαττόντων E μαλάττον τὴν Or. (μεταλλαττόντων Daremberg Raeder) μεταλλαττόντων Dietz *subigentes* Gad. *superponimus* Ar. || 3 αὐτὸ om. SC || κατὰ θατέρου SC Or. Dietz : καθ᾽ ἑτέρου E P Kühn || τούτῳ SC Or. Ar. : τούτοις P || 5 ὁ πρότερος SC Dietz *prior* Gad. : τὸ πρότερον P Kühn om. E || 5-6 ante πλατέος add. ἠρέμα P Kühn || 13 κεῖται PESC Ar. : κινεῖται Or. (corrigendus) || 15 διὰ τῶν EPC Kühn : αὐτῶν S Dietz || 15 τοῦ μηροῦ μερῶν ESC Dietz : μερῶν τοῦ μηροῦ P Kühn || 17 ante τὴν add. εἰς Kühn || 18 καὶ ἐμφύεται SC : ἐμφύεταί τε EP Kühn || εἰς ESC : ἐπὶ P edd. || 19 post δὴ add. καὶ E.

muscles qui ont une origine contiguë à celle de ce muscle-là : l'un[1] dans les parties extérieures du membre, assez robuste, qui se porte à travers les parties extérieures de la cuisse et s'implante, après le genou, dans les parties extérieures du tibia grâce à une terminaison menue, large et charnue ; il tourne le tibia en dehors. Les deux autres muscles ont leur origine supérieure au côté interne des deux muscles susdits, à la suite, de telle manière qu'il existe quatre origines en contact mutuel, qui naissent des parties antérieures de la base de l'os de la hanche. **11** Ils descendent de la manière suivante : l'un[2], à la suite des deux muscles susdits, — que l'on trouve ordinairement de couleur totalement livide —, descend à la partie intérieure de la jambe, pas beaucoup au-delà de l'articulation : à la fois il fléchit l'articulation et la tourne aussi en dehors à l'aide d'un tendon légèrement arrondi. **12** Le muscle qui vient à son tour après le précédent[3] s'implante sur la partie intérieure du fémur, dans la région qui précède l'articulation du genou, jusqu'au condyle intérieur

1. Biceps fémoral ; voir *Pratiques anatomiques* Kühn II, 29 ; Garofalo p. 98 ; *Utilité des parties* Helmreich I, 188 sq., *Proc.* p. 199.
2. Semi-tendineux (semi-membraneux, Daremberg).
3. Semi-membraneux accessoire (faisceau du grand-adducteur, Daremberg).

τὴν ἔκφυσιν ἔχοντες ἄλλοι τρεῖς εἰσι μύες, ὁ μὲν ἐκ τῶν ἔξω μερῶν τοῦ σκέλους εὔρωστος ἱκανῶς, ὅστις καὶ διὰ τῶν ἐκτὸς τοῦ μηροῦ καταφερόμενος ἐμφύεται μετὰ τὸ γόνυ τοῖς ἔξω μέρεσι τῆς κνήμης, ἰσχνῷ καὶ πλατεῖ πέρατι σαρκώδει πρὸς τοὐκτὸς ἐπιστρέφων αὐτήν, οἱ λοιποὶ δὲ δύο μύες τὴν μὲν ἄνωθεν ἀρχὴν ἐκ τῶν ἔνδον μερῶν ἔχουσι τῶν προειρημένων δυοῖν ἐφεξῆς, ὡς εἶναι τέτταρας ἀλλήλαις ἐκφύσεις ὁμιλούσας ἐκ τῶν προσθίων μερῶν τῆς βάσεως ἐκφυομένας τοῦ κατ᾽ ἰσχίον
1011 **ὀστοῦ. 11 Καl|θήκουσι δ᾽ ὁ μὲν ἐφεξῆς τῶν προειρημένων**
89 **δυοῖν μυῶν, ὅσπερ καὶ τὴν χρόαν εὑ|ρίσκεται τοὐπίπαν πελιδνός, εἰς τὸ τῆς κνήμης ἔνδον οὐ μετὰ πολὺ τῆς διαρθρώσεως, κάμπτων τε ἅμα καὶ πρὸς τοὐκτὸς ἐπιστρέφων αὐτὴν διὰ τένοντος ἠρέμα στρογγύλου. 12 Ὁ δ᾽ αὖ πάλιν ἐφεξῆς τῷδε τοῖς ἔνδον μέρεσι τοῦ μηροῦ τοῖς πρὸ τῆς κατὰ γόνυ διαρθρώσεως ἐμφύεται μέχρι τοῦ**

TEST. : 12 εἰς — 16 ἐμφύεται ORIB., *Coll.* XXV, 54 (Raeder, 81,8-11). — 2 εὔρωστος — 194,1 ἐντός E. — Cap. XXXI Summ. p. 100,5 Sezgin.

Deficit A

---

2 τοῦ σκέλους Or. et P marg. Ar. : τοῖς κόλοις C τοῖς κώλοις S om. P ‖ 3 post μηροῦ add. ἔξωθεν P edd. ‖ 4 ἰσχνῷ codd. : ἰσχυρῷ Dietz ‖ 5-6 οἱ λοιποὶ δὲ ESC : οἱ δὲ λοιποὶ P Or. Kühn ‖ 6 μύες om. P Or. Kühn ‖ 7 post εἶναι add. τὰς P Kühn ‖ 8 τέτταρας Garofalo : τέσσαρας codd. ‖ post τέτταρας add. ταύτας SC ‖ ἀλλήλαις ἐκφύσεις ESC : ἐκφύσεις ἀλλήλαις P ‖ 8-9 προσθίων ESC : ἐμροσθίων P Kühn ‖ 9 ἐκφυομένας SC Ar. Dietz : ἐμ- P Kühn ‖ 11 μυῶν om. Or. P Kühn ‖ ὅσπερ P Ar. : ὥσπερ ESC ‖ τοὐπίπαν PE Kühn : τὸ ἐπίπαν SC ‖ 12 μετὰ om. Or. P marg. Kühn ‖ 13-14 ἐπιστρέφων om. SC ‖ 14 αὐτὴν Or. P Ar. : αὐτὸν SC ‖ 15 αὖ PSC Or. : οὖν Kühn ‖ τῷδε SC Ar.. Dietz : αυτω E τῶνδε P Kühn ‖ μέρεσι τοῦ μηροῦ EP Or. Kühn : τοῦ μηροῦ μέρεσι SC Dietz ‖ 16 post τῆς add. πρώτης SC ‖ μέχρι om. E.

d'où naît un des deux muscles du mollet ; en adhérant à ce muscle, le muscle dont nous parlons contribue à tirer un peu, par l'intermédiaire de ce muscle-là, la jambe vers la partie intérieure, surtout lorsqu'il advient qu'ils soient déjà durcis. **13** Ce muscle donne à la cuisse à la fois un mouvement en dedans et légèrement en arrière. J'ai appelé ce muscle le dixième d'entre ceux qui donnent le mouvement à l'articulation de la hanche ; mais j'ai reporté l'exposé sur sa nature entière après les muscles qui donnent le mouvement à l'articulation du genou, parce qu'il est placé avec eux[1]. **14** Après avoir sectionné ce muscle on voit très bien le plus grand des muscles de la cuisse, qui ne donne pas de mouvement à l'articulation du genou, et dont j'ai parlé suffisamment auparavant. **15** Les trois muscles de la cuisse qui restent, muscles antérieurs, étendent l'articulation du genou ; les deux superficiels sont robustes et se terminent en un tendon puissant et large qui s'implante dans tout l'os de la rotule, l'entoure, avance jusqu'au tibia et s'implante dans sa partie

1. Voir *supra*, p. 189, l. 13-18.

κονδύλου τοῦ ἐντός, ὅθεν καὶ ὁ ἕτερος τῶν κατὰ τὴν γαστροκνημίαν ἐκπέφυκε μυῶν, ᾧ καὶ αὐτὸς συνεπιφυόμενος ὁ προκείμενος τῷ λόγῳ μῦς συνεπισπᾶται δι᾽ ἐκείνου βραχύ τι τὴν κνήμην ἐπὶ τὰ ἔνδον μέρη καὶ μάλιστα ὅταν ἤδη κατεσκληρυμένοι τυγχάνωσιν ὄντες. 13 Οὗτος ὁ μῦς ἔσω τε ἅμα καὶ ἐπ᾽ ὀλίγον ὀπίσω τὸν μηρὸν ἀπάγει· δέκατον αὐτὸν ὠνόμασα τῶν κινούντων τὸ κατ᾽ ἰσχίον ἄρθρον· ἀνεβαλόμην δὲ τὴν διδασκαλίαν
90 ποιήσασθαι τῆς ὅλης φύσεως αὐτοῦ μετὰ τῶν κινούντων τὴν κατὰ γόνυ διάρ|θρωσιν, ἐπειδὴ σὺν αὐτοῖς τέτακται. 14 Μετὰ τοῦτον τὸν μῦν ἀνατμηθέντα γίγνεται κατάδηλος ὁ μέγιστος μῦς τῶν κατὰ τὸ μηρόν, οὐδ᾽ αὐτὸς κινῶν τὴν κατὰ γόνυ διάρθρωσιν, ὑπὲρ οὗ πρόσθεν αὐτάρκως διῆλθον. 15 Οἱ δ᾽ ὑπόλοιποι τρεῖς μύες τῶν κατὰ τὸν μηρὸν οἱ πρόσθιοι τὴν κατὰ γόνυ διάρ-
1012 θρωσιν ἐκτείνουσιν· οἱ μὲν ἐπιπολῆς | εὔρωστοι δύο τελευτῶντες εἰς ἰσχυρὸν τένοντα πλατύν, ὃς ἐμφυόμενός τε καὶ περιφυόμενος ἅπαντι τῷ τῆς ἐπιγονατίδος ὀστῷ προέρχεται μέχρι τῆς κνήμης ἐμφυόμενος αὐτῆς

TEST. : 16 οἱ — 17 πλατύν Orib., *Coll.* XXV, 54 (Raeder 81, 15-17). — 17-18 ἐμφυόμενος — 195,6 ἐστι E. — Cap. XXXI Summ. p. 100,5 Sezgin.

Deficit A

1 ἐντὸς SC Ar. Dietz : ἐκτὸς P Kühn Gad. ἐντοθεν (sic) E ‖ 2 αὐτὸς Garofalo Ar. sec. : αὐτῷ PSC ‖ 3 ante τῷ add. ἐν P Kühn ‖ 5 ἤδη om. P edd. ‖ τυγχάνωσιν SC : τυγχάνουσιν P Kühn ‖ 7 ἀπάγει SC (ἀπάγων Or.) : ἄγει P Kühn ‖ ὠνόμασα P Or. Ar. : ὠνόμασαν SC ‖ 8 ἀνεβαλόμην Or. Dietz : ἀνεβαλλόμην PSC Kühn ‖ 11 μετὰ — 13 διάρθρωσιν om. P Kühn Gad. Or. ‖ 12 μέγιστος C Ar. : μέγας S Dietz ‖ 17 τελευτῶντες SC Dietz : τελευτῶσιν P Kühn ‖ 19 αὐτῆς EC Ar. *eius* Gad. : αὐτοῖς PS edd.

antérieure. **16** Le muscle caché sous ceux-ci s'implante sur le commencement de la rotule et se soude aux ligaments qui entourent l'articulation, en formant une terminaison non pas nerveuse comme pour les muscles susdits, mais charnue dans ses parties antérieures et membraneuse à l'intérieur, car ce muscle est manifestement double. De fait, je ne le tiendrais pas pour un seul, mais pour deux, si je ne voulais éviter de différer de l'enseignement de mes prédécesseurs quand il n'y a pas une raison de force majeure pour le faire. **17** Les commencements de ces muscles antérieurs sont au nombre de quatre : le premier tire son origine de la crête montante de l'os du flanc, en dessous du muscle étroit mentionné en premier[1] ; le deuxième tire son origine de la partie extérieure du fémur, précisément au *gloutos*[2]. Cette tête produit le plus grand des muscles antérieurs, qui occupe toute la région extérieure de la cuisse. **18** La tête susdite[3] produit un muscle plus grand que les autres, mais assez inférieur au précédent en grandeur, et qui occupe lui aussi toute la région antérieure de la cuisse et aussi une partie de la région intérieure. **19** Ces deux muscles se rejoignent et forment une aponévrose unique et descen-

1. Voir *supra*, p. 191, l. 12 sqq.

2. Le grand trochanter. Voir *Oss.*, p. 80, l. 2 pour la définition du *gloutos*.

3. C'est-à-dire celle qui correspond au premier commencement.

τοῖς προσθίοις. **16** Ὁ δ᾽ ὑπὸ τούτοις κατακεκρυμμένος
εἴς τε τὴν ἀρχὴν ἐμφύεται τῆς ἐπιγονατίδος καὶ τοῖς
περὶ τὴν διάρθρωσιν ἐπιφύεται συνδέσμοις, οὐ νευ-
ρῶδες ὥσπερ οἱ προειρημένοι τὸ πέρας, ἀλλὰ κατὰ μὲν
τὰ πρόσθια σαρκῶδες, ὑμενῶδες δὲ κατὰ τὰ ἔνδον
ποιούμενος· καὶ γὰρ διπλοῦς σαφῶς ἐστι· καὶ ἔγωγε
αὐτὸν οὐχ ἕνα μῦν ἀλλὰ δύο μᾶλλον <ἂν> ἐτιθέμην, εἰ
μὴ τὸ διαφέρεσθαι ταῖς τῶν πρεσβυτέρων διδασκαλίαις
ἐφυλαττόμην ἔνθα μὴ μέγα τι τὸ ἀναγκάζον ἐστίν.
91 **17** Αἱ δ᾽ ἀρχαὶ τῶν προσθίων μυῶν τούτων | τέτταρές
εἰσι τὸν ἀριθμόν· ἡ μέν τις ἐκ τῆς ἀνάντου<ς> ῥάχεως
τοῦ τῆς λαγόνος ὀστοῦ τὴν ἔκφυσιν ἔχουσα κατωτέρω
τοῦ πρώτου πάντων λεχθέντος τοῦ στενοῦ, ἡ δέ τις ἀπὸ
τῶν ἔξω μερῶν τοῦ μηροῦ κατ᾽ αὐτὸν μάλιστα τὸν
γλουτόν· αὕτη μὲν οὖν ἡ κεφαλὴ τὸν μέγιστον τῶν
προσθίων ἀπογεννᾷ μυῶν, ἅπασαν τὴν ἐκτὸς χώραν
1013 κατειληφότα τοῦ μηροῦ. **18** Ἡ | προειρημένη δὲ τὸν τῶν
ἄλλων μὲν μείζονα, τούτου δ᾽ ἧττονά πως τὸ μέγεθος
ἅπασαν καὶ τοῦτον κατειληφότα τὴν προσθίαν χώραν
τοῦ μηροῦ καί τι καὶ τῆς ἔνδον. **19** Ἔρχονται δ᾽ εἰς

TEST. : 1 ὁ δ᾽ ὑπὸ — 3 συνδέσμοις ORIB., *Coll.* XXV, 54 (Raeder 81,17-19). — 194,19 ἐμφυόμενος — 6 ἐστι E. — Cap. XXXI Summ. p. 100,5 Sezgin.

Deficit A

3-4 νευρῶδες Garofalo : νευρώδης PES edd. νευρώδεις C || 5 σαρκῶδες C : σαρκώδης PES edd. || ὑμενῶδες Garofalo : ὑμενώδης E (qui ποιούμενος omittit) SC Dietz om. P Kühn || 7 ἂν suppl. Dietz *posuissem* Gad. || 8 post τῶν add. πρὸ ἐμοῦ S (errat Dietz) C || 9 ἀναγκάζον P : ἀναγκάζειν S ἀναγκάζην C || 10 τέτταρες Garofalo : τέσσαρες codd. || 11 ἀνάντους Dietz : ἀνάντου SC P || 14 ἔξω P : ἔξωθεν SC || 17 τὸν om. SC Dietz || 19 προσθίαν P : προσθίου S πρόσθιον C.

dent, comme nous venons de le dire, sur l'os de la rotule. **20** Le muscle qui est placé au-dessous de ceux-ci, qui est double[1], enveloppe le fémur et a une de ses deux têtes soudée à la première origine du grand trochanter et au col de la tête du fémur ; l'autre[2], en bas de la précédente, naît de la région antérieure du fémur ; et cette dernière descend parfaitement droite à travers le devant du fémur jusqu'à la rotule en demeurant entièrement charnue, alors que la première, qui commence en haut, produisant une extrémité membraneuse, se termine à la tête intérieure du fémur[3]. C'est pourquoi on devrait les nommer comme deux muscles, avec bien plus de raison que ceux qui produisent un seul tendon. **21** Tous ces muscles, dont nous venons de parler, et qui se portent de haut en bas en traversant la cuisse et en donnant le mouvement à l'articulation du genou, devraient, à mon sens, être comptés plus justement pour neuf, mais pour n'avoir pas l'air de nous écarter de nos prédécesseurs anatomistes sur des points de peu d'importance, je les compterai pour huit. **22** Il y a encore un petit muscle[4] caché dans l'articulation au

1. Vaste médial.
2. Vaste intermediaire.
3. Condyle médial.
4. Poplité, une découverte de Galien. *Pratiques anatomiques* Kühn II, 305 ; Garofalo p. 97, *Proc.* p. 209, *Utilité des parties* Helmreich, I, 190 ; *Commentaire à Hippocrate Fractures,* Kühn XVIII B, 627,10.

ταὐτὸν ἀλλήλοις οἱ δύο μύες οὗτοι καὶ μίαν ἀπονεύρωσιν ἐργάζονται, καθήκουσι δέ, ὡς εἴρηται πρόσθεν, εἰς τὸ τῆς ἐπιγονατίδος ὀστοῦν. 20 Ὁ δ' ὑποκείμενος αὐτοῖς μῦς διπλοῦς ὁ περιφυόμενος τῷ μηρῷ τὴν μὲν ἑτέραν τῶν κεφαλῶν ἁπτομένην ἔχει τῆς τε πρώτης ἐκφύσεως τοῦ μεγάλου τροχαντῆρος καὶ τοῦ κατὰ τὴν κεφαλὴν αὐχένος τοῦ μηροῦ, τὴν δ' ἑτέραν ἐκ τῶν ταύτης κάτω μερῶν ἐκ τῆς προσθίου χώρας ἐκφυομένην τοῦ μηροῦ, καθήκει δ' αὕτη μὲν ἀκριβῶς εὐθεῖα διὰ τῶν προσθίων τοῦ μηροῦ μέχρι τῆς ἐπιγονατίδος ὅλη σαρκώδης μένουσα· ἡ δ' ἑτέρα ἡ ἄνωθεν ἀρχομένη τὸ πέρας
92 **ὑμενῶδες ἐργασαμένη κατὰ τὴν | ἐντὸς κεφαλὴν τοῦ μηροῦ τελευτᾷ· διὸ καὶ πολὺ μᾶλλον ἂν οὗτοι δύο μύες ὀνομάζοιντο ἢ οἱ τὸν ἕνα τένοντα γεννῶντες. 21 Οὗτοι μὲν οὖν ἅπαντες οἱ εἰρημένοι μύες ἄνωθεν κάτω φερόμε-**
1014 **νοι διὰ τοῦ μηροῦ τὴν κατὰ γόνυ διάρθρωσιν | κινοῦντες, ὡς μὲν ἐγώ φημι, δικαιότερον ἂν ἐννέα ῥηθεῖεν, ἵνα δὲ μὴ δοκῶμεν ἐπὶ σμικροῖς διαφέρεσθαι πρὸς τοὺς πρεσβυτέρους ἡμῶν ἀνατομικούς, ὀκτώ. 22 Μικρὸς δέ**

TEST. : 14 οὗτοι — 197,11 πρόσω Orib., *Coll.* XXV, 54-55 (Raeder, 81,19-32). — 8 προσθίου — 10 ἐπιγονατίδος — 14 οὗτοι — 16-17 κινοῦντες cf. E. — Cap. XXXI Summ. p. 100,5 Sezgin.

Deficit A

---

4 μῦς διπλοῦς P : ὁ διπλοῦς μῦς SC ‖ 7 δ' ἑτέραν P Kühn : δὲ δευτέραν SC Dietz ‖ 8 τοῦ μηροῦ ESC Gad. Ar. : τῶν μηρῶν P Kühn ‖ 9 αὕτη SC P Dietz : αὐτὴ Kühn ‖ 10 ὅλη P Ar. : ὅλης SC ‖ 11 μένουσα SC *permanens* Gad. : μὲν οὖσα P Kühn ‖ ἡ alt. om. SC Dietz ‖ 13 πολὺ P : πολλοὶ SC ‖ 14 ὀνομάζοιντο SC Dietz : ὀνομάζονται P Kühn ‖ 15 ἅπαντες non uertit Ar. ‖ 15-16 κάτω φερόμενοι ESC Dietz : καταφερόμενοι P Kühn ‖ 16 ante τὴν add. καὶ P Kühn ‖ 17 ῥηθεῖεν PSC : ῥηθέντες Or. ‖ 18 σμικροῖς SC Or. : μικροῖς P Kühn non uertit Ar. ‖ 19 ἀνατομικούς om. Or.

niveau de la fosse poplitée et qui a comme tête un ligament puissant et arrondi[1], lequel prend son origine sur le condyle extérieur du fémur. **23** Ce muscle descend vers l'os de la jambe, de façon plutôt oblique, à travers les parties postérieures, en s'appuyant sur l'articulation qu'il a la faculté de fléchir.

XXXII. Les muscles de la jambe qui donnent le mouvement à l'ensemble du pied et à ses doigts[2]

1 Quatorze muscles se trouvent en cercle autour de la jambe, sept à la partie postérieure et sept à la partie antérieure. J'explique dans mes *Pratiques anatomiques* la raison pour laquelle ceux qui passent pour les plus scrupuleux dans un tel sujet estiment qu'ils sont au nombre de huit. **2** Parmi les muscles situés en arrière de la jambe, il y en a trois qui se terminent à l'os du talon[3], trois qui fléchissent les doigts et l'articulation de tout le pied[4] ; le septième qui se termine en tendon adhère en s'aplatissant à toute la partie sans poils et chair du pied[5]. **3** Parmi les

1. D'une manière erronée Daremberg traduit : « un ligament arrondi à la tête vigoureuse ».
2. *Pratiques anatomiques* III, 7.
3. Jumeaux et soléaire.
4. Long fléchisseur divisé en deux et tibial postérieur.
5. Plantaire grêle.

τις ἄλλος μῦς ἐγκατακέκρυπται τῇ διαρθρώσει κατ' αὐτὴν τὴν ἰγνύαν σύνδεσμον ἔχων τὴν κεφαλὴν ἰσχυρὸν καὶ στρογγύλον ἐκπεφυκότα κατὰ τὸν ἔξω κόνδυλον τοῦ μηροῦ. 23 Καθήκει δ' οὗτος εἰς τὸ τῆς κνήμης ὀστοῦν λοξός πως μᾶλλον διὰ τῶν ὀπίσω μερῶν ἐποχούμενος τῇ διαρθρώσει κάμπτειν αὐτὴν πεφυκώς.

XXXII. Περὶ τῶν κατὰ τὴν κνήμην μυῶν ὑφ' ὧν ὅ τε πoὺς ὅλος καὶ οἱ δάκτυλοι κινοῦνται

**1 Τετταρεσκαίδεκα μύες ἐν κύκλῳ περίκεινται τῇ κνήμῃ, ἑπτὰ μὲν ἐκ τῶν ὀπίσω μερῶν, ἑπτὰ δ' ἐκ τῶν πρόσω. διὰ τί δ' ὀκτὼ νομίζουσιν αὐτοὺς ὑπάρχειν οἱ
93 μάλιστα ἀκριβῶσαι τὰ τοιαῦτα δόξαντες ἐν ταῖς ἀνατομικαῖς ἐγχειρήσεσι λέγεται. 2 Τῶν μὲν οὖν ὀπίσω τῆς κνήμης τεταγμένων μυῶν οἱ τρεῖς μὲν εἰς τὸ τῆς
1015 πτέρνης ὀστοῦν τελευτῶσιν, οἱ δὲ | τρεῖς τοὺς δακτύλους κάμπτουσι καὶ τὴν διάρθρωσιν ὅλου τοῦ ποδός, ὁ δ' ἕβδομος εἰς τένοντα τελευτήσας ὑποφύεται τῷ ψιλῷ καὶ ἀσάρκῳ τοῦ ποδὸς ἅπαντι πλατυνόμενος. 3 Τῶν**

TEST. : 13 τῶν μὲν — 18 πλατυνόμενος ORIB., *Coll.* XXV, 54-55 (Raeder, 81, 32-36). — 1 μῦς — 6 πεφυκώς E. — 9 τετταρεσκαίδεκα — 11 πρόσω E. — 13 τῶν — 198,3 αὐτοῖς E. — Cap. XXXI Summ. p. 100,5 Sezgin. — Cap. XXXII Summ. p. 101,15 Sezgin.

Deficit A

---

1 ante τις add. ἄλλος SC. ‖ ἐγκατακέκρυπται P Or. : συγκατακρύπτεται SC ‖ 2 ἰγνύαν P Or. Kühn : ἰγνὺν SC Dietz ‖ 2-3 ἰσχυρὸν ESC Or. Dietz : ἰσχυρὰν P Kühn ‖ 6 πεφυκώς codd. : ἐκπεφυκώς Or. (corrigendus) ‖ 7 μυῶν om. P Kühn ‖ 9 τετταρεσκαίδεκα Garofalo : τεσσαρεσκαίδεκα codd. ‖ 11 ὑπάρχειν αὐτοὺς SC Dietz ‖ 12 ἀκριβῶσαι...δόξαντες SC : ἀκριβῶς...δοξάζοντες P Kühn om. E ‖ 13 οὖν om. SC ‖ 15 οἱ om. E ‖ 15-16 οἱ δὲ τρεῖς τοὺς δακτύλους κάμπτουσι om. SC ‖ 15 post τοὺς add. τε P.

muscles qui s'insèrent sur le talon, deux prennent leur origine sur la partie postérieure des têtes du fémur situées là, le troisième, placé au-dessous des précédents, a son origine sur l'os du péroné à son sommet même. Ce muscle demeure charnu jusqu'à son extrémité, descendant à l'os du talon par l'arrière, tandis que les deux, lorsqu'ils se soudent l'un à l'autre et dépassent ce qu'on appelle le mollet, produisent un tendon robuste et s'insèrent grâce lui sur l'extrémité du talon à la suite de l'insertion charnue susdite du muscle qui tire son origine du péroné. **4** Un autre muscle, le quatrième, a le même sommet que l'un des deux muscles susdits, celui qui tire son origine du condyle extérieur du fémur, mais il s'en sépare manifestement au niveau du mollet et se terminant en un tendon robuste[1] il s'étend d'abord en dessous de l'os du talon où il s'élargit, et ensuite, comme nous venons de le dire, en dessous de tout le pied. L'utilité de ce muscle consiste à rendre la partie qu'on appelle plante du pied immobile, tendue et dure et, de plus, à empêcher la croissance de poils et à la pourvoir d'une bonne sensibilité ;

1. Tendon d'Achille.

μὲν οὖν εἰς τὴν πτέρναν ἐμφυομένων οἱ δύο μὲν ἀπὸ τῶν ὀπίσω μερῶν ἐκπεφύκασι τῶν ἐνταῦθα τοῦ μηροῦ κεφαλῶν, ὁ τρίτος δ' ὑποκείμενος αὐτοῖς ἐκ τοῦ τῆς περόνης ὀστοῦ κατ' αὐτὴν τὴν κορυφήν· οὗτος μὲν οὖν σαρκώδης ἄχρι πέρατος μένει καθήκων ἐπὶ τὸ τῆς πτέρνης ὀστοῦν ὄπισθεν, οἱ δύο δ' ὅταν εἰς ταὐτὸν ἀλλήλοις ἀφίκωνται καὶ διεξέλθωσι τὴν καλουμένην γαστροκνημίαν τένοντα γεννήσαντες εὔρωστον ἐμφύονται δι' αὐτοῦ τῷ πέρατι τῆς πτέρνης ἐφεξῆς τῇ προειρημένῃ καταφύσει τῇ σαρκώδει τοῦ τῆς περόνης ἐκπεφυκότος μυός. 4 Ἄλλος δὲ τέταρτος μῦς τὴν αὐτὴν μὲν ἔχει κορυφὴν θατέρῳ τῶν προειρημένων μυῶν τῷ κατὰ τὸν ἔξω κόνδυλον ἐκφυομένῳ τοῦ μηροῦ, κατὰ δὲ τὴν
94 γαστροκνη|μίαν ἀποχωρίζεται σαφῶς αὐτοῦ καὶ τελευτήσας εἰς εὔρωστον τένοντα πρῶτον μὲν ὑποτείνεται τῷ
1016 τῆς πτέρνης | ὀστῷ κάτωθεν πλατυνθείς, ἔπειτα δ', ὡς εἶπον, ὅλῳ τῷ ποδί. τούτου μὲν οὖν ἡ χρεία δυσπερίτρεπτόν τε καὶ τεταμένον καὶ σκληρόν, ἔτι δὲ καὶ ψιλὸν τριχῶν εὐαίσθητόν τε κατασκευάσαι τὸ καλούμενον

TEST. : 15-16 τῷ τῆς πτέρνης — 199,2 πόδα Orib., *Coll.* XXV, 55 (Raeder, 81,36-82,2). — 197,13 τῶν — 3 αὐτοῖς E. — 6 ὅταν — 9 πτέρνης E. — 14-15 τελευτήσας — 18 τεταμένον E. — 19 τὸ — 199,1 πέλμα E. — Cap. XXXII Summ. p. 101,15 Sezgin.

Deficit A

2-3 τῶν…κεφαλῶν codd. : sing. Ar. ‖ 4 οὖν SC Dietz : δὴ P Kühn ‖ 5 ἐπὶ EP Kühn : εἰς SC Dietz ‖ 10 περόνης edd. : περώνης S Ar. : πτέρνης PC ‖ 12-13 τῷ…ἐκφυομένῳ Dietz Ar. *exoritur* Gad. : τῶν ἐκφυομένων S (errat Dietz) C τῶν ἐμφυομένων P τῷ…ἐμφυομένῳ Kühn ‖ 14 ante αὐτοῦ add. ἀπ' SC Dietz ‖ 15 εὔρωστον E : εὔρρωστον SC εὐρύτατον P Kühn ‖ 17 μὲν οὖν ESC : δὲ Or. μὲν P Kühn ‖ 18 ψιλὸν P Or. : ψιλῶν ESC.

l'utilité des muscles qui s'implantent sur le talon consiste à tirer en arrière la plante et avec elle le pied tout entier. **5** Parmi ces quatre muscles, deux sont à peu près égaux en épaisseur, ce sont ceux qui en se soudant produisent, comme il a été dit, le tendon qui s'insère sur le talon. **6** Le muscle dont l'insertion sur le talon est la plus élevée et la plus charnue représente presque la moitié de chacun de ces deux-là ; il est de couleur livide. Le muscle qui produit le tendon situé sous le pied représente environ le tiers par rapport à eux. **7** Des trois muscles restants situés en arrière, l'un qui adhère à l'os du péroné, — c'est aussi le plus grand —, se termine en un tendon robuste à mi-chemin entre l'os du talon et l'extrémité du tibia et se rend à la partie inférieure du pied. **8** Un second tendon est placé près de lui à cet endroit et se rend avec lui au

πέλμα. τῶν δ' εἰς τὴν πτέρναν ἐμβαλλόντων ἀπάγειν ὀπίσω μετ' αὐτῆς ὅλον τὸν πόδα. 5 Τούτων τῶν τεττάρων μυῶν οἱ δύο μὲν ἴσοι πώς εἰσι κατὰ τὸ πάχος, ἐξ ὧν συνιόντων ὁ καταφυόμενος εἰς τὴν πτέρναν ἐλέχθη γεννᾶσθαι τένων. 6 Ὁ δ' ὑψηλοτέραν τε καὶ σαρκοειδῆ τὴν εἰς αὐτὴν κατάφυσιν λαμβάνων ἥμισύ πως μέρος ἐστὶν ἑκατέρου τῶνδε, πελιδνὸς τὴν χρόαν· ὁ δὲ τὸν ὑποφυόμενον τῷ ποδὶ γεννῶν τένοντα τρίτον πως μέρος ἐστὶν αὐτῶν. 7 Τῶν δ' ὑπολοίπων τριῶν μυῶν τῶν ὄπισθεν, ὁ μὲν τῷ τῆς περόνης ὀστῷ παραφυόμενος [ἐκ τῶν ταύτης μερῶν], ὅστις καὶ μέγιστός ἐστιν, εἰς εὔρωστον
95 **τελευτήσας τένοντα μεταξὺ τοῦ τῆς πτέρ|νης ὀστοῦ καὶ τοῦ τῆς κνήμης πέρατος ἐπὶ τὰ κάτω τοῦ ποδὸς διεξέρχεται. 8 Παράκειται δ' αὐτῷ κατὰ τοῦτο καὶ συνδιεξέρχεται κάτω τοῦ ποδὸς ἕτερος τένων ἀπὸ μυὸς γεν-|**

TEST. : 198,15-16 τῷ τῆς πτέρνης — 2 πόδα Orib., *Coll.* XXV, 55 (Raeder, 81,36-82,2). — 9 τῶν δ' — 200,4 λιχανόν E. — Cap. XXXII Summ. p. 101,15 Sezgin.

Deficit A

---

1 πέλμα SC P marg. Or. : τέλμα EP || ἐμβαλλόντων SC Or. Ar. *infiguntur* Gad. : ἐκβαλλόντων P Kühn || 3 μυῶν οἱ om. P Kühn || ἴσοι P Ar. : εἴσω SC || 5 τένων γεννᾶσθαι SC Dietz || ὑψηλοτέραν τε καὶ non uertit Ar. || 6 λαμβάνων SC Dietz : λαχὼν P Kühn || μέρος πως SC Dietz || 7 ante τὴν add. ὢν P Kühn || 8 πως P Kühn : τι SC || 10 περόνης P Ar. : πτέρνης ESC || 10-11 ἐκ τῶν ταύτης μερῶν secl. Garofalo non uertit Ar. : ἐκ τῶν <ὀπίσω> ταύτης μερῶν Dietz || 11 ὅστις E : ὅσπερ τις S ὥσπερ τις C ὅσπερ P Kühn || 11 μέγιστος Garofalo Ar. sec. : μείζων EPS edd. μεῖζον C || post εὔρωστον add. πως P Kühn || 13 κάτω τοῦ ποδὸς P Or. : κατὰ τοῦ ποδὸς SC παρὰ τῶ τοῦ ποδὸς E || τοῦ ποδὸς non uertit Ar. || 15 μυὸς PE Ar. edd. : μικρὸς C μηρὸς S || 15 — 200,1 γεννώμενος Garofalo *genitus* Gad. : γενόμενος codd.

bas du pied, étant issu d'un muscle qui prend son origine du tibia[1]. Ces deux tendons s'insèrent dans les orteils. Le premier dans le médian et dans l'orteil à côté du médian, le second dans le petit et dans ce qui correspond à l'index. **9** Le gros orteil, lui seul, reçoit un prolongement de tous les deux, car ce ne sont pas deux tendons qui s'implantent en lui, mais un seul, issu de deux. Parfois cela advient aussi à l'orteil médian. **10** Un autre tendon qui prend son origine d'un autre muscle[2] descendant au milieu des muscles mentionnés, après être arrivé près du talon, s'en éloigne, tout seul, vers l'avant, en s'appuyant sur une région légèrement creuse dans l'épiphyse inférieure du tibia, ensuite il change encore de direction vers le bas du pied, précisément vers le tarse, et s'insère en s'élargissant plutôt vers la partie du gros orteil : il met en légère rotation le pied en arrière et en dedans, de même que les tendons qui s'implantent sur le talon déplaçaient le pied en arrière et au dehors[3]. **11** Ce muscle pourrait passer pour une partie du muscle précédent, qui, je l'ai dit, s'insère dans le petit orteil et dans ce qui correspond à l'index[4]. Une petite partie du tendon susdit s'insère sur la première phalange du gros orteil, et réalise une exten-

1. Long fléchisseur du gros orteil.
2. Tibial postérieur.
3. Voir *supra*, p. 199, l. 1 sq. N'est mentionné toutefois que le mouvement en arrière.
4. Long fléchisseur des orteils.

1017 νώμενος ἐκ τῆς κνήμης ἐκπεφυκότος· οὗτοι μὲν οὖν οἱ δύο τένοντες εἰς τοὺς δακτύλους ἐμφύονται τοῦ ποδὸς ὁ μὲν πρότερος εἴς τε τὸν μέσον καὶ τὸν παράμεσον, ὁ δὲ δεύτερος εἴς τε τὸν μικρὸν καὶ τὸν οἷον λιχανόν. **9** Ὁ γὰρ μέγας δάκτυλος μόνος τῶν ἄλλων παρ' ἀμφοτέρων ἀπόφυσιν λαμβάνει οὐ δυοῖν τενόντων εἰς αὐτὸν ἐμβαλλόντων, ἀλλ' ἑνὸς ἐξ ἀμφοῖν γεννηθέντος. ἐνίοτε δὲ τοῦτο καὶ τῷ μέσῳ συμβαίνει δακτύλῳ. **10** Ἄλλος δέ τις τένων ἐξ ἑτέρου μυὸς μέσου τῶν εἰρημένων καταφερομένου τὴν ἔκφυσιν ἔχων μετὰ τὸ πλησίον ἀφικέσθαι τῆς πτέρνης ἀποχωρεῖ μόνος ἐπὶ τὰ πρόσω κατά τινος χώρας ἠρέμα κοίλης ἐστηριγμένος ἐν τῇ τῆς κνήμης ἐπιφύσει κάτωθεν, εἶτα ἐντεῦθεν ἐπιστρεφόμενος αὖθις εἰς τὰ κάτω τοῦ ποδὸς κατ' αὐτὸν μάλιστα τὸν ταρσὸν ἐμφύεται πλατυνόμενος ὡς πρὸς τὰ τοῦ μεγάλου δακ-
96 τύλου | μέρη μᾶλλον, ὀπίσω τε ἅμα καὶ πρὸς τοὐντὸς ἐπιστρέφων ἠρέμα τὸν πόδα, καθάπερ οἱ εἰς τὴν πτέρναν ἐμβάλλοντες ὀπίσω τε ἅμα καὶ πρὸς τοὐκτὸς ἀπῆγον τὸν πόδα. **11** Καὶ δόξειεν ἂν ὁ μῦς οὗτος μέρος εἶναι τοῦ προειρημένου μυός, ὃν εἴς τε τὸν μικρὸν δάκ-
1018 τυλον καὶ τὸν οἷον λιχανὸν ἔλεγον ἐμφύεσθαι· | μέρος μικρὸν τοῦ προειρημένου τένοντος εἰς τὴν πρώτην ἐμφύεται τοῦ μεγάλου δακτύλου φάλαγγα λοξὴν ἔκτα-

TEST. : 199,1 τῶν δ' — 4 λιχανόν E. — 9 τένων — 201,1 αὐτοῦ E. — Cap. XXXII Summ. p. 101,15 Sezgin.

Deficit A

3 πρότερος P : πρῶτος SC πέμπτος E || 6 αὐτὸν P : ταὐτὸ C αὐτὸ S || 6-7 οὐ δυοῖν — ἀλλ' non uertit Ar. || 12 κοίλης ESC : κοῖλος P Kühn *cauo* Gad. || ἐστηριγμένος P Ar. : ἐστηριγμένης ESC || 14 τὰ PE edd. : τὸ SC || 16 τοὐντὸς Garofalo : τὰ ἐντὸς ESC Dietz τοὐκτὸς P Kühn Gad. || 22 πρώτην ESC Dietz : προειρημένην P Kühn et Gad.

sion légèrement oblique en dehors de cet orteil. **12** Les origines supérieures sont les suivantes. L'origine du muscle qui atteint les deux orteils médians[1] est sur tout l'os du péroné, en longueur, de la partie supérieure de son sommet jusqu'à son extrémité en bas. **13** Le troisième des muscles qui s'insèrent sur le talon a son commencement situé à côté et au-dessus de l'origine de ce muscle-là, plutôt en arrière et en dedans. **14** Car ce muscle-là prend son origine plutôt à la partie extérieure du tibia. Le commencement de l'autre muscle qui fléchit le petit orteil et ce qui correspond à l'index[2], est sur la partie postérieure du tibia, au-dessous de sa tête. Ce muscle fait environ la moitié, en épaisseur, du muscle qui fléchit les orteils médians[3]. **15** Le troisième muscle[4], qu'on considère comme une partie du précédent, qui se dirige vers le tarse du pied, et qui ne peut pas être vu avant que ces muscles-là soient sectionnés, occupe la région entre tibia et péroné, en adhérant le long des deux os de haut en bas en longueur. **16** Son sommet est situé à la tête du tibia, là où cet os rencontre le péroné, et le ten-

1. Long fléchisseur du gros orteil.
2. Long fléchisseur des orteils.
3. Long fléchisseur du gros orteil.
4. Tibial postérieur. Galien reprend des indications déjà données auparavant (voir *supra*, p. 200, l. 12 sqq.) avant de parler de son origine.

**σιν ἀτρέμα πρὸς τοὐκτὸς ἐργαζόμενον αὐτῷ. 12 Αἱ δ᾽
ἄνωθεν ἐκφύσεις ὧδε ἔχουσι. τοῦ μὲν εἰς τοὺς δύο
μέσους ἀφικνουμένου δακτύλους ἡ ἔκφυσις ἐκ τοῦ τῆς
περόνης ἐστὶν ὀστοῦ κατὰ μῆκος ὅλης ἐκ τῶν ἄνω
μερῶν [ἀπὸ] τῆς ἄνωθεν κορυφῆς ἄχρι τοῦ κάτω πέρα-
τος. 13 Καὶ ἔστιν ἡ τοῦ τρίτου τῶν εἰς τὴν πτέρναν
ἐμφυομένων μυῶν ἀρχὴ παρακειμένη τε καὶ ὑπερκει-
μένη τούτου κατὰ τὸ ὄπισθέν τε καὶ ἔνδον μᾶλλον·
14 Οὗτος γὰρ τὴν ἔκφυσιν ἔχει κατὰ τὰ ἔξω μᾶλλον τῆς
κνήμης. ἡ δὲ θατέρου μυὸς ἀρχὴ τοῦ τὸν μικρόν τε καὶ
οἷον λιχανὸν κάμπτοντος ἐκ τῶν ὀπίσω τῆς κνήμης
μερῶν ἐστι μετὰ τὴν κεφαλήν· ἔστι δὲ τῷ πάχει σχεδὸν
97 ἥμισυς ὁ μῦς οὗτος τοῦ | τοὺς μέσους δακτύλους
κάμπτοντος. 15 Ὁ δὲ τρίτος μῦς ὁ τούτου μέρος νομι-
ζόμενος, ὁ εἰς τὸν ταρσὸν ἐμβάλλων τοῦ ποδὸς οὐ
δύναται μὲν ὀφθῆναι πρὶν τούτους ἀνατμηθῆναι, κατεί-
ληφε δὲ τὴν μεταξὺ χώραν κνήμης τε καὶ περόνης
ἀμφοτέροις τοῖς ὀστοῖς παραφυόμενος ἄνωθεν κάτω |
1019 κατὰ μῆκος. 16 Ἔστι δ᾽ αὐτοῦ καὶ ἡ κορυφὴ κατὰ τὴν
κεφαλὴν τῆς κνήμης, ἔνθα συμβάλλει τῇ περόνῃ, καὶ ὁ**

TEST. : 200,9 τένων — 1 αὐτοῦ E. — Cap. XXXII Summ. p. 101,15 Sezgin.

Deficit A

---

1 αὐτῷ ESC : αὐτοῦ P ‖ 3 δακτύλους Garofalo : δακτύλου P Kühn : δακτύλους post δύο trai. SC Dietz ‖ 4 περόνης SC Ar. Dietz *e surae osse* Gad. : πτέρνης P Kühn ‖ 5 ἀπὸ secl. Garofalo Ar. sec. ‖ 7 ἀρχὴ μυῶν S Dietz ‖ 8 ὄπισθεν P Kühn : ὀπίσω SC τὰ ὀπίσω Dietz ‖ 8 ὄπισθεν — 9 κατὰ τὰ non uertit Ar. ‖ 9 οὗτος P : αὐτὸς SC ‖ 9-10 τῆς κνήμης Garofalo Ar. sec. : τοῦ σκέλους codd. edd. Roselli ‖ 12 μετὰ PSC : κατὰ Kühn ‖ 16 δύναται μὲν SC : δυνάμενος P Kühn ‖ 17 δὲ om. P Kühn ‖ 18 παραφυόμενος P Ar. : ἀναφυόμενος SC ‖ 19 ante μῆκος add. τὸ P Kühn ‖ 20 ἔνθα SC Ar. Dietz : ἐν P εἶ Kühn *qua* Gad.

don issu de lui est visible avant les chevilles ; à cet endroit, les muscles sont serrés par un ligament transversal robuste qui relie le talon au tibia. **17** Telle est la disposition des muscles de la partie postérieure de la jambe. Quant aux muscles de la partie antérieure, pour ce qui est de leurs origines premières qui sont unies, certains anatomistes les ont considérés non sans raison comme étant au nombre de trois ; mais il est préférable de les compter pour sept, ainsi que je le montre dans mes *Pratiques anatomiques*[1]. **18** Le muscle qui relève tout le pied et s'implante sur le tarse[2], et qui est le plus grand des muscles antérieurs, commence à la partie extérieure du tibia, à même la tête, et adhère au tibia entier dans sa longueur. **19** Le muscle placé à côté, et qu'on considère comme une partie du précédent, a la même origine que le premier muscle, mais pour le reste s'appuie extérieurement sur le muscle susdit, sans jamais toucher le tibia[3]. **20** Ce muscle

1. Cf. *Pratiques anatomiques,* II, 7. Mais on ne trouve aucune discussion sur le nombre des muscles. Le chiffre de sept a déjà été indiqué au début du développement sur les muscles de la jambe (c. 32,1, *supra*, p. 197, l. 10).
2. Tibial antérieur.
3. Long abducteur du gros orteil.

ἀπὸ τούτου φυόμενος τένων σαφὴς ὑπάρχει καὶ πρὸ τῶν σφυρῶν· ἐνταῦθα μέν τοι σφίγγονται δι᾽ ἐγκαρσίου συνδέσμου ῥωμαλέου συνδοῦντος τὴν πτέρναν τῇ κνήμῃ. 17 Οἱ μὲν οὖν ὄπισθεν μύες τῆς κνήμης οὕτως ἔχουσιν, οἱ δ᾽ ἔμπροσθεν ὅσον μὲν ἐπὶ ταῖς πρώταις ἐκφύσεσι συνημμέναις εἰκότως τρεῖς ἐνομίσθησαν ἐνίοις τῶν ἀνατομικῶν· ἄμεινον δ᾽ αὐτοὺς ἑπτὰ τίθεσθαι, καθάπερ ἀποδείκνυται διὰ τῶν ἀνατομικῶν ἐγχειρήσεων. 18 Ὁ μὲν οὖν ἀνατείνων ὅλον τὸν πόδα καὶ καταφυόμενος εἰς τὸν ταρσόν, ὅσπερ καὶ μέγιστός ἐστι τῶν προσθίων μυῶν, ἄρχεται μὲν ἐκ τῶν ἔξω μερῶν τῆς κνήμης ἀπ᾽ αὐτῆς τῆς κεφαλῆς, ὅλῃ δ᾽ αὐτῇ κατὰ μῆκος παραφύε-
98 **ται. 19 Ὁ δὲ παρακείμενος αὐτῷ | καὶ μέρος αὐτοῦ νομιζόμενος εἶναι τὴν μὲν αὐτὴν ἔκφυσιν πεποίηται τῷ προτέρῳ, τῷ δ᾽ ἄλλῳ παντὶ κατὰ τοῦ προειρημένου μυὸς ἔξωθεν ἐπιβέβληται, μὴ καθαπτόμενος μηδαμόθι**
1020 **τῆς κνήμης. 20 Οὗτος ὁ μῦς εἰς | τὸ πρῶτον ὀστοῦν**

TEST. : 4 οἱ μὲν — 4-5 ἔχουσιν ORIB., *Coll.* XXV, 55 (Raeder, 82,2-3). — 8-9 ὁ μὲν — 11 μυῶν ORIB., *Coll.* XXV, 55 (Raeder, 82,3-5). — 13 ὁ δὲ — 14 εἶναι ORIB., *Coll.* XXV, 55 (Raeder, 82,5-6). — 17 εἰς — 203,12 ἐκτείνων ORIB., *Coll.* XXV, 55 (Raeder, 82,6-15). — 4 οἱ μὲν — 5 ἔμπροσθεν E. — 8-9 ὁ μὲν — 12-13 παραφύεται E. — 14 τὴν μὲν — 203,4 ἐκτείνεται E. — Cap. XXXII Summ. p. 101,15 Sezgin.

Deficit A

---

1 ἀπὸ τούτου φυόμενος Garofalo : ἀπὸ τοῦτον φυόμενος SC ἀπὸ τούτων φυόμενος Dietz ἀποφυόμενος P Kühn ‖ καὶ non uertit Ar. ‖ 2 τοι om. P Kühn ‖ 3 συνδοῦντος SC : συνδέοντος P Kühn ‖ 4 μύες τῆς κνήμης EP Kühn : τῆς κνήμης μύες SC Dietz ‖ 6 συνημμέναις C : συνημμένοι S Dietz συνίημεν ἂν P Kühn ‖ 8 ἀποδείκνυται SC Dietz : ἀποδείκνυνται P Kühn ‖ 12-13 παραφύεται ESC Ar. Dietz : περιφύεται P Kühn ‖ 16 μὴ καθαπτόμενος P Kühn : μηκέτι ἁπτόμενος ESC Dietz ‖ μηδαμόθι ESC Dietz : μηδαμόθ᾽ P μηδαμόθεν Kühn.

s'insère sur le premier os du gros orteil, le relève dans une direction légèrement oblique. **21** À la suite de ces muscles, il y a une aponévrose qui s'implante sur toute la longueur du gros orteil, que cette aponévrose met en extension. Le muscle de cette aponévrose, assez menu, prend son origine dans la région située entre le tibia et le péroné, et a ses attaches sur les deux os. **22** Lorsqu'il est dans le voisinage du gros orteil, il traverse un ligament qui a la même utilité que celle des anneaux des chars par lesquels on fait passer les rênes[1]. On pourrait aussi regarder ces trois muscles comme un seul. **23** Le muscle suivant, qui donne l'extension aux doigts, commence à la tête du péroné là où ce dernier est en contact avec le tibia, et il adhère au péroné ; il est long ; il occupe le milieu de tous les muscles antérieurs[2]. Le point de départ supérieur de ce muscle est le ligament qui prend son origine de la partie extérieure du tibia, exactement à côté de la tête même du péroné. **24** Après ce muscle-là, il y en a trois autres qui prennent leur origine sur l'os du péroné : l'un

1. Même comparaison dans les *Pratiques anatomiques*, II, 8, Kühn II, 321 ; Garofalo p. 113,1-2.

2. Long extenseur commun des orteils.

ἐμφύεται τοῦ μεγάλου δακτύλου ἀνατείνων αὐτὸν ἀτρέμα λοξόν. **21** Ἐφεξῆς δὲ τούτων ἐστὶν ἀπονεύρωσις εἰς ὅλον τὸν μέγαν δάκτυλον ἐμβάλλουσα κατὰ μῆκος, ὑφ' ἧς ἐκτείνεται, ποιεῖται δὲ τὴν ἔκφυσιν ὁ τῆς ἀπονευρώσεως ταύτης μῦς, ἰσχνὸς ὢν ἱκανῶς, ἐκ τῆς μεταξὺ χώρας κνήμης τε καὶ περόνης ἀμφοτέρων ἀντιλαμβανόμενος τῶν ὀστῶν. **22** Ὅταν δ' ἐγγὺς ᾖ τῷ μεγάλῳ δακτύλῳ σύνδεσμόν τινα διεξέρχεται τοιαύτην ἔχοντα χρείαν, οἵαν ἐπὶ τῶν ἁρμάτων οἱ κυκλίσκοι, δι' ὧν τὰς ἡνίας διεκβάλλουσι, καὶ δύναιτ' ἄν τις τοὺς τρεῖς μῦς τούτους ἕνα νομίζειν. **23** Ὁ δὲ μετ' αὐτόν, ὁ τοὺς δακτύλους ἐκτείνων, ἄρχεταί τε ἀπὸ τῆς κεφαλῆς τῆς περόνης καθὰ συνάπτεται τῇ κνήμῃ καὶ συμπαραπέφυκεν αὐτῇ μακρὸς ἁπάντων μέσος κείμενος
99 τῶν ἔμπροσθεν μυῶν, | ἡ δ' ἄνωθεν ἔκφυσις ἡ πρώτη τοῦ μυὸς τούτου σύνδεσμός ἐστιν ἐκ τῶν ἔξω μερῶν τῆς κνήμης ἐκπεφυκὼς παρ' αὐτὴν ἀκριβῶς τὴν κεφαλὴν τῆς περόνης. **24** Μετὰ δὲ τοῦτον τρεῖς ἄλλοι μύες εἰσὶν ἐκ τοῦ τῆς περόνης ὀστοῦ τὴν ἔκφυσιν ἔχοντες· εἷς μὲν
1021 τὸν μέγαν δάκτυλον κάμπτων | τοῦ ποδός, ἕτερος

TEST. : 202,17 εἰς — 12 ἐκτείνων Orib., *Coll.* XXV, 55 (Raeder, 82,6-15). — 14 ἁπάντων — 15 μυῶν Orib., *Coll.* XXV, 55 (Raeder, 82, 15-16). — 18 μετὰ — 204,2 πόδα Orib., *Coll.* XXV, 55 (Raeder, 82,16-19). — 202,14 τὴν μὲν — 4 ἐκτείνεται E. — 10 δύναιτ' — 15 ἔμπροσθεν E. — 18 τρεῖς — 204,9 δακτύλου E. — Cap. XXXII Summ. p. 101,15 Sezgin.

Deficit A

---

11 μῦς P Kühn : μῦας SC Dietz || 12 ἄρχεταί τε P Kühn : ἄρχεται SC Dietz : ἄρχεται μὲν E || 13-14 συμπαραπέφυκεν Garofalo Ar. sec. : συμπαραφέρεται E συμπάση παραφέρεται SC edd. συμπάση παραπέφυκεν P || 14 ἁπάντων ESC Dietz : πάντων P Kühn || 16 ἔξω SC Dietz Ar. : δεξιῶν P Kühn || 18 τοῦτον SC Ar. : τούτους P Or. Kühn.

fléchit le gros orteil, le second, qui est mince, met le petit doigt en abduction ; le troisième relève le pied tout entier. **25** Le muscle mentionné en premier[1] prend son origine de la tête même du péroné et s'étend superficiellement sous la peau ; de là, il parvient à la région du pied avant le petit doigt en contournant du côté extérieur l'astragale, où il se termine en un tendon arrondi qui traverse le bas du pied et parvient à la première articulation du gros orteil. **26** Là où se termine l'origine de ce muscle, se situe la tête du second des muscles mentionnés, et très tôt après son commencement, ce muscle, qui est tout entier menu, se termine en un tendon arrondi. **27** À la suite de ces muscles il y a à peu près le milieu du péroné, d'où le troisième muscle, celui qui rend le pied concave, prend son origine ; ce muscle descend sur la partie extérieure, du côté de la cheville et de l'astragale, et se termine en un tendon unique qui s'implante sur l'os placé avant le petit doigt. **28** Ce tendon[2] bifurque à son origine en deux parties généralement inégales, et le muscle qui met le petit

1. Péronier antérieur.

2. La coupe opérée par Oribase fait croire qu'il s'agit ici du muscle et non du tendon, et c'est dans ce sens que Daremberg traduit (p. 479).

δ' ἰσχνὸς τὸν μικρὸν ἐκτὸς ἀπάγων, ὁ δὲ τρίτος ἀνατείνων ὅλον τὸν πόδα. **25** Τὴν δ' ἔκφυσιν ὁ μὲν πρῶτος ῥηθεὶς ἐξ αὐτῆς τῆς κεφαλῆς ἔχει τῆς περόνης ἐπιπολῆς ὑπὸ τῷ δέρματι τεταμένος· ἀφικνεῖται δ' ἐντεῦθεν ὡς ἐπὶ τὴν πρὸ τοῦ μικροῦ δακτύλου χώραν τοῦ ποδὸς παρερχόμενος ἐκ τῶν ἔξω μερῶν τὸν ἀστράγαλον, ἵνα περ καὶ τελευτήσας εἰς τένοντα στρογγύλον διὰ τῶν κάτω μερῶν τοῦ ποδὸς ἐπὶ τὸ πρῶτον ἄρθρον ἀφικνεῖται τοῦ μεγάλου δακτύλου. **26** Ἔνθα δ' ἡ τούτου τοῦ μυὸς ἔκφυσις παύεται, τοῦ δευτέρου τῶν εἰρημένων μυῶν ἐστιν ἡ κεφαλὴ καὶ οὐ μετὰ πολύ γε τῆς ἀρχῆς ὁ μῦς οὗτος εἰς τένοντα τελευτᾷ στρογγύλον, ἰσχνὸς ὑπάρχων ὅλος. **27** Ἐφεξῆς δ' αὐτῶν σχεδὸν ἤδη πλησίον
100 ἐστὶ τὸ μέσον τῆς περόνης, ὅθεν ὁ | τρίτος ἐκφύεται μῦς ὁ σιμῶν τὸν πόδα, καθήκει δὲ καὶ οὗτος ἐπὶ τὰ ἐκτὸς μέρη τὰ παρὰ τὸν σφυρὸν καὶ τὸν ἀστράγαλον εἰς τένοντα τελευτῶν ἕνα καταφυόμενον εἰς τὸ προτεταγμένον ὀστοῦν τοῦ μικροῦ δακτύλου. **28** Δισχιδὴς δ' οὗτος κατὰ τὴν ἔκφυσιν γίνεται τοὐπίπαν ἀνίσοις

TEST : 203,18 μετὰ — 2 πόδα ORIB., *Coll.* XXV, 55 (Raeder, 82,16-19). — 13 ἐφεξῆς — 15 πόδα ORIB., *Coll.* XXV, 55 (Raeder, 82,19-21). — 18 δισχιδὴς — 205,3-4 ἐκφύσεως ORIB., *Coll.* XXV, 55 (Raeder, 82,21-24). — 203,18 τρεῖς — 9 δακτύλου E. — 14 ὁ τρίτος — 17 ἕνα E. — Cap. XXXII Summ. p. 101,15 Sezgin.

Deficit A

3-4 ἐπιπολῆς EP : ἐπιπολαί(ως) C ἐπιπολαίας S ‖ 4 ὑπὸ Garofalo Ar. sec. : δυπω E : ἐπὶ P Kühn om. SC ‖ τεταμένος PS : τεταγμένος E τεταμμένος C ‖ 6 παρερχόμενος ESC : παρεχόμενος P Gad. ‖ 9 δ' ἡ SC Dietz : δὴ P Kühn ‖ 11 γε om. P edd. ‖ 13 ἤδη σχεδὸν SC ‖ 15 σιμῶν PC Or. Ar. Dietz : σίμων S σείων P marg. Kühn om. E ‖ δὲ καὶ P : τε καὶ Kühn τε SC ‖ 17-18 προτεταγμένον P Ar. : προτεταμένον SC -μ- supra lineam C om. E ‖ 18 δ' om. SC ‖ 19 γίνεται P Or. : γενόμενος SC.

doigt en abduction le traverse au milieu. Ces trois muscles ont été considérés comme un seul par certains à cause de la communauté de leur première origine. **29** Le plus grand et le plus épais de ces sept muscles est celui que j'ai nommé en premier. Le second et le cinquième sont à peu près égaux : ils descendent tous les deux sur le commencement du premier os du gros orteil, le second en venant des parties supérieure et intérieure du pied, le cinquième des parties inférieures. **30** Après les muscles susdits viennent le muscle placé au milieu de tous, qui met les orteils en extension, et le muscle nommé en dernier, qui met en mouvement l'articulation tout entière. Ils sont à peu près égaux en épaisseur, mais pas égaux en longueur, car le muscle extenseur des orteils est plus long. **31** Les deux muscles restants, qui sont petits, celui que j'ai mentionné en troisième, qui d'en haut aboutit sur tout le gros orteil, et le sixième qui aboutit au petit doigt de dehors, ne sont pas, eux non plus, égaux en épaisseur, mais le muscle qui descend sur le gros orteil est trois ou quatre fois plus épais. En effet le muscle qui descend sur le petit doigt est vraiment menu. Quant à la longueur, il se trouve qu'ils sont à peu près égaux. **32** Pour tous ces muscles, même si les anatomistes ont négligé certaines

μέρεσι καὶ διεξέρχεταί γε αὐτὸν μέσος ὁ τὸν μικρὸν
1022 δάκτυλον ἐκτὸς ἀπάγων· οἱ τρεῖς | οὗτοι μύες εἷς ἐνο-
μίσθησαν ἐνίοις διὰ τὴν κοινωνίαν τῆς πρώτης ἐκφύ-
σεως. **29** Τούτων τῶν ἑπτὰ μυῶν μέγιστος μέν ἐστι καὶ
παχύτατος ὁ πρῶτος εἰρημένος. ἴσοι δέ πως ἀλλήλοις
ὅ τε δεύτερος καὶ ὁ πέμπτος ἄμφω καθήκοντες εἰς τὴν
ἀρχὴν τοῦ πρώτου κατὰ τὸν μέγαν δάκτυλον ὀστοῦ· ὁ
μὲν δεύτερος ἐκ τῶν ἄνωθέν τε καὶ ἔσωθεν τοῦ ποδός, ὁ
δὲ πέμπτος ἐκ τῶν ὑποκάτω μερῶν. **30** Μετὰ δὲ τοὺς εἰρη-
μένους ὅ τε μέσος ἁπάντων ὁ τοὺς δακτύλους ἐκτεί-
νων καὶ ὁ ὕστατος εἰρημένος ὁ τὴν διάρθρωσιν ὅλην
κινῶν ἴσοι μέν πώς εἰσι τὸ πάχος, οὐκ ἴσοι δὲ τὸ μῆκος,
ἀλλ᾽ ὁ τοὺς δακτύλους ἐκτείνων μακρότερος. **31** Οἱ
λοιποὶ δὲ δύο μύες οἱ μικροί, ὅ τε τρίτος εἰρημένος ὁ
ἐπὶ τὸν μέγαν δάκτυλον ὅλον καθήκων ἄνωθεν καὶ ὁ
ἕκτος ἐπὶ τὸν μικρὸν ἔξωθεν, οὐδ᾽ αὐτοὶ κατὰ τὸ πάχος
ἀλλήλοις ὑπάρχουσιν ἴσοι· ἀλλ᾽ ἔστιν ὁ ἐπὶ τὸν μέγαν
101 καθή|κων δάκτυλον τριπλάσιος καὶ τετραπλάσιος τὸ
πάχος· πάνυ γὰρ ἰσχνός ἐστιν ὁ ἐπὶ τὸν μικρὸν
καθήκων δάκτυλον, τῷ μήκει δ᾽ ἴσοι ἀλλήλοις πως
1023 τυγχάνουσιν ὄντες. **32** Ἐν τού|τοις μὲν οὖν πᾶσι τοῖς

TEST. : 204,18 δισχιδὴς — 3-4 ἐκφύσεως Orib., *Coll.* XXV, 55 (Raeder, 82, 21-24). — 2 οὗτοι — 6 πέμπτος E. — 13 ὁ τοὺς — 206,15 διάρθρωσιν E. — Cap. XXXII Summ. p. 101,15 Sezgin.

Deficit A

1 αὐτὸν P Or. : αὐτῶν SC || 2 μύες οὗτοι Or. || 6 τε om. P Kühn || 8 ἔσωθεν P Ar. : ἔξωθεν SC || 9-10 τοὺς εἰρημένους P Ar. : τῶν εἰρημένων SC || 11-12 ὅλην κινῶν ESC Dietz : κινῶν ὅλην P Kühn || 14 οἱ μικροί SC Dietz : οἱ μακροί E ὁ μικρὸς P Kühn || ὁ alt. om. P Kühn 15 δάκτυλον post καθήκων trai. SC || 16 οὐδ᾽ αὐτοὶ EP : οὐδὲ δὲ οὗτοι S οὐδὲν δὲ οὗτοι C || 17 ἀλλήλοις SC : αὐτοῖς P Kühn ἴσοι ἀλλήλοις E || 20 πῶς ἀλλήλοις SC.

choses et ont dit faux parce qu'ils ont vu mal ; il n'existe pas toutefois de muscle qu'ils aient omis entièrement. **33** Je ne comprends pas cependant comment tous ont négligé un muscle dans la fosse poplitée[1], court, il est vrai, mais non sans robustesse, surtout à sa tête, qui consiste en un ligament très puissant prenant son origine sur le condyle extérieur du fémur. **34** Ce muscle est caché par l'articulation elle-même et par le ligament qui s'étend extérieurement du fémur au tibia. Ce muscle est légèrement oblique, et, pour cela, ne réalise pas une flexion parfaitement droite de la jambe, mais légèrement inclinée vers le dehors. **35** Comptons donc ce muscle comme quinzième muscle de la jambe, alors qu'il a été déjà mentionné comme dernier parmi les muscles qui mettent en mouvement l'articulation du genou.

XXXIII. Les muscles du pied[2]

1 Pour la main, il existe seulement deux classes de muscles, l'une et l'autre placées à son intérieur. Ce n'est

1 Poplité ; voir *supra*, p. 190.

2 *Pratiques anatomiques* Kühn II, 326 ; Garofalo p. 117,24-119,22 ; *Proc.* p. 239 sq.

μυσίν, εἰ καὶ παραλέλειπταί τι τοῖς ἀνατομικοῖς ἀνδράσι καὶ ψεῦδος εἴρηταί τι παρεωραμένον, ἀλλ᾽ οὐ τί γε μῦς ὅλως ὑπ᾽ αὐτῶν παρῶπται. 33 Τὸν δὲ κατὰ τὴν ἰγνύαν μῦν οὐκ οἶδ᾽ ὅπως ἅπαντες παρέλιπον ὄντα μὲν τῷ μήκει βραχύν, οὐ μὴν ἄρρωστόν γε καὶ μάλιστα κατὰ τὴν κεφαλήν, ἥτις ἐστὶ σύνδεσμος ἰσχυρότατος ἐκφυόμενος τοῦ ἔξω κονδύλου τοῦ μηροῦ. 34 Κατακρύπτει δ᾽ αὐτὸν ἥ τε διάρθρωσις αὐτὴ καὶ ὁ σύνδεσμος ὁ παρατεταμένος ἔξωθεν ἐκ τοῦ μηροῦ καθήκων εἰς τὴν κνήμην· ἔστι δ᾽ ἀτρέμα πως λοξὸς ὁ μῦς οὗτος· καὶ διὰ τοῦτο καὶ τὴν τῆς κνήμης κάμψιν οὐκ ἀκριβῶς εὐθεῖαν, ἀλλ᾽ ἐκκλίνουσαν ἠρέμα πρὸς τοὐκτὸς ἐργάζεται.
102 35 Πεντεκαιδέκατος οὖν ἡμῖν ἀριθ|μείσθω ὁ μῦς οὗτος τῶν κατὰ τὴν κνήμην, ἔσχατος εἰρημένος ἐν τοῖς κινοῦσι τὴν κατὰ γόνυ διάρθρωσιν.

XXXIII. Περὶ τῶν ἐν τῷ ποδὶ μυῶν

1 Οὐχ ὥσπερ ἐν ἄκρᾳ τῇ χειρὶ δύο γένη μυῶν ἐστι μόνον κατὰ τὸ ἔνδον αὐτῆς ἑκάτερον κείμενον, οὕτως

TEST. : 3 τὸν δὲ — 5 γε καὶ cf. Orib., *Coll.* XXV, 55 (Raeder, 82, 24-25). — 10 ἀτρέμα — 16 μυῶν Orib., *Coll.* XXV, 55 (Raeder, 82, 25-30). — 205,13 ὁ τοὺς — 15 διάρθρωσιν E. — Cap. XXXII Summ. p. 101,15 Sezgin — Cap. XXXIII Summ. p. 103,12 Sezgin.

Deficit A

---

1 παραλέλειπται ESC Dietz : παραλέλειπον P Kühn ‖ τι om. P Kühn ‖ 2 τί P : τε ESC ‖ 4 ἰγνύαν P : ἰγνὺν E ἰγνὺν ἕνα SC ‖ παρέλιπον ESC Dietz : παρέλιπεν P Kühn ‖ 8 διάρθρωσις PE Ar. : διάθεσις SC ‖ 8 αὐτὴ E : αὕτη PSC edd. ‖ 9 καθήκων om. PE Kühn ‖ 11 κάμψιν ESC Dietz : κάμπην P Or. Kühn ‖ 12 ἐκκλίνουσαν P Or. : ἣ κλίνουσαν ESC ‖ 13 οὖν ESC Dietz : οὗτος P Or. Kühn ‖ 13 ἀριθμείσθω EP Or. : ἀριθμεῖσθαι SC ‖ οὗτος om. P Or. Kühn ‖ 16 μυῶν om. P Kühn.

pas la même chose pour le pied. Les muscles qui donnent à tous les doigts du pied le mouvement oblique, au nombre de sept, ont une position semblable, et il en va d'une manière analogue pour les muscles qui donnent le mouvement à la première articulation de chaque doigt. **2** Mais il y a aux pieds encore deux autres classes de muscles, l'une placée en haut sur le tarse, l'autre placée de la même façon en dessous. Les muscles supérieurs donnent à tous les orteils un mouvement oblique, tel celui que donnent aux doigts de la main les muscles qui descendent de l'avant-bras ; les muscles inférieurs fléchissent la deuxième articulation de chaque doigt [Le chapitre déjà édité sur les muscles du pied][1]. **3** Comme mes amis ont estimé que le développement consacré au pied était trop concis par rapport aux autres sujets, j'ai transféré ici sans rien changer ce que j'ai dit dans le deuxième livre des *Pratiques anatomiques*[2].

XXXIV. Les muscles du pied[3].

1 Au pied il y a quatre classes de muscles, et non pas deux comme à la main ; trois classes sont placées en des-

1. Je considère ce titre, omis par l'arabe, comme une glose.
2. Voir *Notice* p. 106.
3. Titre omis par Kühn.

1024 ἔχει κἀπὶ | τοῦ ποδός· ἀλλ᾽ οἱ μὲν ὅλους τοὺς δακτύλους τὴν λοξὴν κίνησιν κινοῦντες ἑπτὰ τὸν ἀριθμὸν ὄντες ὁμοίαν ἔχουσι θέσιν, ἀνάλογον δὲ καὶ οἱ τὸ πρῶτον ἄρθρον ἑκάστου δακτύλου. 2 Δύο δ᾽ ἄλλα πρὸς τούτοις ἐστὶ γένη μυῶν ἐν ποσί, τὸ μὲν ἕτερον ἄνωθεν ἐπικείμενον τῷ ταρσῷ, τὸ δ᾽ ἕτερον ὑποβεβλημένον ὁμοίως κάτωθεν. οἱ μὲν οὖν ἄνωθεν ὅλους τοὺς δακτύλους κινοῦσι λοξὴν κίνησιν, ὁποίαν τοὺς ἐν χερσὶν [ἐκείνων] οἱ ἐκ τοῦ πήχεως καθήκοντες, οἱ κάτωθεν δὲ τὸ δεύτερον ἄρθρον ἑκάστου τῶν δακτύλων κάμπτουσι. [Τὰ προεκδοθέντα περὶ τῶν κατὰ τὸν πόδα μυῶν]. 3 Ἐπειδὴ τοῖς ἑταίροις ἔδοξε συντομώτερον ἢ κατὰ τὴν τῶν ἄλλων ἀναλογίαν ἑρμηνευθῆναι τὰ κατὰ τὸν πόδα, διὰ τοῦτο τὰ ἐν τῷ δευτέρῳ τῶν ἀνατομικῶν ἐγχειρήσεων εἰρημένα κατὰ λέξιν ἐνταῦθα μετήνεγκα τόνδε τὸν τρόπον ἔχοντα.

XXXIV. Περὶ τῶν ἐν τῷ ποδὶ μυῶν

1 Κατὰ τὸν πόδα τέτταρα γένη μυῶν εἰσιν, οὐχ ὡς ἐν χειρὶ δύο· τρία μὲν ἐν τοῖς κάτω τοῦ ποδός, ἓν δ᾽ ἐν τοῖς

TEST. : 1 οἱ μὲν — 10 κάμπτουσι E. — 18 Κατὰ — 209,13 δάκτυλον GAL. *Anat. admin.* Kühn II, 9, II, 326-328 (Garofalo 117,24-121,2), ORIB., *Coll.* XXV, 56 (Raeder, 82,31-83,19).

Deficit A

2 ἑπτὰ SCP : πέντε E || 5 ἄνωθεν — 6 ἕτερον om. C || 7 ὅλους om. P Kühn || 8 post ἐν add. ταῖς P Kühn || 9 ἐκείνων seclusit Garofalo : ἐκείνων οἱ P Kühn ἐκεῖνοι οὖν SC om. E ἐκεῖνοι Dietz || 11 Τὰ — μυῶν secl. Garofalo om. Ar. || προεκ- P : προσεκδοθέντα SC Dietz || 12 ἑταίροις Dietz Ar. : ἑτέροις PSC Kühn || 13 ἑρμηνευθῆναι Garofalo : ἠρεμεῖν εὐθῆ SC ἑρμηνεῦσαι P edd. || 15 κατὰ λέξιν SC Ar. Dietz : καταλέγειν P Kühn || μετήνεγκα P Ar. : μετήνεγκαν SC || 17 titulum om. P Kühn || 18 τέτταρα SC Or. : τέσσαρα P Kühn || 19 ante χειρὶ add. τῇ Or. || ἐν om. SC Gal. *Anat. Admin.* (suppl. Garofalo)

sous du pied, une à la partie supérieure placée sur le tarse. **2** Ces derniers, au nombre de cinq, président aux mouvements obliques des orteils et correspondent aux muscles placés à la surface de la main. **3** Les muscles placés en dessous du pied sont au nombre de sept, donnant ici encore à chacun des orteils les mouvements obliques correspondant à ceux des sept muscles existant à la main. Deux de ces muscles, comme ceux qui dans la main prenaient leur origine sur les premiers os du carpe, de la même façon au pied prennent leur origine sur les premiers os du tarse, donnant aux orteils extérieurs un mouvement d'abduction le plus grand possible par rapport aux autres. **4** Il y a encore, dans les parties inférieures, des petits muscles qui tirent leur origine des tendons qui fléchissent les orteils avant que chacun de ces tendons ne se divise nettement. **5** Le travail de ces muscles consiste à fléchir l'articulation moyenne de chaque orteil ; en effet, d'autres muscles plus petits se développent sur les tendons après leur division, muscles qui correspondent aux muscles situés à la partie intérieure de la main[1] qui président au mouvement oblique de chaque doigt. **6** Ces muscles du pied sont, eux aussi, au nombre de quatre, de même que les muscles de la main : si on y ajoute les deux qui donnent aux derniers orteils la

1. Lombricaux.

1025 ἄνω | κατὰ τοῦ ταρσοῦ τεταγμένον. 2 Εἰσὶ δὲ καὶ οὗτοι μὲν οἱ μύες πέντε λοξῶν κινήσεων ἐξηγούμενοι τοῖς δακτύλοις ἀνάλογον τοῖς ἐπὶ τῆς χειρὸς ἔξωθεν. 3 Οἱ δ' ὑποκάτω τοῦ ποδὸς ἑπτὰ μὲν κἀνταῦθα τὰς ἀνάλογον τοῖς ἐπὶ τῆς χειρὸς ἑπτὰ μυσὶ κινήσεις ἕκαστον τῶν
104 δακτύλων κινοῦντες, ὧν οἱ δύο καθάπερ ἐν | τῇ χειρὶ τῶν πρώτων κατὰ τὸν καρπὸν ὀστῶν ἀπεφύοντο καὶ οὗτοι κατὰ τὸν πόδα τῶν πρώτων κατὰ τὸν ταρσὸν ἐπὶ πλεῖστον ἀπάγοντες τῶν ἄλλων δακτύλων τοὺς ἔξωθεν. 4 Ἄλλοι δ' ἐκ τῶν κάτω μερῶν εἰσι μικροὶ μύες ἐκπεφυκότες τῶν τοὺς δακτύλους καμπτόντων τενόντων πρὶν ἀκριβῶς ἕκαστον αὐτῶν σχισθῆναι. 5 Τὸ δ' ἔργον τούτων τῶν μυῶν κάμπτειν τὸ μέσον ἄρθρον ἑκάστου δακτύλου· τοῖς γὰρ ἐσχισμένοις ἤδη τένουσιν ἕτεροι μικρότεροι μύες ἐπιφύονται· τοῖς ἔνδον ἐν τῇ χειρὶ τῆς λοξῆς κινήσεως ἐξηγουμένοις ἑκάστῳ δακτύλῳ τὴν αὐτὴν ἀναλογίαν ἔχοντες. 6 Τέτταρες δέ εἰσι καὶ οὗτοι τὸν ἀριθμὸν ὥσπερ κἀκεῖνοι· προσελθόντων δ' αὐτοῖς
1026 δυοῖν μὲν τῶν τοὺς ἐσχά|τους δακτύλους ἐπὶ πλεῖστον

Deficit A

1 ταρσοῦ PSC *Anat. Admin.* Or. Ar. : παραλλήλου Kühn || τεταγμένον P *Anat. Admin.* : τεταμένον Or. (corr. Daremberg) τεταμμένον C || 4 τὰς SC Dietz : ταῖς P Kühn om. *Anat. Admin.* || 5 κινήσεις SC *Anat. Admin.* Or. Dietz : κινήσεσι P Kühn || 6 κινοῦντες SC *Anat. Admin.* Dietz : κινούντων P Kühn || post δύο add. μύες P Kühn || 7 ἀπεφύοντο P Or. *Anat. Admin.* Kühn : ἀποφύοντο C ἀποφύονται S Dietz || 10 μύες μικροὶ P Kühn || 11 ante τῶν add. ἐκ P Kühn || 16 ante ἑκάστῳ add. ὡς SC || 17 τέτταρες SC Or. Dietz : τέσσαρες P Kühn || 18 προσελθόντων P Or. : προσελθόντες SC.

plus grande abduction, comme nous l'avons dit[1], et de plus un muscle qui rapproche le gros orteil de celui qu'on pourrait appeler l'index[2], la somme totale est de sept muscles. **7** Il y a une troisième classe de muscles[3], à la plante des pieds, lesquels s'implantent sur les os mêmes et correspondent aux muscles des mains qui ont été complètement ignorés, muscles que tu pourras voir manifestement, après avoir coupé et enlevé tous les tendons, de même que sur la main. **8** La position, le nombre, l'utilité de ces muscles sont entièrement les mêmes que pour ceux de la main dont on a parlé : deux d'entre eux placés devant la première articulation de chaque orteil, la fléchissent modérément ; lorsqu'ils agissent ensemble la flexion est équilibrée, tandis que, lorsque l'un d'entre eux agit séparément, il incline légèrement l'articulation de côté. Parfois on les trouve soudés l'un à l'autre de manière à faire croire qu'il n'y en a qu'un seul pour chaque orteil.

1. Voir *supra*, p. 208, l. 9.
2. Adducteur du gros orteil.
3. Interosseux.

ἀπαγόντων, ὥσπερ εἰρήκαμεν, ἑνὸς δ' ἔτι τοῦ τὸν μέγαν προσάγοντος τῷ <οἶον> λιχανῷ τὸ σύμπαν πλῆθος ἑπτὰ γίνεται. 7 Τρίτον δ' ἄλλο γένος ἐστὶ μυῶν ἐν τοῖς ποσὶ κάτω τῶν αὐτοῖς τοῖς ὀστοῖς ἐπιπεφυκότων ἀνάλογον τοῖς ἀγνοηθεῖσι τελέως ἐν χερσίν, οὓς δηλονότι θεάσει τοὺς τένοντας ἅπαντας ἐκτεμών, ὥσπερ κἀκεῖ. 8 Καὶ ἥ γε θέσις αὐτῶν πᾶσα καὶ ὁ ἀριθμὸς καὶ ἡ χρεία κατὰ τοὺς ἐν τῇ χειρὶ προειρημένους ἐστί· δύο γὰρ ἑκάστου δακτύλου τῆς πρώτης διαρθρώσεως προτεταγμένοι κάμπτουσι μετρίως αὐτήν, ἅμα μὲν ἐνεργήσαντες ἰσόρροπον, ἰδίᾳ δ' ἑκάτερος ἐκκλίνων ἠρέμα πρὸς τὸ πλάγιον, εὑρίσκονται δ' ἐνίοτε ἀλλήλοις συνεχεῖς οὕτως, ὡς ἕνα δοκεῖν εἶναι καθ' ἕκαστον δάκτυλον.

TEST. : 207,18 Κατὰ — 13 δάκτυλον GAL. *Anat. admin.* II, 9, Kühn II, 326-328 (Garofalo 119,24-121,2). — ORIB., *Coll.* XXV, 56 (Raeder, 82,31-83,19).

Deficit A

---

1 τὸν μέγαν SC Dietz : μεγάλου P Kühn ‖ 2 post τῷ add. οἶον Or. *Anat. admin.* ‖ 3 γίνεται PSC *Anat. admin.* Or. : γίνονται Kühn Dietz ‖ 4 τῶν om. SC ‖ 6 θεάσει Garofalo : τεθέασι C : τεθέασαι S θεάσῃ P *Anat. admin.* edd. ‖ 7 ἥ γε θέσις P Or. : γένεσις SC ‖ 9-10 προτεταγμένοι P Or. : προτεταμμένοι SC ‖ 11 ἐκκλίνων SC *Anat. admin.* Dietz : ἐγκλίνων P Or. Kühn ‖ ἠρέμα SC : ἀτρέμας P ἀτρέμα Or. Kühn *Anat. admin.* ‖ 12 συνεχεῖς ἀλλήλοις SC ‖ 13 τέλος γαληνοῦ περὶ μυῶν ἀνατομῆς P *desinit liber Galeni de dissectione musculorum, qui est liber secundus de dissectione* Ar.

NOTES COMPLÉMENTAIRES

P. 118

3. Sur Pélops, maître de Galien et sur Lycos, voir *Notice*, p. 92 sq.

5. Cet ouvrage de Pélops est cité par Galien également dans les *Pratiques anatomiques*, XIV, 1, Simon, p. 232, *Proc.* p. 1041, et dans le commentaire à *Airs, aux, lieux*, conservé en arabe, éd. Strohmaier, à paraître dans le CMG, sous la forme de translittération *eisagogai*, ce qui pourrait suggérer de corriger εἰσαγωγικῶν en εἰσαγωγῶν. Cf. la traduction allemande de Strohmaier dans A. Anastassiou - D. Irmer, *Testimonien zum Corpus Hippocraticum,* Teil II, Göttingen 1997, p. 45.

7. Ce « père » ne peut renvoyer qu'à Lycos. Kind (RE, XIII. 2 (1927), Lykos n. 52, col. 2408-2417) ne le croit pas ; voir Nutton (« Numisianus and Galen », *Sudhoffs Archiv*, 71, 1997, p. 235-239) qui pense que « Ailianos » doit être corrigé en « Herakleianos », mais la traduction arabe ne confirme pas cette correction.

P. 119

4. Sur l'origine des livres de Galien comme aide-mémoire, voir *De libris* passim. Sur les distinctions terminologiques, d'ailleurs assez floues, voir J. A. López Férez, « Consideraciones sobre el léxico usado por Galeno para designar sus propias obras », in A. Garzya-J. Jouanna (éd.), *I testi medici greci tradizione e ecdotica*, Naples 1999, p. 315-348.

P. 181

2. Semblable à une gaine, *elytron*. Première mention de cette tunique chez Celse, VII, 18,1 (éd. Marx, CML I, 335,9 = I. Mazzini, A. Cornelio Celso, *La chirurgia*, Macerata 1999, p. 118,7). Galien la mentionne aussi dans les *Pratiques anatomiques* XII, 7 Simon, p. 160, *Proc.* p. 973, *De uter. diss.* éd. D. Nickel CMG V 2,1, p. 54 ; voir Nickel p. 87 sq. pour l'identification difficile de ἐλυτροειδές et sa graphie ; voir aussi I. Garofalo, « Problemi di lessico anatomico », *Fontes* 4-5 2002, p. 59-65 : 62-63.

3. Voir *Utilité des parties*, Helmreich I, 297.

TABLE DES MATIÈRES

COLLECTION DES UNIVERSITÉS DE FRANCE

OUVRAGES PARUS

Série grecque

dirigée par Jacques Jouanna
de l'Institut
professeur à l'Université de Paris Sorbonne

Règles et recommandations pour les éditions critiques (grec). (1 vol.).

ACHILLE TATIUS.
Le Roman de Leucippé et Clitophon. (1 vol.).

AELIUS ARISTIDE (Pseudo-)
Arts rhétoriques. (2 vol.).

AELIUS THÉON.
Progymnasmata. (1 vol.).

ALCÉE.
Fragments. (2 vol.).

LES ALCHIMISTES GRECS.
(3 vol. parus).

ALCINOOS.
Les doctrines de Platon. (1 vol.).

ALEXANDRE D'APHRODISE.
Traité du destin. (1 vol.).

ANDOCIDE.
Discours. (1 vol.).

ANTHOLOGIE GRECQUE.
(12 vol. parus).

ANTIGONE DE CARYSTE.
Fragments. (1 vol.).

ANTIPHON.
Discours. (1 vol.).

ANTONINUS LIBERALIS.
Métamorphoses. (1 vol.).

APOLLONIOS DE RHODES.
Argonautiques. (3 vol.).

APPIEN.
Histoire romaine. (4 vol. parus).

APSINÈS.
Art rhétorique. (1 vol.).

ARATOS.
Phénomènes. (2 vol.).

ARCHILOQUE.
Fragments. (1 vol.).

ARCHIMÈDE. (4 vol.).

ARGONAUTIQUES ORPHIQUES. (1 vol.).

ARISTÉNÈTE. (1 vol.).

ARISTOPHANE. (5 vol.).

ARISTOTE.
De l'âme. (1 vol.).
Catégories. (1 vol.).
Constitution d'Athènes. (1 vol.).
Du ciel. (1 vol.).
Économique. (1 vol.).
Génération des animaux. (1 vol.).
De la génération et de la corruption. (1 vol.).
Histoire des animaux. (3 vol.).
Marche des animaux - Mouvement des animaux. (1 vol.).

Météorologiques. (2 vol.).
Parties des animaux. (1 vol.).
Petits traités d'histoire naturelle. (1 vol.).
Physique. (2 vol.).
Poétique. (1 vol.).
Politique. (5 vol.).
Problèmes. (3 vol.).
Rhétorique. (3 vol.).
Topiques. (1 vol. paru).

ARISTOTE (Pseudo-).
Rhétorique à Alexandre. (1 vol.).

ARRIEN.
L'Inde. (1 vol.).
Périple du Pont-Euxin. (1 vol.).

ASCLÉPIODOTE.
Traité de tactique. (1 vol.).

ATHÉNÉE.
Les Deipnosophistes. (1 vol. paru).

ATTICUS.
Fragments. (1 vol.).

AUTOLYCOS DE PITANE.
Levers et couchers héliaques. - La sphère en mouvement. - Testimonia. (1 vol.).

BACCHYLIDE.
Dithyrambes. Epinicies. Fragments. (1 vol.).

BASILE (Saint).
Aux jeunes gens. Sur la manière de tirer profit des lettres helléniques. (1 vol.).
Correspondance. (3 vol.).

BUCOLIQUES GRECS.
Théocrite. (1 vol.).
Pseudo-Théocrite, Moschos, Bion. (1 vol.).

CALLIMAQUE.
Hymnes. - Épigrammes. - Fragments choisis. (1 vol.).

LES CATOPTRICIENS GRECS.
Les miroirs ardents (1 vol. paru).

CHARITON.
Le roman de Chaireas et Callirhoé. (1 vol.).

COLLOUTHOS.
L'enlèvement d'Hélène. (1 vol.).

CTÉSIAS DE CNIDE.
La Perse. L'Inde. Autres fragments. (1 vol.).

DAMASCIUS.
Traité des premiers principes. (3 vol.).
Commentaire du Parménide de Platon. (4 vol.).

DÉMÉTRIOS.
Du Style. (1 vol.).

DÉMOSTHÈNE.
Œuvres complètes. (13 vol.).

DENYS D'HALICARNASSE.
Opuscules rhétoriques. (5 vol.).
Antiquités romaines. (2 vol. parus).

DINARQUE.
Discours. (1 vol.).

DIODORE DE SICILE.
Bibliothèque historique. (9 vol. parus).

DION CASSIUS.
Histoire romaine. (3 vol. parus).

DIOPHANTE.
Arithmétique. (2 vol. parus).

DU SUBLIME. (1 vol.).

ÉNÉE LE TACTICIEN.
Poliorcétique. (1 vol.).

ÉPICTÈTE.
Entretiens. (4 vol.).

ESCHINE.
Discours. (2 vol.).

ESCHYLE.
Tragédies. (2 vol.).

ÉSOPE.
Fables. (1 vol.).

EURIPIDE.
Tragédies (12 vol. parus).

GALIEN. (2 vol. parus).

GÉOGRAPHES GRECS.
(1 vol. paru).

GÉMINOS.
Introduction aux phénomènes. (1 vol.).

GRÉGOIRE DE NAZIANZE (le Théologien) (Saint).
Correspondance. (2 vol.).
Poèmes. (1 vol. paru).

HÉLIODORE.
Les Éthiopiques. (3 vol.).

HÉRACLITE.
Allégories d'Homère. (1 vol.).

HERMÈS TRISMÉGISTE. (4 vol.).

HÉRODOTE.
Histoires. (11 vol.).

HÉRONDAS.
Mimes. (1 vol.).

HÉSIODE.
Théogonie. - Les Travaux et les Jours. - Bouclier. (1 vol.).

HIPPOCRATE. (11 vol. parus).

HOMÈRE.
L'Iliade. (4 vol.).
L'Odyssée. (3 vol.).
Hymnes. (1 vol.).

HYPÉRIDE.
Discours. (1 vol.).

ISÉE.
Discours. (1 vol.).

ISOCRATE.
Discours. (4 vol.).

JAMBLIQUE.
Les mystères d'Égypte. (1 vol.).
Protreptique. (1 vol.).

JOSÈPHE (Flavius).
Autobiographie. (1 vol.).
Contre Apion. (1 vol.).
Guerre des Juifs. (3 vol. parus).

JULIEN (L'empereur).
Lettres. (2 vol.).
Discours. (2 vol.).

LAPIDAIRES GRECS.
Lapidaire orphique. - Kerygmes lapidaires d'Orphée. - Socrate et Denys. - Lapidaire nautique. - Damigéron. - Evax. (1 vol.).

LIBANIOS.
Discours. (2 vol. parus).

LONGIN. RUFUS.
Fragments. Art rhétorique. (1 vol.).

LONGUS.
Pastorales. (1 vol.).

LUCIEN. (3 vol. parus).

LYCURGUE.
Contre Léocrate. (1 vol.).

LYSIAS.
Discours. (2 vol.).

MARC-AURÈLE.
Écrits pour lui-même. (1 vol. paru).

MARINUS.
Proclus ou sur le bonheur. (1 vol.).

MÉNANDRE. (3 vol. parus).

MUSÉE.
Héro et Léandre. (1 vol.).

NICANDRE.
Œuvres. (1 vol. paru).

NONNOS DE PANOPOLIS.
Les Dionysiaques. (15 vol. parus).

NUMÉNIUS. (1 vol.).

ORACLES CHALDAIQUES.
(1 vol.).

PAUSANIAS.
Description de la Grèce. (6 vol. parus).

PHOCYLIDE (Pseudo-). (1. vol.).

PHOTIUS.
Bibliothèque. (9 vol.).

PINDARE.
Œuvres complètes. (4 vol.).

PLATON.
Œuvres complètes. (26 vol.).

PLOTIN.
Ennéades. (7 vol.).

PLUTARQUE.
Œuvres morales. (20 vol. parus).
Vies parallèles. (16 vol.).

POLYBE.
Histoires. (12 vol. parus).

PORPHYRE.
De l'Abstinence. (3 vol.).
Vie de Pythagore. - Lettre à Marcella. (1 vol.).

PROCLUS.
Commentaires de Platon. - Alcibiade. (2 vol.).
Théologie platonicienne. (6 vol.).
Trois études. (3 vol.).

PROLÉGOMÈNES À LA PHILOSOPHIE DE PLATON. (1 vol.).

QUINTUS DE SMYRNE.
La Suite d'Homère. (3 vol.).

SALOUSTIOS.
Des Dieux et du Monde. (1. vol.).

SAPHO-ALCÉE.
Fragments. (1 vol.).

SCYMNOS (Pseudo-)
voir GÉOGRAPHES GRECS.

SIMPLICIUS
Commentaire du Manuel d'Épictète (1 vol. paru).

SOPHOCLE.
Tragédies. (3 vol.).

SORANOS D'ÉPHÈSE.
Maladies des femmes. (4 vol.).

STRABON.
Géographie. (10 vol. parus).

SYNÉSIOS DE CYRÈNE.
Hymnes (1 vol.).
Lettres (2 vol.).
Opuscules (1 vol. paru).

THÉOGNIS.
Poèmes élégiaques. (1 vol.).

THÉOPHRASTE.
Caractères. (1. vol.).
Métaphysique. (1 vol.).
Recherches sur les plantes. (4 vol. parus).

THUCYDIDE.
Histoire de la guerre du Péloponnèse. (6 vol.).

TRIPHIODORE.
La Prise de Troie. (1 vol.).

XÉNOPHON.
Anabase. (2 vol.).
L'Art de la Chasse. (1. vol.).
L'Art équestre. (1 vol.).
Banquet. - Apologie de Socrate. (1 vol.).
Le Commandant de la Cavalerie. (1. vol.).
Cyropédie. (3 vol.).
Économique. (1. vol.).
Helléniques. (2 vol.).
Mémorables (1 vol. paru).

XÉNOPHON D'ÉPHÈSE.
Ephésiaques ou Le Roman d'Habrocomès et d'Anthia. (1 vol.).

ZOSIME.
Histoire nouvelle. (5 vol.).
Tome I. Nlle éd. (1 vol.).

Série latine

dirigée par Jean-Louis Ferrary
directeur d'Études à l'École Pratique des Hautes Études (IVe section)

Règles et recommandations pour les éditions critiques (latin). (1 vol.).

ACCIUS.
Œuvres. Fragments. (1 vol.).

AMBROISE (Saint).
Les devoirs. (2 vol.).

AMMIEN MARCELLIN.
Histoires. (7 vol.).

L. AMPÉLIUS.
Aide-mémoire. (1 vol.).

L'ANNALISTIQUE ROMAINE.
(3 vol. parus).

APICIUS.
Art culinaire. (1 vol.).

APULÉE.
Apologie. - Florides. (1 vol.).
Métamorphoses. (3 vol.).
Opuscules philosophiques. - Fragments. (1 vol.).

ARNOBE.
Contre les Gentils. (1 vol.)

AUGUSTIN (Saint).
Confessions. (2 vol.).

AULU-GELLE.
Nuits attiques. (4 vol.).

AURÉLIUS VICTOR.
Livre des Césars. (1 vol.).
Abrégé des Césars. (1 vol.).

AVIANUS.
Fables. (1 vol.).

AVIENUS.
Aratea. (1 vol.).

BOÈCE.
Institution arithmétique. (1 vol.).

CALPURNIUS SICULUS.
Bucoliques. CALPURNIUS SICULUS (Pseudo-). Éloge de Pison. (1 vol.).

CASSIUS FELIX.
De la médecine. (1 vol.).

CATON.
De l'Agriculture. (1 vol.).
Les origines. (1 vol.).

CATULLE.
Poésies. (1 vol.).

CELSE.
De la médecine. (1 vol. paru).

CÉSAR.
Guerre civile. (2 vol.).
Guerre des Gaules. (2 vol.).

CÉSAR (Pseudo-).
Guerre d'Afrique. (1 vol.).
Guerre d'Alexandrie. (1 vol.).
Guerre d'Espagne. (1 vol.).

CETIUS FAVENTINUS.
Abrégé d'architecture privée. (1 vol.).

CICÉRON.
L'Amitié. (1 vol.).
Aratea. (1 vol.).
Brutus. (1 vol.).
Caton l'ancien. De la vieillesse. (1 vol.).
Correspondance. (11 vol.).
De l'invention (1 vol.).
De l'orateur. (3 vol.).
Des termes extrêmes des Biens et des Maux. (2 vol.).
Discours. (22 vol.).
Divisions de l'Art oratoire. - Topiques. (1 vol.).
Les Devoirs. (2 vol.).

L'Orateur. (1 vol.).
Les Paradoxes des Stoïciens. (1 vol.).
De la République. (2 vol.).
Traité des Lois (1 vol.).
Traité du Destin. (1 vol.).
Tusculanes. (2 vol.).

CLAUDIEN.
Œuvres. (3 vol. parus).

COLUMELLE.
L'Agriculture, (4 vol. parus).
Les Arbres. (1 vol.).

COMŒDIA TOGATA.
Fragments. (1 vol.).

CORIPPE.
Éloge de l'Empereur Justin II. (1 vol.).

CORNÉLIUS NÉPOS.
Œuvres. (1 vol.).

CYPRIEN (Saint).
Correspondance. (2 vol.).

DRACONTIUS.
Œuvres. (4 vol.).

ÉLOGE FUNÈBRE D'UNE MATRONE ROMAINE. (1 vol.).

L'ETNA. (1 vol.).

EUTROPE.
Abrégé d'Histoire romaine. (1 vol.).

FESTUS.
Abrégé des hauts faits du peuple romain. (1 vol.).

FIRMICUS MATERNUS.
L'Erreur des religions paiennes. (1 vol.).
Mathesis. (3 vol.).

FLORUS.
Œuvres. (2 vol.).

FORTUNAT (Venance).
(4 vol.).

FRONTIN.
Les aqueducs de la ville de Rome. (1 vol.).

GAIUS.
Institutes. (1 vol.).

GARGILIUS MARTIALIS
Les remèdes tirés des légumes et des fruits. (1 vol.)

GERMANICUS.
Les phénomènes d'Aratos. (1 vol.).

HISTOIRE AUGUSTE.
(5 vol. parus).

HORACE.
Epitres. (1 vol.).
Odes et Epodes. (1 vol.).
Satires. (1 vol.).

HYGIN.
L'Astronomie. (1 vol.).

HYGIN (Pseudo-).
Des Fortifications du camp. (1 vol.).

JÉRÔME (Saint).
Correspondance. (8 vol.).

JUVÉNAL.
Satires. (1 vol.).

LUCAIN.
Pharsale. (2 vol.).

LUCILIUS.
Satires. (3 vol.).

LUCRÈCE.
De la Nature. (2 vol.).

MACROBE.
Commentaire au songe de Scipion. (2 vol. parus).

MARTIAL.
Épigrammes. (3 vol.).

MARTIANUS CAPELLA.
Les Noces de philologie et de Mercure. (1 vol. paru).

MINUCIUS FÉLIX.
Octavius. (1 vol.).

PREMIER MYTHOGRAPHE DU VATICAN. (1 vol.).

NÉMÉSIEN.
Œuvres. (1 vol.).

OROSE.
Histoires (Contre les Païens). (3 vol.).

OVIDE.
Les Amours. (1 vol.).
L'Art d'aimer. (1 vol.).
Contre Ibis. (1 vol.).
Les Fastes. (2 vol.).
Halieutiques. (1 vol.).
Héroïdes. (1 vol.).
Métamorphoses. (3 vol.).
Pontiques. (1 vol.).
Les Remèdes à l'Amour. (1 vol.).
Tristes. (1 vol.).

PALLADIUS.
Traité d'agriculture. (1 vol. paru).

PANÉGYRIQUES LATINS. (3 vol.).

PERSE.
Satires. (1 vol.).

PÉTRONE.
Le Satiricon. (1 vol.).

PHÈDRE.
Fables. (1 vol.).

PHYSIOGNOMONIE (Traité de). (1 vol.).

PLAUTE.
Théâtre complet. (7 vol.).

PLINE L'ANCIEN.
Histoire naturelle. (36 vol. parus).

PLINE LE JEUNE.
Lettres. (4 vol.).

POMPONIUS MELA.
Chorographie. (1 vol.)

PROPERCE.
Élégies. (1 vol.).

PRUDENCE. (4 vol.).

QUÉROLUS. (1 vol.).

QUINTE-CURCE.
Histoires. (2 vol.)

QUINTILIEN.
Institution oratoire. (7 vol.)

RHÉTORIQUE À HÉRENNIUS. (1 vol.).

RUTILIUS NAMATIANUS.
Sur son retour. (1 vol.).

SALLUSTE.
Conjuration de Catilina. Guerre de Jugurtha. Fragments des Histoires. (1 vol.).

SALLUSTE (Pseudo-).
Lettres à César. Invectives. (1 vol.).

SÉNÈQUE.
Apocoloquintose du divin Claude. (1 vol.).
Des Bienfaits. (2 vol.).
De la Clémence. (I vol.).
Dialogues. (4 vol.).
Lettres à Lucilius. (5 vol.).
Questions naturelles. (2 vol.).
Théâtre. Nlle éd. (3 vol.).

SIDOINE APOLLINAIRE. (3 vol.).

SILIUS ITALICUS.
La Guerre punique. (4 vol.).

STACE.
Achilléide. (1 vol.).
Les Silves. (2 vol.).
Thébaïde. (3 vol.).

SUÉTONE.
Vie des douze Césars. (3 vol.).
Grammairiens et rhéteurs. (1. vol.).

SYMMAQUE.
Lettres. (4 vol.).

TACITE.
Annales. (4 vol.).
Dialogue des Orateurs. (1 vol.).
La Germanie. (1 vol.).

Histoires. (3 vol.).
Vie d'Agricola. (1 vol.).

TÉRENCE.
Comédies. (3 vol.).

TERTULLIEN.
Apologétique. (1 vol.).

TIBULLE.
Élégies. (1 vol.).

TITE-LIVE.
Histoire romaine. (30 vol. parus).

VALÈRE MAXIME.
Faits et dits mémorables. (2 vol.).

VALERIUS FLACCUS.
Argonautiques. (2 vol.).

VARRON.
Économie rurale. (3 vol.).
La Langue latine. (1 vol. paru).

LA VEILLÉE DE VÉNUS
(Pervigilium Veneris). (1. vol.).

VELLEIUS PATERCULUS.
Histoire romaine. (2 vol.).

VICTOR DE VITA.
Histoire de la persécution vandale en Afrique. – La passion des sept martyrs. – Registre des provinces et des cités d' Afrique. (1. vol.).

VIRGILE.
Bucoliques. (1 vol.).
Énéide. (3 vol.).
Géorgiques. (1 vol.).

VITRUVE.
De l' Architecture. (9 vol. parus).

Catalogue détaillé sur demande

Ce volume,
le quatre cent quarante et unième
de la série grecque
de la Collection des Universités de France,
publié aux Éditions Les Belles Lettres,
a été achevé d'imprimer
en février 2005
dans les ateliers
de l'imprimerie Peeters s. a.
à Louvain, B-3000

N° d'édition : 6262.
Dépôt légal : mars 2005.

Imprimé en Belgique